直升机振动智能控制

Helicopter Intelligent Vibration Control

夏品奇　宋来收　郎　凯　孟　德　著

科 学 出 版 社

北　京

内 容 简 介

直升机振动控制一直是直升机领域的难点和热点，本专著作者开拓了直升机振动智能控制新方向。本专著共分14章，第1章主要介绍了直升机振动控制现状；第2～5章分别提出并阐述了压电智能作动器驱动四种机体结构的直升机振动智能控制系统建模方法；第6～14章分别提出并阐述了直升机机体振动自适应谐波同步识别-修正智能控制、自适应滤波前馈智能控制、谐波识别-自适应滤波前馈智能控制、自适应频响修正-谐波识别智能控制、自适应谐波前馈-滑模输出反馈混合智能控制、归一化自适应混合智能控制、全域振动智能控制以及压电叠层作动器迟滞非线性谐波输入补偿和神经网络补偿的直升机振动智能控制。

本专著是国内外第一部《直升机振动智能控制》专著，适用于航空、航天、机械、振动控制等领域的高校师生和相关研究院所等企事业单位的科技工作者。

图书在版编目(CIP)数据

直升机振动智能控制 / 夏品奇等著. —北京：科学出版社，2023.6

ISBN 978-7-03-074959-8

Ⅰ. ①直… Ⅱ. ①夏… Ⅲ. ①直升机－振动控制－研究 Ⅳ. ①V275

中国国家版本馆 CIP 数据核字(2023)第 033506 号

责任编辑：胡文治 / 责任校对：谭宏宇
责任印制：黄晓鸣 / 封面设计：殷 靓

科学出版社 出版
北京东黄城根北街16号
邮政编码：100717
http://www.sciencep.com
南京展望文化发展有限公司排版
广东虎彩云印刷有限公司印刷
科学出版社发行 各地新华书店经销

*

2023年6月第 一 版 开本：B5(720×1000)
2024年11月第三次印刷 印张：20 1/2
字数：402 000

定价：170.00 元

(如有印装质量问题，我社负责调换)

前言

直升机通过旋翼旋转产生升力，具有垂直起降、空中悬停、超低空飞行的能力，在航空飞行器中具有不可替代的作用。直升机在飞行过程中会产生很大的振动，带来很多危害：易使驾驶员疲劳，造成操作失误，影响飞行安全；易使乘员不舒服，影响精神状态；易使机体结构疲劳损坏，降低整机的可靠性和安全性；易使仪器仪表失灵，影响系统的可靠性，等等。因此，降低直升机振动水平一直是直升机研制和使用过程中需要解决的难题。世界上最成功直升机之一的“黑鹰”，经历了二十多年的历程，机体振动水平才降到 $0.05g$。直升机振动大、解决难的主要原因是直升机的振源多、振动环境复杂。

直升机的振源概括起来可分为三类：一是旋翼和尾桨产生的气弹激振力；二是旋转部件包括旋翼、尾桨、发动机转子、传动系统及有关旋转附件等因不平衡产生的离心激振力；三是机身外的桨毂尾流、发动机舱盖尾流、旋翼/机身气动干扰、大气紊流等产生的气动激振力。其中第一类的旋翼气弹激振力最为严重，在桨毂中心形成三个方向的交变力和三个方向的交变力矩，通过旋翼轴、主减速器支撑的连接件传递到机体上，使机体产生强烈的谐波稳态振动。旋翼气弹激振力随直升机飞行状态的变化而变化，是直升机复杂振动环境的主要原因。

直升机的振动大小决定着直升机研制的成败，高振动已成为直升机的痛点和难点。因此，直升机振动控制一直是直升机领域的热点，技术较成熟的振动控制是被动控制，主要采用吸振、隔振等技术，可靠性高，结构简单，已在直升机上得到广泛应用。但被动控制存在质量大、体积大、响应速度慢、工作频带窄、适应性差等显著缺点，无法满足直升机低振动的要求。振动主动控制具有控制效果好、适应性强、收敛速度快等优点，已成为直升机振动控制的发展方向。直升机振动主动控制可分为两类：一类是旋翼上的主动控制，主要有高阶谐波控制、单片桨叶控制、后缘小翼控制和主动扭转旋翼控制等，但这类主动控制非常复杂，到目前为止还没有在直升机上得到实际应用；另一类是机体上的主动控制，此类相对简单，已在直升机上得到实际应用，是直升机振动主动控制的发展方向。机体上的振动主动控制原理是：振动主动控制系统的控制器根据实时测量的机体振动响应给作动器输入指令，作动器驱动机体结构产生作动响应，与旋翼气弹激振力产生的激励响应相抵消，实现机体振动的主动控制。因此，机体上的振动主动控制的核心是作动器和控制器。目前，国内外在机体上采用的作动器有液压式作动器、电磁式移动惯性作动器、离心式旋转惯性作动器等，存在质量大、体积大、延时长、频带窄等缺点，限制了振动主动控制的性能和应用。例如，要使直升机的机体振动水平降低 80%，这些作动器的质量要占到直升机全机质量的 2%左右，这是极其昂贵的质量代价。目前，控制器中的控制算法有频域算法和时域算法两大类，频域算法把时域振动响应信号进行离散傅里叶变换，在频域内通过优化算法计算控制输入的幅值、相位和频率，再通过离散傅里叶逆变换计算控制输入的时域信号，进行振动主动控制。离散傅里叶变换和逆变换会导致控制时滞、控制效果有限等问题。时域算法采用状态空间或者滤波器的形式描述振动控制系统的模型，无需对振动响应信号进行离散傅里叶变换，也无需较大的控制输入修正时间来等待响应达到谐波稳态，控制信号的修正速度快，但控制效果依赖于控制系统的建模精度，控制系统复杂，计算量大，影响控制效果和控制性能。

随着智能材料技术的发展，振动控制领域开始使用智能材料作动器，其中压电智能材料作动器具有远高于液压作动器和惯性作动器的功率密度，单位体积的输出能量是液压和惯性作动器的 100～1 000 倍，单位质量的输出能量是液压和惯性作动器的 10 倍，具有质量小、体积小、输出力大、行程短、响应快、频带宽等显著优点，可成为直升机振动主动控制的理想作动器。

针对直升机振动主动控制的作动器和控制算法存在的问题，我们采用压电智能作动器驱动机体结构，在国际上提出了直升机振动主动控制的谐波同步识别-修正频域算法，避免了直升机振动主动控制的频域算法因基于离散傅里叶变换和逆变换而导致的控制时滞、控制效果有限等问题。我们在谐波同步识别-修正算法的基础上，又提出了一系列高性能的自适应控制算法，实现了在振动幅值、频率和相位大范围变化及控制系统建模存在大误差情况下振动控制具有高效果和高性能的目标，由这些高性能自适应控制算法组成的控制器成为了智能控制器，形成了直升机振动智能控制的基础。我们把具有智能作动器和智能控制器的直升机振动控制定义为直升机振动智能控制，可实现比直升机振动主动控制更轻的附加质量、更高的控制效果和更好的控制性能，可有效解决直升机振动主动控制存在的质量大、体积大、复杂振动环境下控制效果低、控制性能差，甚至控制发散等突出问题，开拓了直升机振动控制的新方向。经过近十年来系统深入的研究，我们在直升机振动智能控制方面取得了国际领先的科研成果，分别在国际直升机领域、国际航空航天领域、国际飞行器领域的顶尖期刊 *Journal of the American Helicopter Society*、*AIAA Journal*、*Journal of Aircraft* 发表了系列高水平学术论文。

在我们系统深入研究的基础上，本专著系统提出并阐述了直升机振动智能控制的建模、理论、控制算法、求解方法、仿真和试验技术，是国内外第一部《直升机振动智能控制》专著。本专著针对直升机机体结构特点和旋翼振动载荷传递路径，提出并阐述了压电智能作动器驱动梁和驱动主减速器撑杆的机体线梁结构、座舱地板框架结构和机体框架结构振动智能控制系统建模方法；针对直升机机体复杂振动环境，提出并阐述了直升机机体振动自适应谐波同步识别-修正智能控制、直升机机体振动自适应滤波前馈智能控制、直升机机体振动谐波识别-自适应滤波前馈智能控制、直升机机体振动自适应频响修正-谐波识别智能控制、直升机机体振动自适应谐波前馈-滑模输出反馈混合智能控制、旋翼变转速机体振动归一化自适应混合智能控制等机体振动智能控制新算法；针对现有的结构振动主动控制方法都是以降低结构目标测量点的振动响应为控制目标的局部振动控制，提出了以降低结构振动载荷为控制目标的结构全域振动控制新方法，并阐述了采用全域振动控制新方法的直升机机体全域振动智能控制的建模、理论、控制算法及仿真技术；针对压电智能作动器迟滞非线性影响，阐述了压电叠层作动器迟滞非线性谐波输入补偿和非线性神经网络补偿的机体振动智能控制新方法；针对不同机体结构模型、不同机体振动环境和不同智能控制算法，阐述了机体振动智能控制的求解方法和试验方法；机体模型结构振动智能控制的仿真和试验结果表明，在振动幅值、频率和相位大范围变化和控制系统建模存在大误差的情况下，机体振动智能控制都取得了优异的控制效果和控制性能，全域振动智能控制方法使机体的整体振动水平都得到了很好的控制。本专著对发展直升机振动控制新技术、解决直升机复杂振动问题、推动直升机技术发展都具有很高的学术价值，对旋翼类飞行器以及旋转机械系统的振动控制都具有重要的应用价值，为航空、航天、机械、振动控制等领域的高校师生和研究院所等企事业单位的科技工作者提供了一本有价值的参考书。本书也可作为研究生教材使用。

我们真诚希望广大读者对本专著提出宝贵建议，共同推动直升机振动智能控制的发展和直升机技术的进步。

夏品奇
南京航空航天大学
直升机旋翼动力学国家级重点实验室
于 2022 年 9 月 10 日，教师节、中秋节

目 录

第1章
绪论

1.1 引言

直升机通过旋翼旋转产生升力，主要由旋翼、尾桨、机体、发动机、减速器等部件组成，具有垂直起降、空中悬停、超低空机动飞行的独特能力，在航空飞行器中具有不可替代的作用。典型的直升机有单旋翼带尾桨直升机，如图 1.1 所示美国的“科曼奇”直升机；共轴双旋翼直升机，如图 1.2 所示俄罗斯的“卡 50”直升机；纵列式双旋翼直升机，如图 1.3 所示美国的“支奴干”直升机；倾转旋翼直升机，如图 1.4 所示美国的“鱼鹰”倾转旋翼直升机；共轴刚性旋翼高速直升机，如图 1.5 所示美国的 X2 高速直升机等。

图 1.1 “科曼奇”直升机

图 1.2　“卡 50”共轴直升机

图 1.3　“支奴干”纵列式直升机

直升机在飞行过程中会产生很大的机体振动，带来很多危害：易使驾驶员难受、疲劳，造成操作失误，影响飞行安全；易使机内乘员不舒服，影响乘员的精神状态；易使机体结构疲劳损坏，降低整机的可靠性和安全性；易使仪器仪表失灵，影响系统的可靠性；易使武器发射的命中率降低，影响战斗力，等等。因此，

图 1.4　“鱼鹰”倾转旋翼直升机

图 1.5　X2 共轴高速直升机

降低直升机的机体振动水平一直是直升机研制过程中和使用过程中需要解决的难题。世界上最成功之一的“黑鹰”直升机，其机体振动水平降到 $0.05g$，经历了二十多年的历程。直升机机体振动大、解决难的主要原因是：直升机靠旋翼旋转产生升力，一直工作在复杂的振动环境中，且机体振源多，飞行状态和飞行环境多变，机体振动特性复杂。这些因素给直升机的振动控制带来了很大难度。

1.2　直升机振源

直升机机体振动的振源有：旋翼、尾桨、发动机、减速器、大气紊流等，这些振源对机体产生的激振力概括起来可分为三类：一是旋翼和尾桨在复杂气动力环境下产生的气弹激振力；二是旋转部件（包括旋翼、尾桨、发动机转子、传动系统及有关旋转附件）因不平衡而产生的离心激振力；三是机身外（包括旋翼下洗流、旋翼尾流、大气紊流等）的气动力形成的气动激振力，这些气动激振力与直升机的飞行状态和大气状态有关，具有随机性的特点，且作用时间很短，引起直升机振动的时间很短暂，一般不需要进行振动控制。直升机机体振源示意图如图 1.6 所示。

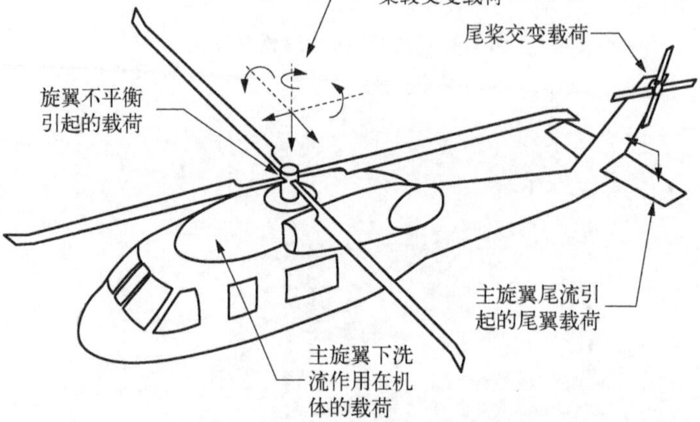

图 1.6　直升机机体振源示意图

旋翼和尾桨的气弹激振力非常复杂。直升机前飞时，即使在定常飞行状态下，旋转桨叶上不同半径、不同方位角处的相对气流速度不同，导致气动力不相等；气流通过旋翼桨盘的诱导速度分布不均匀，旋翼周围呈现出很复杂的非定常、非对称气动环境，桨叶在 0°~360°的旋转过程中产生交变的振动载荷，这些交变的桨叶振动载荷叠加到桨根形成交变的桨根振动载荷，再合成到桨毂中心，形成交变的桨毂六力素，包括三个方向的力和三个方向的力矩。桨毂六力素通过旋翼轴、主减速器等与机体的连接件传递到机体上，形成机体的激振力，使机体产生强烈而复杂的振动，直升机旋翼振动载荷传递路径示意图如图 1.7 所示。桨毂六力素的频率是 $kN_b\Omega$，其中 $k = 1, 2, 3, \cdots$ 是整数，N_b 是旋翼桨叶片数，Ω 是旋翼转速。桨毂六力素的大小受多种因素的影响，包括飞行状态、桨叶片数、旋翼结构形式、旋翼动力学特性等，因此直升机在飞行过程中桨毂六力素会发生变化。旋转部件因不平衡而

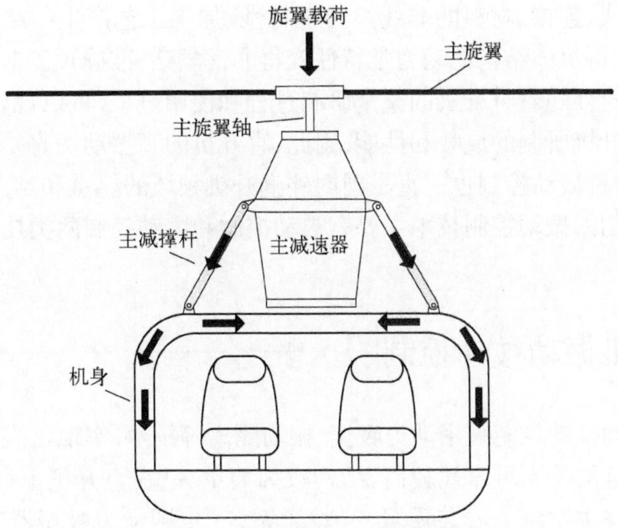

图 1.7 直升机旋翼振动载荷传递路径示意图

产生的离心激振力的频率是 $k\Omega$，离心激振力的大小与不平衡的程度等因素有关。

直升机机体振动是激振力下的强迫振动，由于振源复杂，因此机体振动特性也很复杂。图 1.8 是某直升机巡航飞行时机体实测振动响应频谱图，可以看出该机体振动以前三阶的谐波频率响应为主，主要以低频、高幅、稳态的低阶谐波振动为主要特征，这些振动频率正是旋翼激振力的低阶谐波频率，表明该直升机在该飞行状态下机体的振动主要由旋翼激振力产生。直升机机体振动特性不仅与激振力有关，而且与机体结构的动力学特性密切相关。直升机机体是一个复杂的结构系统，

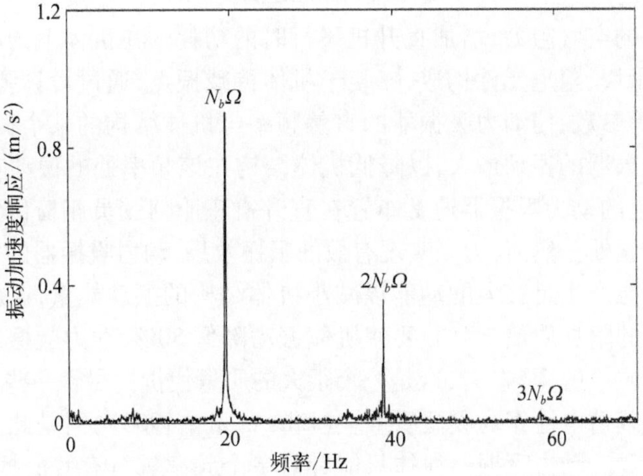

图 1.8 某直升机巡航飞行时机体实测振动响应频谱图

各零部件的组成、连接、材料的非线性力学特性、加工工艺产生的结构局部非线性等复杂因素,使得机体结构的动力学特性变得非常复杂,准确预测非常困难。直升机振动问题一直伴随着直升机的整个研制过程和使用过程,可以说,直升机的振动大小决定着直升机研制的成败和性能,因此,直升机的高振动一直是直升机领域的痛点问题,直升机振动控制也一直是国内外直升机领域的热点和难点问题。目前,在直升机上应用的振动控制技术主要有被动控制和主动控制两类技术。

1.3 直升机振动被动控制

直升机振动被动控制采用动力吸振、振动隔离等技术,实现无需外部能量输入的振动控制。这类技术可靠性较高,结构较为简单,已在直升机上得到广泛应用。动力吸振是指在主系统上安装质量-弹簧子系统(也即动力吸振器),主系统振动时引起子系统的振动,使主系统的一部分动能流到或被吸收到子系统上,从而降低主系统的振动水平。当子系统的固有频率设计成与外激励频率或主系统振动频率相一致时,子系统的振动最大,从而主系统的振动降低也最大。直升机动力吸振是在旋翼或机体结构上安装动力吸振器,通过设计动力吸振器的参数,使动力吸振器在激励频率处产生最大的振动,从而最大地吸收旋翼或机体结构的一部分振动能量,以最大降低旋翼或机体结构的振动。在旋翼上的动力吸振器可安装在旋翼桨根或桨毂以抑制桨根振动或桨毂振动。例如,安装在直升机桨根的单摆式吸振器,可降低桨根垂向振动(Amer et al., 1974);安装在桨毂的双线摆吸振器,可降低旋翼旋转平面内的桨毂振动(Miao et al., 1981);为了克服双线摆吸振器质量大、结构复杂的缺点而改进的单线摆吸振器(Mouzakis, 1981)。在旋翼上安装动力吸振器会引起额外的空气阻力,增加直升机飞行时的功耗。在机体上的动力吸振器主要由弹簧、质量块、阻尼元件构成,安装于机体待减振点,通过设计弹簧刚度、质量块质量、阻尼等参数,使动力吸振器的自然频率与机体结构的某个振动频率一致,从而使动力吸振器的振动最大,以降低机体结构在该频率处的振动响应(Bielawa, 1992)。机体上的动力吸振器通常布置在直升机座舱驾驶员座椅位置或重要机载设备的安装位置处。然而,为了实现有效的吸振效果,动力吸振器的质量块需要足够大的质量才能产生足够大的动能以减小机体结构的振动能量,这就大大增加了振动控制系统的附加质量,例如,要使机体振动降低 80%,动力吸振器的质量要达到直升机全机质量的 2%左右,这是一个很大的质量代价。尽管一些直升机通过将座椅下方的机载蓄电池作为吸振质量块(Ellis et al., 1963),但是此方法并不适用于所有机体位置。动力吸振器往往只能针对单个频率进行有效的振动抑制,针对多频振动控制则需要设计多个质量块(Teal et al., 1997),同时也无法满足直升机振动变化时的振动控制需求。

振动隔离是指在振动的传递路径上对激振力或运动进行隔离，以降低控制对象的振动。直升机主减速器与机体之间的安装结构是旋翼振动载荷传递至机体的主要路径，因此在主减速器与机体之间采用弹性和阻尼元件进行连接，可有效隔离旋翼振动载荷的传递。对于低频隔振，需要较小的连接刚度才能有效降低传递率。但是，主减速器与机体的连接刚度过低会导致失稳或产生过大的相对位移，从而影响直升机的操纵。因此直升机的隔振通常只对部分旋翼振动载荷进行隔离。直升机隔振有多种方案，例如，节点梁隔振(Troy et al., 1976)，隔离垂向的旋翼振动载荷，结构复杂，增加了机体质量和维护成本；聚焦式隔振(Amer et al., 1974)，结构简单，但只对旋翼旋转平面内的载荷有较好的隔离效果；动力反共振隔振(Balke, 1968)，通过在常规的隔振装置引入惯性元件，对某个频率处的旋翼振动载荷进行隔振。这些隔振方案通常具有一定的局限性，隔振器往往需要具备足够的承载能力，同时隔振位移也受到限制。虽然将多种隔振方案相结合可进一步提升隔振范围和效率(Hege et al., 1983)，但增加了隔振系统的复杂性和附加质量。

1.4 直升机振动主动控制

直升机振动被动控制技术成熟易于实施，已在直升机上得到广泛应用。但是，被动控制存在附加质量大、控制效果有限、控制频带窄、适应性差等缺点，已经无法满足对直升机低振动水平的要求。振动主动控制技术为克服被动控制技术的缺点提供了新的解决方案，具有实现高效振动控制的潜力和广阔前景。

结构振动主动控制系统通常由传感器、作动器、控制器以及供电设备组成。传感器测量结构振动响应并输入至控制器，控制器按照控制律及控制算法计算降低振动响应所需的控制信号并输入到作动器，作动器驱动结构产生作动响应，实现结构的振动控制。供电设备提供控制过程中的能源。结构振动主动控制框图如图 1.9 所示。根据控制目标不同，直升机振动主动控制可分为基于旋翼的振动主动控制和基于机体的振动主动控制。

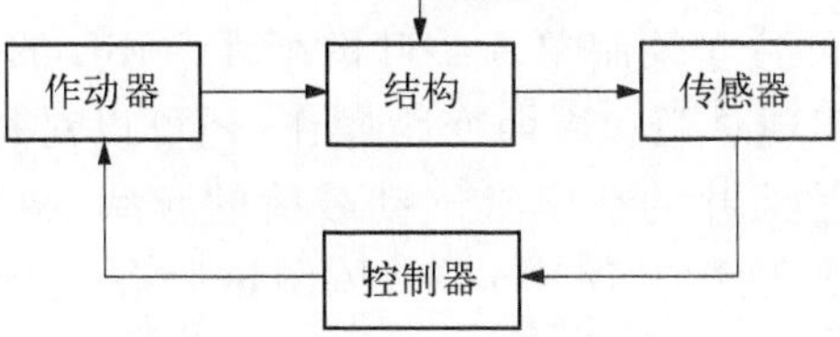

图 1.9 结构振动主动控制框图

1.4.1　基于旋翼的振动主动控制

基于旋翼的振动主动控制在旋翼上实施，通过对旋翼施加主动控制力，调整桨叶的非定常气动载荷来降低叠加到桨毂的振动载荷，主要包括高阶谐波控制(higher harmonic control, HHC)、单片桨叶控制(individual blade control, IBC)、后缘小翼控制(trailing edge flap control, TEFC)和主动扭转旋翼控制(active twist rotor control, ATRC)等。

高阶谐波控制 HHC 系统示意图如图 1.10 所示，通常将液压作动器或电磁作动器安装在自动倾斜器的不动环的操纵杆上，驱动自动倾斜器产生 $(N_b-1)\Omega$、$N_b\Omega$ 和 $(N_b+1)\Omega$ 及其谐波的变距输入。HHC 的工作原理为：作动器驱动自动倾斜器，增加额外的高阶谐波总距输入，驱动桨叶产生相应频率的桨距变化，从而在桨叶上生成高阶谐波的非定常气动载荷以减小叠加到桨毂的振动载荷。关于 HHC 的分析和试验研究表明(Nguyen et al., 1992; Walsh, 1986; Hammond, 1983)，HHC 可控制并降低旋翼振动载荷。然而在振动控制过程中，HHC 需在自动倾斜器的结构上传递控制力，一旦 HHC 系统失效就会影响直升机的飞行操作，威胁飞行安全。HHC 需要产生足够大的作动力来驱动桨叶产生变距，因此对作动器的输出能力和控制所需的能量都有很高的要求。

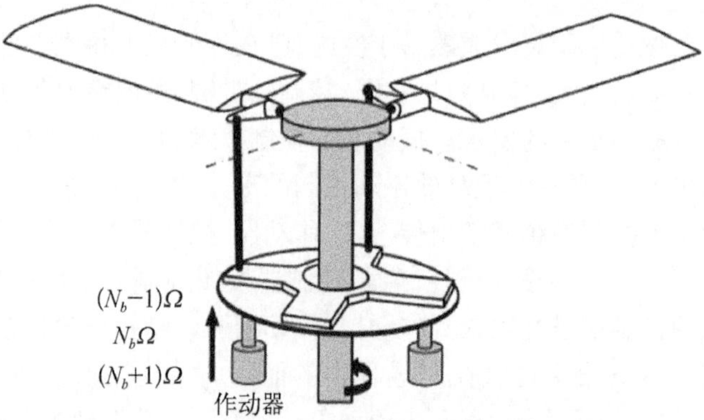

图 1.10　高阶谐波控制 HHC 系统示意图

单片桨叶控制 IBC 系统示意图如图 1.11 所示，作动器布置在自动倾斜器的动环的变距杆上，可独立控制单片桨叶的变距。IBC 的工作原理与 HHC 的相类似，IBC 不仅可实现总距和周期变距操作，还可以对每片桨叶的桨距进行单独控制，从而对每片桨叶的非定常气动载荷的频率、幅值和相位进行修正，比 HHC 具有更高的准确性。理论分析、风洞试验和飞行试验研究都表明了 IBC 的控制效果(Mueller et al., 1999; Jacklin et al., 1994; Ham, 1987)。然而与 HHC 类似，IBC 的作动器与自动倾斜器结构相连，也会影响到直升机的适航性和安全性。此外，IBC 的作动器布置在动环的变距杆上，进一步提升了控制系统的复杂性。

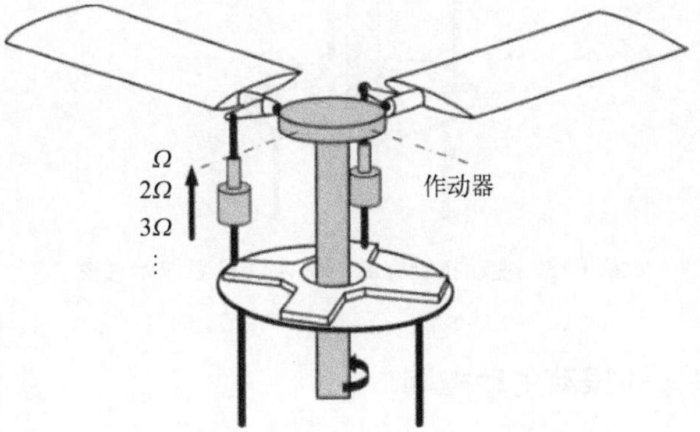

图 1.11　单片桨叶控制 IBC 系统示意图

后缘小翼控制 TEFC 系统示意图如图 1.12 所示，通过控制桨叶后缘小翼改变桨叶非定常气动载荷，从而降低旋翼振动载荷实现振动控制（Lee et al.，2001；Prechtl et al.，2000；Friedmann et al.，1995；Dowson et al.，1995）。主动扭转旋翼控制 ATRC 系统示意图如图 1.13 所示，在桨叶上铺设智能材料，驱动桨叶扭转从而改变桨叶气动载荷，实现与 TEFC 类似的振动主动控制效果（Wilbur et al.，2000；Cesnik et al.，1999；Chen et al.，1997）。相比于 HHC 和 IBC，TEFC 和 ATRC 所需功率较小，同时由于控制系统不涉及自动倾斜器结构，对直升机适航性的影响也较小。然而，由于是在桨叶上实施控制，进一步增加了控制系统的复杂性和实现的难度。

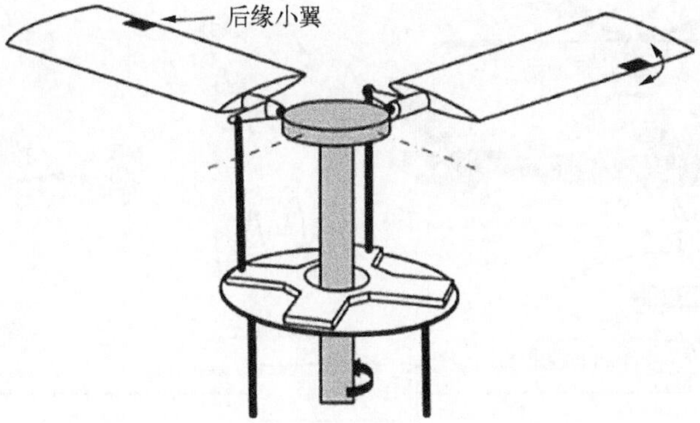

图 1.12　后缘小翼控制 TEFC 系统示意图

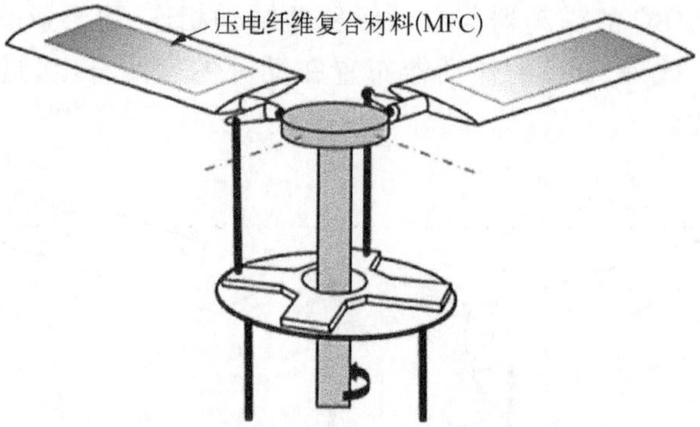

图 1.13　主动扭转旋翼控制 ATRC 系统示意图

1.4.2　基于机体的振动主动控制

基于机体的振动主动控制在机体上实施,通过作动器驱动机体结构产生作动响应,与旋翼激振力在机体上产生的激励响应相抵消,从而抑制机体的振动,也被称为结构响应主动控制(active control of structural response, ACSR)(King et al., 1986),ACSR 的原理图如图 1.14 所示。ACSR 将传感器布置在机体减振关键位置采集由旋翼激励产生的激励响应信号并输入到控制器,控制器将控制信号输入到布置在机体结构上的作动器,作动器驱动机体结构在减振关键位置处产生期望的作动响应,关键位置处的激励响应与作动响应相叠加并相互抵消得到控制响应误差,使控制响应误差最小便可实现机体振动控制。与基于旋翼的振动主动控制相比,ACSR 具有更好的控制效果、更低的控制功率需求、更易实施等优势,已被认为是最具潜力的直升机振动主动控制技术,并在直升机上得到了成功的应用(Staple, 1989; King et al., 1986)。

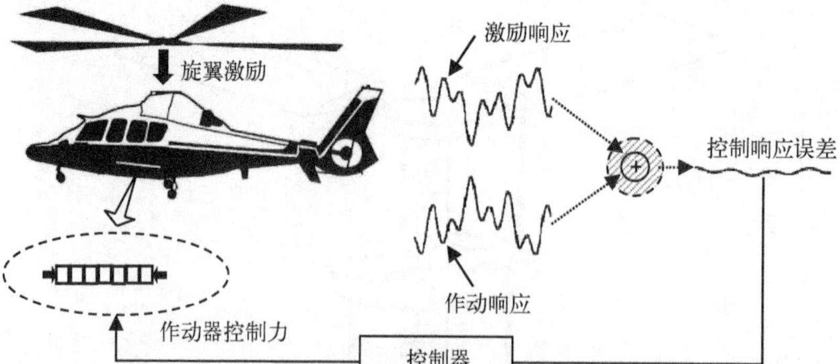

图 1.14　结构响应主动控制 ACSR 原理图

20世纪80年代,欧洲Westland直升机公司在不同飞行状态下对W30直升机进行ACSR仿真和飞行试验研究(Staple, 1989; King et al., 1986)。4个液压作动器安装在主减速器和机体的连接结构处驱动机体结构,并在机体上布置加速度传感器采集机体振动响应,控制器计算控制信号输入到作动器,在不同飞行状态下对W30直升机进行振动主动控制的仿真和飞行试验研究。图1.15显示了应用于W30直升机的ACSR作动器结构及安装位置示意图。为ACSR系统设计了独立模态空间控制算法和频域控制算法,对两种算法的控制效果进行了对比研究。频域控制算法将机体振动响应频域幅值的加权平方与所需控制功率的加权平方和作为目标函数并最小化,比独立模态空间控制算法具有鲁棒性更强、更易实施、控制效果更好等优势,被用于实施ACSR的仿真和试验研究。基于W30直升机机体结构的一个NASTRAN有限元模型,在机舱处布置10个传感器测量机身振动响应,在100~140节的前飞速度下进行了振动主动控制仿真研究,结果表明采用ACSR可在机舱处实现90%的振动控制效果,所需最大作动力为2 250磅①。之后在W30直升机上布置了24个传感器测量机舱、驾驶舱、发动机和尾桨减速器的振动响应,以24个传感器中的10个测量响应作为控制目标,采用频域控制算法进行了振动主动控制的地面振动试验和飞行试验。地面振动试验结果显示,采用ACSR的机体10个控制目标测点的振动响应平均降低了80%,所有24个测点振动响应平均降低了67%。对不同飞行状态的飞行测试结果显示,在常规飞行速度下采用ACSR可使控制目标测点处振动响应的平均值降低至0.09g以下,与无控状态下的

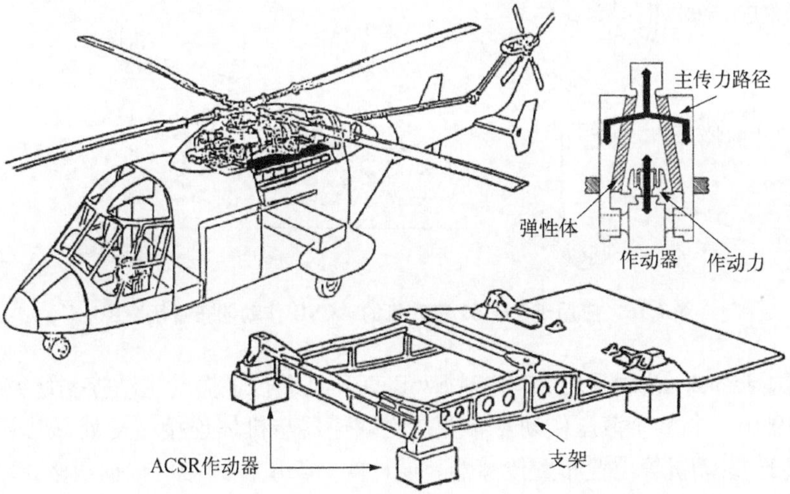

图1.15 应用于W30直升机的ACSR作动器结构及安装位置示意图

① 1磅(lb)= 0.453 592千克(kg)。

振动响应相比降低了 80%以上,所有测点振动响应的平均值降低了 55%～60%。前飞至悬停的过渡飞行阶段,采用 ACSR 的机体振动响应全程低于 0.45g,而无控状态下的机体振动响应峰值达到了 1.6g。

Westland 直升机公司采用 ACSR 对 EH101 直升机进行了地面和飞行试验研究(Staple et al., 1990)。基于 EH101 直升机的 NASTRAN 有限元模型,对 ACSR 方法进行了可行性研究。如图 1.16 所示,将作动器平行布置在主减速器撑杆处,四个作动器集成安装在主减速器撑杆结构内构成主动撑杆,每根主动撑杆都由下端的撑杆结构、柔性环状单元和液压作动器组成,这种结构在施加轴向作动力的同时,可承受飞行载荷。针对 140 节前飞状态的直升机振动控制进行了地面振动试验,试验结果表明采用 ACSR 使机舱和驾驶舱在主通过频率 5Ω 处的振动响应降低了 90%,机体整体振动响应降低了 75%。在不同的前飞速度、多个机动状态下对 ACSR 的控制效果进行了飞行试验,结果表明采用 ACSR 可使驾驶舱和机舱的振动水平在不同前飞速度下全程保持在 0.15g 之下,与无控相比降低了 61%～75%,机体整体振动水平降低了 52%～75%。对 ACSR 同时控制 5Ω 和 10Ω 的振动响应进行了飞行验证,结果表明 ACSR 对 5Ω 处的机体振动响应有良好的控制效果,对 10Ω 振动响应的控制效果仅有 50%左右。

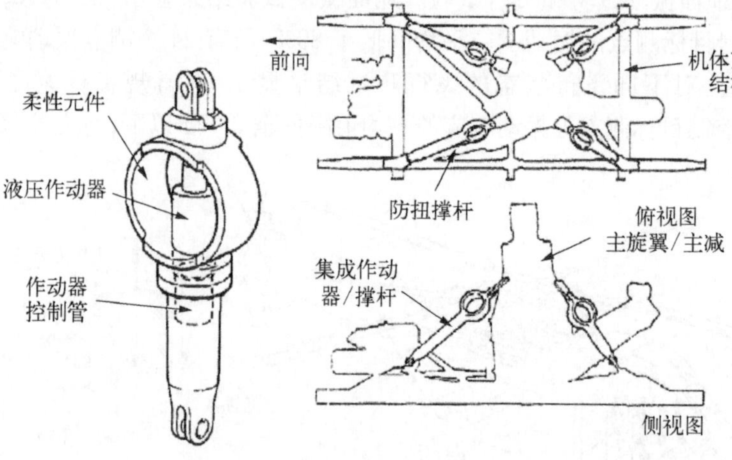

图 1.16　应用于 EH101 直升机的 ACSR 作动器布置示意图

美国 Sikorsky 公司采用 ACSR 对 S76B 直升机进行了振动主动控制研究(Welsh et al., 1990)。将 6 个液压作动器布置在主减速器与机体连接结构处,如图 1.17 所示,在机舱、发动机等位置布置传感器。设计的 ACSR 控制器可根据最多 10 个加速度传感器的信号计算出 4 个作动器的控制信号。将 S76B 直升机在主旋翼桨毂处和尾桨桨毂处悬挂,在桨毂处施加 1Ω、$(N_b-1)\Omega$、$N_b\Omega$ 和 $2N_b\Omega$ 的振动载荷模拟旋翼振动载荷,对机体进行了 ACSR 地面振动试验。试验结果表明,驾驶舱的 $N_b\Omega$ 振动水平降低了 86%,$(N_b-1)\Omega$ 和 $2N_b\Omega$ 振动水平降低了 50%。在 60~120 节前飞速度状态下的飞行仿真试验结果表明,采用 ACSR 使正副驾驶员座椅处的振动水平全程低于航空设计标准 ADS－27 的指标。对瞬间改变飞行状态的仿真试验结果表明,ACSR 系统具有较好的自适应性,尽管机体振动响应会随飞行状态的变化而增加,但是不会超过无控状态时的振动响应。飞行过程中 ACSR 作动器的最大作动力为 2 000~3 200 磅,驱动 4 个作动器所需的最大功率为 9.5 马力①,远小于 HHC 所需的功率。

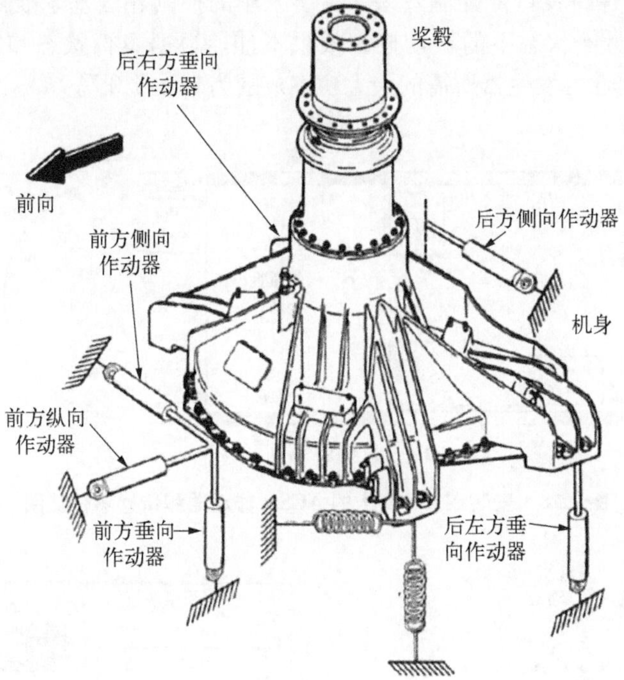

图 1.17　应用于 S76B 直升机的 ACSR 作动器布置示意图

在 ACSR 概念的基础上,美国 Sikorsky 公司为 UH60 直升机建立了振动主动控制(active vibration control, AVC)系统(Welsh et al., 1995),并进行了振动主动控制飞行试验。这种 AVC 系统由 10 个布置在机体上的加速度传感器、两个伺服惯性力发生器和一套控制系统构成。图 1.18 显示了安装在 UH60 上的 ACSR 作动器和传感器位置图,图 1.19 显示了应用于 UH60 直升机的 AVC 液压惯性作动器示意图,AVC 系统的两个作动器安装在机体的两个承力点处,这种由液压伺服作动器、动力吸振器、内反馈传感器等构成的混合惯性力发生器可在 17.2 Hz 频率处每英寸②行程产生 1 200

① 1 马力(hp)= 745.7 瓦(W)。
② 1 英寸(in)= 2.54 厘米(cm)。

磅力①的输出力，能在桨叶一阶通过频率 $N_b\Omega$ 处提供最大 1 500 磅力的作动力。针对 $N_b\Omega$ 处的振动响应为该 AVC 系统设计了一种自适应频域控制算法。对不采用振动控制方案、采用被动控制方案和采用 AVC 系统在不同前飞速度、变旋翼转速和转换至悬停状态等飞行状态下进行了飞行试验。试验验证了 AVC 系统相对于无控和被动控制的优势，在 145 节前飞速度下可实现 65%的振动控制效果，而被动控制的效果仅达到 45%。当旋翼转速在工作转速的 96%～105%范围内变化时，AVC 系统能够保持良好的控制效果。由于采用的控制算法基于准稳态假设，AVC 系统对转换至悬停状态下的振动控制效果不佳。根据飞行状态和旋翼转速的不同，驱动两个惯性力发生器所需的最大功率范围为 0.8～1.0 马力。

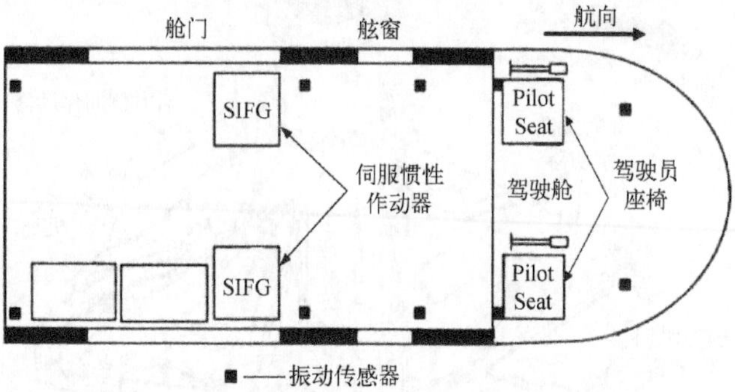

图 1.18　安装在 UH60 上的 ACSR 作动器和传感器位置图

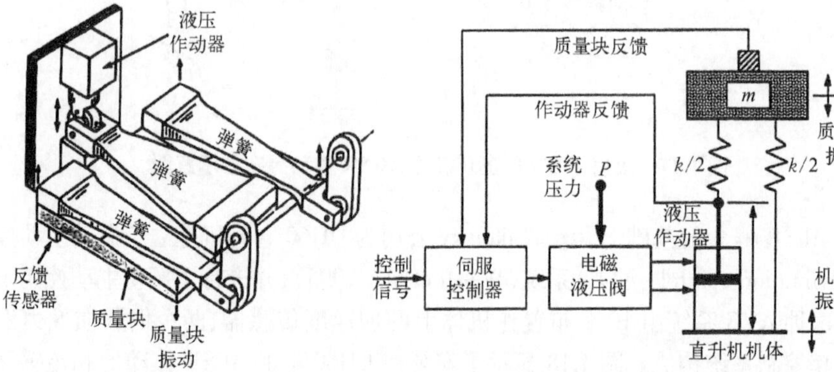

图 1.19　应用于 UH60 直升机的 AVC 液压惯性作动器示意图

Sikorsky 公司为 S92 直升机建立了 AVC 系统并进行了振动主动控制飞行试验(Goodman et al., 2000)。该 AVC 系统由 10 个布置在驾驶舱和机舱等位置的传感

① 1 磅力(lbf) = 4.448 22 牛(N)。

器、2~3 个旋转式惯性作动器,以及一套控制系统构成。旋转式惯性作动器由电子元件和数对反向同转速旋转的偏心机械元件构成,可在主通过频率 $N_b\Omega$ 处产生 1 000 磅的作动力,通过控制机械元件旋转的相位关系可任意控制作动力的相位,如图 1.20 所示。AVC 的控制算法采用应用于 HHC 系统的频域控制算法。基于 S92 直升机机体有限元模型,对作动器的数量和安装位置进行了参数化研究,对不同作动器配置方案进行了评估。在不同前飞速度和载重状态下的飞行试验表明,从悬停至 150 节前飞速度范围内,AVC 系统使驾驶舱和机舱在 $N_b\Omega$ 处的平均振动响应降至 0.15g 以下,取得了 50%以上的振动控制效果。

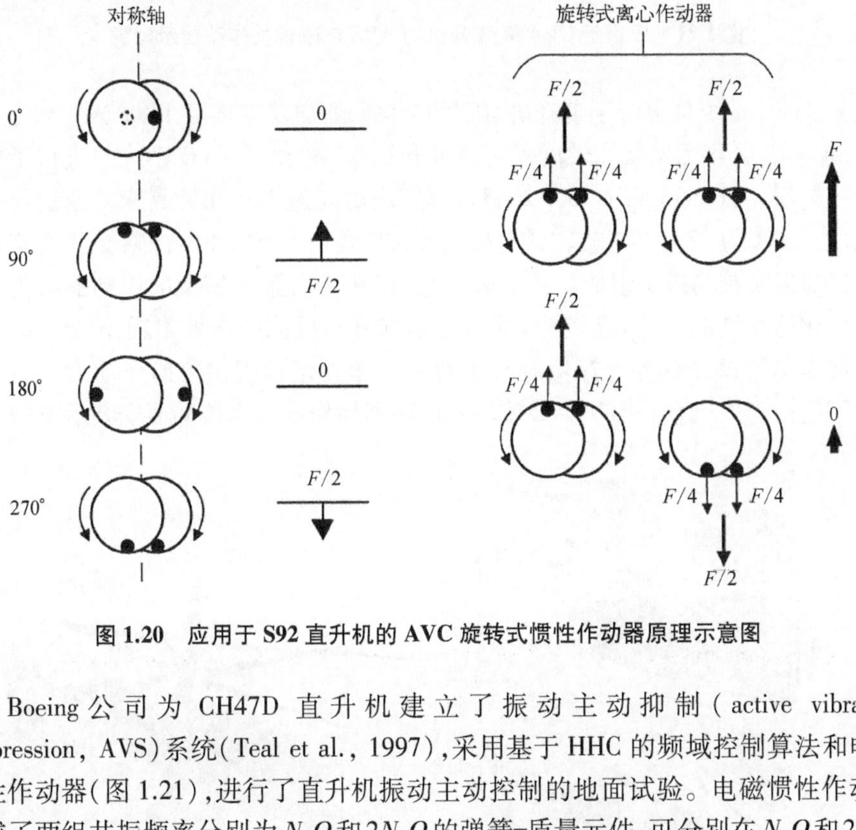

图 1.20　应用于 S92 直升机的 AVC 旋转式惯性作动器原理示意图

Boeing 公司为 CH47D 直升机建立了振动主动抑制(active vibration suppression, AVS)系统(Teal et al., 1997),采用基于 HHC 的频域控制算法和电磁惯性作动器(图 1.21),进行了直升机振动主动控制的地面试验。电磁惯性作动器集成了两组共振频率分别为 $N_b\Omega$ 和 $2N_b\Omega$ 的弹簧-质量元件,可分别在 $N_b\Omega$ 和 $2N_b\Omega$ 处生成2 600 磅和 1 500 磅的作动力,从而实现对直升机前两阶桨叶通过频率振动响应的抑制。地面振动试验表明 AVS 系统可使驾驶员座椅处的振动响应降低 30 分贝, $N_b\Omega$ 的振动控制效果达到了 97%。Eurocopter 公司将三个电磁惯性作动器和四个加速度传感器布置在 EC225/725 直升机的驾驶舱和机舱位置,设计了一套 AVC 系统进行振动主动控制研究(Vignal, 2005)。通过直升机机体有限元模型的参数化研究优化了作动器的配置方案,在 40~150 节前飞试验中取得了良好的控

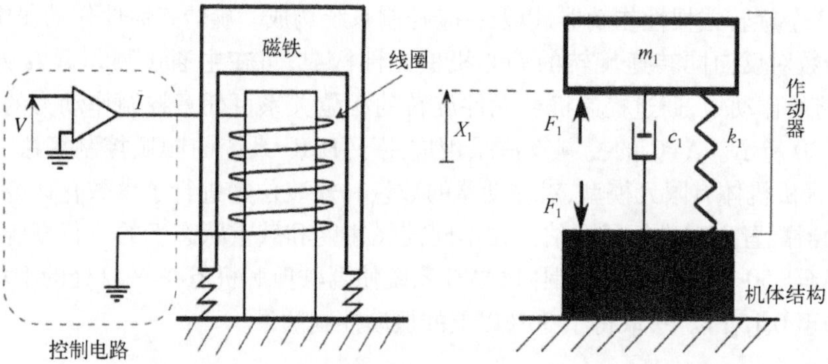

图 1.21　应用于 CH47D 直升机的 AVS 电磁惯性作动器示意图

制效果，AVC 系统总重低于直升机总重的 0.8%，所需功率不足 1 000 W。

Sikorsky 公司为共轴刚性旋翼高速直升机 X2 建立了 AVC 系统并进行了振动主动控制研究（Blackwell et al., 2008），以解决由高速飞行和旋翼变转速引起的振动问题。AVC 系统由 6 个旋转式电磁惯性作动器、10 个加速度传感器、1 个旋翼转速传感器以及控制系统组成。基于 X2 直升机机体有限元模型的作动器和传感器布置优化仿真结果，作动器布置于主减速器撑杆与机体连接处附近，3 个作动器提供垂向作动力，2 个作动器提供航向作动力，1 个作动器提供侧向作动力。图 1.22 显示了应用于 X2 直升机的 AVC 旋转式电磁惯性作动器和传感器安装示意图。在

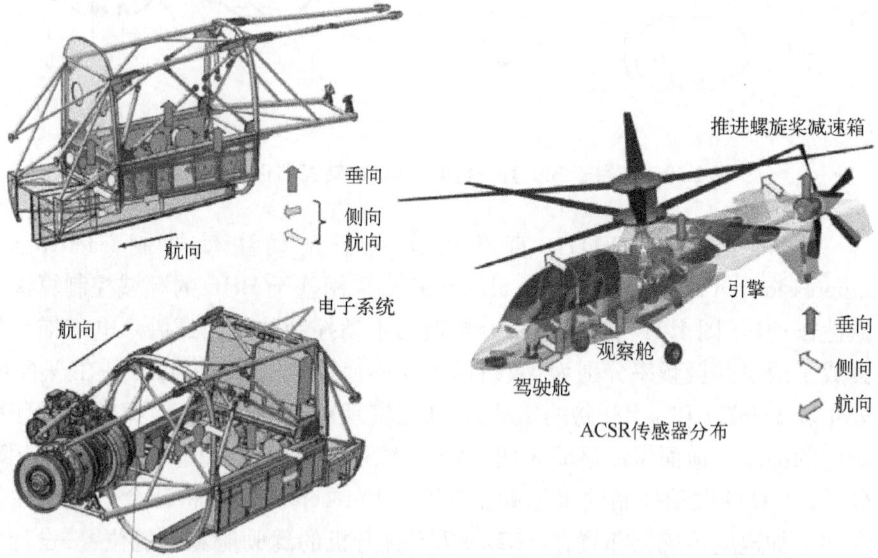

图 1.22　应用于 X2 直升机的 AVC 作动器和传感器安装示意图

23~31 Hz 范围内选取了 5 个旋翼转速对 X2 直升机进行了振动主动控制仿真，结果表明采用 AVC 可使主副驾驶员座椅处地板的振动响应在大多数旋翼转速下降低至 0.1g 以下，远低于无控制时的机体振动响应。

在直升机 ACSR 的理论方面也开展了很多研究。Cribbs 等（Cribbs et al., 2000a, 2000b）和 Chiu 等（Chiu et al., 1997, 1996）采用有限元线性机体模型和基于挥舞-摆阵-扭转动力学耦合的柔性无铰式非线性桨叶模型的旋翼模型，构建了旋翼/机身气弹耦合模型，通过在机体与主减速器连接结构处布置的 4 个作动器建立了 ACSR 系统。利用准定常气动模型计算气动载荷，采用时域控制算法对机体振动响应进行主动控制，计算结果表明，ACSR 系统使机体振动水平降低至 0.05g 以下，控制效果显著。Heverly 等（Heverly et al., 2001）基于"阿帕奇"直升机的降阶机体动力学模型，以机体上 11 个节点为控制点，建立了针对控制点在 $N_b\Omega$ 处的振动水平、作动器控制功率和非控制点振动水平的加权二次型优化目标函数，对作动器的布置形式进行了多目标综合优化分析。与作动器集中布置的振动控制方案相比，作动器布置优化的 ACSR 系统的振动控制效率提高了 10%，控制功率降低了 41%。Anita 等（Anita et al., 2002）采用平衡降阶法建立了主减速器/机体耦合动力学模型，建立了最小化机体振动水平的闭环控制算法，对传感器和作动器的位置进行了优化，结果表明传感器的位置对控制效果有显著影响，所提出的 ACSR 系统可同时降低机体和主减速器的振动水平。

1.4.3　直升机振动主动控制算法

直升机振动主动控制的实现依赖于控制器实时计算的作动信号，作动信号输入作动器驱动机体结构产生作动响应，抵消旋翼激励载荷引起的激励响应从而降低机体振动水平。因此，优异的控制算法是实现控制效果好、自适应性强、收敛速度快的直升机振动主动控制的关键。根据振动控制算法是否需要将响应信号和控制信号等变换到频域进行计算，振动主动控制算法大致可分为频域控制算法和时域控制算法两大类。

直升机机体振动的频率主要是桨叶主通过频率及其高阶谐波，因此，HHC 系统中应用的频域算法同样广泛应用于 IBC、ATRC 和 ACSR 等其他针对旋翼和机体的直升机振动主动控制。HHC 中的频域算法将振动响应信号进行离散傅里叶（discrete Fourier transform, DFT）变换，在频域内通过优化算法计算控制信号的幅值、相位和频率，再通过 DFT 的逆变换计算时域控制信号，输入作动器实施振动主动控制。Johnson（Johnson, 1982）对早期 HHC 的多种算法的历史及其应用和理论进行了详细的概述，并总结出 HHC 中算法的特征：① 线性、准定常的直升机控制输入响应的频域模型；② 基于最小二乘或卡尔曼滤波等方法识别直升机动力学模型；③ 一个最小化二次型性能函数的控制器。图 1.23 显示了应用于直升机振动主动控制的 HHC 算法的示意图。

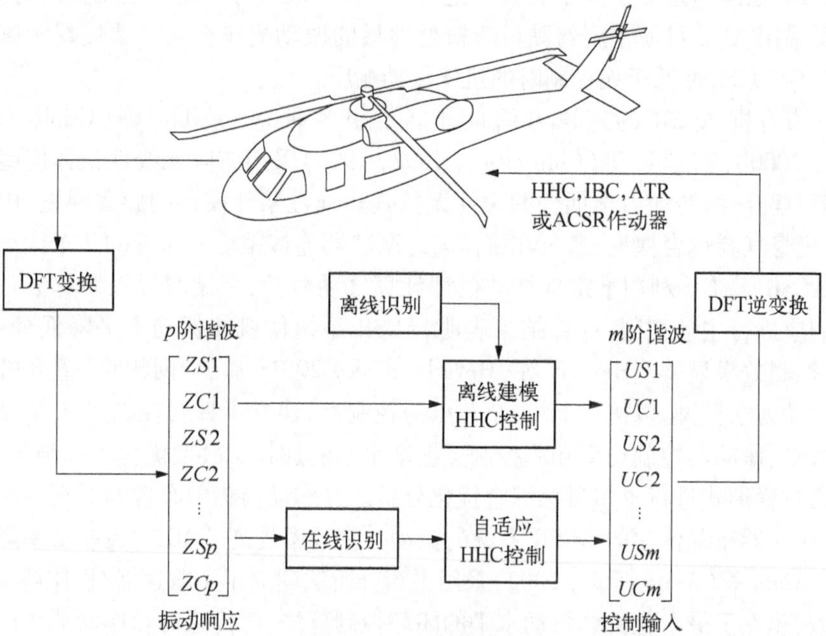

图 1.23　HHC 算法示意图

20 世纪 50 年代，Steward（Steward，1952）提出了一种二阶谐波控制算法，通过生成 2Ω 的桨叶变距控制输入来推迟后行桨叶动态失速的发生，提升前飞速度。Payne（Payne，1958）将二阶谐波控制算法扩展为高阶谐波控制（HHC）算法，以进一步推迟后行桨叶动态失速的发生。Bell 直升机公司将二阶谐波控制应用于UH－1A 直升机以降低旋翼振动载荷，测试结果表明 2Ω 的控制输入对旋翼振动载荷有显著影响（Wernicke et al.，1963）。美国 Ames 研究中心的 Kretz 等（McCloud et al.，1974；Kretz et al.，1973a，1973b）采用 HHC 算法进行了旋翼振动主动控制的风洞试验和分析，引入了线性、准静态的旋翼响应频域模型，基于风洞试验数据采用最小二乘算法计算从控制输入到控制响应的传递函数，并引入传递函数矩阵以描述控制输入与控制响应的关系，引入基于桨叶载荷的二次型目标函数，建立了一套 HHC 算法。风洞试验表明，在桨尖速度比为 0.4 时，采用 HHC 可使旋翼的振动载荷降低 50%；理论分析表明，振动抑制率可提升至 80%。

Boeing 公司的 Shaw 等（Shaw et al.，1989，1981；Shaw，1980；McHugh et al.，1978）基于一个四片桨叶的无铰式旋翼模型开展了一系列 HHC 振动控制的研究，提出了基于 HHC 的闭环反馈控制算法，通过直接对传递函数矩阵求逆计算反馈增益矩阵，以降低 3Ω、4Ω 和 5Ω 的桨毂载荷为目标进行了风洞试验研究。试验结果表明，在前进比为 0.2 时，桨毂振动载荷降低了 90%，在其他飞行状态下的桨毂载荷也得到了一定程度的降低。Shaw 等进一步对基于 HHC 的反馈控制算法进行了理论研究,计算了当飞行状态瞬时改变时的直升机振动响应,研究了固定反馈增益的 HHC 算法的稳定性。分析表明,对于单谐波单输入单输出系统控制,HHC 算法具备良好的控制效果和稳定性。但是,当控制为双谐波、多目标时,传递函数矩阵的变化引起了控制系统的不稳定。因此,Shaw 等提出了采用 Kalman 滤波在线识别传递函数矩阵的自适应 HHC 算法,提升了 HHC 算法的鲁棒性,实现了双谐波、双目标的同时控制。他们基于 CH47D 直升机的动力学相似缩比模型,利用开环试验数据建立了 HHC 控制系统的离线模型,采用固定增益反馈 HHC 算法进行了桨毂振动载荷控制的风洞试验研究,在多个飞行状态下实现了多方向桨毂载荷的有效抑制。

尽管采用 Kalman 滤波在线识别传递函数矩阵可一定程度避免直升机飞行过程中参数变化引起的控制效果下降甚至发散的现象,但是,此类方法由于依赖于控制过程中传感器测量噪声的频谱和误差协方差等统计数据,如果设置不当会影响识别速度和控制稳定性。因此,研究人员提出了多种传递函数矩阵在线识别算法。Jacklin(Jacklin, 1998)对比分析了加权最小二乘法、经典 Kalman 滤波法、经典最小均方(least mean square, LMS)法、广义 Kalman 滤波法、广义 LMS 法五种在线识别算法在不同振动环境下的识别性能,在识别准确性、稳定性、收敛性、计算速度和实施难易度等方面对这些算法进行了评价。闭环控制的仿真结果表明,除了加权最小二乘法以外,其余四种算法都适用于 HHC 的传递函数矩阵在线识别,且识别误差相当。经典 LMS 法由于需要调节的参数最少,计算速度最快也最易于实现,但是与其他算法相比识别的准确性稍差。

Patt 等(Patt et al., 2005)详细分析了 HHC 算法的鲁棒性和收敛条件,在此基础上提出了一种松弛系数的 HHC(relaxed HHC)算法,对多种不同 HHC 算法(离线建模 HHC、自适应 HHC 以及松弛系数的 HHC 算法)的对比分析表明,离线建模 HHC 算法适应性较差,在直升机下降飞行状态中无法稳定控制,自适应 HHC 和松弛系数的 HHC 算法可全程实现稳定的振动控制效果,尽管采用松弛系数会导致控制的收敛速度变慢,但是可以提升振动控制的效果。在此基础上,采用递归最小二乘法(recursive least squares, RLS)对传递函数矩阵进行识别,并且在谐波控制信号上叠加持续激励信号,进一步提出了自适应谐波稳态(adaptive harmonic steady-state, AHSS)控制算法(Chandrasekar et al., 2006)。理论分析表明(Astrom et al., 1995),通过施加合适的持续激励信号,传递函数矩阵将随着控制时间的增加最终收敛到真实值,仿真和试验结果验证了 AHSS 算法对多输入多输出多谐波控制的控制效果和稳定性。

Kamaldar 等(Kamaldar et al., 2017)采用归一化步长的梯度下降法,对控制系统频响函数的实部和虚部进行识别,提出了一种新型的 AHSS 控制算法。这种算法无需在控制信号中施加额外的信号,计算量小易于实施。数值分析表明了当控制输入与测量响应数量相等时控制算法的稳定性。大量随机控制系统的仿真表明,当控制输入点的数量大于测量点的数量时,系统响应可以收敛至0;当控制输入点的数量小于测量点的数量时,由于无法保证频响函数的识别精度,无法达到最优控制,但是所提出的AHSS控制算法也能取得比离线建模HHC算法更好的控制效果。

上述基于HHC算法的自适应HHC和AHSS算法都依赖于测量响应的DFT计算数据,且控制输入修正的时间间隔需要足够长以等待系统响应满足谐波稳态假设。控制输入修正时间间隔通常建议大于$4/(\xi\omega_n)$,其中ξ和ω_n分别是系统阻尼比和最低自然频率(Kamaldar et al., 2017)。对于阻尼低且自然频率较低的直升机机体结构,此类控制算法过长的控制输入修正时间间隔会导致控制收敛时间过长,无法满足高性能直升机振动控制的要求,这也是基于HHC的多种频域算法无法避免的缺点。为了提升自适应控制算法的收敛性,Kamaldar等(Kamaldar et al., 2018)提出了一种基于时域采样数据的自适应谐波控制算法,通过对系统的频响和激励响应的识别对测点响应进行反馈控制,仿真和试验验证了该算法相比于此前的AHSS算法具有更快的收敛速度。值得注意的是,这种算法的反馈模块涉及矩阵求逆计算;此外,为了避免由瞬态响应造成的控制饱和引起的控制效果下降的情况,在每个采样时间内都需要对系统频响矩阵进行特征值计算,当系统控制输入和测点的数量较多时,会大大增加算法的计算量,影响了该算法的实用性。而且这种算法由于未引入持续激励信号,无法确保系统频响的准确识别。

与频域控制算法不同,应用于直升机振动主动控制的时域算法通常采用状态空间或者滤波器的形式描述直升机振动控制系统的数学模型,由于无需对振动响应信号进行DFT变换,也无需较大的控制输入修正时间间隔以等待响应达到谐波稳态,因此控制修正速度更快。但是,需要对作动系统、测量系统和机体结构进行耦合动力学建模,控制效果依赖于建模精度,控制系统更为复杂,计算量更大(Pearson et al., 1994)。基于系统状态的时域反馈算法由于直接根据系统响应产生反馈信号,因此可以在较宽的频率范围内抑制瞬态响应,但是对于窄带宽的谐波稳态响应的抑制效果不如频域控制算法,且需要建立状态观测器对系统状态进行识别。Hanagud等(Hanagud et al., 1994)采用状态空间描述简化后的直升机旋翼/机身耦合动力学模型,基于Glover-Doyle算法设计了一种H_∞算法对机体$N_b\Omega$处的振动响应进行主动控制研究。Cribbs等(Cribbs et al., 2000a, 2000b)和Chiu等(Chiu et al., 1997, 1996)基于BO-105直升机的ACSR研究则利用状态空间在时域上计算了抵消机体多阶谐波振动响应所需的四个作动器的作动力,设计了时域ACSR控制算法。Walchko等(Walchko et al., 2007)为了弥补频域算法延迟较高、算法精度受瞬态响应影响等缺点,基于线性二次高斯(linear quadratic Gaussian, LQG)算法和频域算法设计了时域/频域混合自适应控制算法。Hugin等(Hugin et al., 2007)采用滤波 x-LMS 算法对 Lynx Mk7 直升机机体模型进行了多输入多输出振动主动控制地面试验研究,取得了 20 dB 以上的振动抑制效果。

1.5　直升机振动智能控制

目前,直升机振动主动控制系统的作动器通常采用液压式作动器、电磁式移动惯性作动器、离心式旋转惯性作动器等传统作动器,尽管可以提供较大的作动力,但是往往存在附加质量大、控制延迟时间长、工作频带窄等缺点,限制了直升机振动主动控制性能的发挥。随着智能材料技术的发展,直升机振动主动控制领域开始着眼于质量轻、速度快且工作频率宽的智能作动器。其中压电作动器具有远高于液压或惯性作动器的功率密度,单位体积的输出能量是传统作动器的 100~1 000 倍,单位质量的输出能量可达到传统作动器的 10 倍(Niezrecki et al., 2001),受到了直升机振动主动控制领域的关注。Hanagud 等(Hanagud et al., 1994)初步分析了采用压电传感器和作动器在直升机上实施 ACSR 的可行性,用一个带集中质量的有限元梁模型模拟直升机机体,在桨毂位置节点处施加简谐载荷模拟旋翼载荷,采用压电作动器和传感器对机体振动响应进行主动控制并取得了 60%的振动控制效果。Walchko 等(Walchko et al., 2007)和 Heverly(Heverly, 2002)采用压电叠层作动器进行了直升机振动主动控制研究,参照 AH64 直升机尾梁建立了该尾梁的缩比有限元模型,采用最优分布作动布置方法优化了作动器的安装位置,振动主动控制试验验证了采用压电作动器的 ACSR 系统的控制效果。仿真结果表明采用压电作动器的 ACSR 系统可在多种直升机机动飞行状态下降低机体振动水平,全程满足 ADS－27 要求。Singhvi 等(Singhvi et al., 2005)基于简化的二自由度直升机动力学模型,采用压电叠层作动器和传感器进行了 ACSR 主动控制研究,并分析了作动器和传感器对直升机动力学特性的影响。

本专著作者系统深入地研究了压电智能作动器驱动和高性能控制算法的直升机振动主动控制,并取得了开创性的研究成果。Song 等(Song et al., 2015, 2014, 2013;宋来收,2013)为了避免传统 HHC 算法因采用 DFT 方法导致的控制时滞等问题,采用 RLS 算法识别控制响应误差谐波系数,采用最陡梯度法更新控制谐波系数,提出了谐波同步识别-修正(HSIU)算法。仿真和试验结果表明,该算法与传统频域算法相比收敛速度更快、自适应性更强。Meng 等(Meng et al., 2020a, 2020b, 2018;孟德,2020)采用 LMS 法进行控制响应误差的谐波系数识别,结合滤波 x-LMS 算法,提出了多谐波多输入多输出前馈自适应滤波算法,采用压电叠层作动器对直升机的座舱地板动力学相似模型进行了 ACSR 仿真和试验研究。Lang 等(Lang et al., 2022a, 2022b, 2022c, 2022d, 2019;郎凯,2021)针对现有直升机振动主动控制中频域前馈算法存在收敛速度慢、时域反馈算法需要控制系统全状态识别等问题,提出了直升机振动主动控制的谐波前馈-滑模输出反馈的频域-时域混合算法。针对旋翼变转速直升机机体振动特征和旋翼振动载荷频率大范围变化时的振动控制难点,提出了旋翼变转速直升机振动主动控制的归一化自适应混合算法,解决了现有直升机振动主动控制算法在旋翼振动载荷频率发生较大变化时不能控制的问题,实现了旋翼变转速下旋翼振动载荷频率的跟踪和机体振动的自适应谐波控制。针对现有的结构振动主动控制方法都是以降低结构目标测量点的振动响应为控制目标的局部振动控制,提出了以降低传递到机体结构的振动载荷为控制目标的机体全域振动智能控制新方法,解决了现有的振动主动控制方法存在的在目标测量点以外的地方振动控制效果不佳甚至有的地方还超过了没有控制时的振动水平的普遍问题,实现了直升机机体的整体振动水平的有效控制。

压电智能材料作动器具有质量轻、体积小、输出力大、行程短、反应速度快、工作频带宽等显著优点,例如,一根食指大小的压电叠层作动器,质量仅几十克、输出力超 1 000 N、行程微米级、响应速度毫秒级、工作频带超 1 000 Hz,可成为直升机振动主动控制理想的作动器。本专著作者在直升机机体振动主动控制算法方面,采用 RLS 算法识别控制响应误差谐波系数,采用最陡梯度法更新控制谐波系数,在国际上提出了谐波同步识别-修正(HSIU)算法,避免了传统 HHC 算法因采用 DFT 方法导致的控制时滞等问题。在 HSIU 算法基础上,又提出了一系列高性能的自适应控制算法,使主动控制器成为智能控制器。本专著作者把具有智能作动器和智能控制器的直升机振动主动控制定义为直升机振动智能控制,可实现比传统的直升机振动主动控制更轻的附加质量、更高的控制效果和更好的控制性能,为发展直升机振动控制开辟了新方向。在本专著作者深入研究的基础上,本专著系统提出并阐述了直升机机体振动智能控制的建模、理论、控制算法、求解方法、仿真和试验技术。

第2章

机体线梁结构振动智能控制系统建模

2.1 引言

直升机机体弹性线梁结构模型已广泛应用于直升机的振动响应分析和机体结构响应主动控制研究中(Lu et al., 2005; Bauchau et al., 2004; Yeo et al., 2001),在压电作动器应用于直升机机体振动智能控制的可行性研究中,Hanagud 等(Hanagud et al., 1994)将机体结构模拟为一带集中质量的弹性线梁有限元模型,随后美国宾夕法尼亚州立大学基于某型直升机动力学有限元模型,通过自由度缩减及动力学相似建立了直升机机体弹性线梁有限元模型,对压电叠层作动器应用于直升机结构振动主动控制的分布形式和控制能力进行仿真研究(Walchko et al., 2007; Heverly et al., 2001),结果表明分布式作动器在较低控制力驱动下能够得到更好的控制效果,压电叠层作动器可用于直升机机身的结构响应主动控制,讨论了压电叠层作动器在用于直升机振动主动控制时的安装形式,设计了在根部安装有压电叠层作动器的悬臂尾梁结构,进行了控制实验研究(Heverly, 2002)。

压电叠层作动器作为性能优良的智能驱动器,具有质量轻、体积小、机电转换效率高等优势,但作为应变型作动器,压电叠层作动器对外部结构的驱动力和驱动位移不仅和压电叠层作动器本身的特性有关,而且与驱动位置的外部结构动态特性相关,因此如何选择作动器安装位置及控制器参数以实现在控制电压输入约束下最佳振动控制效果是压电作动器应用于结构振动主动控制有效性的关键因素,目前,多种优化准则已用于压电作动器优化配置,如:最大可控性准则(Peng et al., 2005; Wang et al., 2001; Arbel, 1981),最大耗散能准则(Yang et al., 2005; Gao et al., 2003),最小化系统 H_2 范数准则(Liu et al., 2006; Hiramoto et al., 2000),以及多个指标相互平衡而产生的综合指标准则等(Bruant et al., 2010; Roy et al., 2009; Dhuri et al., 2006; Zhu et al., 2002, 1999)。但较多的针对结构的瞬态振动特性或随机激励振动环境,直升机机体振动控制则主要是针对非共振区的谐波振动,是直接以机体关键点处的谐波振动响应幅值最有效抑制为控制目标。

由于机体结构的动力学特性复杂，工程经验在作动器的位置选择过程中具有重要指导意义，为了提高作动器安装位置选择的目的性，避免对工程经验的依赖，Heverly(Heverly, 2002)基于缩减后的 AH64 直升机机体弹性线梁有限元模型，对压电叠层作动器应用于直升机结构响应主动控制的作动形式和分布情况进行了优化。宋来收等基于直升机弹性梁模型特征和压电叠层作动器的驱动特性，建立了直升机机体/压电叠层作动器耦合结构，基于耦合结构的参数优化方法(Rao et al., 1991)，对直升机机体弹性线梁模型进行了主动控制建模与数值分析(Song et al., 2015, 2014, 2013; 宋来收, 2013; 宋来收等,2011)。

在本专著作者深入研究的基础上，本章针对直升机的稳态谐波振动特征和压电叠层作动器的驱动特性，采用基于频响函数的子结构法阐述了直升机机体/压电叠层作动器的耦合方程与基于耦合模型优化方法，以最小化控制点处的加速度响应为目标优化准则，对作动器安装位置和控制器参数进行一体化优化。针对直升机上允许安装作动器的位置是离散的而控制器参数是连续的混合优化问题，采用改进实数编码遗传算法同时优化作动器安装位置离散变量和控制器加权参数连续变量，以得到在考虑控制输入约束条件下的最有效振动控制，进而基于机体弹性线梁模型对直升机机体线梁结构振动智能控制进行了数值分析，阐述了直升机机体线梁结构振动智能控制系统动力学建模的理论和方法。

2.2 压电叠层作动器驱动模型

2.2.1 压电材料工作原理

压电陶瓷是多晶体材料，它由无数细微的电畴组成，这些电畴是自发极化的小区域，自发极化的方向完全是随机的，电畴的极化效应彼此相抵消，并不具有压电性能。但电畴经过极化处理(施加强直流电场)，使得压电材料的自发极化在外电场方向上具有一定的方向性并在撤销极化电场后仍保持一定的剩余极化强度，当存在外电场或外部机械力作用下，极化强度随之变化，而呈现压电效应或逆压电效应。

压电材料具有正、逆压电效应，对压电元件施加机械变形时，引起内部正负电荷中心发生相对移动而产生电的极化，从而导致压电元件相对表面上呈现符号相反的等量束缚电荷，而且电荷密度与外加机械变形成比例，这种现象称为正压电效应。正压电效应反映了压电材料具有将机械能转化为电能的能力。检测压电元件表面上的电荷变化，即可知道变形量，因此利用压电材料的正压电效应，可将压电材料制成传感器。

如果在压电陶瓷极化方向上对两相对表面上施加电压，由于电场的作用，造成压电元件内部正负电荷中心产生相对位移,导致压电元件产生机械变形,这种现象称为逆压电效应。逆压电效应反映了压电材料具有将电能转化为机械能的能力,利用逆压电效应,可将压电材料制成作动元件,其驱动形式可分为三类:① 利用极化方向上施加电场在与极化方向正交的方向产生的机械变形驱动外部结构的片状作动器,如图 2.1(a)所示;② 利用与极化方向正交的方向上施加电场产生剪切变形驱动外部结构的片状作动器,如图 2.1(b)所示;③ 利用极化方向上施加电场在极化方向上产生的机械变形驱动外部结构的叠层型作动器,如图 2.1(c)所示,图中,P 代表极化方向,E 表示电场强度方向(Song et al., 2013)。压电片型作动器通常贴于结构表面或嵌入结构,在需要控制力较小的情况下可用于结构振动控制;而压电叠层作动器通过多片压电片叠加实现大功率输出,可用于需要控制力较大的振动智能控制领域。

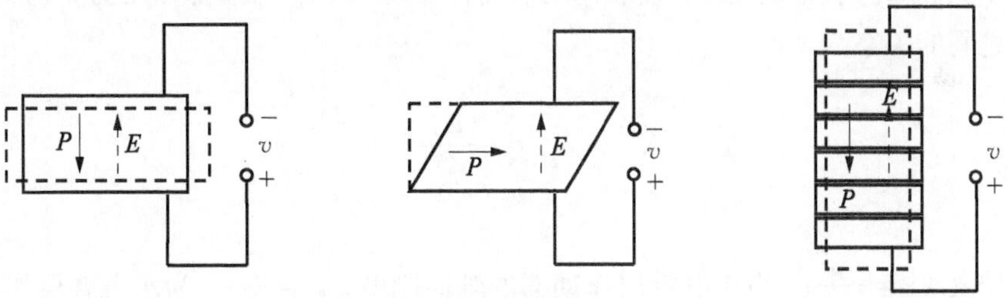

(a) 横向变形式　(b) 剪切式　(c) 叠层式

图 2.1　压电作动器驱动形式

2.2.2　压电叠层作动器力学模型

压电叠层作动单元如图 2.2 所示,忽略电极及黏结层,则压电叠层作动器由压电片机械串联构成。直升机机体结-构振动智能控制的工作频率(几十赫兹)通常远低于压电叠层作动器的一阶固有频率(几千赫兹以上),可不考虑压电叠层作动器自身的惯性特性影响,压电材料的一维本构方程为(Meitzler, 1987)

$$\sigma_3 = c_{33}^{E}\varepsilon_3 - e_{33}E_3 \tag{2.1}$$

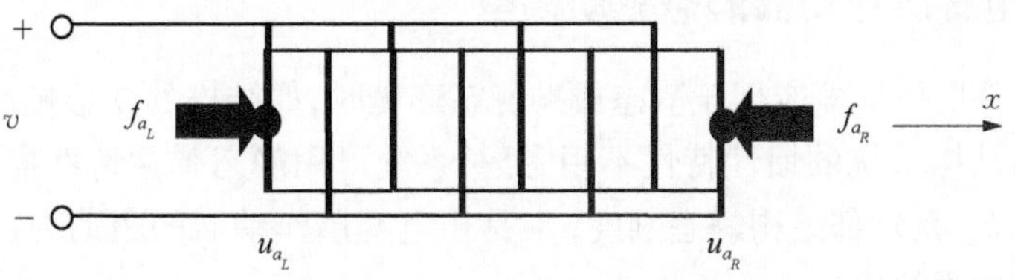

图 2.2　压电叠层作动单元

式中，σ_3 和 ε_3 分别是压电叠层作动器的轴向应力和应变，下标 3 表示材料的极化方向f_{a_L}（3－3 方向）；E_3 是电场强度；c_{33}^E 是电场为零或常数时压电材料的弹性模量；e_{33} 是压电应力常数。忽略电场的边缘效应，根据压电片电学并联的特点，电场强度 $E_3 = v/h$，式中，v 是施加的电压，h 是压电片的厚度。

由式(2.1)得到：

$$f_{a_L} = -f_{a_R} = f_a = A_a\sigma_3 = A_a c_{33}^E \frac{u_{a_R} - u_{a_L}}{l} - A_a e_{33} \frac{v}{h} \tag{2.2}$$

式中，f_{a_L} 和f_{a_R} 分别是压电叠层作动器两端的作用力；u_{a_L} 和 u_{a_R} 分别是压电叠层作动器两端的轴向位移；l 是压电叠层作动器的长度；A_a 是压电叠层作动器的横截面积。由式(2.2)可以得到压电叠层作动器的伸缩位移 Δu_a 与端部作用力f_a、外加电压 v 之间的关系为

$$\Delta u_a = u_{a_R} - u_{a_L} = \frac{l}{A_a c_{33}^E} f_a + \frac{l e_{33}}{c_{33}^E h} v \tag{2.3}$$

定义 $k_{in} = \dfrac{A_a c_{33}^E}{l}$ 为压电叠层作动器的轴向刚度、$k_v = \dfrac{c_{33}^E h}{l e_{33}}$ 为压电叠层作动器的广义电压刚度，则：

$$k_{in} = \frac{A_a c_{33}^E}{l} = \frac{f_{a(\varepsilon_3 = 0)}}{\Delta u_{a(\sigma_3 = 0)}} \tag{2.4a}$$

$$k_v = \frac{c_{33}^E h}{l e_{33}} = \frac{v}{\Delta u_{a(\sigma_3 = 0)}} \tag{2.4b}$$

式中，$\Delta u_{a(\sigma_3 = 0)}$ 是无机械约束（$\sigma_3 = 0$）时的自由伸长量；$f_{a(\varepsilon_3 = 0)}$ 是刚性机械约束（$\varepsilon_3 = 0$）时的轴向力值。

2.2.3 压电叠层作动器静态驱动模型

当压电叠层作动器应用于静态或准静态环境时，如结构的变形控制等，激励的频率效应和结构系统的惯性特性不用考虑，系统可用静态弹性特性描述，如图 2.3 所示，图中，k_{ex} 是外部结构静态刚度，f_a 是压电叠层作动器的驱动力，Δu_a 是压电叠层作动器的驱动位移。

对压电叠层作动器和外部结构分别有驱动位移：

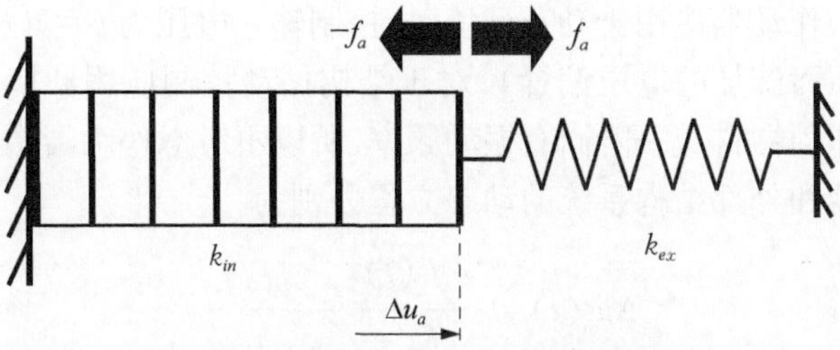

图 2.3　压电叠层作动器静态驱动模型

$$\Delta u_a = \frac{-f_a}{k_{in}} + \frac{v}{k_v} \tag{2.5a}$$

$$\Delta u_a = \frac{f_a}{k_{ex}} \tag{2.5b}$$

解方程组(2.5)可得静态驱动力 f_a 和驱动位移 Δu_a 分别为

$$f_a = \frac{k_{ex}k_{in}}{k_v(k_{ex} + k_{in})} v \tag{2.6a}$$

$$\Delta u_a = \frac{k_{in}}{k_v(k_{ex} + k_{in})} v \tag{2.6b}$$

从式(2.6)可以看出,压电叠层作动器的静态驱动力和驱动位移都与外部结构系统的静态刚度 k_{ex} 相关。

2.2.4　压电叠层作动器动态驱动模型

当压电叠层作动器应用于动态驱动环境时,如结构振动智能控制等,控制输入是与频率相关的动态输入,需要考虑结构系统的惯性和阻尼特性,如图 2.4 所示,k_{ex}、c_{ex} 和 m_{ex} 分别表示外部结构的静态刚度、阻尼和质量,$f_a(t) = \bar{f}_a e^{i\omega t}$ 是动态驱动力,$\Delta u_a(t) = \Delta\bar{u}_a e^{i\omega t}$ 是动态驱动位移。

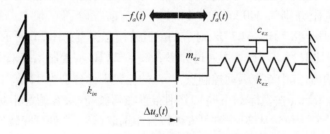

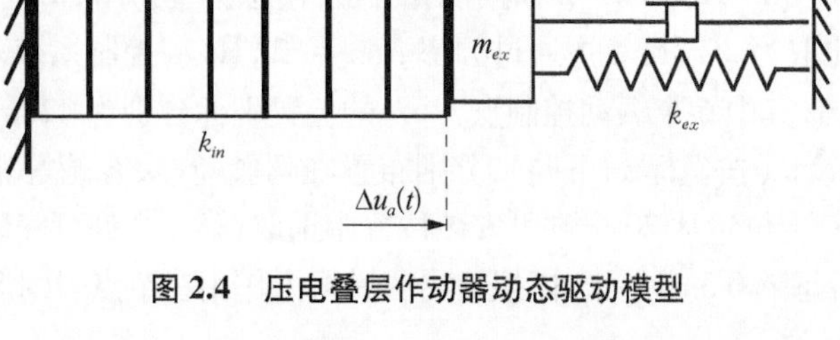

图 2.4　压电叠层作动器动态驱动模型

当压电叠层作动器应用于动态环境时，控制输入电压为 $v=\bar{v}(t)\mathrm{e}^{\mathrm{i}\omega t}$（此处分析不考虑保证受压而施加的电压偏置），对于结构振动控制应用环境，控制输入频率一般要远小于作动器自身一阶固有振动频率，所以不考虑作动器中弹性波效应，则压电叠层作动器和外部结构系统的动态方程分别为

$$\Delta u_a(t)=\frac{-f_a(t)}{k_{in}}+\frac{v(t)}{k_v} \tag{2.7a}$$

$$m_{ex}\Delta\ddot{u}_a(t)+c_{ex}\Delta\dot{u}_a(t)+k_{ex}\Delta u_a(t)=f_a(t) \tag{2.7b}$$

解方程(2.7)可得稳态驱动力幅值和驱动位移幅值分别为

$$\bar{f}_a=\frac{k'_{ex}k_{in}}{k_v(k'_{ex}+k_{in})}\bar{v} \tag{2.8a}$$

$$\Delta\bar{u}_a=\frac{k_{in}}{k_v(k'_{ex}+k_{in})}\bar{v} \tag{2.8b}$$

式中，$k'_{ex}=k_{ex}+\mathrm{i}\omega c_{ex}-\omega^2 m_{ex}$ 是外部结构的动刚度。

从式(2.8)表示的驱动力和驱动位移幅值可以看出，压电叠层作动器应用于动态驱动环境时，其输出特性与外部结构系统的动力学特性相关。

2.3 机体线梁结构振动智能控制动力学模型

2.3.1 机体弹性线梁结构振动控制模型

直升机机体结构整体上是一变截面自由梁，为简化分析，机体弹性线梁模型被广泛地应用于直升机的振动响应分析和机体结构响应主动控制研究。为研究直升机机体线梁振动智能控制，采用如图 2.5 所示的一长度 12 m，质量 2 800 kg 的简化机体弹性线梁有限元模型，每个单元节点包括垂向位移和俯仰角两个自由度，参数如表 2.1 所示，另外为了模拟主减速器、桨毂的质量影响，在旋翼激励作用点 O 处加了集中质量和集中质量距分别为 340 kg 和 1 140 kg · m^2，前五阶固有频率分别为 8.3 Hz、17.3 Hz、34.0 Hz、48.7 Hz、64.7 Hz，对应的前五阶模态振型如图 2.6 所示，数值分析中各阶模态阻尼比取为 2%，旋翼主通过频率 $N_b\Omega=$ 22 Hz。控制系统采用 4 点作动输入，6 点控制输出，其中 6 个振动控制点 $A\sim F$ 的位置坐标分别为1.2 m、1.8 m、3.0 m、3.6 m、4.5 m、7.2 m(按坐标 x，下同)，分别布置在驾驶舱、乘客舱等相对应的关键点处；4 个作动器安装位置从 20 个许可安装位置中选取，第一个许可安装位置的左端坐标为1.2 m，之后每隔 0.3 m 一个，模拟旋翼的激振力作用在节点 O(4.8 m)处。

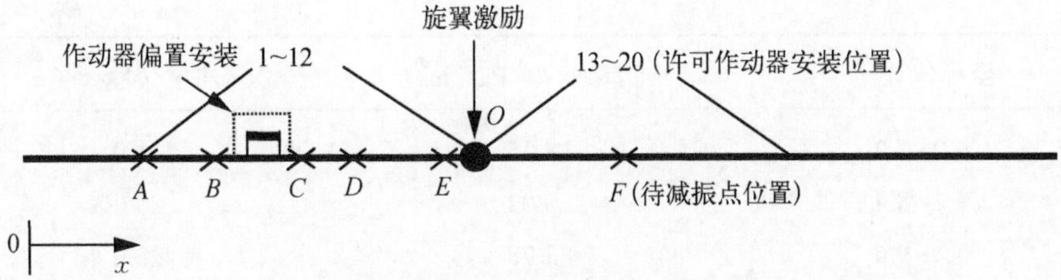

图 2.5　直升机机体弹性线梁模型

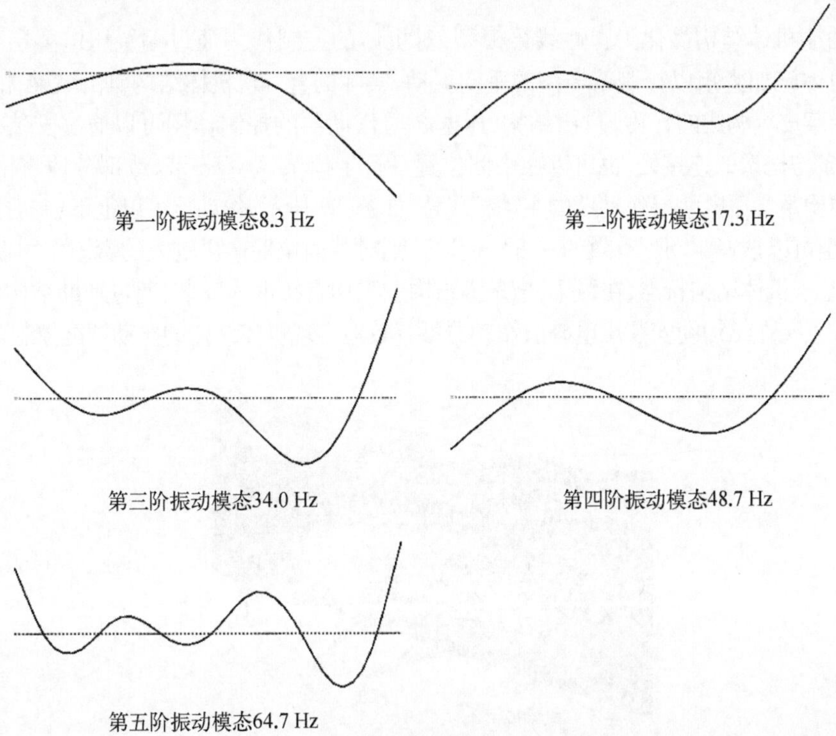

图 2.6　机体弹性线梁模型前五阶模态振型

表 2.1　直升机机体弹性线梁模型参数

坐标位置/m	刚度/($\times 10^6$ Pa · m^4)	质量/(kg/m)
0 ~ 1.2	4.44	75.5
1.2 ~ 3.6	11.13	276.5
3.6 ~ 6.0	20.60	603.0

续 表

坐标位置/m	刚度/($\times10^6$ Pa·m^4)	质量/(kg/m)
6.0~7.2	8.35	151.0
7.2~8.4	5.02	25.0
8.4~9.6	2.78	25.0
9.6~10.8	2.24	20.5
10.8~12.0	1.12	20.5

由于机体结构简化为弹性线梁模型,对机体的控制作用通过偏置压电叠层作动器对机体施加力矩以控制梁模型的垂向振动,实际的直升机机体结构是由纵梁、桁条、框架及蒙皮等构成的自由-自由结构,压电叠层作动器的控制作用可以通过安装于纵梁/桁条与框架的连接处,也可以在中间位置平行于桁条/纵梁安装,或部分地将桁条/纵梁结构由含压电叠层作动器的主动杆代替,如图 2.7 所示,作动器可以上下、左右同时配置,也可以选择驱动更有效的一方安装以达到对截面位置产生较大的弯矩作用效果。总之,基于机体结构特点,在纵梁、桁条等结构上采用直接嵌入安装、通过辅助结构偏置安装或直接在结构间安装压电叠层作动器可有效地实现机体结构的振动智能控制。

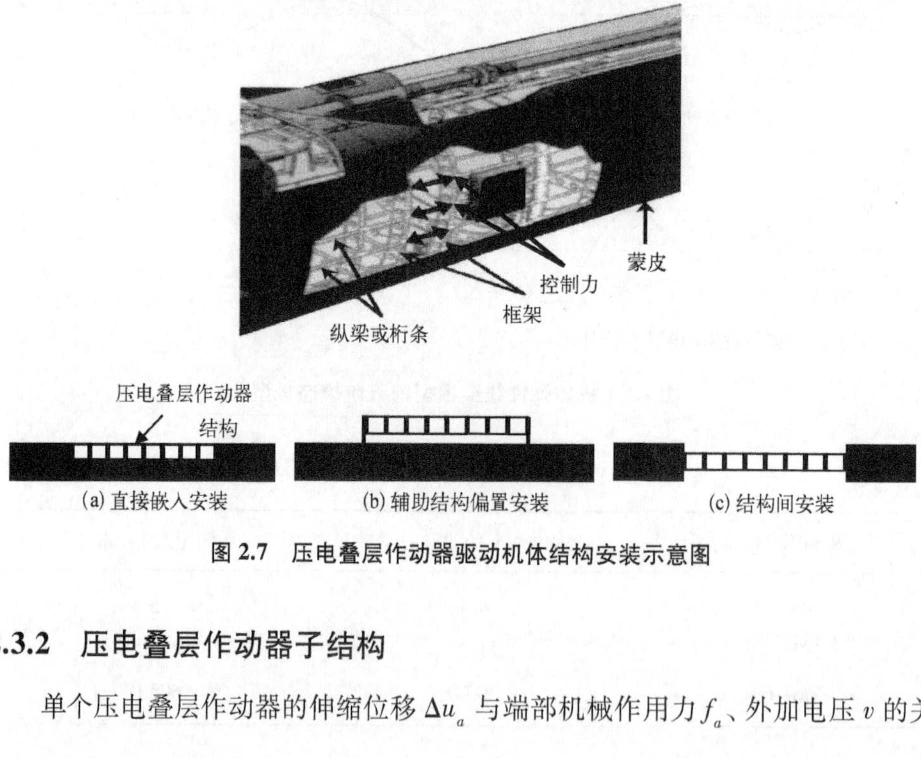

图 2.7 压电叠层作动器驱动机体结构安装示意图

2.3.2 压电叠层作动器子结构

单个压电叠层作动器的伸缩位移 Δu_a 与端部机械作用力 f_a、外加电压 v 的关

系为

$$\Delta u_a = \frac{l}{A_a c_{33}^E} f_a + \frac{l e_{33}}{c_{33}^E h} v \tag{2.9}$$

通常单个作动器驱动力有限,实际的机体结构振动智能控制系统需要多个压电叠层作动器产生足够的控制力,则 N_a 个压电叠层作动器系统模型可表示为向量和矩阵形式:

$$\boldsymbol{\Delta u}_a = \boldsymbol{H}_{aa} \boldsymbol{F}_a + \boldsymbol{H}_{av} \boldsymbol{V} \tag{2.10}$$

式中,$\boldsymbol{\Delta u}_a = \begin{bmatrix} \Delta u_{a1} & \Delta u_{a2} & \cdots & \Delta u_{aN_a} \end{bmatrix}^{\mathrm{T}}$ 是压电叠层作动器的伸缩位移向量;$\boldsymbol{H}_{aa} = \mathrm{diag}\left(\frac{l}{A_a c_{33}^E}, \frac{l}{A_a c_{33}^E}, \cdots, \frac{l}{A_a c_{33}^E} \right)$ 是力柔度矩阵;$\boldsymbol{H}_{av} = \mathrm{diag}\left(\frac{l e_{33}}{c_{33}^E h}, \frac{l e_{33}}{c_{33}^E h}, \cdots, \frac{l e_{33}}{c_{33}^E h} \right)$ 是电压柔度矩阵;$\boldsymbol{F}_a = \begin{bmatrix} f_{a1} & f_{a2} & \cdots & f_{aN_a} \end{bmatrix}^{\mathrm{T}}$ 是压电叠层作动器端部的力向量;$\boldsymbol{V} = \begin{bmatrix} v_1 & v_2 & \cdots & v_{N_a} \end{bmatrix}^{\mathrm{T}}$ 是压电叠层作动器的控制输入电压向量。

2.3.3 机体/压电叠层作动器耦合结构动力学模型

基于频响函数的子结构法,通常也称为动柔度耦合法,是一种有效地应用子结构动态特性得到复杂结构的动力学特性的方法,将压电叠层作动器系统和机体结构作为两个子系统建立采用压电叠层作动器驱动的直升机机体振动智能控制系统的耦合动力学模型。

将压电叠层作动器子系统和机体结构作为两个子系统形成压电叠层作动器驱动的直升机机体结构振动智能控制耦合系统,如图 2.8 所示,采用子结构综合方法建立耦合系统动力学模型。子结构综合方法见附录一。

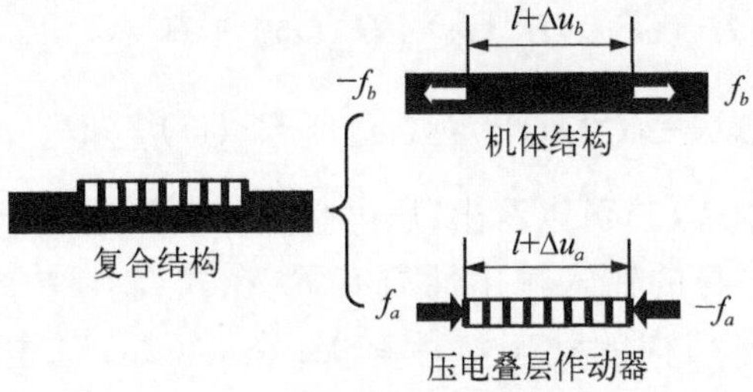

图 2.8 机体/压电叠层作动器耦合示意图

机体作为一个子结构,其动力学方程由频响函数矩阵给出,写成分块形式为

$$\begin{bmatrix} \boldsymbol{u}_b(\omega) \\ \boldsymbol{a}_c(\omega) \end{bmatrix} = \begin{bmatrix} \boldsymbol{H}_{bb}(\omega) & \boldsymbol{H}_{bd}(\omega) \\ \boldsymbol{H}_{cb}(\omega) & \boldsymbol{H}_{cd}(\omega) \end{bmatrix} \begin{bmatrix} \boldsymbol{F}_b(\omega) \\ \boldsymbol{F}_d(\omega) \end{bmatrix} \tag{2.11}$$

式中, $\boldsymbol{u}_b(\omega)$ 是机体结构上压电叠层作动器安装点的相对位移复幅值向量; $\boldsymbol{F}_b(\omega)$ 是压电叠层作动器施加于机体上的控制力复幅值向量; $\boldsymbol{a}_c(\omega)$ 是控制点的加速度响应复幅值向量; $\boldsymbol{F}_d(\omega)$ 是旋翼激励力复幅值向量; $\boldsymbol{H}_{bb}(\omega)$ 是控制力到作动器安装点相对位移的频响函数矩阵; $\boldsymbol{H}_{bd}(\omega)$ 是旋翼激励力到作动器安装点相对位移的频响函数矩阵; $\boldsymbol{H}_{cb}(\omega)$ 是控制力到加速度测量点的频响函数矩阵; $\boldsymbol{H}_{cd}(\omega)$ 是旋翼激励力到加速度测量点的频响函数矩阵。频响函数 $\boldsymbol{H}_{bb}(\omega)$、$\boldsymbol{H}_{bd}(\omega)$ 和 $\boldsymbol{H}_{cb}(\omega)$ 与作动器安装位置有关。

在作动器安装位置处满足力的平衡和位移协调条件,由于作动器安装处通常没有外力,可得到力平衡和位移协调条件为

$$\boldsymbol{F}_a(\omega) + \boldsymbol{F}_b(\omega) = 0 \tag{2.12a}$$

$$\Delta\boldsymbol{u}_a(\omega) + \Delta\boldsymbol{u}_b(\omega) = 0 \tag{2.12b}$$

由式(2.10)、式(2.11)和式(2.12)得到压电叠层作动器的驱动力 $\boldsymbol{F}_b(\omega)$ 为

$$\begin{aligned} \boldsymbol{F}_b(\omega) = & -\left[\boldsymbol{H}_{aa}(\omega) + \boldsymbol{H}_{bb}(\omega)\right]^{-1}\boldsymbol{H}_{bd}(\omega)\boldsymbol{F}_d(\omega) + \left[\boldsymbol{H}_{aa}(\omega)\right. \\ & \left. + \boldsymbol{H}_{bb}(\omega)\right]^{-1}\boldsymbol{H}_{av}(\omega)\boldsymbol{V}(\omega) \end{aligned} \tag{2.13}$$

将式(2.13)代入式(2.11),可得到控制点处的加速度响应 $\boldsymbol{a}_c(\omega)$ 为

$$\boldsymbol{a}_c(\omega) = \hat{\boldsymbol{H}}_{cd}(\omega)\boldsymbol{F}_d(\omega) + \hat{\boldsymbol{H}}_{cv}(\omega)\boldsymbol{V}(\omega) \tag{2.14}$$

式中, $\hat{\boldsymbol{H}}_{cd}(\omega)$ 是复合结构中旋翼激励力到控制点处加速度响应的频响函数矩阵,是复合结构中压电叠层作动器控制输入点到控制输出点处加速度响应的频响函数矩阵, $\hat{\boldsymbol{H}}_{cd}(\omega)$ 和 $\hat{\boldsymbol{H}}_{cv}(\omega)$ 分别为

$$\hat{\boldsymbol{H}}_{cd}(\omega) = \boldsymbol{H}_{cd}(\omega) - \boldsymbol{H}_{cb}(\omega)\left[\boldsymbol{H}_{aa}(\omega) + \boldsymbol{H}_{bb}(\omega)\right]^{-1}\boldsymbol{H}_{bd}(\omega) \tag{2.15a}$$

$$\hat{\boldsymbol{H}}_{cv}(\omega) = \boldsymbol{H}_{cb}(\omega)\left[\boldsymbol{H}_{aa}(\omega) + \boldsymbol{H}_{bb}(\omega)\right]^{-1}\boldsymbol{H}_{av}(\omega) \tag{2.15b}$$

从式(2.13)~式(2.15)可以看出,压电叠层作动器施加于机体结构的真实作用力不仅与作动器本身的输入输出性质有关,在式(2.13)中表现为 $\boldsymbol{H}_{aa}(\omega)$ 和 $\boldsymbol{H}_{av}(\omega)$,而且与机体结构的动态特性有关,在式(2.13)中表现为 $\boldsymbol{H}_{bb}(\omega)$ 和 $\boldsymbol{H}_{bd}(\omega)$。进而,机体结构控制响应点处的加速度响应也与作动器和机体结构的动力学特性都相关,因此,所描述的耦合结构更能反映实际振动控制系统的真实

情况。

复合结构的频响函数复矩阵由机体子结构中相应位置的频响函数复矩阵和压电叠层作动器子系统的频响函数复矩阵的代数运算得到,不需要重新组装耦合结构的刚度和质量矩阵进行动力学分析。对于有限元难以有效建模的复杂动力学结构,子结构的频响函数也可以由试验测得。

2.4　基于耦合结构模型的控制参数优化

直升机机体结构振动智能控制主要针对由旋翼气弹激振力引起的机体稳态谐波振动,桨叶第一阶通过频率 $\omega_1 = N_b\Omega$ 和第二阶频率 $\omega_2 = 2N_b\Omega$ 的振动响应是机体振动的主要成分,尤其是第一阶通过频率 $\omega_1 = N_b\Omega$ 的振动最为显著。在频率 $\omega_k(k = 1,\ 2,\ \cdots)$ 处,控制加速度响应误差、控制输入电压及旋翼激励的关系为

$$\boldsymbol{a}_c(\omega_k) = \hat{\boldsymbol{H}}_{cd}(\omega_k)\boldsymbol{F}_d(\omega_k) + \hat{\boldsymbol{H}}_{cv}(\omega_k)\boldsymbol{V}(\omega_k) \tag{2.16}$$

式中,$\boldsymbol{a}_c(\omega_k)$、$\boldsymbol{F}_d(\omega_k)$ 和 $\boldsymbol{V}(\omega_k)$ 分别是激励频率 ω_k 的控制加速度响应误差的复幅值向量、旋翼激励的复幅值向量和控制输入电压的复幅值向量;$\omega_k = kN_b\Omega$ 是旋翼激励的第 k 阶谐波频率;$\hat{\boldsymbol{H}}_{cd}(\omega_k)$ 和 $\hat{\boldsymbol{H}}_{cv}(\omega_k)$ 分别是激励频率 ω_k 处旋翼激励点到控制响应点和控制电压输入点到控制响应点的频响函数值。若考虑 R 阶谐波控制,则控制加速度响应误差为

$$\boldsymbol{a}_c = \hat{\boldsymbol{H}}_{cd}\boldsymbol{F}_d + \hat{\boldsymbol{H}}_{cv}\boldsymbol{V} \tag{2.17}$$

式中,$\boldsymbol{a}_c = \left[\boldsymbol{a}_c^{\mathrm{T}}(\omega_1)\quad \boldsymbol{a}_c^{\mathrm{T}}(\omega_2)\quad \cdots\quad \boldsymbol{a}_c^{\mathrm{T}}(\omega_R)\right]^{\mathrm{T}}$;$\boldsymbol{F}_d = \left[\boldsymbol{F}_d^{\mathrm{T}}(\omega_1)\quad \boldsymbol{F}_d^{\mathrm{T}}(\omega_2)\quad \cdots\quad \boldsymbol{F}_d^{\mathrm{T}}(\omega_R)\right]^{\mathrm{T}}$;$\boldsymbol{V} = \left[\boldsymbol{V}^{\mathrm{T}}(\omega_1)\quad \boldsymbol{V}^{\mathrm{T}}(\omega_1)\quad \cdots\quad \boldsymbol{V}^{\mathrm{T}}(\omega_R)\right]^{\mathrm{T}}$;$\hat{\boldsymbol{H}}_{cd} = \mathrm{diag}\left[\hat{\boldsymbol{H}}_{cd}(\omega_1),\ \hat{\boldsymbol{H}}_{cd}(\omega_2),\ \cdots,\ \hat{\boldsymbol{H}}_{cd}(\omega_R)\right]$;$\hat{\boldsymbol{H}}_{cv} = \mathrm{diag}\left[\hat{\boldsymbol{H}}_{cv}(\omega_1),\ \hat{\boldsymbol{H}}_{cv}(\omega_1),\ \cdots,\ \hat{\boldsymbol{H}}_{cv}(\omega_R)\right]$。

优化目标是在考虑控制约束条件下的最小化振动响应。定义目标函数是控制响应误差和控制输入电压谐波幅值加权平方和的二分之一,即

$$J = \frac{1}{2}(\boldsymbol{a}_c^{\mathrm{H}}\boldsymbol{W}_a\boldsymbol{a}_c + \boldsymbol{V}^{\mathrm{H}}\boldsymbol{W}_v\boldsymbol{V}) \tag{2.18}$$

式中,上标 H 表示共轭转置;$\boldsymbol{W}_a$ 和 $\boldsymbol{W}_v$ 分别是控制测量点的加速度响应误差和控制输入电压的加权矩阵。将式(2.17)代入式(2.18),对控制输入电压求导并令其等于零,可得频域二次目标函数 J 的最优控制电压复幅值向量为

$$\boldsymbol{V} = -(\hat{\boldsymbol{H}}_{cv}^{\mathrm{H}}\boldsymbol{W}_a\hat{\boldsymbol{H}}_{cv} + \boldsymbol{W}_v)^{-1}\hat{\boldsymbol{H}}_{cv}^{\mathrm{H}}\boldsymbol{W}_a\hat{\boldsymbol{H}}_{cd}\boldsymbol{F}_d \tag{2.19}$$

进而得到控制点的加速度响应误差为

$$a_c = [\hat{H}_{cd} - \hat{H}_{cv}^{H}(\hat{H}_{cv}^{H} W_a \hat{H}_{cv} + W_v)^{-1} \hat{H}_{cv}^{H} W_a \hat{H}_{cd}] F_d \tag{2.20}$$

从式(2.19)和式(2.20)以及 $\hat{H}_{cd}$ 和 $\hat{H}_{cv}$ 的表达式(2.15a)和式(2.15b)可以看出,最优控制电压和控制加速度响应误差不仅与作动器的安装位置有关,表现为频响函数 $\hat{H}_{cd}$ 和 $\hat{H}_{cv}$ 中 $H_{bb}(\omega_k)$、$H_{bd}(\omega_k)$ 和 $H_{cb}(\omega_k)$ 随作动器安装位置不同而改变,同时与加权参数矩阵 W_a 和 W_v 有关。为了在控制电压约束范围内得到最大的振动控制效果,选取优化目标为在 $v < v_{max}$ 约束下目标点处最小化振动幅值加权和,v_{max} 是压电叠层作动器的最大许可输入电压,则优化问题为

$$\begin{aligned} &\min:\ J(P,\ W_a,\ W_v) = a_c^{H} W_a a_c \\ &\text{s.t.} \begin{cases} P \in P_{set} \\ v < v_{max} \end{cases} \end{aligned} \tag{2.21}$$

式中,P 是选择的作动器位置;P_{set} 是可以安装作动器的位置集。作动器许可安装位置是离散变量,加权参数是连续变量,因此,该优化问题是一个混合优化问题,可采用实数编码遗传算法实现,实数编码遗传算法见附录二。

2.5 机体线梁结构振动智能控制分析

用于直升机机体线梁结构振动智能控制分析与优化的压电叠层作动器(型号 PSt150/7/100 VS12)的参数见表 2.2。压电叠层作动器安装的偏置距离按刚度等效原则计算(Bayon et al., 2000),考虑机体高度,如果计算的偏置距离小于0.5 m则取计算值,当计算结果大于 0.5 m 时,取 0.5 m。

表 2.2 PSt150/7/100 VS12 压电叠层作动器的参数

参　　数	单位	参数值
最大输出位移	μm	100
最大输出力	N	1.4×10^3
刚度	N/m	8×10^7
电压范围	V	−30~150
一阶固有频率	kHz	8.0
质量	kg	0.35

2.5.1　单频振动控制分析

由旋翼气弹激振力引起的机体振动响应中，桨叶第一阶通过频率 $N_b\Omega$ 的谐波响应最为显著，是机体振动控制首先要考虑的控制成分。为了模拟某直升机振动强度，在不加控制系统时，调整旋翼激励力幅值使得驾驶舱对应的位置 A 处加速度响应幅值约等于实际空中测量到的幅值 1.75 m/s^2。由于是压电叠层作动器的动态应用，在优化时的控制输入电压最大不超过 90 V。控制输出加权矩阵取常数 $\boldsymbol{W}_a = 10^4\boldsymbol{I}_6$($\boldsymbol{I}_6$ 表示六阶单位矩阵)，控制输入加权矩阵取 $\boldsymbol{W}_v = \beta\boldsymbol{I}_4$($\boldsymbol{I}_4$ 表示四阶单位矩阵)，β 是与作动器安装位置一起同时优化的控制加权参数，以保证控制输入电压满足约束条件。采用建立的机体/压电叠层作动器耦合结构的优化方法得到的优化结果是：压电叠层作动器的最优安装位置是 8、10、13 和 15，加权参数 β = 0.034。图 2.9 给出了振动控制点，也即减振点 A、B、C、D、E、F 处控制前后的加速度响应幅值，从图中可以看出，在控制电压允许范围内各点振动都有明显降低，A、B、C、D、E、F 点的加速度响应幅值分别降低了 99%、83%、92%、97%、79%、88%，平均降低 93%。图中还给出了不施加控制时，压电叠层动器安装前后的控制点处加速度响应幅值变化，可以看出压电叠层作动器的安装对加速度响应幅值的影响。

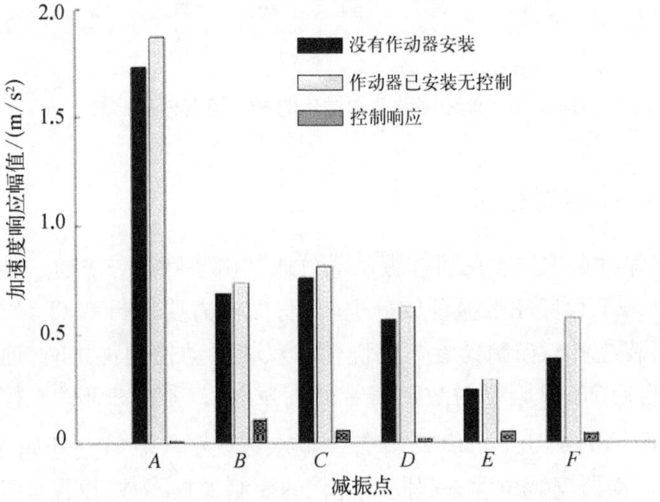

图 2.9　单频振动优化控制前后 $N_b\Omega$ 的加速度响应幅

为了进行对比分析，把压电叠层作动器理想成力发生器，即压电叠层作动器仅提供作动力，优化得到的作动器最优安装位置是 7、10、13、18 位置处，与机体/压电叠层作动器耦合结构的优化结果不同，图 2.10 给出了在满足同样的电压约束下两种优化结果的控制效果比较，仅在控制点 E 处，把压电叠层作动器理想成力发生器时的优化结果略有较好的控制效果，在其余点处，机体/压电叠层作动器耦合结构的优化结果均有更好的振动控制效果。与耦合结构的控制误差结果相比，把压电叠层作动器理想成力发生器的优化结果在六个控制点处的控制响应误差幅值分别增大了 53.08、1.53、2.10、5.49、0.88、4.86 倍，六个控制点处的平均控制误差加速度响应幅值从 0.05 m/s^2 增大到了 0.15 m/s^2。因此采用机体/压电叠层作动器耦合模型优化方法能更有效地找到最优控制参数，优化结果具有更好的振动控制效果。

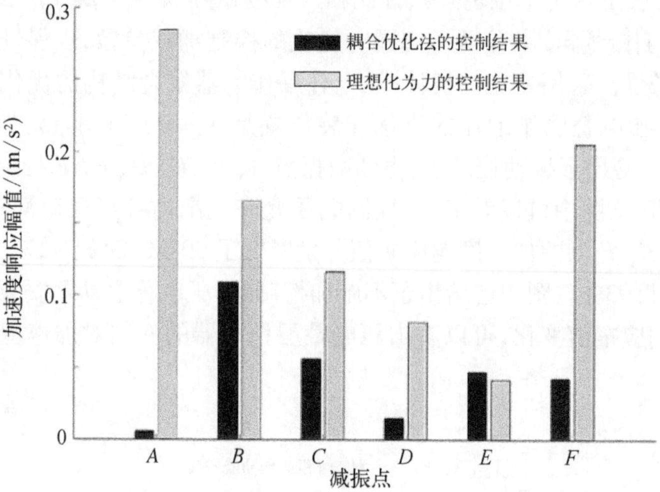

图 2.10　单频振动两种优化的振动控制效果比较

2.5.2　双频振动控制分析

由旋翼气弹激振力产生的机体振动成分通常由桨叶第一阶通过频率 $N_b\Omega$ 的振动占主要部分，$2N_b\Omega$ 频率的振动成分也较大，因此需要进行 $N_b\Omega$ 和 $2N_b\Omega$ 双频激励下作动器安装位置与控制器参数的优化。双频振动控制优化时，通过调整谐波激励信号幅值，使 $2N_b\Omega$ 频率的激励信号幅值为 $N_b\Omega$ 频率的 30%。控制输出加权矩阵取常数 $\boldsymbol{W}_a = \mathrm{diag}\{10^4\boldsymbol{I}_6,\ 10^3\boldsymbol{I}_6\}$，控制输入加权矩阵取 $\boldsymbol{W}_v = \mathrm{diag}\{\beta_1\boldsymbol{I}_4,\ \beta_2\boldsymbol{I}_4\}$，$\beta_1$ 和 β_2 是与作动器安装位置一起同时优化的控制加权参数，以保证控制输入电压满足约束条件。采用本章提出的机体/压电叠层作动器耦合结构的优化结果是：最优作动器安装位置是 8、11、13 和 15，加权参数 $\beta_1 = 0.088$，$\beta_2 = 0.308$。

图2.11 和图 2.12 分别给出了减振点 A、B、C、D、E、F 处频率 $N_b\Omega$ 和 $2N_b\Omega$ 在无压电叠层作动器安装、有压电叠层作动器安装和施加控制后的加速度响应幅值，可以看出，施加控制后各点振动都有明显降低，与无控振动响应相比较，减振点 A、

B、C、D、E、F 处频率 $N_b\Omega$ 的加速度响应幅值分别降低了 96%、78%、96%、95%、66%、77%，所有振动控制点处的控制加速度响应幅值都低于 0.15 m/s^2；减振点 A、B、C、D、E、F 处频率 $2N_b\Omega$ 的加速度响应幅值分别降低了 45%、87%、70%、69%、93%和 34%。从图中可以看出，频率 $2N_b\Omega$ 的加速度响应控制效果不如频率 $N_b\Omega$ 的加速度响应控制效果好，这是因为第一阶通过频率 $N_b\Omega$ 处的无控振动响应幅值要远大于频率为 $2N_b\Omega$ 处的响应。

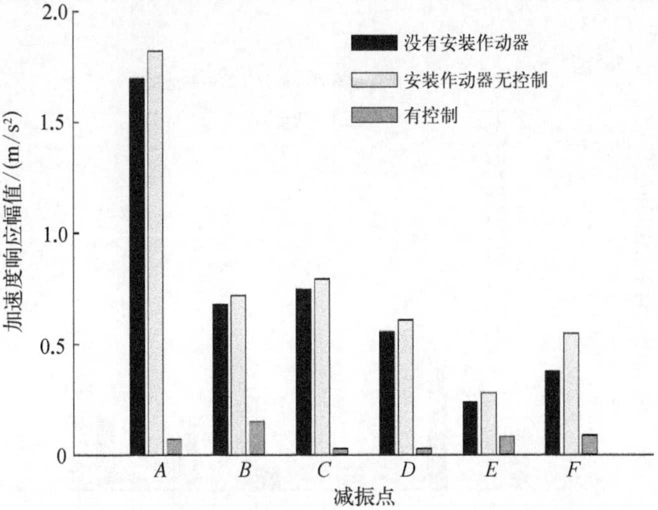

图 2.11　双频激励振动优化控制前后 $N_b\Omega$ 的加速度响应幅值

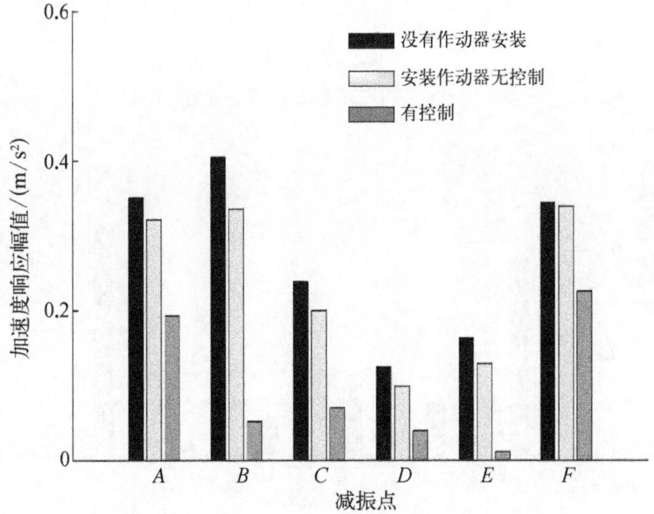

图 2.12　双频激励振动优化控制前后 $2N_b\Omega$ 的加速度响应幅值

为了进行对比分析，在双频激励下把压电叠层作动器理想成力发生器进行优化，得到作动器最优安装位置是 7、10、13、17，与耦合结构的优化结果不同，图 2.13 和图 2.14 分别给出了两种优化结果得到的控制效果比较：对 $N_b\Omega$ 频率的加速度响应，在减振点 E 处，压电叠层作动器理想成力发生器时的优化结果有较好的控制效果，加速度响应幅值从 0.08 m/s^2 降低到 0.03 m/s^2，在其余控制点，采用机体/压电叠层作动器耦合结构的优化结果均有更好的振动控制效果，压电叠层作动器理想化为力发生器的优化结果在 A、B、C、D、F 五个减振点的振动响应幅值分别

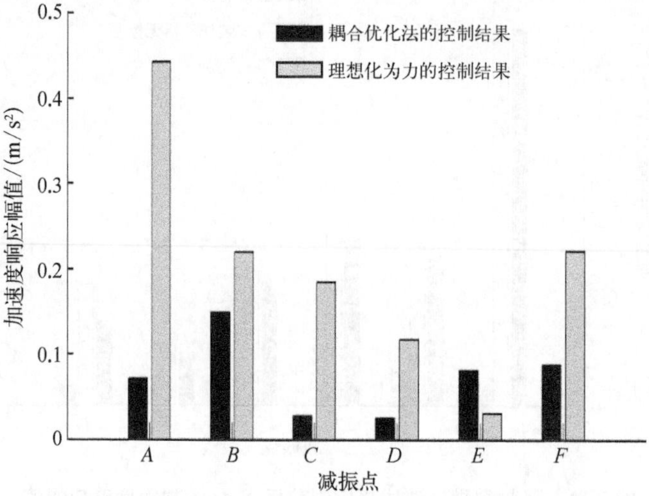

图 2.13　双频激励振动两种优化对 $N_b\Omega$ 的振动控制效果

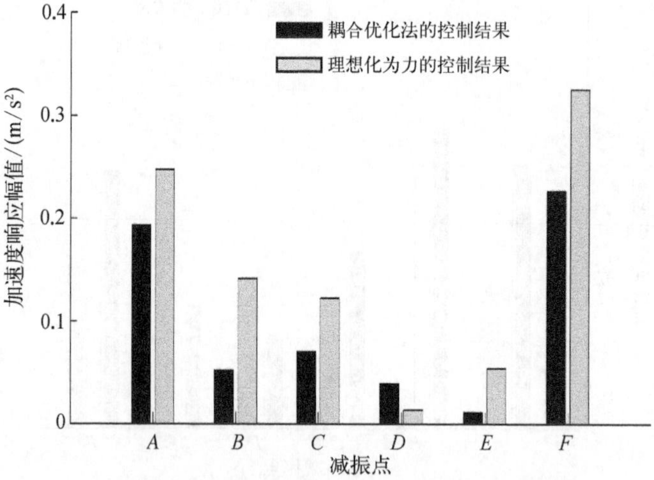

图 2.14　双频振动两种优化对 $2N_b\Omega$ 的振动控制效果

由 0.07 m/s^2、0.15 m/s^2、0.03 m/s^2、0.03 m/s^2、0.09 m/s^2 增大到 0.44 m/s^2、0.22 m/s^2、0.18 m/s^2、0.12 m/s^2、0.22 m/s^2，加速度响应平均幅值从 0.075 m/s^2 增大到 0.2 m/s^2。对 $2N_b\Omega$ 频率的加速度响应，在减振点 D 处，压电叠层作动器理想成力发生器时的优化结果有更好的控制效果，加速度响应幅值从 0.04 m/s^2 降低到 0.01 m/s^2，在其余控制点，采用机体/压电叠层作动器耦合结构的优化结果均有更好的振动控制效果，压电叠层作动器理想成力发生器时的优化结果在 A、B、C、E、F 五个减振点的振动响应幅值分别从 0.2 m/s^2、0.05 m/s^2、0.07 m/s^2、0.01 m/s^2、0.23 m/s^2 增大到 0.25 m/s^2、0.14 m/s^2、0.12 m/s^2、0.05 m/s^2、0.33 m/s^2，平均加速度响应幅值从 0.1 m/s^2 增大到 0.15 m/s^2。可以看出，采用机体/压电叠层作动器耦合结构的优化能更有效地找到最优参数，优化结果具有更好的振动控制效果。

第3章 座舱地板框架结构振动智能控制系统建模

3.1 引言

直升机机身一般分为前机身、中机身和尾梁三部分。直升机的驾驶员座椅以及控制仪器仪表等都位于前机身,且都安装在前机身也即座舱的地板结构上,座舱地板结构相对于中机身结构,刚度更小、振动响应更大,因此座舱结构是直升机机体结构振动控制的重点,以免驾驶员座椅和控制仪表振动过大造成座舱结构疲劳破坏、驾驶员疲劳、仪器仪表失灵、驾驶员看不清仪表读数。因此建立直升机座舱地板结构振动智能控制系统具有重要的意义。直升机座舱地板结构一般都是框架结构,因此,以参考直升机的座舱结构动力学特性来建立动力学相似框架结构模型,并在框架结构上安装压电叠层作动器和智能控制器,可建立直升机座舱地板结构振动智能控制系统。相对于直升机机体弹性线梁有限元模型(Song et al., 2013; Walchko et al., 2007; Heverly et al., 2001; Hanagud et al., 1994),直升机座舱地板框架结构模型要更接近于机体真实结构。在本专著作者深入研究的基础上(Meng et al., 2020a, 2020b, 2018;孟德,2020),本章系统阐述了采用有限元模型修正方法建立直升机座舱地板动力学相似框架结构模型的理论和方法,以及通过在框架上安装压电叠层作动器建立直升机座舱地板框架结构振动智能控制系统动力学模型的理论和方法。

3.2 座舱地板动力学相似模型

本节采用一个直升机机体结构有限元模型(图 3.1)的座舱地板的动力学相似框架结构模型(图 3.2)作为研究对象,进行直升机机体振动智能控制系统建模研究。图 3.2 中,X 方向代表直升机的航向,Y 方向代表侧向,Z 方向代表垂向。根据该直升机机体结构有限元模型，驾驶舱地板尺寸为：长 2.45 m、宽 1.28 m、高 0.29 m。相似框架结构模型以 1∶2 的比例进行缩小，其三维尺寸为：长 1.26 m、宽 0.60 m、高 0.15 m。相似框架结构模型采用梁单元建模，结构的梁单元相互固连，结构模型一端由十根悬臂梁和基座连接，模拟直升机座舱地板与中机身的连接。框架结构模型的梁单元截面尺寸经过有限元模型修正，使其前三阶模态的固有振动频率与该直升机座舱地板的固有频率相近（表 3.1），能够代表直升机机体座舱地板进行振动智能控制研究。

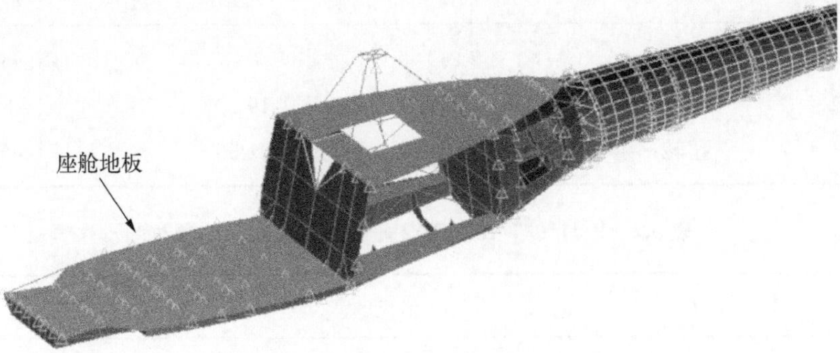

图 3.1　直升机机体结构有限元模型

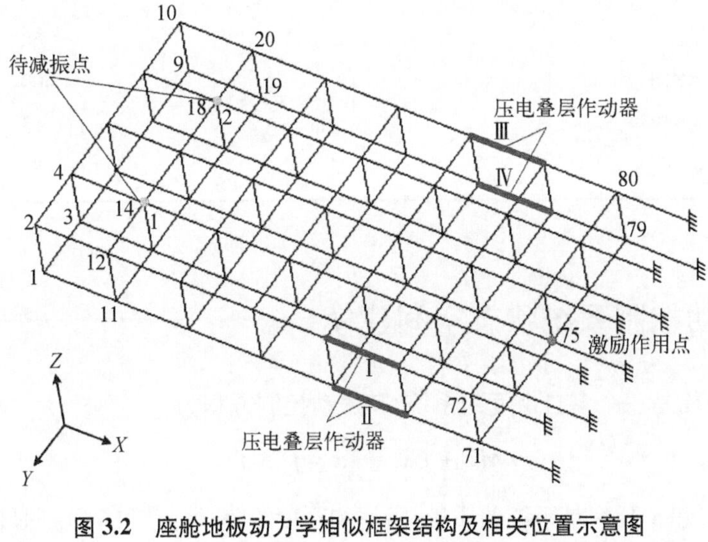

图 3.2　座舱地板动力学相似框架结构及相关位置示意图

激励作用点、待减振点和压电叠层作动器的安装位置如图 3.2 所示。压电叠层作动器型号是 PSt150/7/100 VS12，参数如表 3.2 所示。激振力作用点位于框架模型端部的 75 号点，模拟经过中机身传递到座舱地板上的旋翼激励载荷。待减振点位于飞行员座位和飞行仪表安装位置的 14 和 18 号点,待减振点的响应误差信号一方面用于衡量减振效果,另一方面被输入控制算法计算压电叠层作动器的驱动电压。四个压电叠层作动器安装在框架结构侧面的四个角上,以获得框架结构垂向弯曲模态、侧向弯曲模态和扭转模态的控制效果。

表 3.1 动力学相似框架结构与该直升机机体座舱地板模态比较

模态阶数	模态振型	框架结构频率 /Hz	座舱地板频率 /Hz	频率误差 /%
1	垂向一弯	7.86	7.87	−0.11
2	垂向二弯	19.59	19.20	2.03
3	扭转一阶	21.76	21.86	−0.45

表 3.2 PSt150/7/100 VS12 压电叠层作动器的参数

参　　数	单位	数值
长度	mm	107
直径	mm	12
最大输出位移	μm	90
质量	g	68
最大输出力	N	1 400
轴向刚度	N/μm	15
驱动电压	V	0~150

3.3 振动控制系统状态空间建模

框架结构是一个多自由度的系统,其振动控制方程为

$$\boldsymbol{M}\ddot{\boldsymbol{x}} + \boldsymbol{C}\dot{\boldsymbol{x}} + \boldsymbol{K}\boldsymbol{x} = \boldsymbol{f}_e + \boldsymbol{f}_c \tag{3.1}$$

式中,$\boldsymbol{M}$、$\boldsymbol{C}$ 和 $\boldsymbol{K}$ 分别是系统的质量、阻尼和刚度矩阵;$\boldsymbol{x}$、$\boldsymbol{f}_e$ 和 $\boldsymbol{f}_c$ 分别是位移向量、外激励力向量和控制力向量,可分别表示为

$$\boldsymbol{x} = \boldsymbol{\Phi}\boldsymbol{u} \tag{3.2}$$

$$\boldsymbol{f}_e = \boldsymbol{E}\boldsymbol{f} \tag{3.3}$$

$$f_c = \boldsymbol{DV} \tag{3.4}$$

式中，$\boldsymbol{\Phi}$ 是系统的振型矩阵；$\boldsymbol{u}$ 是模态坐标向量；$\boldsymbol{E}$ 是激励力的位置矩阵；$\boldsymbol{f}$ 是激励力向量；$\boldsymbol{D}$ 是作动器的力电转换矩阵；$\boldsymbol{V}$ 是作动器的输入电压向量。对控制方程(3.1)进行正则化处理得到模态坐标下的控制方程为

$$\boldsymbol{\Phi}^{\mathrm{T}}\boldsymbol{M}\boldsymbol{\Phi}\ddot{\boldsymbol{u}} + \boldsymbol{\Phi}^{\mathrm{T}}\boldsymbol{C}\boldsymbol{\Phi}\dot{\boldsymbol{u}} + \boldsymbol{\Phi}^{\mathrm{T}}\boldsymbol{K}\boldsymbol{\Phi}\boldsymbol{u} = \boldsymbol{\Phi}^{\mathrm{T}}\boldsymbol{E}\boldsymbol{f} + \boldsymbol{\Phi}^{\mathrm{T}}\boldsymbol{D}\boldsymbol{V} \tag{3.5}$$

令状态空间变量：

$$\boldsymbol{X} = \begin{Bmatrix} \boldsymbol{u} \\ \dot{\boldsymbol{u}} \end{Bmatrix} \tag{3.6}$$

可得控制方程(3.5)在状态空间下的控制方程为

$$\dot{\boldsymbol{X}} = \boldsymbol{AX} + \boldsymbol{B}_1\boldsymbol{f} + \boldsymbol{B}_2\boldsymbol{V} \tag{3.7}$$

$$\boldsymbol{Y} = \boldsymbol{C}_0\boldsymbol{X} \tag{3.8}$$

式中，$\boldsymbol{A} = \begin{bmatrix} \boldsymbol{0} & \boldsymbol{I} \\ -\boldsymbol{\Phi}^{\mathrm{T}}\boldsymbol{K}\boldsymbol{\Phi} & -\boldsymbol{\Phi}^{\mathrm{T}}\boldsymbol{C}\boldsymbol{\Phi} \end{bmatrix}$；$\boldsymbol{B}_1 = \begin{bmatrix} \boldsymbol{0} \\ \boldsymbol{\Phi}^{\mathrm{T}}\boldsymbol{E} \end{bmatrix}$；$\boldsymbol{B}_2 = \begin{bmatrix} \boldsymbol{0} \\ \boldsymbol{\Phi}^{\mathrm{T}}\boldsymbol{D} \end{bmatrix}$；$\boldsymbol{C}_0 = \begin{bmatrix} \boldsymbol{E}_{\mathrm{OUT}}^{\mathrm{T}}\boldsymbol{\Phi} & \boldsymbol{0} \end{bmatrix}$；$\boldsymbol{Y}$ 是系统输出向量；$\boldsymbol{E}_{\mathrm{OUT}}$ 是输出位置矩阵；$\boldsymbol{I}$ 是单位矩阵。

框架结构共有 161 个三维梁单元，80 个节点，自由框架结构共有 480 个自由度。因框架结构的一端固支，自由度减少到 420 个，计算时会增加计算量，延长计算时间。为了降低计算量，在进行模态正交化时进行模态截断，可取其前 n 阶模态振型进行正交化计算。但进行模态截断时必须使截断频率远大于分析的频率。所分析的直升机旋翼有 3 片桨叶，桨叶通过频率是 $N_b\Omega = 17.5$ Hz，这也是机体振动的外激励频率，框架结构的第 10 阶频率为 62.79 Hz，远大于外激励频率 17.5 Hz。因此，可取第 10 阶频率作为截断频率进行分析。使用前 10 阶特征值和特征向量对控制系统进行正交化处理，可得模态截断后的控制方程。

根据机体振动智能控制原理，为了得到压电叠层作动器的控制输入信号，须把控制系统转换到频域内进行分析。频域内控制系统的输入输出关系如下：

$$\boldsymbol{Y} = \boldsymbol{Bf} + \boldsymbol{HV} \tag{3.9}$$

式中，$\boldsymbol{Y}$、$\boldsymbol{f}$ 和 $\boldsymbol{V}$ 分别是测量点响应向量、激振力向量和作动器输入控制电压向量，它们的值均为复数，代表信号的幅值和相位；$\boldsymbol{B}$ 是激振力作用点与振动响应测量点之间的频响函数矩阵；$\boldsymbol{H}$ 是作动器驱动点与振动响应测量点之间的频响函数矩阵。根据状态空间下的控制方程(3.7)和(3.8)，可得到这两个频响函数矩阵分别为

$$\boldsymbol{H} = \boldsymbol{C}_0(\mathrm{j}\omega\boldsymbol{I} - \boldsymbol{A})^{-1}\boldsymbol{B}_2\boldsymbol{D} \tag{3.10}$$

$$B = C_0 (j\omega I - A)^{-1} B_1 \tag{3.11}$$

式中，ω 是激振力频率；j 表示复数。

理论上，只要频响函数矩阵 $\boldsymbol{H}$ 非奇异，用 N 个作动器驱动结构来控制 N 个位置的响应，可以实现这 N 个位置的响应皆为 0。但是，为了实现更多处的机体振动响应达到相对低的水平，同时兼顾作动器的功耗，一般需要采用优化方法进行控制，优化的目标函数为

$$J = Y^{T} Q Y + V^{T} W V \tag{3.12}$$

式中，上标 T 表示转置；$\boldsymbol{Q}$ 和 $\boldsymbol{W}$ 分别是振动响应水平和驱动电压的加权矩阵，通过改变加权矩阵的值，可以优化控制的权重。目标函数(3.12)表示要以最小的输入电压实现最小的测点响应。令 $\dfrac{\partial J}{\partial V} = 0$，可得输入电压的最优解为

$$V = -(H^{T} Q H + W)^{-1} H Q B \tag{3.13}$$

值得注意的是，在求解控制电压时，需要满足压电叠层作动器的电压限制条件。此处采用的压电叠层作动器允许的控制电压范围是-30～+150 V。考虑到安装时需要施加预紧力，压电叠层作动器的工作电压区间是-90～+90 V，因此，求得的控制电压必须限制在±90 V 以内。通过最优解得到的控制信号是频域内的控制信号，通过傅里叶逆变换将其转化为时域内的控制信号，便可指令压电叠层作动器驱动框架结构对振动进行控制。

3.4　框架结构振动智能控制仿真

3.4.1　仿真结果分析

根据频域内的结构振动最优控制律，可计算得到压电叠层作动器的控制输入电压，将控制输入电压代入控制系统的状态空间方程，可求解最优控制输入下框架结构减振点的振动响应及不同位置振动响应的平均值。作动器的安装位置不同，控制系统的减振效果与作动器驱动电压都会发生变化。针对框架结构，可以分析不同作动器布置方式下减振点及结构的平均振动水平，以确定较好的作动器布置方式。

直升机旋翼振动载荷的频率主要是桨叶一阶通过频率 $N_b\Omega$。对于三片桨叶的直升机，桨叶一阶通过频率一般为 14.0～21.0 Hz。本节的参考机型的旋翼激励频率为 19.5 Hz。激励点在框架结构的 75 号节点，方向为 Z 向，模拟从中段机身传递

来的垂向振动载荷，如图 3.2 所示。直升机以 200 km/h 的速度匀速前飞时，座舱内的实测振动加速度约为 0.18g。因此，本节设置在无控制的条件下，机体减振点的振动加速度水平为 0.18g。经过计算，当激励力幅值为 2.83 N 时，框架结构上减振点的振动加速度水平为 0.18g，因此取激振力幅值为 2.83 N。减振点选在靠近机载设备与驾驶员座位的 14 和 18 节点。四个压电叠层作动器位置与 76、77、84、85 号梁单元重叠。框架结构的每个横向梁上都布置了两个测点，共 14 个测点，测量框架结构上不同位置的振动水平，对 14 个测点的振动加速度响应值求均方根，可衡量框架结构的平均振动水平。

定义加权矩阵的值 $\boldsymbol{Q} = 10^7\boldsymbol{I}$，$\boldsymbol{W} = 2 \times 10^{-8}\boldsymbol{I}$，求解基于优化控制的输入电压。求得的控制输入电压是复数，其绝对值是控制输入电压的幅值，其角度是控制输入电压与激振力之间的相位差。控制输入电压的幅值是 37.2 V，满足压电叠层作动器控制电压的限制条件。由公式(3.9)可求得控制时系统的响应为 0.006 6g，振动水平较无控时的 0.18g 下降了 96%，结构上 14 个测点的振动加速度均方根值由无控时的 0.14g 下降到了 0.02g 以下，降低了 86%。仿真结果表明，控制系统的振动抑制效果很好，控制效果图如图 3.3 所示。

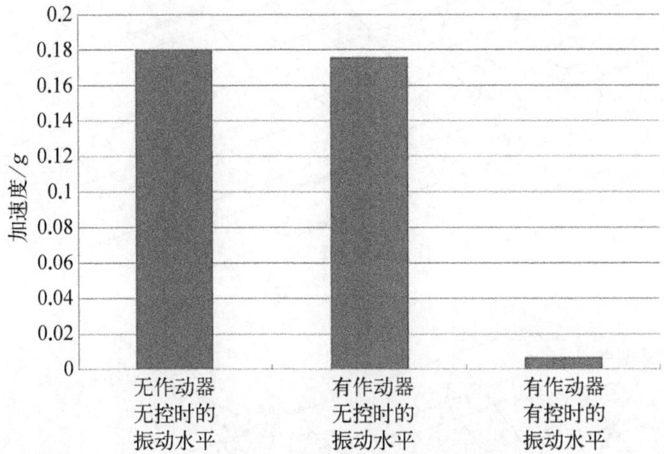

图 3.3　框架结构减振点振动加速度水平

3.4.2　作动器安装位置的影响

不同的压电叠层作动器安装位置会对振动控制效果及压电叠层作动器驱动电压产生影响。为了衡量这种影响，本节选取了 5 种不同的作动器安装位置，如图3.4 所示，研究不同作动器安装位置时控制系统的减振效果及作动器的驱动电压。

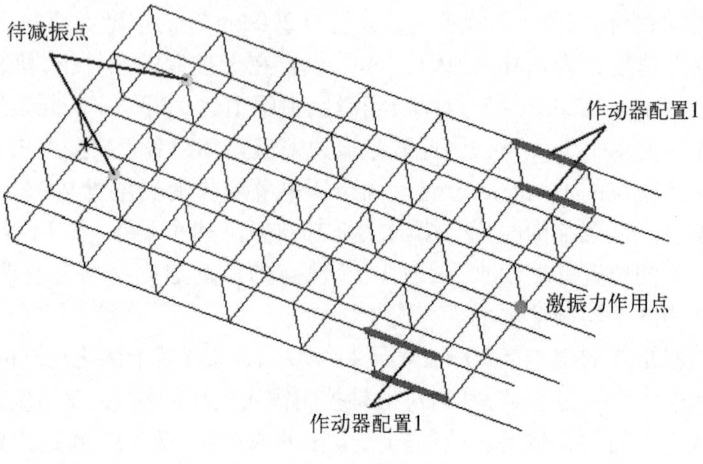

(a) 作动器位置1

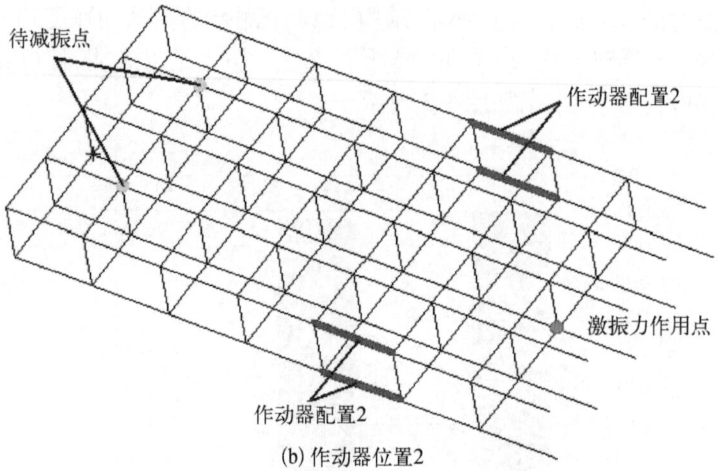

(b) 作动器位置2

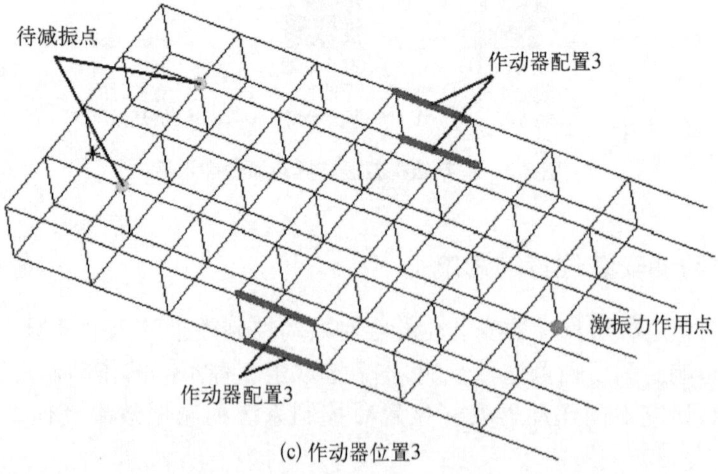

(c) 作动器位置3

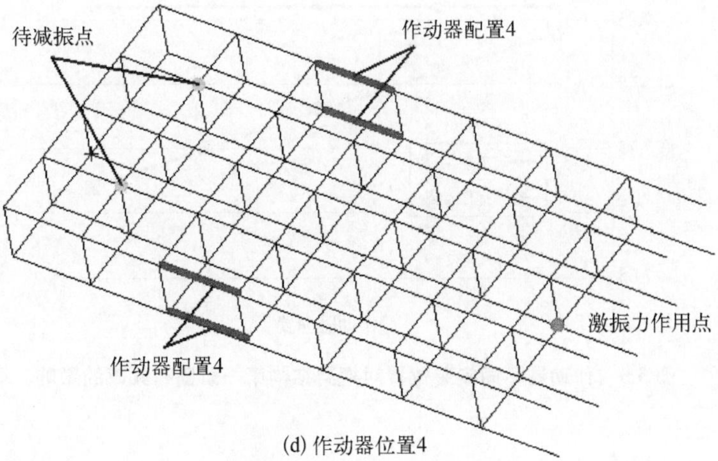

(d) 作动器位置4

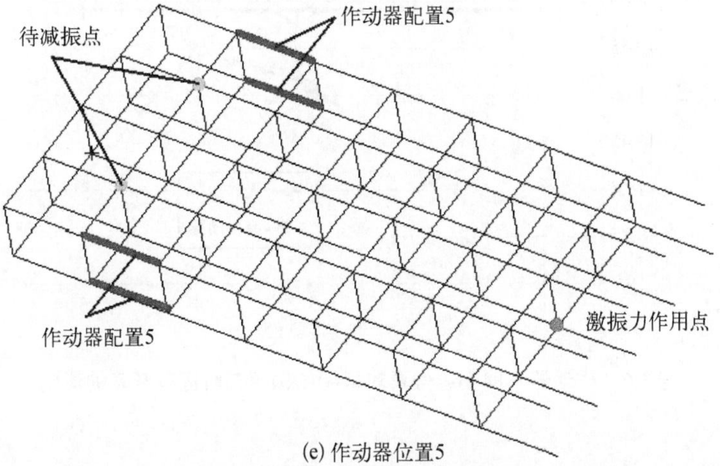

(e) 作动器位置5

图 3.4　作动器不同安装位置示意图

虽然压电叠层作动器质量较小，但其纵向刚度较大，将其安装到框架结构后，框架结构/压电叠层作动器耦合结构的动力学特性会有一定的变化。本节首先计算不同压电叠层作动器安装位置下结构的固有频率（图 3.5～图 3.7）和振动加速度响应（图 3.8 和图 3.9）。由图可以看到，作动器布置越靠近框架结构根部，即固支处，对耦合结构的第一阶和第三阶固有频率的影响越小，而作动器安装在配置 2 与配置 5 的位置对框架结构的第二阶固有频率影响较大。除了配置 5 外，安装了压电叠层作动器都会使减振点与耦合结构的平均振动水平降低，但是效果非常小，振动响应仅减小了不到 5%。

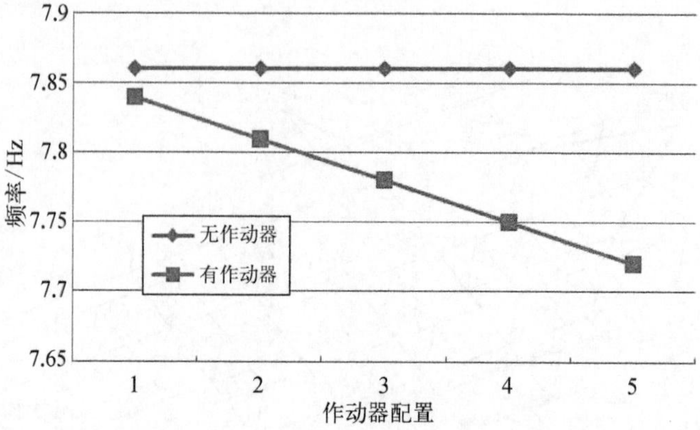

图 3.5 作动器不同安装位置对框架结构第一阶固有频率的影响

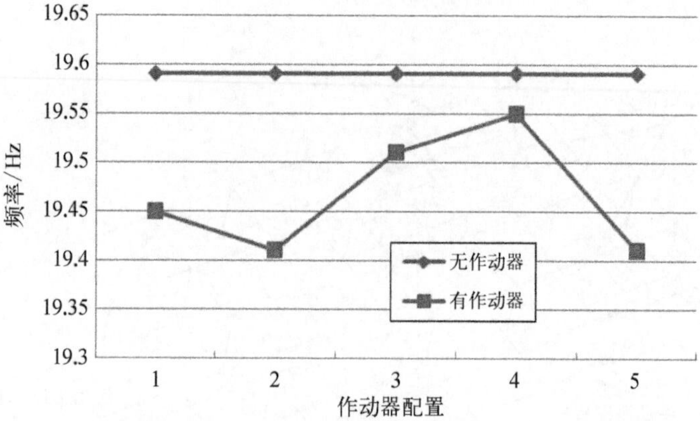

图 3.6 作动器不同安装位置对框架结构第二阶固有频率的影响

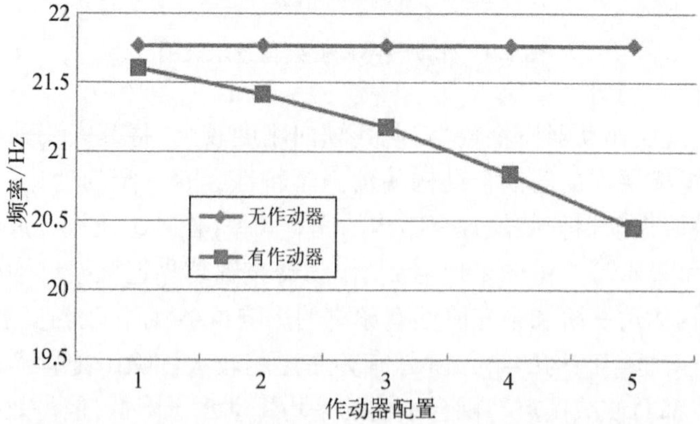

图 3.7 作动器不同安装位置对结构第三阶固有频率的影响

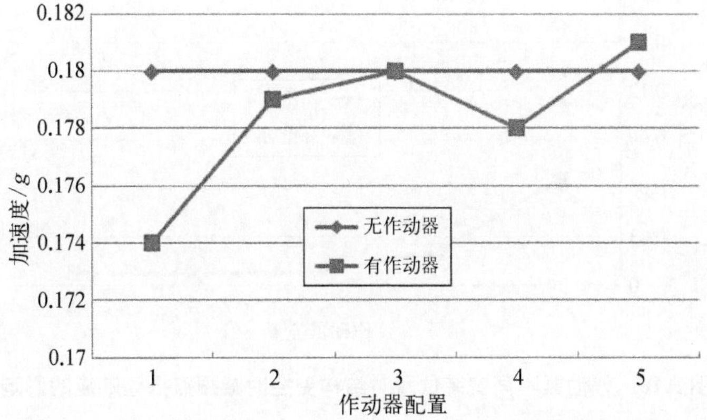

图 3.8　作动器不同安装位置对无控制时减振点振动水平的影响

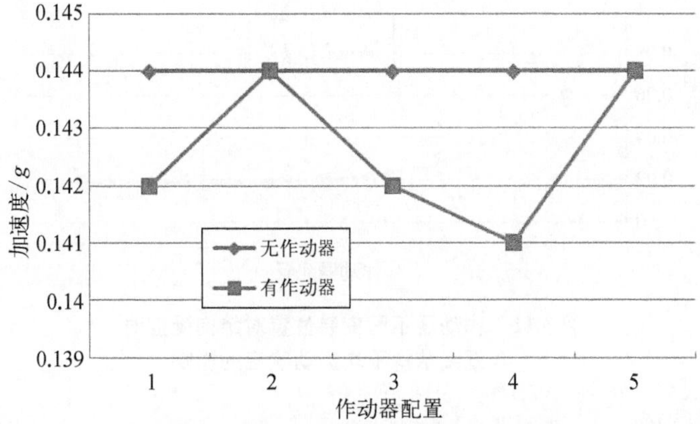

图 3.9　作动器不同安装位置对无控制时
框架结构平均振动水平的影响

由式(3.9)和式(3.13)可以分别求出压电叠层作动器不同安装位置下的振动加速度响应(图 3.10 和图 3.11)和控制输入电压(图 3.12)。由图 3.10～图 3.12 可知,所有的作动器五种安装位置均可以对框架结构的振动控制产生一定的效果,除了配置 1,在其他安装位置下的作动器输入电压均小于 90 V。在 5 种配置中,配置 4 的减振点振动水平、平均振动水平及作动器输入电压均为 5 种配置中最优的。

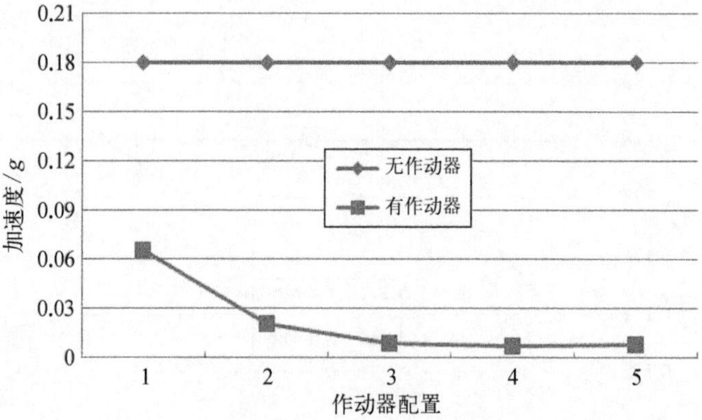

图 3.10 作动器不同安装位置对结构受控时减振点振动响应的影响

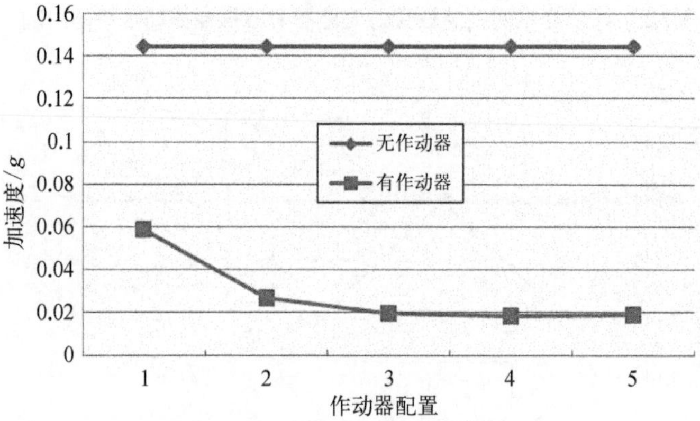

图 3.11 作动器不同安装位置对结构受控时
框架结构平均振动响应的影响

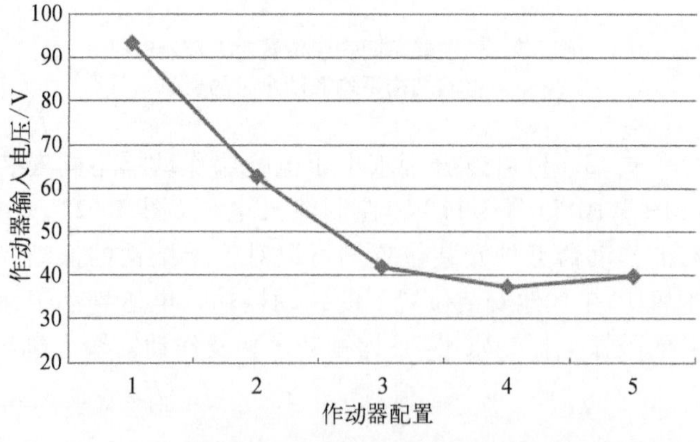

图 3.12 作动器不同安装位置对结构振动控制时
压电叠层作动器输入电压的影响

第4章 驱动梁的机体结构振动智能控制系统建模

4.1 引言

机体弹性线梁模型已成功用于直升机机体动力学分析与振动控制研究(Song et al., 2015, 2013;宋来收等,2011; Bauchau et al., 2004)。随着结构有限元法的发展,基于结构有限元的动力学建模与分析为直升机机体动力学分析与振动控制研究提供了更有效的技术途径,英国 Westland 公司采用分支梁有限元模型计算 Wessex 直升机机体低阶模态(Williams et al., 1979);Sikorsky 公司采用杆元、梁元和受力蒙皮板元的有限元模型计算了 CH53 直升机机体模态(Kvaternik et al., 1988)。20 世纪 80 年代初,美国国家航空航天局 Langley 研究中心联合 Bell 直升机公司、Boeing 直升机公司、McDonnell Douglas 直升机公司和 Sikorsky 直升机公司四家主要的直升机制造商执行一项名为 DAMVIBS 的计划,该计划的成果之一便是建立了满足工业级应用的直升机机体动力学有限元模型(Kvaternik, 1993)。本专著作者采用有限元法对机体动特性的参数影响及其模态修正技术进行了研究,基于动力学相似准则建立了直升机机体座舱结构(Meng et al., 2018;孟德,2020)和全机机体结构动力相似有限元模型(Lang et al., 2022, 2019),并针对机体结构动力学相似模型开展了直升机振动智能控制研究。

由于压电智能材料结构的卓越性能,压电智能作动器被广泛应用于振动主动控制。对于直升机机体结构响应主动控制,Hanagud 等(Hanagud et al., 1994)将机体结构模拟为一种带集中质量的弹性线梁有限元模型,研究了压电作动器应用于直升机机体振动主动控制可行性。Heverly 等(Heverly, 2002; Heverly et al., 2001)基于一缩减后的 AH-64 型直升机机体弹性线梁有限元模型,对压电叠层作动器应用于直升机结构振动主动控制的分布形式和控制能力进行了仿真研究,Walchko 等(Walchko et al., 2007)进一步采用混合控制方法对该模型的振动控制进行了仿真研究。Meng 等(Meng et al., 2018; 孟德, 2020)基于座舱地板结构动力学相似模型,对压电叠层作动器驱动的框架结构进行了仿真分析与试验研究。

Song 等(Song et al., 2015, 2013;宋来收等,2011)针对直升机机体弹性线梁模型特征和压电叠层作动器的驱动特性,建立了直升机机体/压电叠层作动器耦合结构模型及参数优化方法,并对直升机机体弹性线梁模型进行了振动智能控制研究。

在本专著作者深入研究基础上,本章针对直升机机体结构特征和关键位置振动控制要求等,建立机体结构动力学相似模型的理论和方法,通过分析机体各部分的建模特征建立参数化有限元模型,基于优化结果研制动力学相似模型,对相似模型进行动特性测试,针对研制的动力学相似模型开展压电叠层作动器驱动梁的振动智能控制系统建模及控制能力分析,系统阐述了压电叠层作动器驱动梁的直升机机体振动智能控制系统建模的理论和方法。

4.2 机体结构动力学相似模型

4.2.1 机体结构模型设计

针对复杂的直升机机体结构,能够可靠反映机体结构特征和动力学特性的动力学模型是振动智能控制系统设计、分析及控制性能评估的基础,是保证试验结果可靠的前提。用于振动智能控制试验的动力学相似模型需在动力学特性相似的同时要求关注位置与原机体结构具有几何相似特征,以满足振动控制点与原型结构的对应关系。对于直升机而言,座舱地板是最受关注的振动控制区域,相对于中机身柔性较大;中机身及过渡段刚度大,质量较集中;尾梁段刚度连续性较好。针对某型直升机建立的几何相似模型如图 4.1 所示。相似模型的长、宽、高尺寸分别是: $L=5.0$ m、$W=0.6$ m、$H=0.95$ m,与原机体整体缩放比例约为 1 : 3。分为前机身地板框架结构 1.6 m×0.6 m×0.30 m、中机身及过渡段框架结构 1.5 m×0.6 m×0.45 m、尾梁 1.9 m×0.045 m×0.95 m 和主减速器系统共四部分构成。

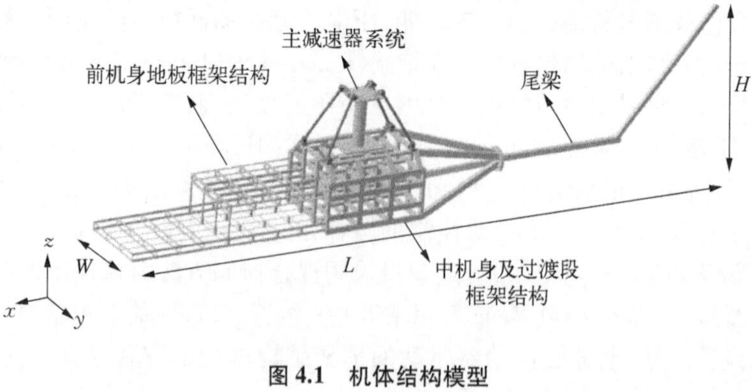

图 4.1 机体结构模型

4.2.2　机体结构参数化分析

基于相似模型的动力学特性、局部几何相似要求以及机体结构特征，将机体结构分为前机身地板结构、中机身及过渡段、尾梁三部分进行参数化建模。机体框架结构矩形梁参数定义及参数编号如图 4.2 所示。前机身地板结构采用 11 种（1 - 4，5 - 8，9 - 11）不同截面特性的矩形梁，以便有多个可调整的结构参数通过优化，实现整机动力学在关注的局部结构具备几何相似和动力学相似特性；中机身和过渡段的刚度和质量要比前机身地板结构和尾梁段的刚度和质量大很多，所以可不作为优化重点，用 2 种（12 - 13）截面梁构成的框架结构；尾梁部分刚度较低，对机体结构的整体模态影响较大，但不是关注的振动控制部位，分段采用弹性线空间梁模型模拟（14 - 15）。通过添加集中质量单元以模拟参考直升机座舱地板结构上的重要集中质量，选择的位置如图 4.3 所示，沿机身纵轴对称分布。相似模型的优化参数是机体框架结构的梁截面尺寸与添加的集中质量。

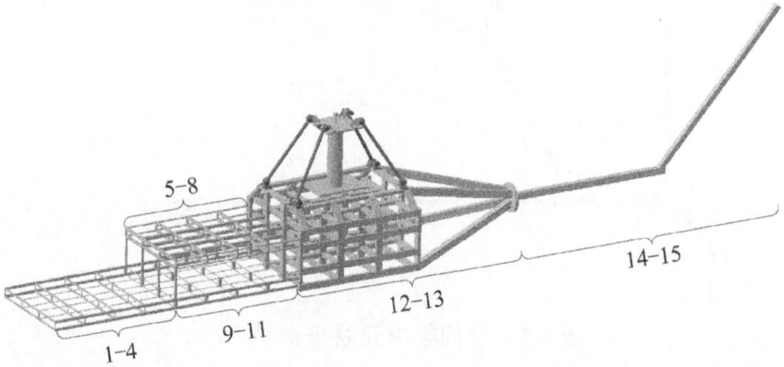

1. 下地板Y向横梁　2. 下地板Z向纵梁　3. 下地板外侧X向横梁　4. 下地板内侧X向横梁
5. 上地板Y向横梁　6. 上地板Z向纵梁　7. 上地板外侧X向横梁　8. 上地板内侧X向横梁
9. 下层Y向横梁　10. 下层Z向纵梁　11. 上下层Z向支撑梁　12. 中机身框架梁
13. 过渡段框架梁　14. 直尾梁　15. 斜尾梁

图 4.2　机体框架结构梁参数编号

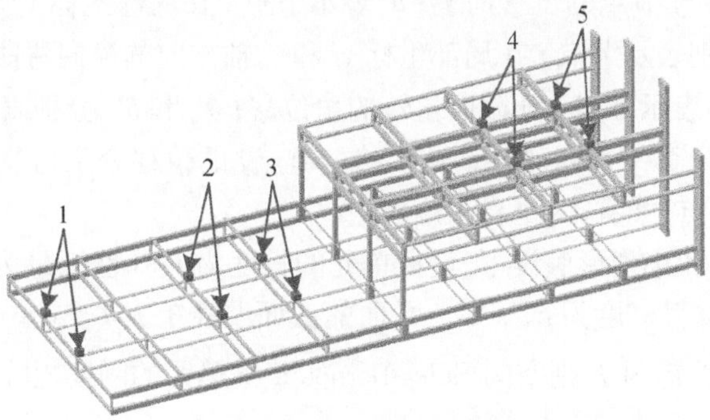

图 4.3　机体框架结构集中质量参数编号

4.2.3 机体结构动力学有限元建模

基于建立的相似模型和有限元法，建立机体结构动力学模型，模型采用空间梁单元与集中质量单元组成。

空间梁单元为三维单元，承受轴向力、弯矩和扭矩的作用，单元特性是轴向力、弯曲和扭转单元的组合。在小变形假设下，空间梁单元的特性矩阵可以由轴力杆单元、弯曲单元和扭转单元的特性矩阵叠加构成。如图 4.4 所示的空间梁单元有两个节点 i 和 j，x' 轴是杆的轴线，由 i 指向 j，$x'o'z'$ 和 $x'o'y'$ 是梁单元的两个弯曲主平面。$o'x'y'z'$ 是单元局部坐标系，$OXYZ$ 是整体坐标系。

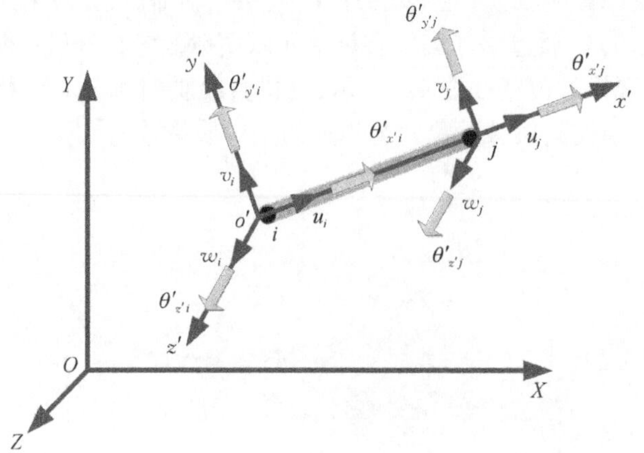

图 4.4 空间梁单元及坐标系

空间梁单元一个节点有 3 个线位移和 3 个角位移共计 6 个自由度，在上述单元局部坐标系下，i 和 j 节点的位移可表示为

$$\{\delta'_{ij}\} = [u'_i \quad v'_i \quad w'_i \quad \theta'_{x'i} \quad \theta'_{y'i} \quad \theta'_{z'i} \quad u'_j \quad v'_j \quad w'_j \quad \theta'_{x'j} \quad \theta'_{y'j} \quad \theta'_{z'j}] \tag{4.1}$$

式中，δ'_{ij} 表示 i 和 j 节点的位移向量；u'_i 表示节点 i 在局部坐标 x' 轴方向上的轴向位移；v'_i 和 w'_i 分别表示节点 i 在局部坐标 y' 和 z' 轴方向的横向弯曲位移，均以坐标轴方向为正；$\theta'_{x'i}$ 表示节点 i 处截面扭转的角位移；$\theta'_{y'i}$ 和 $\theta'_{z'i}$ 分别表示节点 i 处梁截面在 $x'z'$ 和 $x'y'$ 坐标平面内的转动角位移。节点 j 的位移表示与节点 i 相同。空间梁单元有 2 个节点，共有 12 个自由度。

在各向同性和小变形假设下，设梁单元的长度为 l、弹性模量为 E、剪切模量为 G、截面积为 A，材料密度为 ρ，$x'o'z'$ 平面的截面惯性矩为 I_z，$x'o'y'$ 平面的截面惯性矩为 I_y，极惯性矩为 J，则空间 Euler-Bernoulli 梁单元的刚度矩阵 $\boldsymbol{K}'^e$ 和一致质量矩阵 $\boldsymbol{M}'^e$ 为

$$
\boldsymbol{K}'^{e} = \begin{bmatrix}
\frac{EA}{l} & 0 & 0 & 0 & 0 & 0 & -\frac{EA}{l} & 0 & 0 & 0 & 0 & 0 \\
0 & \frac{12EI_z}{l^3} & 0 & 0 & 0 & \frac{6EI_z}{l^2} & 0 & -\frac{12EI_z}{l^3} & 0 & 0 & 0 & \frac{6EI_z}{l^2} \\
0 & 0 & \frac{12EI_y}{l^3} & 0 & -\frac{6EI_y}{l^2} & 0 & 0 & 0 & -\frac{12EI_y}{l^3} & 0 & -\frac{6EI_y}{l^2} & 0 \\
0 & 0 & 0 & \frac{GJ}{l} & 0 & 0 & 0 & 0 & 0 & -\frac{GJ}{l} & 0 & 0 \\
0 & 0 & -\frac{6EI_y}{l^2} & 0 & \frac{4EI_y}{l} & 0 & 0 & 0 & \frac{6EI_y}{l^2} & 0 & \frac{2EI_y}{l} & 0 \\
0 & \frac{6EI_z}{l^2} & 0 & 0 & 0 & \frac{4EI_z}{l} & 0 & -\frac{6EI_z}{l^2} & 0 & 0 & 0 & \frac{2EI_z}{l} \\
-\frac{EA}{l} & 0 & 0 & 0 & 0 & 0 & \frac{EA}{l} & 0 & 0 & 0 & 0 & 0 \\
0 & -\frac{12EI_z}{l^3} & 0 & 0 & 0 & -\frac{6EI_z}{l^2} & 0 & \frac{12EI_z}{l^3} & 0 & 0 & 0 & -\frac{6EI_z}{l^2} \\
0 & 0 & -\frac{12EI_y}{l^3} & 0 & \frac{6EI_y}{l^2} & 0 & 0 & 0 & \frac{12EI_y}{l^3} & 0 & \frac{6EI_y}{l^2} & 0 \\
0 & 0 & 0 & -\frac{GJ}{l} & 0 & 0 & 0 & 0 & 0 & \frac{GJ}{l} & 0 & 0 \\
0 & 0 & -\frac{6EI_y}{l^2} & 0 & \frac{2EI_y}{l} & 0 & 0 & 0 & \frac{6EI_y}{l^2} & 0 & \frac{4EI_y}{l} & 0 \\
0 & \frac{6EI_z}{l^2} & 0 & 0 & 0 & \frac{2EI_z}{l} & 0 & -\frac{6EI_z}{l^2} & 0 & 0 & 0 & \frac{4EI_z}{l}
\end{bmatrix} \tag{4.2}
$$

$$
\boldsymbol{M}'^{e} = \frac{\rho A l}{420}\begin{bmatrix}
140 & 0 & 0 & 0 & 0 & 0 & 70 & 0 & 0 & 0 & 0 & 0 \\
0 & 156 & 0 & 0 & 0 & 22l & 0 & 54 & 0 & 0 & 0 & -13l \\
0 & 0 & 156 & 0 & -22l & 0 & 0 & 0 & 54 & 0 & 13l & 0 \\
0 & 0 & 0 & \frac{140}{A}J & 0 & 0 & 0 & 0 & 0 & \frac{70}{A}J & 0 & 0 \\
0 & 0 & -22l & 0 & 4l^2 & 0 & 0 & 0 & -13l & 0 & -3l^2 & 0 \\
0 & 22l & 0 & 0 & 0 & 4l^2 & 0 & 13l & 0 & 0 & 0 & -3l^2 \\
70 & 0 & 0 & 0 & 0 & 0 & 140 & 0 & 0 & 0 & 0 & 0 \\
0 & 54 & 0 & 0 & 0 & 13l & 0 & 156 & 0 & 0 & 0 & -22l \\
0 & 0 & 54 & 0 & -13l & 0 & 0 & 0 & 156 & 0 & 22l & 0 \\
0 & 0 & 0 & \frac{70}{A}J & 0 & 0 & 0 & 0 & 0 & \frac{140}{A}J & 0 & 0 \\
0 & 0 & 13l & 0 & -3l^2 & 0 & 0 & 0 & 22l & 0 & 4l^2 & 0 \\
0 & -13l & 0 & 0 & 0 & -3l^2 & 0 & -22l & 0 & 0 & 0 & 4l^2
\end{bmatrix} \tag{4.3}
$$

K'^e 和 M'^e 均是局部坐标系下的单元刚度矩阵和质量矩阵，为了实现总体坐标系下的计算，应将单元刚度矩阵从局部坐标系转换到总体坐标系。局部坐标系与总体坐标系的转换矩阵 T^e 为

$$T^e = \begin{bmatrix} t & 0 & 0 & 0 \\ 0 & t & 0 & 0 \\ 0 & 0 & t & 0 \\ 0 & 0 & 0 & t \end{bmatrix} \tag{4.4}$$

式中，t 是方向余弦矩阵：

$$t = \begin{bmatrix} \cos(x', x) & \cos(x', y) & \cos(x', z) \\ \cos(y', x) & \cos(y', y) & \cos(y', z) \\ \cos(z', x) & \cos(z', y) & \cos(z', z) \end{bmatrix} \tag{4.5}$$

梁单元在局部坐标系下的节点位移与总体坐标系下的节点位移的转换关系为

$$\{\delta_{ij}'\} = T^e\{\delta_{ij}\} \tag{4.6}$$

于是，总体坐标系下单元刚度矩阵 K_g^e 和质量矩阵 M_g^e 为

$$K_g^e = T^{eT} K'^e T^e \tag{4.7a}$$

$$M_g^e = T^{eT} M'^e T^e \tag{4.7b}$$

机体结构动力学模型采用矩形截面的空间梁单元，扭转变形后矩形截面梁的横截面不再保持为平面，这种现象称为翘曲，即矩形截面梁不再满足平面假设。建立机体结构动力学模型时，梁单元两端受扭转力偶作用，翘曲不可忽略，最大切应力 τ_{max} 在矩形长边的中点上，$\tau_{max} = \dfrac{T}{\alpha h b^2}$，短边中点的切应力 τ_1 是短边上的最大切应力，$\tau_1 = v\tau_{max}$。杆件两端相对扭转角 $\varphi = \dfrac{Tl}{G\beta h b^3} = \dfrac{Tl}{GJ}$，$GJ = G\beta h b^3$ 称为扭转刚度。α、β、v 均是与截面边长比值 h/b 相关的翘曲系数，对应关系如表 4.1 所示。采用插值法计算出对应的翘曲系数 α、β、v，用于计算矩形截面梁的极惯性矩 J。

表 4.1　矩形截面梁扭转时的翘曲系数 α、β、v

h/b	1.0	1.2	1.5	2.0	2.5	3.0	4.0	6.0	8.0	10.0	∞
α	0.208	0.219	0.231	0.246	0.258	0.267	0.282	0.299	0.307	0.313	0.333
β	0.141	0.166	0.196	0.229	0.249	0.263	0.281	0.299	0.307	0.313	0.333
v	1.000	0.930	0.858	0.796	0.767	0.753	0.745	0.743	0.743	0.743	0.746

针对建立的相似模型，基于有限单元法建立机体结构动力学模型。机体结构的动力学方程为

$$\boldsymbol{M}\ddot{\boldsymbol{z}} + \boldsymbol{C}\dot{\boldsymbol{z}} + \boldsymbol{K}\boldsymbol{z} = \boldsymbol{f} \tag{4.8}$$

式中，$\boldsymbol{M}$、$\boldsymbol{C}$ 和 $\boldsymbol{K}$ 分别是机体结构的总体质量矩阵、阻尼矩阵和刚度矩阵；$\boldsymbol{z}$ 是位移向量；$\boldsymbol{f}$ 是外部激励向量。采用统一的总体坐标系，将全部 N 个单元的刚度矩阵和质量矩阵按照节点的位移协调和力平衡原理叠加到总体刚度矩阵和总体质量矩阵中，即可得到机体结构的总体刚度矩阵和质量矩阵。

4.2.4　机体结构动力学相似模型优化

依据参考直升机机体结构的动力学特性，采用差分进化算法优化建立的机体模型结构参数使目标模态频率和模态振型近似于参考直升机，优化目标模态选取机体结构的垂向 1 阶和 2 阶、侧向 1 阶和 2 阶的模态。模型优化的目标函数定义为

$$J = \sqrt{\sum_{i=1}^{n} w_i \left(\omega_i - \bar{\omega}_i\right)^2} \tag{4.9}$$

式中，ω_i 是模型的计算模态频率；$\bar{\omega}_i$ 是参考直升机的模态频率；w_i 是权系数，可通过调整 w_i 来改变对不同频率的权重。

采用模态相似准则（modal assurance criterion，MAC）（Allemang et al.，1982），计算优化模态与参考直升机模态的振型相似度，即为

$$MAC(\boldsymbol{\varphi}_a, \boldsymbol{\varphi}_e) = \frac{\left|\boldsymbol{\varphi}_a^{\mathrm{T}}\boldsymbol{\varphi}_e\right|^2}{\left(\boldsymbol{\varphi}_a^{\mathrm{T}}\boldsymbol{\varphi}_a\right)\left(\boldsymbol{\varphi}_e^{\mathrm{T}}\boldsymbol{\varphi}_e\right)} \tag{4.10}$$

式中，$\boldsymbol{\varphi}_a$ 和 $\boldsymbol{\varphi}_e$ 分别表示相似模型计算模态振型向量和参考模态振型向量，如果 $MAC=1$，则表示两者的振型完全相似，若 $MAC=0$ 则说明两者完全不相似。MAC 值越接近 1，两者相似性越好。根据美国 X－34 系统的评价标准，如果 $MAC>0.9$，则相似模型模态振型与参考模态振型相似程度非常好；如果 $0.8<MAC\leqslant 0.9$，则相似程度较好；如果 $MAC\leqslant 0.8$，则相似程度较差。

参考直升机的桨叶一阶通过频率是 25.5 Hz，为避免共振，定义优化模型的固有频率与桨叶一阶通过频率的差值大于一阶通过频率的 10%；以参考直升机的垂向 1 阶和 2 阶、侧向 1 阶和 2 阶的模态振型作为约束条件，为求解多约束下的非线性优化问题，引入罚函数，则动力学相似模型优化问题为

$$\min J = \sqrt{\sum_{i=1}^{n} w_i (\omega_i - \bar{\omega}_i)^2} + Y$$
$$\text{s.t.} \begin{cases} MAC_i \geqslant Z_i \\ \min[\,|(\omega_i - \omega)/\omega|\,] > 10\% \end{cases} \tag{4.11}$$

式中,定义罚值 $Y=100$,当优化结果不满足约束条件时,舍弃该优化结果;Z_i 是第 i 阶振型 MAC 值的设定阈值,垂向 1 阶和 2 阶、侧向 1 阶和 2 阶模态振型的阈值 $Z_i(i=1,2,3,4)$ 均定义为 0.90;$\omega=N_b\Omega$ 是桨叶一阶通过频率,ω_i 与 ω 的差值不得小于 ω 的 10%为设定阈值。

优化过程中将梁截面的几何参数变化量设定为 2 mm,集中质量参数的变化量设定为 0.1 kg,采用上述混合优化算法进行参数优化。最终机体结构动力学相似模型的几何参数如表 4.2 所示,集中质量参数如表 4.3 所示。

表 4.2 机体结构动力学相似模型的几何参数

机体结构部位	前机身地板结构					
几何参数编号	1	2	3	4	5	6
梁截面尺寸/mm	6×10	14×2	10×16	10×2	12×2	18×8
几何参数编号	7	8	9	10	11	
梁截面尺寸/mm	12×6	18×20	4×6	18×16	12×10	

机体结构部位	中机身及过渡段结构		直尾梁及斜尾梁结构	
几何参数编号	12	13	14	15
梁截面尺寸/mm	20×40	35×45	40×40	35×30

表 4.3 机体结构动力学相似模型的集中质量参数

集中质量参数编号	1	2	3	4	5
集中质量/kg	0	1.3	0	0.5	1.2

相似模型采用 45 号钢,弹性模量 2.09×10^{11} Pa,密度 7 890 kg/m^3,泊松比 0.269。采用有限元法的直升机机体结构动力学相似模型的计算模态与参考直升机机体结构的参考模态对比如表 4.4 所示,计算频率与参考频率的最大相对误差不大于 3.2%,1~4 阶模态振型的 MAC 均大于 90%。动力学相似模型前四阶的计算模态振型如图 4.5 所示。

表 4.4　动力学相似模型的计算模态与参考直升机机体结构的参考模态

振　　型	计算频率/Hz	参考频率/Hz	误差/%	*MAC*/%
垂向一阶弯曲	10.06	9.75	3.13	97
侧向一阶弯曲	10.15	10.18	0.28	98
垂向二阶弯曲	16.76	16.86	0.62	97
侧向二阶弯曲	18.46	18.96	2.61	92

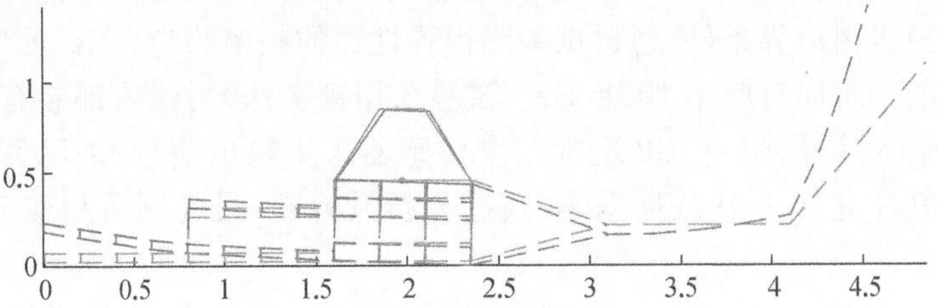

(a) 垂向一阶弯曲振型(10.06 Hz)

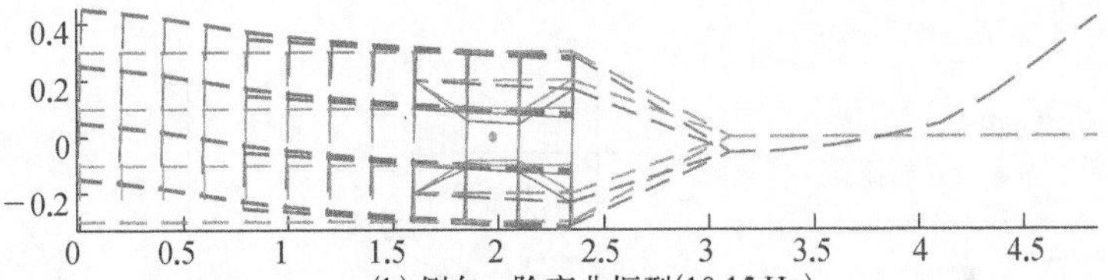

(b) 侧向一阶弯曲振型(10.15 Hz)

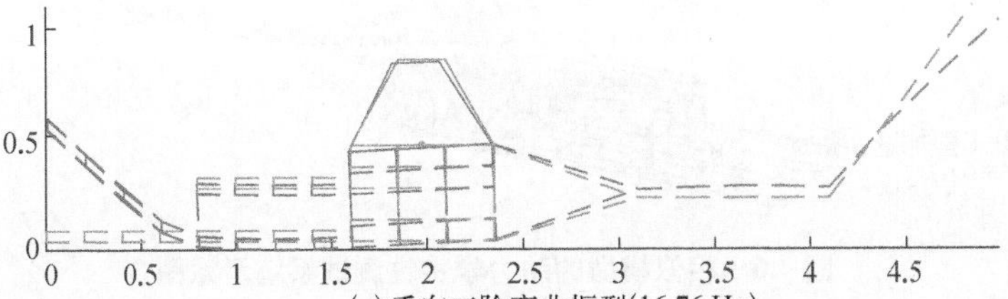

(c) 垂向二阶弯曲振型(16.76 Hz)

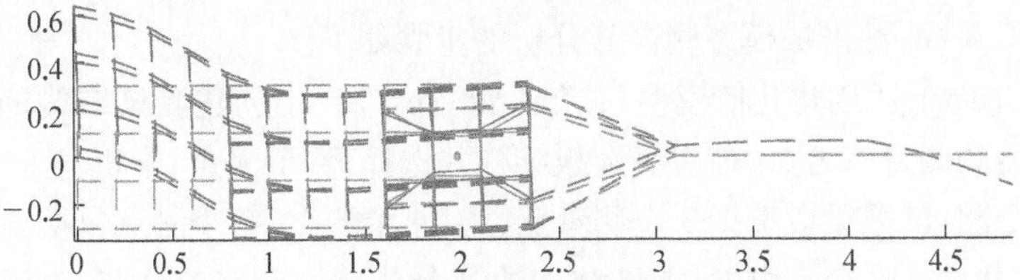

(d) 侧向二阶弯曲振型(18.46 Hz)

图 4.5　机体结构动力学相似模型的前四阶计算振型

4.3　机体结构相似模型动特性测试

采用有限元法的计算模型与研制的实体相似模型存在一定的误差,需对实体相似模型进行动力学特性测试,以验证模型的有效性和可靠性。使用 LMS 公司的试验分析软件 LMS Test.lab 对研制的相似模型的动力学特性进行测试,采用固定力锤-移动传感器的方法进行测量,获得了相似模型的模态参数。

相似模型的动力学特性测试系统示意图如图 4.6 所示。采用弹性绳悬挂相似模型模拟自由边界条件,通过试验测得弹性绳的频率约为 3 Hz,远低于有限元模型计算的一阶固有频率 10.06 Hz。试验采用锤击法,力锤头部装有力传感器,用于采集输入信号;采用 ICP 型加速度传感器采集输出信号,采用 LMS Test.lab 试验分析软件进行 A/D 数据采集、模态分析及处理,最终测得相似模型的模态频率和振型。

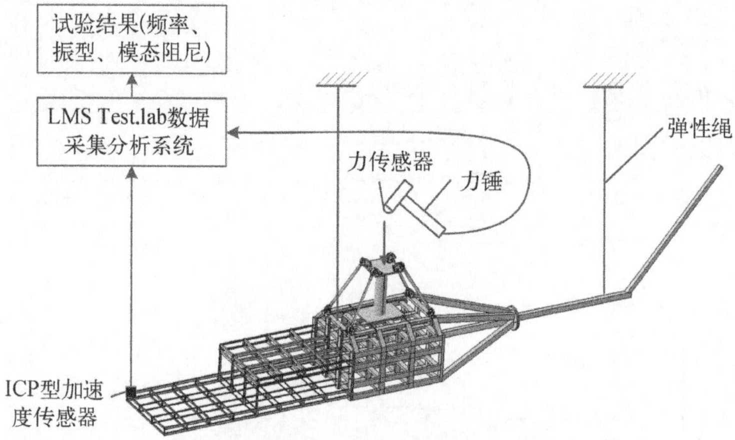

图 4.6　相似模型的动力学特性测试系统示意图

LMS Test.lab 锤击法模态测试与分析的步骤如下。

(1) Geometry(创建几何模型):在 LMS Test.lab 中创建测试结构的几何模型及试验所需的测量参考点,前机身地板结构共选择 24 个测点、中机身 8 个测点、主减系统 9 个测点、尾梁段选择 3 个测量点,共 44 个测点,每个测点包括 x、y、z 共 3 个自由度,共计 132 个自由度;测试结构的其余节点均设定为从节点,随主动点即测量点对应的自由度进行位移。

(2) Channel Setup(通道设置):将力锤与 ICP 型加速度传感器正确连接对应

的测试通道和参考通道(通常设定为力锤输入的通道),并输入力锤的类型、灵敏度和敲击节点对应的自由度,定义传感器的名称、类型、对应的灵敏度及需测量节点对应的自由度。力锤的灵敏度为 2.15 mV/EU;测试共采用 12 个 ICP 型加速度传感器分批次移动,灵敏度均为 100±2 mV/EU。

(3) Calibration(标定):对传感器的灵敏度进行标定,通常以传感器自身的灵敏度特性为准。

(4) Impact Scope(锤击量程设置):设置各通道即力锤和各个加速度传感器的量程。

(5) Impact Setup(锤击设置):通过试验现场设定力锤的触发标准、测试所需的频率带宽、选择合适的窗等。测试中进行现场锤击设置力锤的触发标准为 0.014 V;直升机机体由旋翼谐波激励产生的振动响应以低阶振动为主要成分,参考直升机旋翼激励的第一阶桨叶通过频率为 25.5 Hz,因此选择频带带宽为 0~32 Hz;窗函数选择力/指数窗。

(6) Measure(测量):由于测量点及对应自由度较多,选用固定力锤-移动传感器的方式进行模态测量。依据 Maxwell 互易定理,A 点输入 B 点响应等于 B 点输入 A 点响应,可以得到完整的频响函数矩阵。每次在 12 个测点布置加速度传感器,选择同一点锤击,每次同时移动 12 个传感器,通过 12 次锤击完成模态测试。为提高测试精度,设置测量的平均锤击次数为 5 次。

(7) Modal Analysis(模态分析):使用 Modal Data Selection 进行模态数据选择,即进行频响函数(frequency response function, FRF)数据的选择;使用 Time MDOF 模块进行模态计算,得到测试结构的模态频率、振型和阻尼。

动力学相似模型的有限元计算模态和测试模态的前六阶值与误差如表 4.5 所示,除垂向二阶的模态频率差距稍大(12.15%),其余五阶频率误差较小,MAC 值均大于 90%,测量的模态振型如图 4.7 所示。

表 4.5　动力学相似模型计算模态与测试模态对比

模态振型	计算频率 /Hz	试验频率 /Hz	误差 /%	MAC /%
垂向一阶弯曲	10.06	9.90	1.82	90
侧向一阶弯曲	10.15	9.98	0.40	91
垂向二阶弯曲	16.76	19.07	12.15	96
侧向二阶弯曲	18.46	18.05	2.31	95
扭转一阶	22.78	23.84	4.45	98

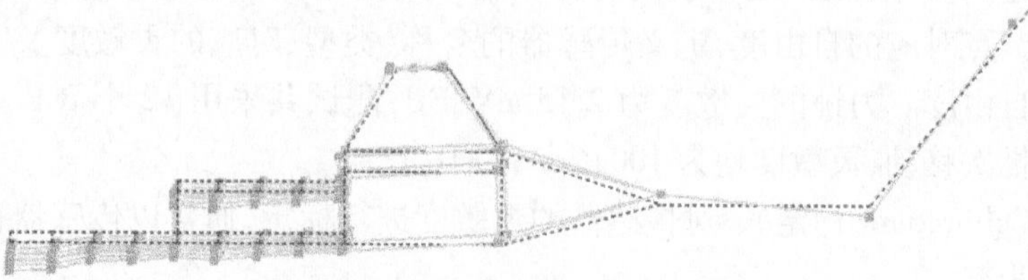

(a) 测试模态垂向一阶弯曲振型(9.90 Hz)

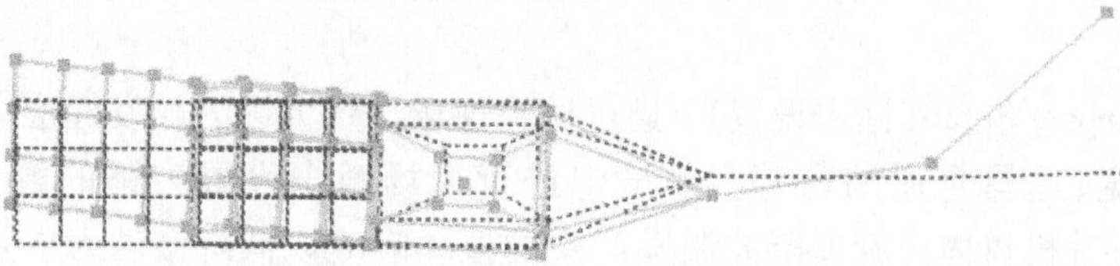

(b) 测试模态侧向一阶弯曲振型(9.98 Hz)

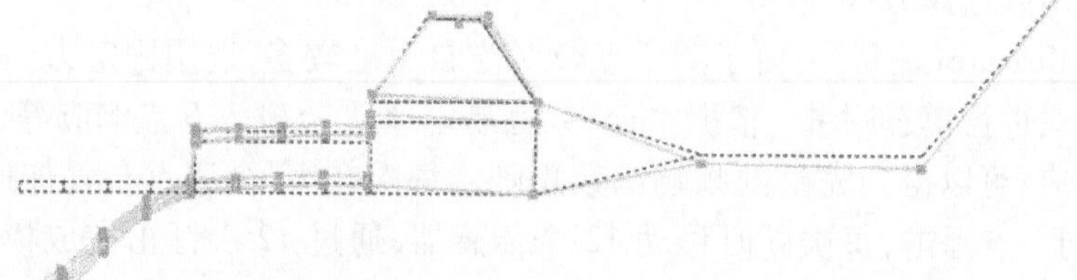

(c) 测试模态垂向二阶弯曲振型(19.07 Hz)

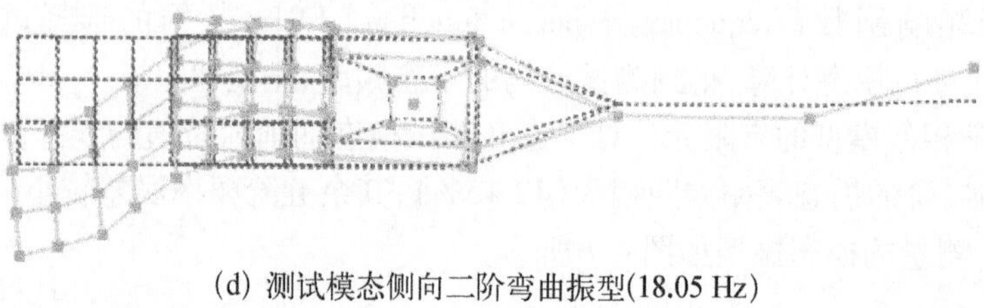

(d) 测试模态侧向二阶弯曲振型(18.05 Hz)

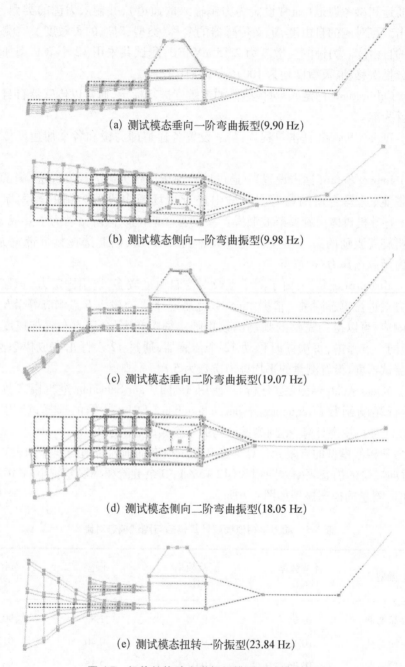

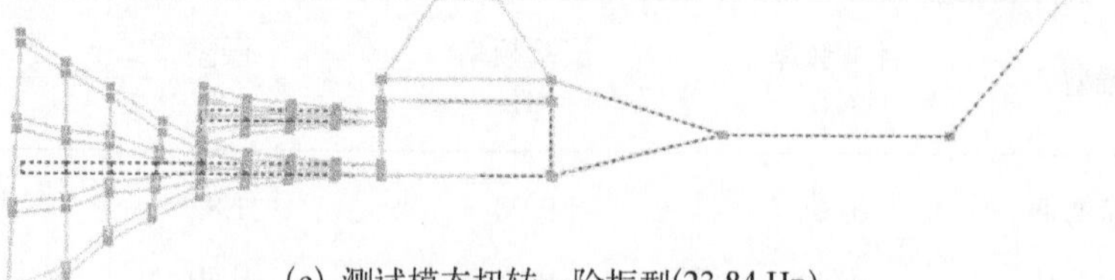

(e) 测试模态扭转一阶振型(23.84 Hz)

图 4.7 机体结构动力学相似模型测试模态振型

4.4　机体结构相似模型驱动梁的振动智能控制建模

4.4.1　压电叠层作动器驱动梁的机体结构相似模型耦合建模

压电叠层作动器的质量很轻，但轴向刚度较大，安装在机体相似结构上会影响整体结构的动力学特性，因此需建立压电叠层作动器/机体相似结构的耦合结构模型，研究压电叠层作动器对机体结构的动力学输出特性。构建的机体结构有限元模型以框架梁为基本结构，压电叠层作动器按如图 4.8 和图 4.9 所示的并联安装方式，通过辅助刚性连接件安装在梁结构上，以两个刚性连接件作为底座，通过柔性联轴器与底座固定。柔性联轴器的作用是释放弯矩，避免压电叠层作动器受弯，并保证压电叠层作动器沿着轴向输出控制力，并通过刚性连接件把控制力传递到结构梁上。

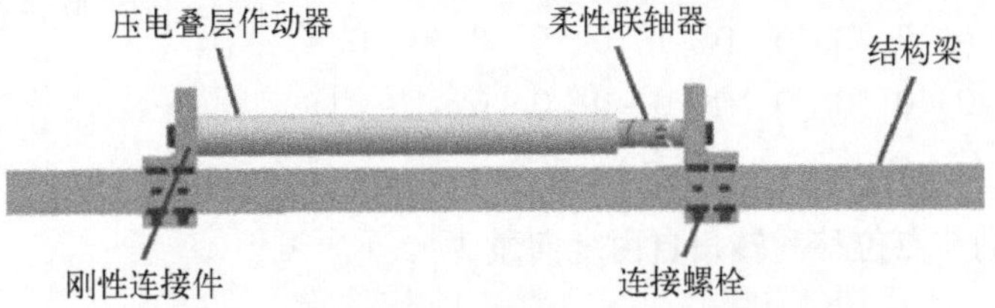

图 4.8　压电叠层作动器与结构梁的连接方法

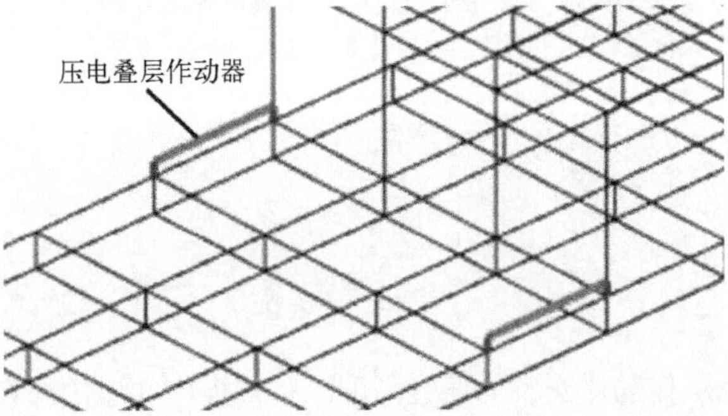

图 4.9　安装压电叠层作动器的机体相似耦合结构局部示意图

耦合结构建模是将结构梁单元与压电叠层作动器单元耦合成机电单元，同时具备压电叠层作动器的结构和驱动特性以及机体的结构特性。

压电材料在驱动方向的本构方程为

$$\sigma = c^{E}\varepsilon - eE \tag{4.12}$$

式中，σ 是应力；ε 是应变；E 是外加电场；c^E 是零电场或恒定电场下的弹性模量；e 是压电陶瓷应力常数。

压电叠层作动器的力/电模型为

$$f_i^{\mathrm{PSA}} = -f_j^{\mathrm{PSA}} = f^{\mathrm{PSA}} = A\sigma = Ac^E \frac{u_j^{\mathrm{PSA}} - u_i^{\mathrm{PSA}}}{L} - Ae\frac{U}{h} \tag{4.13}$$

式中，f_i^{PSA}、f_j^{PSA} 和 u_i^{PSA}、u_j^{PSA} 分别表示压电叠层作动器端部的节点力和位移；A 和 L 分别是压电叠层作动器的横截面积和长度；U 是施加的电压；h 是每个压电陶瓷片的厚度。压电叠层作动器端部产生的节点力向量为

$$\boldsymbol{f}_e^n = \boldsymbol{B}_e^n \boldsymbol{F}_e^n = [f_i \quad 0 \quad 0 \quad 0 \quad M_i \quad 0 \quad f_j \quad 0 \quad 0 \quad 0 \quad M_j \quad 0]^{\mathrm{T}} \tag{4.14}$$

式中，

$$\boldsymbol{B}_e^n = \begin{bmatrix} 1 & 0 & 0 & 0 & 0 & 0 & 0 & 0 & 0 & 0 & 0 & 0 \\ 0 & 0 & 0 & 0 & 1 & 0 & 0 & 0 & 0 & 0 & 0 & 0 \\ 0 & 0 & 0 & 0 & 0 & 0 & 1 & 0 & 0 & 0 & 0 & 0 \\ 0 & 0 & 0 & 0 & 0 & 0 & 0 & 0 & 0 & 0 & 1 & 0 \end{bmatrix}^{\mathrm{T}}, \quad \boldsymbol{F}_e^n = [f_i \quad M_i \quad f_j \quad M_j]^{\mathrm{T}} \tag{4.15}$$

梁端部的节点位移和转角自由度向量为

$$\boldsymbol{x}_e^n = \begin{bmatrix} u_i & v_i & w_i & \theta_{u_i} & \theta_{v_i} & \theta_{w_i} & u_j & v_j & w_j & \theta_{u_j} & \theta_{v_j} & \theta_{w_j} \end{bmatrix}^{\mathrm{T}} \tag{4.16}$$

梁端部的节点力和位移与压电叠层作动器端部的驱动力和位移之间的关系为

$$\begin{gathered} f_i = -f_i^{\mathrm{PSA}}, \; f_j = -f_j^{\mathrm{PSA}} \\ M_i = -f_i^{\mathrm{PSA}}\delta, \; M_j = -f_j^{\mathrm{PSA}}\delta \end{gathered} \tag{4.17}$$

$$\begin{gathered} u_i^{\mathrm{PSA}} = u_i - \theta_{v_i}\delta \\ u_j^{\mathrm{PSA}} = u_j - \theta_{v_i}\delta \end{gathered} \tag{4.18}$$

式中，δ 是压电叠层作动器安装的偏置高度。将方程(4.17)代入方程(4.14)，并根据式(4.13)可得压电叠层作动器端部的节点力向量为

$$\boldsymbol{f}_e^n = \frac{Ac^E}{L}\begin{bmatrix} -1 & 0 & 0 & 0 & -\delta & 0 & 1 & 0 & 0 & 0 & \delta & 0 \\ 1 & 0 & 0 & 0 & \delta & 0 & -1 & 0 & 0 & 0 & -\delta & 0 \\ -\delta & 0 & 0 & 0 & -\delta^2 & 0 & \delta & 0 & 0 & 0 & \delta^2 & 0 \\ \delta & 0 & 0 & 0 & \delta^2 & 0 & -\delta & 0 & 0 & 0 & -\delta^2 & 0 \end{bmatrix}\boldsymbol{x}_e^n + \begin{bmatrix} 1 \\ -1 \\ \delta \\ -\delta \end{bmatrix}\frac{Ae}{h}U \tag{4.19}$$

于是,压电叠层作动器的轴向刚度 $\boldsymbol{K}_{pzt}$ 和电压输入矩阵 $\boldsymbol{B}_{pzt}$ 分别为

$$\boldsymbol{K}_{pzt} = \frac{Ac^E}{L}\begin{bmatrix} -1 & 0 & 0 & 0 & -\delta & 0 & 1 & 0 & 0 & 0 & \delta & 0 \\ 1 & 0 & 0 & 0 & \delta & 0 & -1 & 0 & 0 & 0 & -\delta & 0 \\ -\delta & 0 & 0 & 0 & -\delta^2 & 0 & \delta & 0 & 0 & 0 & \delta^2 & 0 \\ \delta & 0 & 0 & 0 & \delta^2 & 0 & -\delta & 0 & 0 & 0 & -\delta^2 & 0 \end{bmatrix} \tag{4.20}$$

$$\boldsymbol{B}_{pzt} = \frac{Ae}{h}[1 \quad -1 \quad \delta \quad -\delta]^{\mathrm{T}} \tag{4.21}$$

设梁单元的刚度矩阵和质量矩阵为 $\boldsymbol{K}_e^n$ 和 $\boldsymbol{M}_e^n$,将压电叠层作动器的刚度加入结构有限元,可得耦合机电梁单元的刚度矩阵和控制力向量分别为

$$\boldsymbol{K}_{ce}^n = \boldsymbol{K}_e^n + \boldsymbol{B}_e^n \boldsymbol{K}_{pzt} \tag{4.22}$$

$$\boldsymbol{f}_{ce}^n = \boldsymbol{B}_e^n \boldsymbol{B}_{pzt} U \tag{4.23}$$

将压电叠层作动器的质量 m_{pzt} 加入结构有限元,可得耦合机电梁单元的质量矩阵为

$$\boldsymbol{M}_{ce}^n = \boldsymbol{M}_e^n + m_{pzt}\operatorname{diag}\left\{\frac{1}{2} \quad \frac{1}{2} \quad \frac{1}{2} \quad 0 \quad 0 \quad 0 \quad \frac{1}{2} \quad \frac{1}{2} \quad \frac{1}{2} \quad 0 \quad 0 \quad 0\right\} \tag{4.24}$$

在安装压电叠层作动器的结构梁单元处,用耦合机电梁单元代替结构梁单元,得到压电叠层作动器与机体耦合结构的动力学方程为

$$\boldsymbol{M}\ddot{\boldsymbol{x}} + \boldsymbol{C}\dot{\boldsymbol{x}} + \boldsymbol{K}\boldsymbol{x} = \boldsymbol{B}_1\boldsymbol{F} + \boldsymbol{B}_2\boldsymbol{U} \tag{4.25}$$

式中,$\boldsymbol{M}$、$\boldsymbol{C}$、$\boldsymbol{K}$ 分别是机体耦合结构的质量、阻尼、刚度矩阵;$\boldsymbol{F}$ 和 $\boldsymbol{U}$ 分别是旋翼激振力向量和压电叠层作动器的控制电压向量;$\boldsymbol{B}_1$ 和 $\boldsymbol{B}_2$ 分别是激振力 $\boldsymbol{F}$ 和控制电压 $\boldsymbol{U}$ 的输入矩阵。

4.4.2　相似模型振动控制性能分析

为实现良好的振动控制效果,采用 2.4 节的参数优化方法对动力学相似耦合结构进行压电叠层作动器的安装位置、偏置距离和控制器参数优化。采用 PSt150/10/160 VS15 型压电叠层作动器,其相关参数如表 4.6 所示。根据相似耦合结构各编号梁的长度、位置、截面尺寸,选择所有能够安装压电叠层作动器的结构梁,在梁单元的节点位置处沿 y 轴左右两侧、沿 z 轴上下两侧进行偏置安装。根据相似耦合结构和压电叠层作动器结构参数,机体结构上可安装 PSt150/10/160 VS15 型压电叠层作动器的位置共有 123 个,安装的方式共有 192 种。以待减振点垂向振动响

应为优化目标,采用差分进化算法对作动器的安装位置、距离梁单元中心偏置距离及控制输入电压加权参数 W_U 进行优化。

表 4.6 PSt150/10/160 VS15 型压电叠层作动器参数

参　数	单位	参数值
标称行程	μm	152
轴向刚度	N/m	1.3×10^7
标称推力/拉力	N	2 300/500
谐振频率	kHz	6
静电容量	μF	28
长度	mm	154
电压范围	V	0~150
质量	g	130

针对压电叠层作动器驱动梁结构的直升机机体相似耦合结构,在桨毂处施加三个方向的一阶谐波($N_b\Omega$ = 25.5 Hz)激振力幅值分别是 F_Z = 300 N、F_Y = 100 N、F_X = 100 N 以模拟桨毂激励,采用四个控制点和四个减振点的四输入/四输出振动控制系统,给定四个减振点的位置和控制响应误差参数矩阵 $\boldsymbol{W}_Y = 2\times10^{10}\boldsymbol{I}_{4\times4}$。控制输入电压加权参数矩阵 $\boldsymbol{W}_U = 10^{\beta}\boldsymbol{I}_{4\times4}$,在保证控制输入电压不超过压电叠层作动器最大许可电压幅值 75 V 约束下,对压电叠层作动器的安装位置、偏置距离和控制器参数进行优化,得到压电叠层作动器最优安装位置为第 4、8、28、32 号位置,偏置距离为 21 mm,控制输入电压加权参数矩阵 $\boldsymbol{W}_U = 10^3\boldsymbol{I}_{4\times4}$。优化后压电叠层作动器最优安装位置如图 4.10 所示。对优化出的机电耦合结构进行振动控制数值

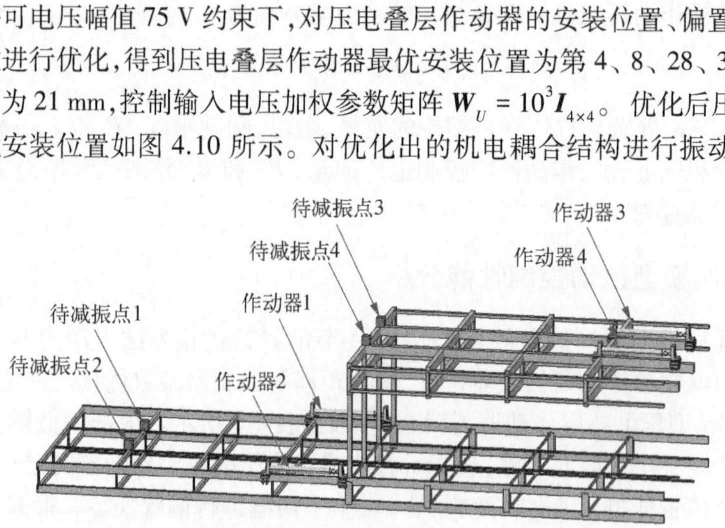

图 4.10 压电叠层作动器最优驱动位置

分析，图 4.11 给出了待减振点控制前后的加速度响应幅值，可以看出在许可工作电压内各待减振点振动水平都有明显的降低，1～4 号待减振点的加速度响应幅值分别下降了 99%、99%、87%、59%，4 号待减振点减振水平较低是因为未控制振动响应仅有 0.058g，作动器的安装改变了待减振点的响应幅值，验证了建立压电叠层作动器驱动直升机耦合结构模型的可靠性。4 个压电叠层作动器的控制电压幅值分别为 17.83 V、72.35 V、35.50 V、65.69 V。

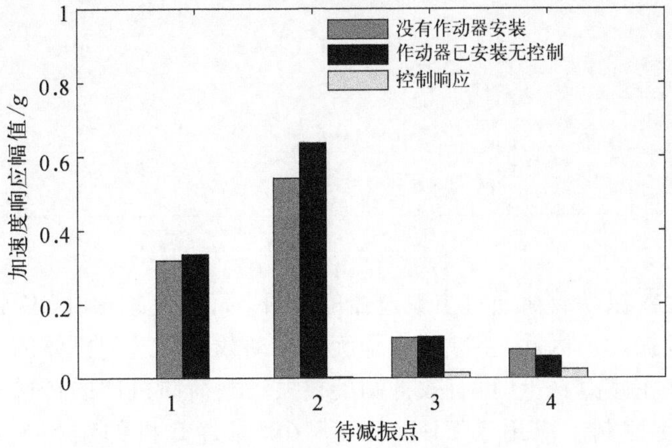

图 4.11　减振点振动控制前后垂向加速度响应幅值

第5章 驱动主减撑杆的机体结构振动智能控制系统建模

5.1 引言

直升机旋翼振动载荷通过主减速器的撑杆（简称主减撑杆）传到机体上，引起机体的强烈振动。因此，主减撑杆是旋翼振动载荷传递到机体的主要途径，将作动器安装在主减撑杆上，可有效抑制旋翼振动载荷向机体的传递，实现高效的机体振动主动控制。应用于 EH101 和 S76B 等直升机的结构响应主动控制（ACSR）系统都采用了把作动器布置在主减撑杆上实施机体振动主动控制的技术方案（Staple et al., 1990；Welsh et al., 1990）。主减撑杆要支撑主减速器和旋翼等部件的质量，同时要满足操纵系统的位移限制，因此主减撑杆需要足够的强度和刚度。这就要求布置在主减撑杆上的作动器具备输出位移小、输出作动力大的特点。与传统的液压作动器和惯性作动器相比，压电叠层作动器具有质量轻、输出位移小（微米级）、作动力大、工作频率宽（0～几千赫兹）、响应速度快（毫秒级）等优势，因此，压电叠层作动器非常适合安装在主减撑杆上用于机体振动主动控制。一些仿真和试验研究将压电材料布置在主减撑杆上以抑制主减速器传递至座舱的高频振动（Kim et al., 2012；Belanger et al., 2009；Hoffmann et al., 2006；Maier et al., 2002）。压电叠层作动器中压电单元的机械受力方向与极化方向一致，相比机械受力方向与极化方向垂直的压电片式作动器具备更高的输出效率，并可通过多个压电单元的叠堆进一步提升机械输出能力。如今压电叠层作动器最大的输出作动力可达 70 kN（Kermani et al., 2005），因此将压电叠层作动器安装在主减撑杆上组成主动撑杆，具备应用于直升机机体振动智能控制的很大潜力。

本专著作者（郎凯，2021；Lang et al., 2019）把压电叠层作动器并联安装在直升机主减撑杆上，建立了压电叠层作动器驱动主减撑杆的直升机机体振动智能控制系统动力学模型。根据参考直升机的结构特征，把直升机振动智能控制的结构动力学系统分为旋翼/主减速器、主动撑杆和机体结构三个子系统，主动撑杆子系统由主减撑杆和压电叠层作动器构成，旋翼/主减速器子系统简化为一个具有转动惯量的刚体，机体结构子系统由基于参考直升机的机体结构特性和动力学特性建立的动力学相似结构有限元模型构成。基于压电材料的机电耦合特性和主减撑杆动力学模型，推导压电叠层作动器/主减撑杆耦合运动方程。基于机体结构有限元模型和旋翼/主减子系统动力学模型，根据子结构综合法中各子结构之间的位移协调条件和力平衡条件推导压电叠层作动器驱动主减撑杆的直升机振动智能控制系统的动力学模型。在本专著作者深入研究的基础上，本章系统阐述了压电叠层作动器驱动主减撑杆的直升机机体振动智能控制系统建模的理论和方法。

5.2　主减主动撑杆子系统动力学模型

具有主动撑杆的机体结构振动智能控制系统的结构示意图如图 5.1 所示。将智能控制系统划分为三个子系统：旋翼/主减速器子系统、主动撑杆子系统和机体结构子系统。设旋翼/主减速器子系统的坐标系 (x_g, y_g, z_g)、主动撑杆子系统的坐标系 (x_s, y_s, z_s)、机体结构子系统的坐标系 (x_f, y_f, z_f)、控制系统的整体坐标系 (x_h, y_h, z_h)。坐标系 (x_g, y_g, z_g) 的原点定义在旋翼/主减速器子系统的质心处。系统静止时，控制系统的整体坐标系与机体结构子系统的坐标系重合。主动撑杆子系统作为控制系统的作动单元，在直升机振动智能控制过程中根据传感器采集的振动响应信号，按照控制系统计算的控制信号驱动主减撑杆，生成机体结构的作动响应以抑制在旋翼激励载荷下的机体振动。

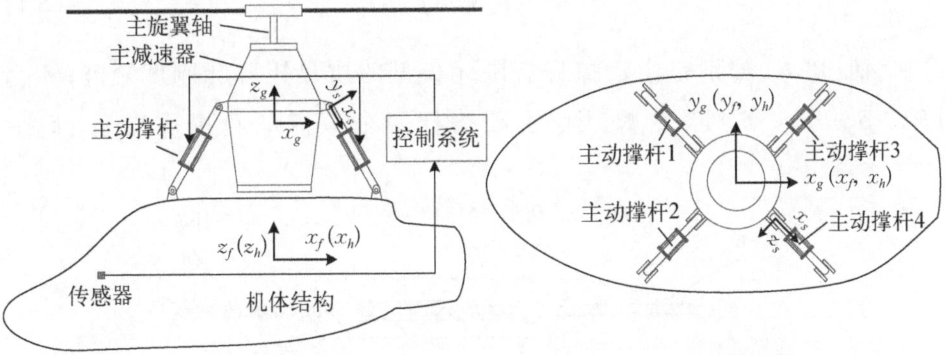

(a) 侧视图　　(b) 俯视图

图 5.1　具有主动撑杆的机体结构振动智能控制系统示意图

把两个压电叠层作动器并联安装在一根主减撑杆上组成一组主动撑杆，如图5.2所示。为保证压电叠层作动器的作动力输出方向沿着撑杆的轴向，把压电叠层作动器对称安装在主减撑杆上，控制时向两个作动器输入相同信号。压电叠层作动器的一端通过刚性连接元件与撑杆固定连接，另一端通过弹性铰链与固定在撑杆上的刚性连接元件连接。弹性铰链具有很高的轴向刚度和较低的弯曲刚度，可避免压电叠层作动器受到过大的弯矩而破坏失效。

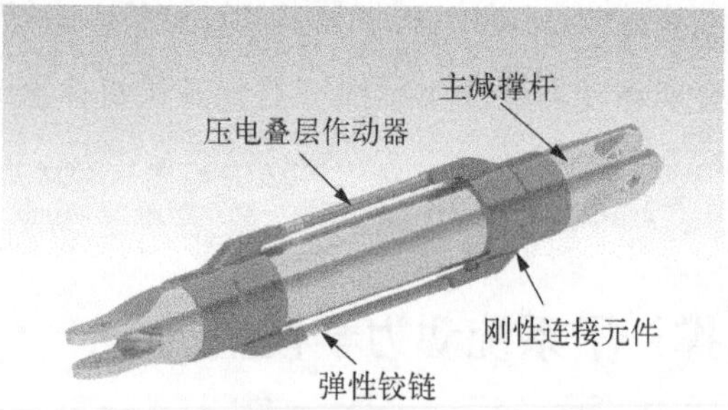

图 5.2　主减主动撑杆结构示意图

为了建立主减主动撑杆的有限元模型，将主动撑杆划分为如图5.3所示的三个单元，其中撑杆两端的节点1和节点4分别与机体和主减速器相连，压电叠层作动器的两个连接位置处各有一个节点（节点2和节点3），主动撑杆模型由两端的撑杆单元和中间的压电叠层作动器/撑杆耦合单元构成。采用梁单元模拟撑杆单元，采用杆单元模拟压电叠层作动器单元，利用有限元法将撑杆单元和压电叠层作动器单元的刚度矩阵、质量矩阵进行组集，建立压电叠层作动器/主减撑杆耦合的主动撑杆动力学模型，耦合动力学方程如下：

$$\boldsymbol{M}_c\ddot{\boldsymbol{\delta}}_c + \boldsymbol{K}_c\boldsymbol{\delta}_c = \boldsymbol{f}_c + \boldsymbol{f}_p \tag{5.1}$$

式中，$\boldsymbol{M}_c$ 和 $\boldsymbol{K}_c$ 分别是主动撑杆有限元模型的质量矩阵和刚度矩阵；$\boldsymbol{\delta}_c = [\boldsymbol{\delta}_{c1}\ \ \boldsymbol{\delta}_{c2}\ \ \boldsymbol{\delta}_{c3}\ \ \boldsymbol{\delta}_{c4}]^{\mathrm{T}} \in \mathbb{R}^{24}$ 是主动撑杆四个节点的自由度向量，$\boldsymbol{\delta}_{ci} =$

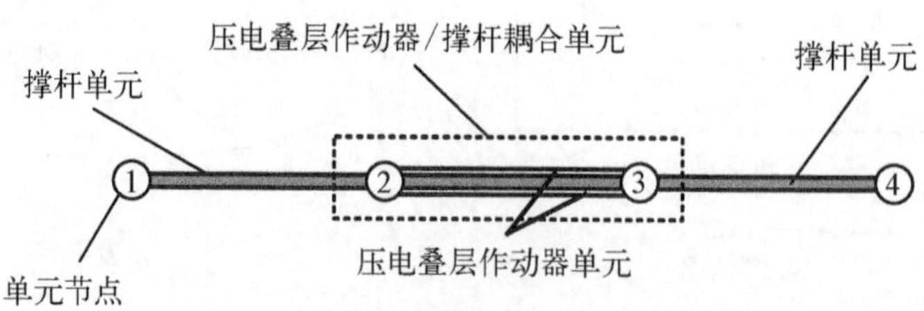

图 5.3　主动撑杆单元划分示意图

$[u_{ci}\quad v_{ci}\quad w_{ci}\quad \alpha_{ci}\quad \beta_{ci}\quad \theta_{ci}]^{\mathrm{T}}$ 是主动撑杆第 i 个节点的自由度向量,包含三个方向的平动自由度和三个方向的转动自由度;$\boldsymbol{f}_c = [\boldsymbol{f}_{c1}\quad \boldsymbol{f}_{c2}\quad \boldsymbol{f}_{c3}\quad \boldsymbol{f}_{c4}]^{\mathrm{T}} \in \mathbb{R}^{24}$ 是主动撑杆四个节点的弹性外力向量,$\boldsymbol{f}_{ci} = [f_{cix}\quad f_{ciy}\quad f_{ciz}\quad l_{cix}\quad l_{ciy}\quad l_{ciz}]^{\mathrm{T}}$ 是主动撑杆第 i 个节点的弹性外力向量;$\boldsymbol{f}_p = \boldsymbol{D}_p v_p$ 是压电叠层作动器两端节点在施加电压 v_p 时的作动力,$\boldsymbol{D}_p$ 是压电叠层作动器的控制矩阵,$\boldsymbol{D}_p = (e_{33}A_p/h_p)[\boldsymbol{0}_{1\times6}\quad 1\quad \boldsymbol{0}_{1\times5}\quad -1\quad \boldsymbol{0}_{1\times11}]^{\mathrm{T}}$。

值得注意的是,直升机的主减撑杆通常与主减速器和机体结构铰接,撑杆两端节点只传递轴向力而不传递力矩,因此需对撑杆单元的刚度矩阵和质量矩阵进行处理。撑杆两端节点处无外力矩,因此撑杆端点三个方向的转角自由度对应的力矩为零。以撑杆单元 1~2 为例,标准梁单元刚度矩阵 $\boldsymbol{k}^e$ 如式(4.2)所列,式中,E 和 G 分别为梁单元的弹性模量和剪切模量,A 和 J 分别为梁单元的截面积和极惯性矩,l 为单元长度,I_y 和 I_z 分别是梁单元绕 y 轴和 x 轴的惯性矩。代入边界条件,即节点 1 是铰接,对应 α_{c1}、β_{c1} 和 θ_{c1} 的力矩 M_{c1x}、M_{c1y} 和 M_{c1z} 为 0,即

$$
\begin{aligned}
M_{c1x} &= \frac{GJ}{l}\alpha_{c1} - \frac{GJ}{l}\alpha_{c2} = 0 \\
M_{c1y} &= -\frac{6EI_y}{l^2}w_{c1} + \frac{4EI_y}{l}\beta_{c1} + \frac{6EI_y}{l^2}w_{c2} + \frac{2EI_y}{l}\beta_{c2} = 0 \\
M_{c1z} &= \frac{6EI_z}{l^2}v_{c1} + \frac{4EI_z}{l}\theta_{c1} - \frac{6EI_z}{l^2}v_{c2} + \frac{2EI_z}{l}\theta_{c2} = 0
\end{aligned}
\tag{5.2}
$$

则自由度 α_{c1}、β_{c1} 和 θ_{c1} 可由其他自由度表示如下:

$$
\begin{aligned}
\alpha_{c1} &= \alpha_{c2} \\
\beta_{c1} &= \frac{3}{2l}w_{c1} - \frac{3}{2l}w_{c2} + \frac{1}{2}\beta_{c2} \\
\theta_{c1} &= -\frac{3}{2l}v_{c1} + \frac{3}{2l}v_{c2} - \frac{1}{2}\theta_{c2}
\end{aligned}
\tag{5.3}
$$

将式(5.3)代入标准梁单元刚度矩阵 $\boldsymbol{k}^e$,得到一边铰接的梁单元矩阵为

$$\overline{\boldsymbol{k}}^e = \begin{bmatrix} \frac{EA}{l} & 0 & 0 & -\frac{EA}{l} & 0 & 0 & 0 & 0 & 0 \\ 0 & \frac{3EI_z}{l^3} & 0 & 0 & 0 & \frac{-3EI_z}{l^2} & 0 & 0 & 0 \\ 0 & 0 & \frac{3EI_y}{l^3} & 0 & 0 & -\frac{3EI_y}{l^3} & 0 & -\frac{3EI_y}{l^2} & 0 \\ -\frac{EA}{l} & 0 & 0 & \frac{EA}{l} & 0 & 0 & 0 & 0 & 0 \\ 0 & 0 & 0 & 0 & \frac{3EI_z}{l^3} & 0 & 0 & 0 & -\frac{3EI_z}{l^2} \\ 0 & \frac{-3EI_z}{l^2} & -\frac{3EI_y}{l^3} & 0 & 0 & \frac{3EI_y}{l^3} & 0 & \frac{3EI_y}{l^2} & 0 \\ 0 & 0 & 0 & 0 & 0 & 0 & \frac{GJ}{l} & 0 & 0 \\ 0 & 0 & -\frac{3EI_y}{l^2} & 0 & 0 & \frac{3EI_y}{l^2} & 0 & \frac{3EI_y}{l} & 0 \\ 0 & 0 & 0 & 0 & -\frac{3EI_z}{l^2} & 0 & 0 & 0 & \frac{3EI_z}{l} \end{bmatrix} \tag{5.4}$$

用同样的方法对撑杆单元 3~4 的刚度矩阵进行处理，同时在撑杆单元 2~3 处叠加压电叠层作动器的刚度矩阵，即可组集出两端铰接的主减速器主动撑杆 1~4 的刚度矩阵，并得到主动撑杆的运动方程：

$$\boldsymbol{M}_s\ddot{\boldsymbol{\delta}}_s + \boldsymbol{K}_s\boldsymbol{\delta}_s = \boldsymbol{f}_s + \boldsymbol{D}_s v_p \tag{5.5}$$

式中，$\boldsymbol{M}_s$ 和 $\boldsymbol{K}_s$ 分别是主动撑杆的质量矩阵和刚度矩阵；$\boldsymbol{\delta}_s$ 是主动撑杆的自由度；$\boldsymbol{D}_s = (e_{33}A_p/h_p)\,[\boldsymbol{0}_{1\times3}\quad 1\quad \boldsymbol{0}_{1\times5}\quad -1\quad \boldsymbol{0}_{1\times8}]^{\mathrm{T}}$。

根据主减速器撑杆两端节点在整体系统中的坐标，将其局部坐标系（x_s，y_s，z_s）向整体坐标系（x_h，y_h，z_h）进行转换。空间主动撑杆单元及坐标如图 5.4 所示。

主动撑杆铰接节点在局部坐标系下的自由度和在整体坐标系下的自由度存在如下转换关系：

$$\begin{bmatrix} u_{c1} \\ v_{c1} \\ w_{c1} \\ u_{c4} \\ v_{c4} \\ w_{c4} \end{bmatrix} = \begin{bmatrix} \boldsymbol{\lambda}_c & 0 \\ 0 & \boldsymbol{\lambda}_c \end{bmatrix} \begin{bmatrix} u_{h1} \\ v_{h1} \\ w_{h1} \\ u_{h2} \\ v_{h2} \\ w_{h2} \end{bmatrix} \tag{5.6}$$

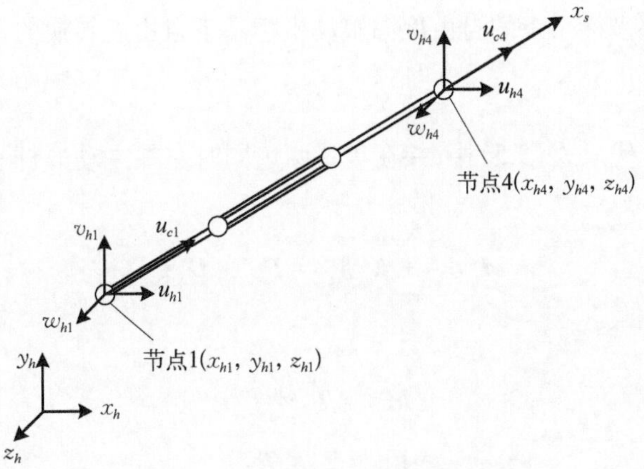

图 5.4 空间主动撑杆单元及坐标

式中，

$$\boldsymbol{\lambda}_c = \begin{bmatrix} \cos(x_s, x_h) & \cos(x_s, y_h) & \cos(x_s, z_h) \\ \cos(y_s, x_h) & \cos(y_s, y_h) & \cos(y_s, z_h) \\ \cos(z_s, x_h) & \cos(z_s, y_h) & \cos(z_s, z_h) \end{bmatrix} \tag{5.7}$$

$\cos(x_s, x_h)$, …, $\cos(z_s, z_h)$ 分别表示局部坐标轴（x_s, y_s, z_s）对整体坐标轴（x_h, y_h, z_h）的方向余弦。主动撑杆其余节点在局部坐标系下的自由度和在整体坐标系下的自由度存在如下转换关系：

$$\begin{bmatrix} u_{ci} \\ v_{ci} \\ w_{ci} \\ \alpha_{ci} \\ \beta_{ci} \\ \theta_{ci} \end{bmatrix} = \begin{bmatrix} \lambda_c & 0 \\ 0 & \lambda_c \end{bmatrix} \begin{bmatrix} u_{hi} \\ v_{hi} \\ w_{hi} \\ \alpha_{hi} \\ \beta_{hi} \\ \theta_{hi} \end{bmatrix} \tag{5.8}$$

定义主动撑杆坐标转换矩阵 $\boldsymbol{T}_s$：

$$\boldsymbol{T}_s = \begin{bmatrix} \lambda_c & 0 & 0 & 0 & 0 & 0 \\ 0 & \lambda_c & 0 & 0 & 0 & 0 \\ 0 & 0 & \lambda_c & 0 & 0 & 0 \\ 0 & 0 & 0 & \lambda_c & 0 & 0 \\ 0 & 0 & 0 & 0 & \lambda_c & 0 \\ 0 & 0 & 0 & 0 & 0 & \lambda_c \end{bmatrix} \tag{5.9}$$

则主动撑杆局部坐标系下的自由度向整体坐标系下自由度转换的关系为

$$\boldsymbol{\delta}_s = \boldsymbol{T}_s \boldsymbol{\delta}_{hs} \tag{5.10}$$

将式(5.10)代入式(5.5)中,并在等式两边同时左乘主动撑杆坐标转换矩阵的转置 $\boldsymbol{T}_s^{\mathrm{T}}$ 可得

$$\boldsymbol{M}_{hs}\ddot{\boldsymbol{\delta}}_{hs} + \boldsymbol{K}_{hs}\boldsymbol{\delta}_{hs} = \boldsymbol{F}_{hs} + \boldsymbol{D}_{hs} v_p \tag{5.11}$$

式中,

$$\begin{aligned} \boldsymbol{M}_{hs} &= \boldsymbol{T}_s^{\mathrm{T}} \boldsymbol{M}_s \boldsymbol{T}_s \\ \boldsymbol{K}_{hs} &= \boldsymbol{T}_s^{\mathrm{T}} \boldsymbol{K}_s \boldsymbol{T}_s \\ \boldsymbol{D}_{hs} &= \boldsymbol{T}_s^{\mathrm{T}} \boldsymbol{D}_s \end{aligned} \tag{5.12}$$

5.3 旋翼/主减速器和机体结构子系统动力学模型

旋翼桨叶在挥舞方向具备较大的气动阻尼,且存在摆振阻尼器的情况下在摆振方向也具备较大的阻尼,此处为了简化模型,忽略旋翼系统的阻尼项。将旋翼/主减速器子系统简化为一个具有转动惯量的质量块,节点选为子系统质心处。旋翼/主减速器子系统的运动方程为

$$\boldsymbol{M}_g \ddot{\boldsymbol{\delta}}_g = \boldsymbol{F}_{sg} + \boldsymbol{F}_r \tag{5.13}$$

式中, $\boldsymbol{M}_g = \mathrm{diag}[\boldsymbol{m}_g \quad \boldsymbol{I}_g]$ 是旋翼/主减速器子系统的广义质量矩阵, $\boldsymbol{m}_g = \mathrm{diag}[m_g \quad m_g \quad m_g]$, m_g 是旋翼/主减速器子系统质量, $\boldsymbol{I}_g = \mathrm{diag}[I_{gx} \quad I_{gy} \quad I_{gz}]$, I_{gx}、I_{gy} 和 I_{gz} 分别是旋翼/主减速器子系统三个方向的转动惯量; $\boldsymbol{\delta}_g = [\boldsymbol{u}_g^{\mathrm{T}} \quad \boldsymbol{\psi}_g^{\mathrm{T}}]^{\mathrm{T}}$ 是旋翼/主减速器子系统的广义自由度向量,包含 x_g、y_g、z_g 三个方向的平动自由度向量 $\boldsymbol{u}_g = [\boldsymbol{u}_{gx} \quad \boldsymbol{u}_{gy} \quad \boldsymbol{u}_{gz}]^{\mathrm{T}}$ 和绕 x_g、y_g、z_g 三个方向的转动自由度向量 $\boldsymbol{\psi}_g = [\boldsymbol{\psi}_{gx} \quad \boldsymbol{\psi}_{gy} \quad \boldsymbol{\psi}_{gz}]^{\mathrm{T}}$; $\boldsymbol{F}_{sg} = [\boldsymbol{f}_{sg}^{\mathrm{T}} \quad \boldsymbol{L}_{sg}^{\mathrm{T}}]$ 是旋翼/主减速器子系统受到主动撑杆子系统作用的广义力矢量,包含 x_g、y_g、z_g 三个方向的力矢量 $\boldsymbol{f}_{sg} = [f_{sgx} \quad f_{sgy} \quad f_{sgz}]^{\mathrm{T}}$ 和 x_g、y_g、z_g 三个方向的力矩矢量 $\boldsymbol{L}_{sg} = [L_{sgx} \quad L_{sgy} \quad L_{sgz}]^{\mathrm{T}}$; $\boldsymbol{F}_r$ 是旋翼/主减速器子系统受到的旋翼振动载荷矢量。

参考直升机的动力学特性建立动力学相似机体框架结构有限元模型作为机体

结构子系统。该机型质量 5 000 kg，旋翼 5 片桨叶，桨叶主通过频率 $N_b\Omega=$ 25.5 Hz。机体结构模型由驾驶舱结构、中机身结构和尾梁结构三部分组成，各部分由不同截面的矩形钢梁构成。动力学相似结构尺寸与参考直升机机体结构尺寸的缩放比为 1∶3，整体尺寸 5 m×0.6 m×0.95 m，其中驾驶舱结构尺寸 1.6 m×0.6 m×0.3 m、中机身结构尺寸 1.5 m×0.6 m×0.45 m、尾梁结构尺寸 1.9 m×0.045 m×0.95 m。图 5.5 是主减撑杆上安装压电叠层作动器的直升机机体结构示意图。采用有限元法建立机体结构动力学模型，以机体动力学相似结构与参考直升机机体结构的前四阶固有频率的误差和模态的振型相似度 *MAC*(Xia et al., 2004; Allemang et al., 1982)为目标函数，对机体相似结构各部分的梁截面尺寸进行优化，使机体相似结构与参考直升机机体具有相似的动力学特性，具体优化结果见表 5.1。优化后的机体相似结构运动方程为

$$\boldsymbol{M}_f\ddot{\boldsymbol{\delta}}_f+\boldsymbol{C}_f\dot{\boldsymbol{\delta}}_f+\boldsymbol{K}_f\boldsymbol{\delta}_f=\boldsymbol{F}_{sf} \tag{5.14}$$

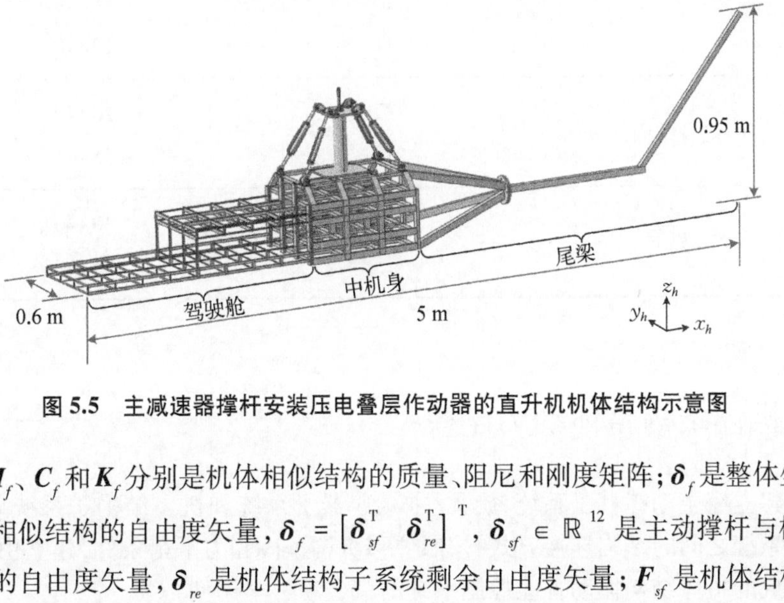

图 5.5　主减速器撑杆安装压电叠层作动器的直升机机体结构示意图

式中，$\boldsymbol{M}_f$、$\boldsymbol{C}_f$ 和 $\boldsymbol{K}_f$ 分别是机体相似结构的质量、阻尼和刚度矩阵；$\boldsymbol{\delta}_f$ 是整体坐标系下机体相似结构的自由度矢量，$\boldsymbol{\delta}_f=\left[\boldsymbol{\delta}_{sf}^{\mathrm{T}}\quad\boldsymbol{\delta}_{re}^{\mathrm{T}}\right]^{\mathrm{T}}$，$\boldsymbol{\delta}_{sf}\in\mathbb{R}^{12}$ 是主动撑杆与机体连接节点的自由度矢量，$\boldsymbol{\delta}_{re}$ 是机体结构子系统剩余自由度矢量；$\boldsymbol{F}_{sf}$ 是机体结构受到主动撑杆的作用力矢量，$\boldsymbol{F}_{sf}=\left[\boldsymbol{f}_{sf}^{\mathrm{T}}\quad\boldsymbol{f}_{re}^{\mathrm{T}}\right]^{\mathrm{T}}$，$\boldsymbol{f}_{sf}\in\mathbb{R}^{12}$ 是主动撑杆对机体结构子系统的作用力矢量，$\boldsymbol{f}_{re}$ 是机体结构子系统剩余作用力矢量。按照 $\boldsymbol{\delta}_{fs}$ 的维度将 $\boldsymbol{M}_f$、$\boldsymbol{C}_f$ 和 $\boldsymbol{K}_f$ 矩阵划分为如下分块矩阵：

$$\boldsymbol{M}_f=\begin{bmatrix}\boldsymbol{M}_{sf} & \boldsymbol{M}_{f12}\\ \boldsymbol{M}_{f21} & \boldsymbol{M}_{f22}\end{bmatrix},\ \boldsymbol{C}_f=\begin{bmatrix}\boldsymbol{C}_{sf} & \boldsymbol{C}_{f12}\\ \boldsymbol{C}_{f21} & \boldsymbol{C}_{f22}\end{bmatrix},\ \boldsymbol{K}_f=\begin{bmatrix}\boldsymbol{K}_{sf} & \boldsymbol{K}_{f12}\\ \boldsymbol{K}_{f21} & \boldsymbol{K}_{f22}\end{bmatrix} \tag{5.15}$$

式中，$\boldsymbol{M}_{sf}\in\mathbb{R}^{12\times12}$；$\boldsymbol{C}_{sf}\in\mathbb{R}^{12\times12}$；$\boldsymbol{K}_{sf}\in\mathbb{R}^{12\times12}$。

表 5.1 机体相似结构梁截面尺寸优化结果

机体相似结构部位	梁单元编号	梁截面尺寸/(mm×mm)
驾驶舱结构	1	6×10
	2	14×2
	3	10×16
	4	10×2
	5	12×20
	6	18×8
	7	12×6
	8	18×20
	9	4×6
	10	18×16
	11	12×10
中机身结构	12	20×40
	13	35×45
尾梁结构	14	40×40
	15	35×30

5.4 机体结构整体动力学模型

在建立完主动撑杆子系统、旋翼/主减速器子系统和机体结构子系统后，根据各个子系统之间的结构连接方式，按照位移协调条件和力平衡条件，建立由三个子系统组成的机体结构振动智能控制系统的耦合动力学模型。

主动撑杆两端分别与主减速器和机体结构铰接，因此在主动撑杆子系统与旋翼/主减速器子系统和机体结构子系统的连接点处需满足位移协调条件，即各个子系统在连接点处的位移相一致。然而，由于旋翼/主减速器子系统被简化为一个刚体，对于整体动力学模型，在主减速器与主动撑杆的连接点处不存在节点，因此需要建立旋翼/主减速器子系统的位移自由度与主动撑杆节点位移自由度之间的关系。

图 5.6 显示了主动撑杆与旋翼/主减速器子系统在 $x_h - z_h$ 平面内的位移协调关

系。当旋翼/主减速器子系统产生沿 x_h 的平动位移 u_g、沿 z_h 的平动位移 w_g 和绕 y_h 的转动位移 β_g 时，第 i 根主动撑杆与主减连接点（节点 i_1）沿 x_h 和 z_h 产生位移 u_{gsi} 和 w_{gsi}，且具有如下关系：

$$\begin{bmatrix} u_{gsi} \\ w_{gsi} \end{bmatrix} = \begin{bmatrix} u_g \\ w_g \end{bmatrix} + \begin{bmatrix} \cos\beta_g & \sin\beta_g \\ -\sin\beta_g & \cos\beta_g \end{bmatrix} \begin{bmatrix} x_{gsi} \\ z_{gsi} \end{bmatrix} - \begin{bmatrix} x_{gsi} \\ z_{gsi} \end{bmatrix} \tag{5.16}$$

式中，x_{gsi} 和 z_{gsi} 分别是主动撑杆与主减连接节点（节点 i_1）在旋翼/主减速器子系统坐标系中 x_g 轴和 z_g 轴的坐标。

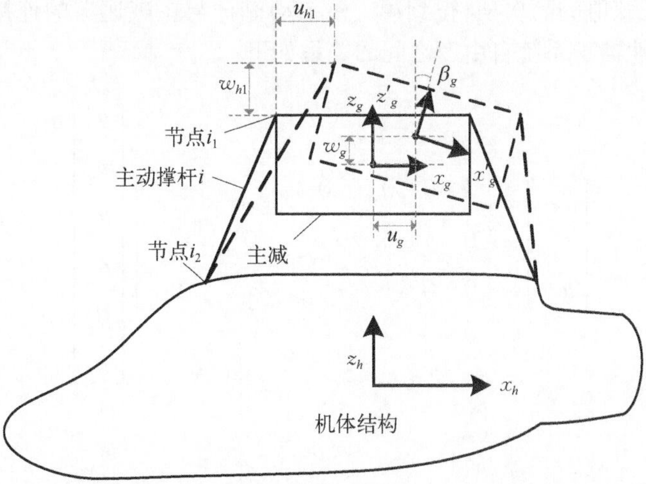

图 5.6　主动撑杆与旋翼/主减速器子系统在 x_h-z_h 平面内的位移协调关系

类似地，可以推导出主动撑杆与旋翼/主减速器子系统在 y_h - z_h 平面和 x_h - y_h 平面内的位移协调关系如下：

$$\begin{bmatrix} v_{gsi} \\ w_{gsi} \end{bmatrix} = \begin{bmatrix} v_g \\ w_g \end{bmatrix} + \begin{bmatrix} \cos\alpha_g & -\sin\alpha_g \\ \sin\alpha_g & \cos\alpha_g \end{bmatrix} \begin{bmatrix} y_{gsi} \\ z_{gsi} \end{bmatrix} - \begin{bmatrix} y_{gsi} \\ z_{gsi} \end{bmatrix} \tag{5.17}$$

$$\begin{bmatrix} u_{gsi} \\ v_{gsi} \end{bmatrix} = \begin{bmatrix} u_g \\ v_g \end{bmatrix} + \begin{bmatrix} \cos\theta_g & \sin\theta_g \\ -\sin\theta_g & \cos\theta_g \end{bmatrix} \begin{bmatrix} x_{gsi} \\ y_{gsi} \end{bmatrix} - \begin{bmatrix} x_{gsi} \\ y_{gsi} \end{bmatrix} \tag{5.18}$$

式中，v_{gsi} 是第 i 根主动撑杆与主减速器连接点沿 y_h 的位移；v_g 是旋翼/主减速器子系统沿 y_h 的平动位移；α_g 是旋翼/主减速器子系统绕 x_h 的转动位移；θ_g 是旋翼/主减速器子系统绕 z_h 的转动位移；y_{gsi} 是第 i 根主动撑杆与主减连接节点在旋翼/主减速器子系统坐标系中 y_g 轴的坐标。

根据式(5.16)~式(5.18),可推导出第 i 根主动撑杆与主减速器连接节点的位移与旋翼/主减速器子系统的位移之间的关系如下:

$$\begin{bmatrix} u_{gsi} \\ v_{gsi} \\ w_{gsi} \end{bmatrix} = \begin{bmatrix} u_g \\ v_g \\ w_g \end{bmatrix} + \begin{bmatrix} c_2c_3 & c_2s_3 & -s_2 \\ s_1s_2c_3 - c_1s_3 & s_1s_2s_3 + c_1c_3 & s_1c_2 \\ c_1s_2c_3 + s_1s_3 & c_1s_2s_3 - s_1c_3 & c_1c_2 \end{bmatrix} \begin{bmatrix} x_{gsi} \\ y_{gsi} \\ z_{gsi} \end{bmatrix} - \begin{bmatrix} x_{gsi} \\ y_{gsi} \\ z_{gsi} \end{bmatrix} \tag{5.19}$$

式中,$c_1 = \cos\alpha_g$;$s_1 = \sin\alpha_g$;$c_2 = \cos\beta_g$;$s_2 = \sin\beta_g$;$c_3 = \cos\theta_g$;$s_3 = \sin\theta_g$。由于主减速器的转动位移通常很小,因此对式(5.19)中三角函数公式进行线性化处理,并忽略转角正弦值的高次项,得到第 i 根主动撑杆与主减速器的连接节点自由度与旋翼/主减速器子系统自由度之间的关系如下:

$$\begin{bmatrix} u_{gsi} \\ v_{gsi} \\ w_{gsi} \end{bmatrix} = \begin{bmatrix} 1 & 0 & 0 & 0 & z_{gsi} & -y_{gsi} \\ 0 & 1 & 0 & -z_{gsi} & 0 & x_{gsi} \\ 0 & 0 & 1 & -x_{gsi} & y_{gsi} & 0 \end{bmatrix} \begin{bmatrix} u_g \\ v_g \\ w_g \\ \alpha_g \\ \beta_g \\ \theta_g \end{bmatrix} \tag{5.20}$$

令

$$\boldsymbol{T}_{gsi} = \begin{bmatrix} 1 & 0 & 0 & 0 & z_{gsi} & -y_{gsi} \\ 0 & 1 & 0 & -z_{gsi} & 0 & x_{gsi} \\ 0 & 0 & 1 & -x_{gsi} & y_{gsi} & 0 \end{bmatrix} \tag{5.21}$$

则第 i 根主动撑杆与主减速器的连接节点自由度与旋翼/主减速器子系统自由度之间的位移协调条件为

$$\boldsymbol{\delta}_{gsi} = \boldsymbol{T}_{gsi}\boldsymbol{\delta}_g \tag{5.22}$$

式中,$\boldsymbol{\delta}_{gsi} = [u_{gsi} \quad v_{gsi} \quad w_{gsi}]^{\mathrm{T}}$;$\boldsymbol{\delta}_g = [u_g \quad v_g \quad w_g \quad \alpha_g \quad \beta_g \quad \theta_g]^{\mathrm{T}}$。

第 i 根主动撑杆的节点自由度与旋翼/主减速器子系统和机体结构子系统自由度之间的位移协调条件为

$$\boldsymbol{\delta}_{hsi} = \boldsymbol{R}_i\boldsymbol{\delta}_{gfi} \tag{5.23}$$

式中,$\boldsymbol{\delta}_{hsi} = [\boldsymbol{\delta}_{gsi}^{\mathrm{T}} \quad \boldsymbol{\delta}_{asi}^{\mathrm{T}} \quad \boldsymbol{\delta}_{fsi}^{\mathrm{T}}]^{\mathrm{T}}$,$\boldsymbol{\delta}_{asi}$ 是第 i 根主动撑杆的撑杆/压电叠层作动器耦合

单元自由度向量，$\boldsymbol{\delta}_{fsi}=\begin{bmatrix}u_{fsi} & v_{fsi} & w_{fsi}\end{bmatrix}^{\mathrm{T}}$是第 i 根主动撑杆与机身连接节点的自由度向量，$\boldsymbol{\delta}_{fsi}\in\boldsymbol{\delta}_{f}$；$\boldsymbol{\delta}_{gfi}=\begin{bmatrix}\boldsymbol{\delta}_{g}^{\mathrm{T}} & \boldsymbol{\delta}_{asi}^{\mathrm{T}} & \boldsymbol{\delta}_{fsi}^{\mathrm{T}}\end{bmatrix}^{\mathrm{T}}$；

$$\boldsymbol{R}_{i}=\begin{bmatrix}\boldsymbol{T}_{gsi} & 0\\ 0 & \boldsymbol{I}\end{bmatrix}\tag{5.24}$$

主动撑杆、旋翼/主减速器和机体结构子系统在连接点处需满足力平衡条件，图 5.7 是各子系统的受力示意图，其中$\boldsymbol{f}_{sgi}$ 和$\boldsymbol{f}_{sfi}$ 分别是主动撑杆对主减速器和机体的作用力向量。

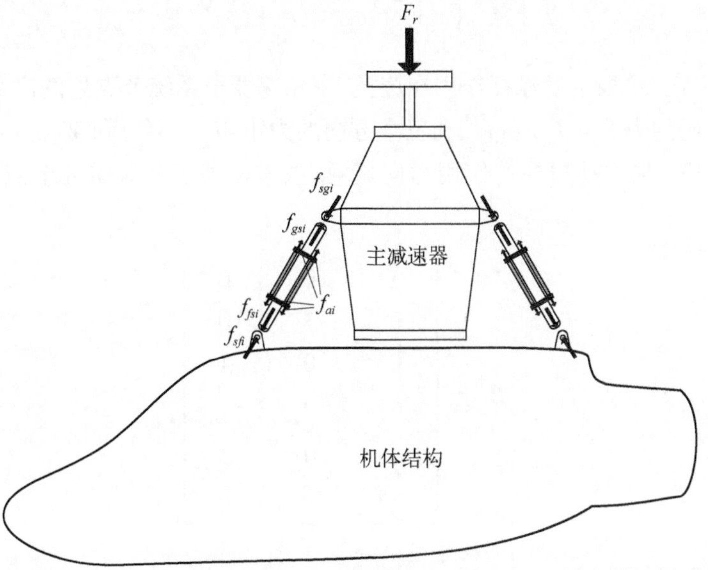

图 5.7　各子系统受力示意图

整体坐标系下第 i 根主动撑杆受到的外力可由旋翼/主减速器子系统和机体结构子系统的广义自由度表示：

$$\boldsymbol{f}_{hsi}=\boldsymbol{M}_{hsi}\ddot{\boldsymbol{\delta}}_{hsi}+\boldsymbol{K}_{hsi}\boldsymbol{\delta}_{hsi}-\boldsymbol{D}_{hsi}v_{i}\tag{5.25}$$

式中，$\boldsymbol{f}_{hsi}=\begin{bmatrix}\boldsymbol{f}_{gsi}^{\mathrm{T}} & \boldsymbol{f}_{asi}^{\mathrm{T}} & \boldsymbol{f}_{fsi}^{\mathrm{T}}\end{bmatrix}^{\mathrm{T}}$是整体坐标系下第 i 根主动撑杆单元受到的外力，$\boldsymbol{f}_{gsi}=\begin{bmatrix}\boldsymbol{f}_{gsxi}^{\mathrm{T}} & \boldsymbol{f}_{gsyi}^{\mathrm{T}} & \boldsymbol{f}_{gszi}^{\mathrm{T}}\end{bmatrix}^{\mathrm{T}}$和$\boldsymbol{f}_{fsi}=\begin{bmatrix}\boldsymbol{f}_{fsxi}^{\mathrm{T}} & \boldsymbol{f}_{fsyi}^{\mathrm{T}} & \boldsymbol{f}_{fszi}^{\mathrm{T}}\end{bmatrix}^{\mathrm{T}}$分别是主动撑杆主减速器连接节点和机体连接节点受到的三个方向的外力向量，$\boldsymbol{f}_{asi}^{\mathrm{T}}$是作动器安装节点的外力向量；$\boldsymbol{M}_{hsi}=\boldsymbol{T}_{si}^{\mathrm{T}}\boldsymbol{M}_{s}\boldsymbol{T}_{si}\boldsymbol{R}_{i}$，$\boldsymbol{K}_{hsi}=\boldsymbol{T}_{si}^{\mathrm{T}}\boldsymbol{K}_{s}\boldsymbol{T}_{si}\boldsymbol{R}_{i}$，$\boldsymbol{D}_{hsi}=\boldsymbol{T}_{si}^{\mathrm{T}}\boldsymbol{D}_{s}$，$\boldsymbol{T}_{si}$是第 i 根主动撑杆

的坐标转换矩阵。

对于旋翼/主减速器子系统，整体坐标系下受到第 i 根主动撑杆的作用力是 $\boldsymbol{f}_{sgi}=\left[\boldsymbol{f}_{sgxi}^{\mathrm{T}}\quad \boldsymbol{f}_{sgyi}^{\mathrm{T}}\quad \boldsymbol{f}_{sgzi}^{\mathrm{T}}\right]^{\mathrm{T}}$，转化为作用在旋翼/主减速器子系统的节点力为

$$\boldsymbol{F}_{gi}=\begin{bmatrix} f_{gxi} \\ f_{gyi} \\ f_{gzi} \\ M_{gxi} \\ M_{gyi} \\ M_{gzi} \end{bmatrix}=\begin{bmatrix} 1 & 0 & 0 \\ 0 & 1 & 0 \\ 0 & 0 & 1 \\ 0 & -z_{gsi} & y_{gsi} \\ z_{gsi} & 0 & -x_{gsi} \\ -y_{gsi} & x_{gsi} & 0 \end{bmatrix}\begin{bmatrix} f_{sgxi} \\ f_{sgyi} \\ f_{sgzi} \end{bmatrix} \tag{5.26}$$

式中，$\boldsymbol{F}_{gi}$ 是第 i 根主动撑杆作用在旋翼/主减速器子系统节点处的广义力向量，包括三个方向的力 f_{gxi}、f_{gyi} 和 f_{gzi} 和三个方向的力矩 M_{gxi}、M_{gyi} 和 M_{gzi}。

定义第 i 根主动撑杆的作用力向旋翼/主减速器子系统单元节点力的转换矩阵为

$$\boldsymbol{B}_{gi}=\begin{bmatrix} 1 & 0 & 0 \\ 0 & 1 & 0 \\ 0 & 0 & 1 \\ 0 & -z_{gsi} & y_{gsi} \\ z_{gsi} & 0 & -x_{gsi} \\ -y_{gsi} & x_{gsi} & 0 \end{bmatrix} \tag{5.27}$$

于是，式(5.26)可转换为

$$\boldsymbol{F}_{gi}=\boldsymbol{B}_{gi}\boldsymbol{f}_{sgi} \tag{5.28}$$

在主动撑杆与旋翼/主减速器子系统和机体结构子系统的结构连接处使用力平衡条件，有如下表达式：

$$\sum_{i=1}^{4}\boldsymbol{f}_{hsi}+\begin{bmatrix} \boldsymbol{f}_{sg} \\ \boldsymbol{f}_{sf} \end{bmatrix}=0 \tag{5.29}$$

式中，$\boldsymbol{f}_{sf}$ 是机体结构子系统受到主动撑杆的作用合力。

联立式(5.13)、式(5.14)、式(5.25)、式(5.28)和式(5.29)，可推导出主动撑杆驱动的机体结构振动智能控制系统的整体动力学方程：

$$\boldsymbol{M}_h\ddot{\boldsymbol{\delta}}_h + \boldsymbol{C}_h\dot{\boldsymbol{\delta}}_h + \boldsymbol{K}_h\boldsymbol{\delta}_h = \boldsymbol{F}_{hr} + \boldsymbol{D}_h\boldsymbol{v}_h \tag{5.30}$$

式中，$\boldsymbol{v}_h = [v_1 \quad v_2 \quad v_3 \quad v_4]^{\mathrm{T}}$ 是四根主动撑杆的控制电压向量，其余向量如下：

$$\boldsymbol{M}_h = \begin{bmatrix} \boldsymbol{M}_g & 0 & 0 \\ 0 & 0 & 0 \\ 0 & 0 & \boldsymbol{M}_f \end{bmatrix} + \sum_{i=1}^{4} \boldsymbol{M}_{si}^h$$

$$\boldsymbol{C}_h = \begin{bmatrix} 0 & 0 \\ 0 & \boldsymbol{C}_f \end{bmatrix} \tag{5.31}$$

$$\boldsymbol{K}_h = \begin{bmatrix} 0 & 0 \\ 0 & \boldsymbol{K}_f \end{bmatrix} + \sum_{i=1}^{4} K_{si}^{\boldsymbol{h}}$$

$$\boldsymbol{F}_{hr} = \begin{bmatrix} \boldsymbol{F}_r \\ 0 \end{bmatrix},\ \boldsymbol{D}_h = [\boldsymbol{D}_{hs1}^h \quad \boldsymbol{D}_{hs2}^h \quad \boldsymbol{D}_{hs3}^h \quad \boldsymbol{D}_{hs4}^h] \tag{5.32}$$

式中，$\boldsymbol{M}_{si}^h$ 是矩阵 $\boldsymbol{M}_{hsi}$ 根据第 i 根主动撑杆节点自由度在整体自由度的位置扩充的质量矩阵；$\boldsymbol{K}_{si}^h$ 是矩阵 $\mathrm{diag}[\boldsymbol{B}_{gi}, \boldsymbol{I}]\ \boldsymbol{K}_{si}^h$ 根据第 i 根主动撑杆节点自由度在整体自由度的位置扩充的刚度矩阵；$\boldsymbol{D}_{hsi}^h$ 是矢量 $\boldsymbol{D}_{hsi}$ 根据第 i 根主动撑杆节点自由度在整体自由度的位置扩充的控制矩阵。

主减撑杆的参数见表 5.2，PSt150/10/160 VS15 型压电叠层作动器的参数见表 4.6。表 5.3 给出了含主动撑杆的机体相似结构计算模态频率、参考直升机机体模态频率及两者的误差。图 5.8 和图 5.9 分别显示了含主动撑杆的机体相似结构模型示意图及其前六阶模态振型。

表 5.2　主减速器撑杆参数

参　数	单 位	数 值
长度	m	0.4
外径	m	0.02
壁厚	m	0.002
弹性模量	$\mathrm{N/m^2}$	2.1×10^{11}
泊松比		0.3
密度	$\mathrm{kg/m^3}$	7 850

表 5.3 含主动撑杆的机体相似结构计算模态频率和参考直升机机体模态频率

模态振型	计算频率/Hz	参考频率/Hz	频率误差/%
垂向一阶	10.06	9.75	3.13
侧向一阶	10.15	10.18	0.28
垂向二阶	16.76	16.86	0.62
侧向二阶	18.46	18.96	2.61

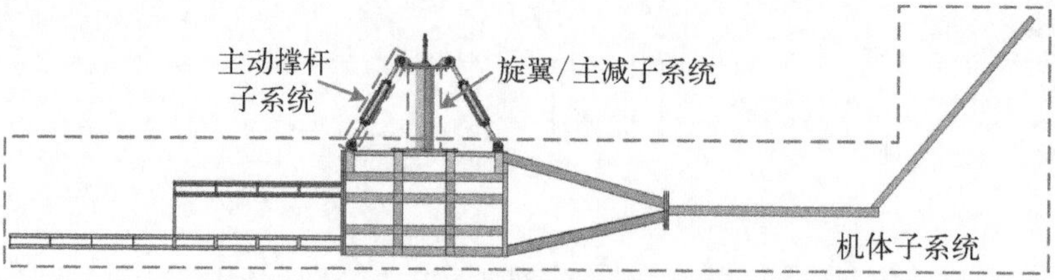

图 5.8 含主动撑杆的机体相似结构模型示意图

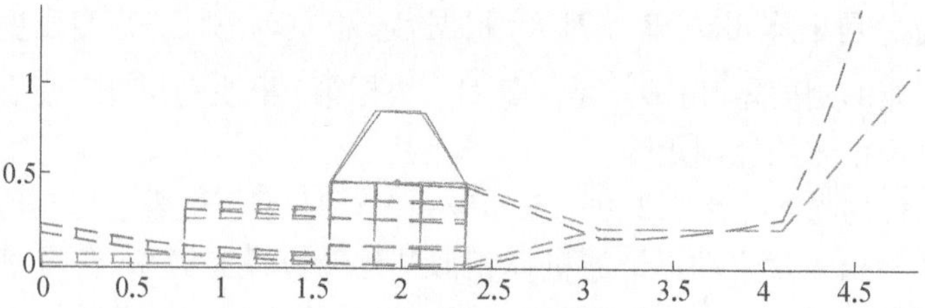

(a) 垂向一阶弯曲振型(10.06 Hz)

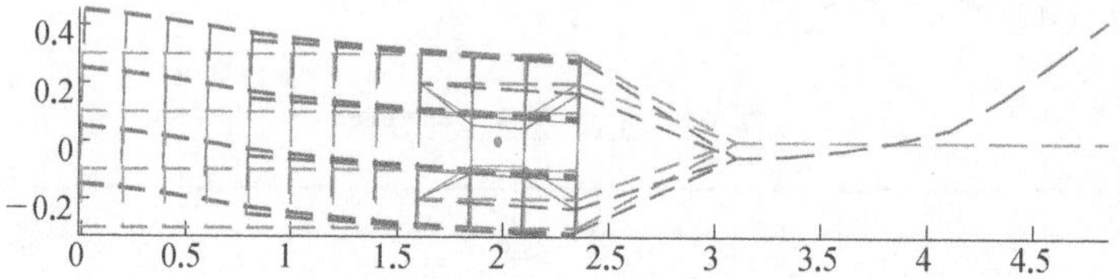

(b) 侧向一阶弯曲振型(10.15 Hz)

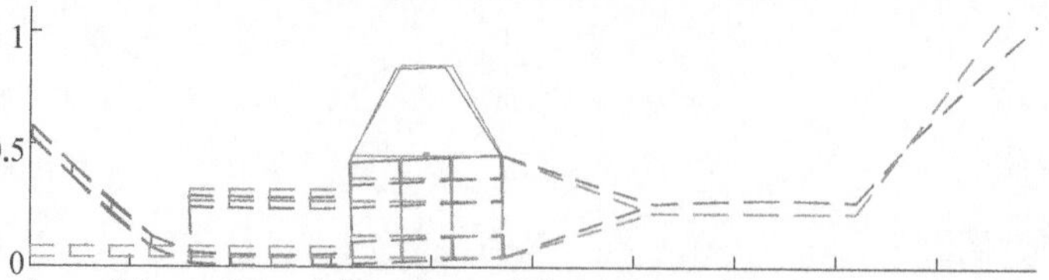

(c) 垂向二阶弯曲振型(16.76 Hz)

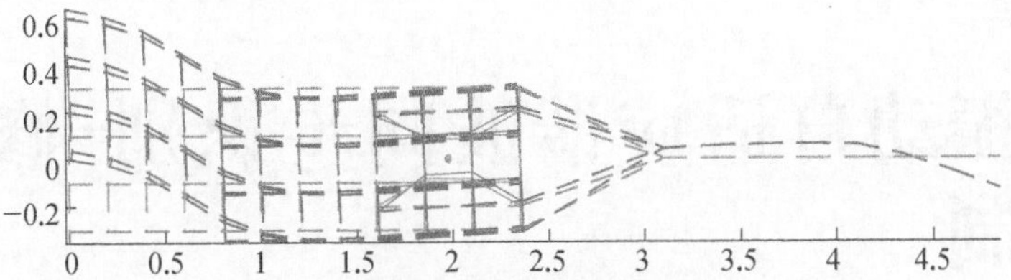

(d) 侧向二阶弯曲振型(18.46 Hz)

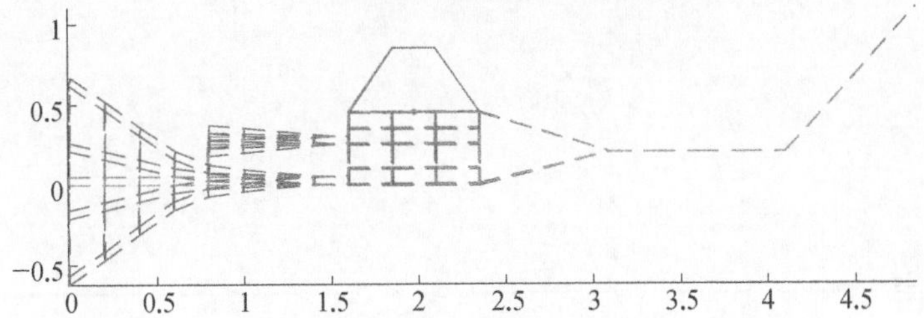

(e) 扭转一阶振型(22.78 Hz)

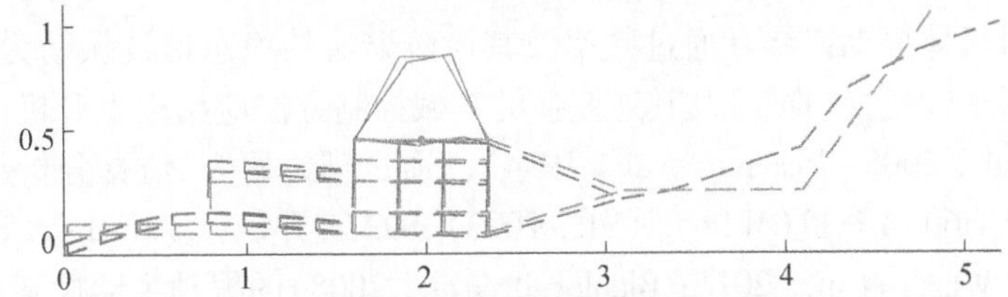

(f) 主减速器俯仰振型(30.93 Hz)

图 5.9　含主动撑杆的机体相似结构模型前六阶模态振型

第6章

机体振动自适应谐波同步识别-修正智能控制

6.1 引言

直升机机体振动以桨叶通过频率及其高阶谐波的稳态谐波振动为主要特征，基于离散傅里叶变换(DFT)及其逆变换的频域控制方法应用于直升机振动主动控制(Patt et al., 2005; Pearson et al., 1994)已通过理论研究、仿真分析与试验研究得到验证，UH60直升机(Millott et al., 2003)、S92直升机(Goodman et al., 2000)、X2验证机(Walsh et al., 2011; Blackwell et al., 2008)的振动主动控制系统都采用了稳态谐波频域控制方法。Johnson(Johnson, 1982)深入分析了稳态谐波控制算法，总结了稳态谐波控制算法的基本特征，之后稳态谐波控制算法被越来越多地研究并应用于机体结构响应主动控制的仿真分析和模型试验研究(Nygren et al., 1989; Molusis et al., 1983)。Patt等(Patt et al., 2005)对稳态谐波频域控制算法的收敛特性和鲁棒性进行了系统的分析。Depailler(Depailler, 2002)通过引入松弛因子以提高稳态谐波控制算法的鲁棒性。Kamaldar等(Kamaldar et al., 2017)对稳态谐波控制的稳定性进行了分析，给出了稳定性条件。由于DFT的块处理特性，控制输入修正与控制误差信号采样不同步，只能将一定时间周期内的采样控制误差信号进行DFT变换，提取信号的复幅值来修正控制输入谐波。但是，由于DFT的分辨率有限，要有效地提取谐波信号的复幅值，采样频率通常需要设置为桨叶通过频率的整数倍，否则就需要大量的采样数据才能较精确地提取该信号的复幅值，从而造成控制输入修正的延迟，降低振动控制性能。相对于频域控制方法，时域反馈控制方法，如H_∞控制(Hanagud et al., 1994)、基于内模原理的反馈控制(Mathews et al., 2002)及频域代价函数整形的线性二次型反馈控制(Gupta et al., 1992)应用于直升机振动主动控制研究。时域反馈控制器的设计通常需要直升机结构动力学的状态空间模型，得到的控制器阶数很高，且离散频率点处的振动抑制性能与反馈控制器的动态性能需要平衡。另外，基于自适应滤波技术Fx-LMS的时域前馈控制方法(Hugin et al., 2007; Fraanje et al., 2007)也用于直升机振动主动控制研究。自适应广义预测控制方法也应用于结构响应主动控制研究,分析了周期外扰作用下的结构响应反馈预测控制方法(鲁民月等,2004)。

本专著作者(Song et al., 2015;宋来收等,2014;宋来收,2013)基于直升机机体的谐波振动特性,采用递推最小二乘算法(recursive least square, RLS)和基于最陡梯度法的自适应谐波控制,在直升机机体振动自适应控制中同步实现控制响应误差谐波系数的识别和控制输入谐波系数的修正,建立了直升机机体振动自适应控制的谐波同步识别-修正法,避免了采用DFT方法导致的控制输入修正与控制误差信号采样不同步,同时避免了采样频率需要设置为扰动频率整数倍的限制及不是整数倍时造成的控制输入修正的时滞。采用第2章的直升机机体线梁模型,以控制点的振动加速度响应为控制目标,研究了稳态谐波激励和幅值快速周期时变谐波激励下结构振动自适应谐波同步识别-修正控制的有效性,研究表明,该控制方法对时变激励具有较强的自适应控制能力。采用梁结构,建立了基于直升机机体振动自适应控制的谐波同步识别-修正法的振动智能控制试验系统,进行了振动智能控制试验研究,进一步验证了机体振动自适应控制的谐波同步识别-修正法的有效性。在本专著作者深入研究基础上,本章系统阐述了直升机机体振动自适应谐波同步识别-修正智能控制的理论、方法、仿真和试验。

6.2　机体结构振动自适应谐波同步识别-修正算法

直升机结构振动智能控制中压电叠层作动器安装于机体结构,机体在旋翼振动载荷激励下的激励响应与作动器控制力驱动下的作动响应相抵消,形成控制点的响应误差,降低响应误差即降低机体振动。控制通道包括机体结构控制通道及作动器系统的特性。假如机体结构振动智能控制系统中有 N_a 个作动器的控制输入点和 N_m 个加速度传感器的控制响应点,则第 n_m 控制响应点的激励响应 $d_{n_m}(t)$、控制响应误差 $e_{n_m}(t)$、第 n_a 个控制输入 $u_{n_a}(t)$ 分别为

$$d_{n_m}(t) = \sum_{i=1}^{R} [p_{n_m i}\cos(\omega_i t) + q_{n_m i}\sin(\omega_i t)],\ n_m = 1, 2, \cdots, N_m \tag{6.1a}$$

$$e_{n_m}(t) = \sum_{i=1}^{R} [a_{n_m i}\cos(\omega_i t) + b_{n_m i}\sin(\omega_i t)],\ n_m = 1, 2, \cdots, N_m \tag{6.1b}$$

$$u_{n_a}(t) = \sum_{i=1}^{R} [x_{n_a i}\cos(\omega_i t) + y_{n_a i}\sin(\omega_i t)],\ n_a = 1, 2, \cdots, N_a \tag{6.1c}$$

式中,R 是控制的谐波阶数;$p_{n_m i}$ 和 $q_{n_m i}$ 分别是控制响应点 n_m 处的激励响应的第 i 阶余弦和正弦系数;$a_{n_m i}$ 和 $b_{n_m i}$ 分别是控制响应点 n_m 处的控制响应误差的第 i 阶余弦和正弦系数;$x_{n_a i}$ 和 $y_{n_a i}$ 分别为第 n_a 个控制输入谐波的第 i 阶余弦和正弦系数;$\omega_i = kN_b\Omega(k=1, 2, 3, \cdots)$ 是第 k 阶旋翼振动载荷的激励频率。对于采用 N_a 个控制输入和 N_m 个控制输出的机体结构振动智能控制系统,N_m 个控制输出点处的激励响应谐波向量 $\boldsymbol{d}(t)$ 和控制后的响应误差谐波向量 $\boldsymbol{e}(t)$、N_a 个控制输入谐波向量 $\boldsymbol{u}(t)$ 分别表示为

$$\boldsymbol{d}(t) = \begin{bmatrix} d_1(t) & d_2(t) & \cdots & d_{N_m}(t) \end{bmatrix}^{\mathrm{T}} \tag{6.2a}$$

$$\boldsymbol{e}(t) = \begin{bmatrix} e_1(t) & e_2(t) & \cdots & e_{N_m}(t) \end{bmatrix}^{\mathrm{T}} \tag{6.2b}$$

$$\boldsymbol{u}(t) = \begin{bmatrix} u_1(t) & u_2(t) & \cdots & u_{N_a}(t) \end{bmatrix}^{\mathrm{T}} \tag{6.2c}$$

6.2.1 控制输入谐波系数修正

1. 修正方程

直升机机体结构振动智能控制主要降低由旋翼振动载荷激励产生的机体稳态谐波振动,基于最陡梯度法的自适应谐波控制作为频域控制方法可有效地在关注的谐波频率处抑制结构振动。为跟踪振动环境的变化同时增强控制系统对扰动瞬时改变的鲁棒性,采用基于最陡梯度法的自适应谐波控制实现控制输入谐波系数修正,方程(6.2)中控制后的响应误差、控制输入和激励响应谐波系数向量分别记为 $\boldsymbol{E}$、$\boldsymbol{U}$ 和 $\boldsymbol{D}$, 分别表示如下:

$$\boldsymbol{E} = \begin{bmatrix} \boldsymbol{E}_1^{\mathrm{T}} & \boldsymbol{E}_2^{\mathrm{T}} & \cdots & \boldsymbol{E}_R^{\mathrm{T}} \end{bmatrix}^{\mathrm{T}} \tag{6.3a}$$

$$\boldsymbol{U} = \begin{bmatrix} \boldsymbol{U}_1^{\mathrm{T}} & \boldsymbol{U}_2^{\mathrm{T}} & \cdots & \boldsymbol{U}_R^{\mathrm{T}} \end{bmatrix}^{\mathrm{T}} \tag{6.3b}$$

$$\boldsymbol{D} = \begin{bmatrix} \boldsymbol{D}_1^{\mathrm{T}} & \boldsymbol{D}_2^{\mathrm{T}} & \cdots & \boldsymbol{D}_R^{\mathrm{T}} \end{bmatrix}^{\mathrm{T}} \tag{6.3c}$$

式中,$\boldsymbol{E}_i = \begin{bmatrix} a_{1i} & b_{1i} & a_{2i} & b_{2i} & \cdots & a_{N_m i} & b_{N_m i} \end{bmatrix}^{\mathrm{T}}$;$\boldsymbol{U}_i = \begin{bmatrix} x_{1i} & y_{1i} & x_{2i} & y_{2i} & \cdots & x_{N_a i} & y_{N_a i} \end{bmatrix}^{\mathrm{T}}$;$\boldsymbol{D}_i = \begin{bmatrix} p_{1i} & q_{1i} & p_{2i} & q_{2i} & \cdots & p_{N_m i} & q_{N_m i} \end{bmatrix}^{\mathrm{T}}$。

定义控制目标函数是控制响应误差谐波系数向量 $\boldsymbol{E}$ 和控制输入谐波系数向量 $\boldsymbol{U}$ 加权平方和的二分之一:

$$J = \frac{1}{2}(\boldsymbol{E}^{\mathrm{T}}\boldsymbol{W}_E\boldsymbol{E} + \boldsymbol{U}^{\mathrm{T}}\boldsymbol{W}_U\boldsymbol{U}) \tag{6.4}$$

式中，$\boldsymbol{W}_E$ 和 $\boldsymbol{W}_U$ 分别是控制响应误差谐波系数向量 $\boldsymbol{E}$ 和控制输入谐波系数向量 $\boldsymbol{U}$ 的加权矩阵。目标函数 J 中的控制输入谐波系数加权项是为了通过调整加权矩阵 $\boldsymbol{W}_E$ 和 $\boldsymbol{W}_U$ 实现对控制性能要求和控制输入能量要求之间的平衡。

为了使目标函数 J 极小，采用最陡梯度法进行控制输入谐波系数向量 $\boldsymbol{U}$ 的修正（Veres，2001），以获得最优控制输入，即

$$\boldsymbol{U}(k) = \boldsymbol{U}(k-1) - \mu\frac{\partial J}{\partial \boldsymbol{U}} \tag{6.5}$$

式中，$\mu(>0)$ 是修正步长；k 是修正时间步。

对线性系统，各阶谐波之间无能量交换，因此控制输入谐波系数向量 $\boldsymbol{U}$ 的修正可以对各阶谐波频率独立进行，对频率 $\boldsymbol{\omega}_i$ 为

$$\boldsymbol{U}_i(k) = \boldsymbol{U}_i(k-1) - \mu_i\frac{\partial J}{\partial \boldsymbol{U}_i} \tag{6.6}$$

式中，$\mu_i(>0)$ 是第 i 阶控制输入谐波系数的修正步长。在频率 ω_i 处，控制响应误差谐波系数向量 $\boldsymbol{E}$、控制输入谐波系数向量 $\boldsymbol{U}$ 和激励响应谐波系数向量 $\boldsymbol{D}$ 之间的关系为

$$\boldsymbol{E}_i(k) = \boldsymbol{\Theta}_{\omega_i}\boldsymbol{U}_i(k-1) + \boldsymbol{D}_i(k) \tag{6.7}$$

式中，$\boldsymbol{\Theta}_{\omega_i}$ 是频率 ω_i 处的传递矩阵。定义 $\boldsymbol{\Theta}_{\omega_i}$ 为

$$\boldsymbol{\Theta}_{\omega_i} = \begin{bmatrix} \boldsymbol{\Theta}_{11}(\omega_i) & \boldsymbol{\Theta}_{12}(\omega_i) & \cdots & \boldsymbol{\Theta}_{1N_a}(\omega_i) \\ \boldsymbol{\Theta}_{21}(\omega_i) & \boldsymbol{\Theta}_{22}(\omega_i) & \cdots & \boldsymbol{\Theta}_{2N_a}(\omega_i) \\ \vdots & \vdots & \ddots & \vdots \\ \boldsymbol{\Theta}_{N_m1}(\omega_i) & \boldsymbol{\Theta}_{N_m2}(\omega_i) & \cdots & \boldsymbol{\Theta}_{N_mN_a}(\omega_i) \end{bmatrix} \tag{6.8}$$

$$\boldsymbol{\Theta}_{n_mn_a}(\omega_i) = \begin{bmatrix} \mathrm{Re}(G_{n_mn_a}(\omega_i)) & -\mathrm{Im}(G_{n_mn_a}(\omega_i)) \\ \mathrm{Im}(G_{n_mn_a}(\omega_i)) & \mathrm{Re}(G_{n_mn_a}(\omega_i)) \end{bmatrix} \tag{6.9}$$

式中，$G_{n_mn_a}(\omega_i)$ 是从第 n_a 个控制输入点到第 n_m 个控制响应点的传递函数在频率 ω_i 处的值，Re 表示复数实部，Im 表示复数虚部。

将式(6.7)代入式(6.6)，可得控制输入谐波系数向量 $\boldsymbol{U}_i$ 的修正方程为

$$\boldsymbol{U}_i(k)=(\boldsymbol{I}-\mu_i\boldsymbol{W}_{U_i})\boldsymbol{U}_i(k-1)-\mu_i\boldsymbol{\Theta}_{\omega_i}^{\mathrm{T}}\boldsymbol{W}_{E_i}\boldsymbol{E}_i(k) \tag{6.10}$$

则进一步可得控制输入谐波系数向量 $\boldsymbol{U}$ 的修正方程为

$$\boldsymbol{U}(k)=(\boldsymbol{I}-\mu\boldsymbol{W}_U)\boldsymbol{U}(k-1)-\mu\boldsymbol{\Theta}^{\mathrm{T}}\boldsymbol{W}_E\boldsymbol{E}(k) \tag{6.11}$$

式中，$\boldsymbol{\mu}=\mathrm{diag}(\mu_1,\ \mu_2,\ \cdots,\ \mu_R)$；$\boldsymbol{\Theta}=\mathrm{diag}\left(\boldsymbol{\Theta}_{\omega_1},\ \boldsymbol{\Theta}_{\omega_2},\ \cdots,\ \boldsymbol{\Theta}_{\omega_R}\right)$；$\boldsymbol{W}_U=\mathrm{diag}\left(\boldsymbol{W}_{U_1},\ \boldsymbol{W}_{U_2},\ \cdots,\ \boldsymbol{W}_{U_R}\right)$；$\boldsymbol{W}_E=\mathrm{diag}\left(\boldsymbol{W}_{E_1},\ \boldsymbol{W}_{E_2},\ \cdots,\ \boldsymbol{W}_{E_R}\right)$。

通过调整加权矩阵 $\boldsymbol{W}_{U_i}$ 和 $\boldsymbol{W}_{E_i}$ 可实现对不同控制输出点的控制性能要求和控制输入点的能量要求以及不同频率控制要求之间的平衡。

2. 修正方程的收敛条件

将式(6.7)代入控制输入谐波系数向量 $\boldsymbol{U}_i$ 的修正方程(6.10)，得

$$\boldsymbol{U}_i(k)=(\boldsymbol{I}-\mu_i\boldsymbol{W}_{U_i}-\mu_i\boldsymbol{\Theta}_{\omega_i}^{\mathrm{T}}\boldsymbol{W}_{E_i}\boldsymbol{\Theta}_{\omega_i})\boldsymbol{U}_i(k-1)-\mu_i\boldsymbol{\Theta}_{\omega_i}^{\mathrm{T}}\boldsymbol{W}_{E_i}\boldsymbol{D}_i(k) \tag{6.12}$$

修正方程(6.12)收敛，当且仅当状态转移矩阵 $\boldsymbol{I}-\mu_i(\boldsymbol{W}_{U_i}+\boldsymbol{\Theta}_{\omega_i}^{\mathrm{T}}\boldsymbol{W}_{E_i}\boldsymbol{\Theta}_{\omega_i})$ 的特征值落入单位元内部。由于加权矩阵 $\boldsymbol{W}_{U_i}$ 和 $\boldsymbol{W}_{E_i}$ 通常取正定的实对角矩阵，所以矩阵 $\boldsymbol{I}-\mu_i(\boldsymbol{W}_{U_i}+\boldsymbol{\Theta}_{\omega_i}^{\mathrm{T}}\boldsymbol{W}_{E_i}\boldsymbol{\Theta}_{\omega_i})$ 是正定实对称矩阵，其特征值全部为正实数，则修正方程(6.12)的收敛条件(戴华，2005)为

$$|1-\mu_i\lambda_k|<1,\ k=1,\ 2,\ \cdots,\ \min(N_m,\ N_a) \tag{6.13}$$

式中，λ_k 是矩阵 $\boldsymbol{W}_{U_i}+\boldsymbol{\Theta}_{\omega_i}^{\mathrm{T}}\boldsymbol{W}_{E_i}\boldsymbol{\Theta}_{\omega_i}$ 的任一特征值，$||$ 表示求实数的绝对值或复数求模。求解式(6.13)可得控制输入谐波系数向量 $\boldsymbol{U}_i$ 的修正方程(6.10)的收敛条件为

$$0<\mu_i<\frac{2}{\lambda_{\max}} \tag{6.14}$$

式中，$\lambda_{\max}$ 是矩阵 $\boldsymbol{W}_{U_i}+\boldsymbol{\Theta}_{\omega_i}^{\mathrm{T}}\boldsymbol{W}_{E_i}\boldsymbol{\Theta}_{\omega_i}$ 的最大特征值。

若条件(6.14)满足，则控制输入谐波系数向量 $\boldsymbol{U}_i$ 收敛于：

$$\boldsymbol{U}_i=-(\boldsymbol{W}_{U_i}+\boldsymbol{\Theta}_{\omega_i}^{\mathrm{T}}\boldsymbol{W}_{E_i}\boldsymbol{\Theta}_{\omega_i})^{-1}\boldsymbol{\Theta}_{\omega_i}^{\mathrm{T}}\boldsymbol{W}_{E_i}\boldsymbol{D}_i \tag{6.15}$$

控制输入谐波系数向量 $\boldsymbol{U}_i$ 是目标函数(6.4)的最优控制向量，即 $\boldsymbol{U}_i$ 满足方程 $\partial J/\partial \boldsymbol{U}=0$，则方程(6.2c)给出的控制输入 $u(t)$ 的最优谐波系数向量 $\boldsymbol{U}$ 为

$$\boldsymbol{U}=-(\boldsymbol{W}_U+\boldsymbol{\Theta}^{\mathrm{T}}\boldsymbol{W}_E\boldsymbol{\Theta})^{-1}\boldsymbol{\Theta}^{\mathrm{T}}\boldsymbol{W}_E\boldsymbol{D} \tag{6.16}$$

将式(6.15)代入式(6.7)得控制响应误差谐波系数向量 $\boldsymbol{E}_i$ 为

$$\boldsymbol{E}_i = [\boldsymbol{I} - \boldsymbol{\Theta}_{\boldsymbol{\omega}_i}(\boldsymbol{W}_{\boldsymbol{U}_i} + \boldsymbol{\Theta}_{\boldsymbol{\omega}_i}^{\mathrm{T}}\boldsymbol{W}_{\boldsymbol{E}_i}\boldsymbol{\Theta}_{\boldsymbol{\omega}_i})^{-1}\boldsymbol{\Theta}_{\boldsymbol{\omega}_i}^{\mathrm{T}}\boldsymbol{W}_{\boldsymbol{E}_i}]\boldsymbol{D}_i \tag{6.17}$$

此时控制目标 J 为

$$J = \frac{1}{2}\sum_i^R \boldsymbol{D}_i^{\mathrm{T}}(\boldsymbol{W}_{\boldsymbol{E}_i} - \boldsymbol{W}_{\boldsymbol{E}_i}\boldsymbol{\Theta}_{\boldsymbol{\omega}_i}\boldsymbol{\Gamma}_i^{-1}\boldsymbol{\Theta}_{\boldsymbol{\omega}_i}^{\mathrm{T}}\boldsymbol{W}_{\boldsymbol{E}_i})\boldsymbol{D}_i \tag{6.18}$$

式中，$\boldsymbol{\Gamma}_i = \boldsymbol{W}_{\boldsymbol{U}_i} + \boldsymbol{\Theta}_{\boldsymbol{\omega}_i}^{\mathrm{T}}\boldsymbol{W}_{\boldsymbol{E}_i}\boldsymbol{\Theta}_{\boldsymbol{\omega}_i}$。

3. *存在建模误差时的修正方程及其收敛条件*

上节中修正方程的收敛条件是基于控制输入修正方程(6.10)中的传递矩阵 $\boldsymbol{\Theta}_{\boldsymbol{\omega}_i}$ 与控制通道的真实传递矩阵相等。但实际控制过程中 $\boldsymbol{\Theta}_{\boldsymbol{\omega}_i}$ 难以精确得到，通过离线和在线识别或结构动力学分析得到的传递矩阵 $\boldsymbol{\Theta}_{\boldsymbol{\omega}_i}$ 都可能与实际控制通道的传递矩阵存在差别。定义 $\Delta\boldsymbol{\Theta}_{\boldsymbol{\omega}_i} = \hat{\boldsymbol{\Theta}}_{\boldsymbol{\omega}_i} - \boldsymbol{\Theta}_{\boldsymbol{\omega}_i}$ 是实际得到的传递矩阵 $\hat{\boldsymbol{\Theta}}_{\boldsymbol{\omega}_i}$ 与真实传递矩阵 $\boldsymbol{\Theta}_{\boldsymbol{\omega}_i}$ 的误差矩阵，分析用于修正控制输入谐波的传递矩阵与实际控制通道的传递矩阵存在误差时修正方程(6.10)的鲁棒性。在修正方程(6.10)中，用传递矩阵 $\hat{\boldsymbol{\Theta}}_{\boldsymbol{\omega}_i}$ 代替 $\boldsymbol{\Theta}_{\boldsymbol{\omega}_i}$，则控制输入谐波系数向量 $\boldsymbol{U}_i$ 的修正方程(6.10)变为

$$\hat{\boldsymbol{U}}_i(k) = (\boldsymbol{I} - \mu_i\boldsymbol{W}_{\boldsymbol{U}_i})\hat{\boldsymbol{U}}_i(k-1) - \mu_i\hat{\boldsymbol{\Theta}}_{\boldsymbol{\omega}_i}^{\mathrm{T}}\boldsymbol{W}_{\boldsymbol{E}_i}\hat{\boldsymbol{E}}_i(k) \tag{6.19}$$

式中，

$$\hat{\boldsymbol{E}}_i(k) = \boldsymbol{\Theta}_{\boldsymbol{\omega}_i}\hat{\boldsymbol{U}}_i(k-1) + \boldsymbol{D}_i(k) \tag{6.20}$$

将式(6.20)代入式(6.19)得

$$\hat{\boldsymbol{U}}_i(k) = [\boldsymbol{I} - \mu_i(\boldsymbol{W}_{\boldsymbol{U}_i} + \hat{\boldsymbol{\Theta}}_{\boldsymbol{\omega}_i}^{\mathrm{T}}\boldsymbol{W}_{\boldsymbol{E}_i}\boldsymbol{\Theta}_{\boldsymbol{\omega}_i})]\hat{\boldsymbol{U}}_i(k-1) - \mu_i\hat{\boldsymbol{\Theta}}_{\boldsymbol{\omega}_i}^{\mathrm{T}}\boldsymbol{W}_{\boldsymbol{E}_i}\boldsymbol{D}_i(k) \tag{6.21}$$

此时，状态转移矩阵是 $\boldsymbol{I} - \mu_i[\boldsymbol{W}_{\boldsymbol{U}_i} + (\boldsymbol{\Theta}_{\boldsymbol{\omega}_i}^{\mathrm{T}} + \Delta\boldsymbol{\Theta}_{\boldsymbol{\omega}_i}^{\mathrm{T}})\boldsymbol{W}_{\boldsymbol{E}_i}\boldsymbol{\Theta}_{\boldsymbol{\omega}_i}]$。

定义 $\hat{\lambda}_k = \hat{\sigma}_k + i\hat{\zeta}_k$ 是矩阵 $\boldsymbol{W}_{\boldsymbol{U}_i} + (\boldsymbol{\Theta}_{\boldsymbol{\omega}_i}^{\mathrm{T}} + \Delta\boldsymbol{\Theta}_{\boldsymbol{\omega}_i}^{\mathrm{T}})\boldsymbol{W}_{\boldsymbol{E}_i}\boldsymbol{\Theta}_{\boldsymbol{\omega}_i}$ 的特征值，则控制输入谐波系数向量 $\boldsymbol{U}_i$ 的修正方程(6.19)收敛的充分必要条件为

$$|1 - \mu_i(\hat{\sigma}_k + i\hat{\zeta}_k)| < 1 \tag{6.22}$$

即

$$(1 - \mu_i\hat{\sigma}_k)^2 + (\mu_i\hat{\zeta}_k)^2 < 1 \tag{6.23}$$

则条件(6.23)满足的充分必要条件为

$$\begin{cases} \hat{\sigma}_k > 0 \\ 0 < \mu_i < \dfrac{2(\hat{\sigma}_k)}{(\hat{\sigma}_k)^2 + (\mu_i\hat{\zeta}_k)^2} \end{cases}, \quad k = 1, 2, \cdots, \min(N_m, N_a) \tag{6.24}$$

当收敛条件(4.24)满足时,控制输入谐波系数向量 $\hat{\boldsymbol{U}}_i$ 的修正方程(6.19)收敛,且 $\hat{\boldsymbol{U}}_i$ 收敛于:

$$\hat{\boldsymbol{U}}_i = -(\boldsymbol{W}_{U_i} + \hat{\boldsymbol{\Theta}}_{\omega_i}^{\mathrm{T}} \boldsymbol{W}_{E_i} \boldsymbol{\Theta}_{\omega_i})^{-1} \hat{\boldsymbol{\Theta}}_{\omega_i}^{\mathrm{T}} \boldsymbol{W}_{E_i} \boldsymbol{D}_i \tag{6.25}$$

将式(6.25)代入式(6.20),可得控制响应误差谐波系数向量 $\hat{\boldsymbol{E}}_i$ 为

$$\hat{\boldsymbol{E}}_i = [\boldsymbol{I} - \boldsymbol{\Theta}_{\omega_i} (\boldsymbol{W}_{U_i} + \hat{\boldsymbol{\Theta}}_{\omega_i}^{\mathrm{T}} \boldsymbol{W}_{E_i} \boldsymbol{\Theta}_{\omega_i})^{-1} \hat{\boldsymbol{\Theta}}_{\omega_i}^{\mathrm{T}} \boldsymbol{W}_{E_i}] \boldsymbol{D}_i \tag{6.26}$$

此时,控制目标 $\hat{J}$ 为

$$\hat{J} = \frac{1}{2} \sum_{i=1}^{R} \boldsymbol{D}_i^{\mathrm{T}} [\boldsymbol{W}_{E_i} - \boldsymbol{W}_{E_i} \boldsymbol{\Theta}_{\omega_i} \boldsymbol{\Psi}_i - (\boldsymbol{W}_{E_i} \boldsymbol{\Theta}_{\omega_i} \boldsymbol{\Psi}_i)^{\mathrm{T}} + \boldsymbol{\Psi}_i^{\mathrm{T}} \boldsymbol{\Gamma}_i \boldsymbol{\Psi}_i] \boldsymbol{D}_i \tag{6.27}$$

式中,$\boldsymbol{\Psi}_i = (\boldsymbol{W}_{U_i} + \hat{\boldsymbol{\Theta}}_{\omega_i}^{\mathrm{T}} \boldsymbol{W}_{E_i} \boldsymbol{\Theta}_{\omega_i})^{-1} \hat{\boldsymbol{\Theta}}_{\omega_i}^{\mathrm{T}} \boldsymbol{W}_{E_i}$。

定义矩阵:

$$\boldsymbol{\Xi}_i = \boldsymbol{\Gamma}_i^{-\frac{1}{2}} \boldsymbol{\Theta}_{\omega_i}^{\mathrm{T}} \boldsymbol{W}_{E_i} - \boldsymbol{\Gamma}_i^{\frac{1}{2}} \boldsymbol{\Psi}_i \tag{6.28}$$

如下矩阵不等式成立:

$$\boldsymbol{\Xi}_i^{\mathrm{T}} \boldsymbol{\Xi}_i \geqslant 0 \tag{6.29}$$

将 $\boldsymbol{\Xi}_i$ 代入矩阵不等式(6.29),展开得

$$\boldsymbol{W}_{E_i} \boldsymbol{\Theta}_{\omega_i} \boldsymbol{\Gamma}_i^{-1} \boldsymbol{\Theta}_{\omega_i}^{\mathrm{T}} \boldsymbol{W}_{E_i} - \boldsymbol{W}_{E_i} \boldsymbol{\Theta}_{\omega_i} \boldsymbol{\Psi}_i - (\boldsymbol{W}_{E_i} \boldsymbol{\Theta}_{\omega_i} \boldsymbol{\Psi}_i)^{\mathrm{T}} + \boldsymbol{\Psi}_i^{\mathrm{T}} \boldsymbol{\Gamma}_i \boldsymbol{\Psi}_i \geqslant 0 \tag{6.30}$$

由矩阵不等式(6.30)得

$$\boldsymbol{W}_{E_i} \boldsymbol{\Theta}_{\omega_i} \boldsymbol{\Gamma}_i^{-1} \boldsymbol{\Theta}_{\omega_i}^{\mathrm{T}} \boldsymbol{W}_{E_i} \geqslant \boldsymbol{W}_{E_i} \boldsymbol{\Theta}_{\omega_i} \boldsymbol{\Psi}_i + (\boldsymbol{W}_{E_i} \boldsymbol{\Theta}_{\omega_i} \boldsymbol{\Psi}_i)^{\mathrm{T}} - \boldsymbol{\Psi}_i^{\mathrm{T}} \boldsymbol{\Gamma}_i \boldsymbol{\Psi}_i \tag{6.31}$$

比较式(6.18)和式(6.27)可得,在控制通道传递矩阵存在建模误差条件下的控制目标函数不小于无建模误差时的控制目标函数,即

$$\hat{J} \geqslant J \tag{6.32}$$

对于适定问题,即控制输入点数与输出点数相等 ($N_m = N_a$) 且控制通道传递函数在控制频率处无零点,则传递矩阵 $\hat{\boldsymbol{\Theta}}_{\omega_i}$ 为方阵且可逆,此时若对控制能量无约束 ($\boldsymbol{W}_U = 0$),则目标函数退化为

$$J = \frac{1}{2} \boldsymbol{E}^{\mathrm{T}} \boldsymbol{W}_E \boldsymbol{E} \tag{6.33}$$

则式(6.25)表示的控制输入谐波系数向量 $\hat{\boldsymbol{U}}_i$ 转化为

$$\hat{\boldsymbol{U}}_i = -(\hat{\boldsymbol{\Theta}}^{\mathrm{T}}_{\boldsymbol{\omega}_i} \boldsymbol{W}_{\boldsymbol{E}_i} \boldsymbol{\Theta}_{\boldsymbol{\omega}_i})^{-1} \hat{\boldsymbol{\Theta}}^{\mathrm{T}}_{\boldsymbol{\omega}_i} \boldsymbol{W}_{\boldsymbol{E}_i} \boldsymbol{D}_i \tag{6.34}$$

化简可得控制输入谐波系数向量 $\hat{\boldsymbol{U}}_i$ 为

$$\hat{\boldsymbol{U}}_i = \boldsymbol{\Theta}^{-1}_{\boldsymbol{\omega}_i} \boldsymbol{D}_i \tag{6.35}$$

代入控制响应误差向量表达式 $\hat{\boldsymbol{E}}_i = \boldsymbol{\Theta}_{\boldsymbol{\omega}_i} \hat{\boldsymbol{U}}_i + \boldsymbol{D}_i$ 可得

$$\hat{\boldsymbol{E}}_i = 0 \tag{6.36}$$

可以看出,此时得到的控制输入向量 $\hat{\boldsymbol{U}}_i$ 与建模误差无关,亦即在保证控制输入修正方程收敛条件(6.24)满足的条件下,得到的控制输入向量与无控制通道建模误差时相同,且理论上实现扰动的完全消除,即控制响应误差向量为零。

6.2.2　控制响应误差谐波系数实时识别

控制输入谐波系数向量的修正方程(6.19)依赖于控制响应误差谐波系数 $a_{n_m i}$ 和 $b_{n_m i}$,因此如何有效地从控制响应误差时域信号 $\tilde{e}_{n_m}(t)$ 中提取谐波系数 $a_{n_m i}$ 和 $b_{n_m i}$ 是实现控制输入谐波修正的关键。用递推最小二乘算法实时识别谐波响应系数,以实现由方程(6.19)对控制输入谐波系数与采样实时同步修正。

1. 最小二乘参数估计

最小二乘算法是以误差的平方和最小为准则来估计未知参数的一种估计方法。由于最小二乘算法原理简单,并且可以通过递归计算实现在线参数识别而受到广泛的应用。

如下是描述线性回归模型的系统:

$$\tilde{e}(k) = \boldsymbol{z}(k)^{\mathrm{T}} \boldsymbol{\theta} + \varepsilon(k) \tag{6.37}$$

式中,$\boldsymbol{z}(k) = \begin{bmatrix} z_0(k) & z_1(k) & \cdots & z_{N_\theta}(k) \end{bmatrix}^{\mathrm{T}}$ 是系统的输入向量;$\tilde{e}(k)$ 是测量得到的系统输出;$\boldsymbol{\theta} = \begin{bmatrix} \theta_1 & \theta_2 & \cdots & \theta_{N_\theta} \end{bmatrix}^{\mathrm{T}}$ 是待识别的系统未知参数向量,N_θ 是待识别的参数个数;$\varepsilon(k)$ 是均值为零的测量噪声。利用系统的输入输出,最小二乘目标函数为

$$J_{LS}(\hat{\boldsymbol{\theta}}) = \sum_{k=1}^{k_{LS}} [\tilde{e}(k) - \boldsymbol{z}(k)^{\mathrm{T}} \hat{\boldsymbol{\theta}}]^2 \tag{6.38}$$

式中,$\hat{\boldsymbol{\theta}}$ 是参数向量 $\boldsymbol{\theta}$ 的估计值;k_{LS} 定义了用于参数估计的数据个数。

定义 k_{LS} 个测量输出组成的向量是 $\tilde{\boldsymbol{e}}_{k_{LS}} = [\tilde{e}(k_{KS}) \ \cdots \ \tilde{e}(k) \ \cdots \ \tilde{e}(1)]^{\mathrm{T}}$,

k_{LS} 个输入向量组成的矩阵是 $z_{k_{LS}} = [z(k_{LS}) \quad \cdots \quad z(k) \quad \cdots \quad z(1)]$。最小二乘目标函数 J_{LS} 为

$$J_{LS}(\hat{\boldsymbol{\theta}}) = (\tilde{\boldsymbol{e}}_{k_{LS}} - \boldsymbol{z}_{k_{LS}}^{\mathrm{T}}\hat{\boldsymbol{\theta}})^{\mathrm{T}}(\tilde{\boldsymbol{e}}_{k_{LS}} - \boldsymbol{z}_{k_{LS}}^{\mathrm{T}}\hat{\boldsymbol{\theta}}) \tag{6.39}$$

估计参数 $\hat{\boldsymbol{\theta}}$ 的最小二乘解满足：

$$\frac{\partial J_{LS}(\hat{\boldsymbol{\theta}})}{\partial \hat{\boldsymbol{\theta}}} = 0 \tag{6.40}$$

将式(6.39)代入式(6.40)，简化得到：

$$\boldsymbol{z}_{k_{LS}}\boldsymbol{z}_{k_{LS}}^{\mathrm{T}}\hat{\boldsymbol{\theta}} - \boldsymbol{z}_{k_{LS}}\tilde{\boldsymbol{e}}_{k_{LS}} = 0 \tag{6.41}$$

求得最小二乘意义下的最优参数估计值为

$$\hat{\boldsymbol{\theta}} = (\boldsymbol{z}_{k_{LS}}\boldsymbol{z}_{k_{LS}}^{\mathrm{T}})^{-1}\boldsymbol{z}_{k_{LS}}\tilde{\boldsymbol{e}}_{k_{LS}} \tag{6.42}$$

当获得一批输入和测量数据后，利用式(6.42)可一次求得相应的参数估计值，该方法更多地适用于系统参数的离线识别。

2. 递推最小二乘参数估计

公式(6.42)可以在获得系统批量的输入输出数据后一次求得相应的参数估计值，但是对于实时运行系统，希望能够采用实时得到的测量和输入数据，进行当前时刻的参数估计，但随着测量数据的不断增加，计算量也会随着数据量的增加而增大，要求计算机存储的数据也越来越多，这在实际系统中是不可行的。对于参数时变系统，为了跟踪参数的变化，需要舍弃较早时刻的数据对识别参数的影响，因此，在每次得到新的测量数据后，采用新的数据修正参数估计值，这样的最小二乘算法称为递推最小二乘算法。

为了能够“遗忘”掉较早的过去数据，对目标函数进行指数加权，用于参数时变系统时，能更重视新的采样数据以降低较早时刻的旧数据对参数估计的影响，指数加权的目标函数定义为

$$J_{\lambda-LS}(\hat{\boldsymbol{\theta}}) = \sum_{k=1}^{k_{LS}} \lambda^{k_{LS}-k}\,[\tilde{\boldsymbol{e}}(k) - \boldsymbol{z}(k)^{\mathrm{T}}\hat{\boldsymbol{\theta}}]^2 \tag{6.43}$$

式中，λ 是遗忘因子，$\lambda < 1$，但通常取 $\lambda \approx 1$。在指数加权目标函数(6.43)中，对于当前时刻的采样数据 $\tilde{e}(k_{LS})$ 和输入向量 $z(k_{LS})$ 的权值为 $\lambda^0 = 1$；对于较早时刻的采样数据 $\tilde{e}(k)$ 和系统输入 $z(k)$ $(k \ll k_{LS})$ 的权值 $\lambda^{k_{LS}-k} \ll 1$。以保证“遗忘”掉久远数据对参数识别值的影响，通常用 $\dfrac{1}{1-\lambda}$ 来反映算法的记忆能力，遗忘因子

越小，识别过程的跟踪能力越强，但对信号噪声越敏感；遗忘因子越大，识别过程跟踪能力减弱，同时对信号的噪声敏感度降低，λ 的取值范围一般是 0.95～0.999（Haykin，2003）。

由目标函数(6.43)可得指数加权遗忘因子最小二乘最优参数估计值为

$$\hat{\boldsymbol{\theta}} = (z_{k_{LS}} \boldsymbol{\lambda}_{k_{LS}} z_{k_{LS}}^{\mathrm{T}})^{-1} z_{k_{LS}} \boldsymbol{\lambda}_{k_{LS}} \tilde{\boldsymbol{e}}_{k_{LS}} \tag{6.44}$$

式中，$\boldsymbol{\lambda}_{k_{LS}} = \mathrm{diag}(1,\ \lambda^1,\ \cdots,\ \lambda^{k_{LS}-1})$。

由回归模型(6.37)得，k 时刻的观测数据向量 $\tilde{\boldsymbol{e}}_k$ 为

$$\tilde{\boldsymbol{e}}_k = z_k^{\mathrm{T}} \boldsymbol{\theta} + \boldsymbol{\varepsilon}_k \tag{6.45}$$

式中，$\tilde{\boldsymbol{e}}_k = [\tilde{e}(k)\quad \tilde{e}(k-1)\quad \cdots\quad \tilde{e}(1)]^{\mathrm{T}}$；$z_k = [z(k)\quad z(k-1)\quad \cdots\quad z(1)]$；$\boldsymbol{\varepsilon}_k = [\boldsymbol{\varepsilon}(k)\quad \boldsymbol{\varepsilon}(k-1)\quad \cdots\quad \boldsymbol{\varepsilon}(1)]^{\mathrm{T}}$。

可得 k 时刻的指数加权遗忘因子最小二乘参数估计值为

$$\hat{\boldsymbol{\theta}}(k) = (z_k \boldsymbol{\lambda}_k z_k^{\mathrm{T}})^{-1} z_k \boldsymbol{\lambda}_k \tilde{\boldsymbol{e}}_k \tag{6.46}$$

式中，$\lambda_k = \mathrm{diag}(1,\ \lambda^1,\ \cdots,\ \lambda^{k-1})$。

$k+1$ 时刻得到一组新的测量数据 $\tilde{\boldsymbol{e}}(k+1)$ 和 $z_{k+1}(k+1)$ 后，$k+1$ 时刻的观测数据向量 $\tilde{\boldsymbol{e}}_{k+1}$ 为

$$\tilde{\boldsymbol{e}}_{k+1} = z_{k+1}^{\mathrm{T}} \boldsymbol{\theta} + \boldsymbol{\varepsilon}_{k+1} \tag{6.47}$$

得到 $k+1$ 时刻的指数加权遗忘因子最小二乘参数估计值为

$$\hat{\boldsymbol{\theta}}(k+1) = (z_{k+1} \boldsymbol{\lambda}_{k+1} z_{k+1}^{\mathrm{T}})^{-1} z_{k+1} \boldsymbol{\lambda}_{k+1} \tilde{\boldsymbol{e}}_{k+1} \tag{6.48}$$

式中，$\tilde{\boldsymbol{e}}_{k+1} = [\tilde{e}(k+1)\quad \cdots\quad \tilde{\boldsymbol{e}}_k]^{\mathrm{T}}$；$z_{k+1} = [z(k+1)\quad \cdots\quad z_k]$；$\boldsymbol{\lambda}_{k+1} = \mathrm{diag}(1,\ \lambda \boldsymbol{\lambda}_k)$。

定义 $\boldsymbol{P}(k+1) = (z_{k+1} \boldsymbol{\lambda}_{k+1} z_{k+1}^{\mathrm{T}})^{-1}$，则：

$$\begin{aligned}
\boldsymbol{P}(k+1) &= \left[[z(k+1)\quad z_k] \begin{bmatrix} 1 & \\ & \lambda \boldsymbol{\lambda}_k \end{bmatrix} \begin{bmatrix} z(k+1)^{\mathrm{T}} \\ z_k^{\mathrm{T}} \end{bmatrix} \right]^{-1} \\
&= [\lambda z_k \boldsymbol{\lambda}_k z_k^{\mathrm{T}} + z(k+1) z(k+1)^{\mathrm{T}}]^{-1} \\
&= [\lambda \boldsymbol{P}(k)^{-1} + z(k+1) z(k+1)^{\mathrm{T}}]^{-1}
\end{aligned} \tag{6.49}$$

利用如下矩阵求逆公式：

$$[\boldsymbol{B}^{-1} + \boldsymbol{C}\boldsymbol{D}^{-1}\boldsymbol{C}^{\mathrm{T}}]^{\mathrm{T}} = \boldsymbol{B} - \boldsymbol{B}\boldsymbol{C}(\boldsymbol{D} + \boldsymbol{C}^{\mathrm{T}}\boldsymbol{B}\boldsymbol{C})^{-1}\boldsymbol{C}^{\mathrm{T}}\boldsymbol{B} \tag{6.50}$$

对比式(6.49)和式(6.50),令: $\boldsymbol{B}=\lambda^{-1}\boldsymbol{P}(k)$, $\boldsymbol{C}=\boldsymbol{z}(k+1)$, $\boldsymbol{D}=1$,可得

$$\begin{aligned}\boldsymbol{P}(k+1)=\lambda^{-1}\boldsymbol{P}(k)-\lambda^{-1}\boldsymbol{P}(k)\boldsymbol{z}(k+1)[1+\boldsymbol{z}(k+1)^{\mathrm{T}}\lambda^{-1}\\ \boldsymbol{P}(k)\boldsymbol{z}(k+1)]^{-1}\boldsymbol{z}(k+1)^{\mathrm{T}}\lambda^{-1}\boldsymbol{P}(k)\end{aligned}\tag{6.51}$$

即

$$\boldsymbol{P}(k+1)=\lambda^{-1}\boldsymbol{P}(k)-\frac{\lambda^{-1}\boldsymbol{P}(k)\boldsymbol{z}(k+1)\boldsymbol{z}(k+1)^{\mathrm{T}}\boldsymbol{P}(k)}{\lambda+\boldsymbol{z}(k+1)^{\mathrm{T}}\boldsymbol{P}(k)\boldsymbol{z}(k+1)}\tag{6.52}$$

$k+1$ 时刻的参数识别值 $\hat{\boldsymbol{\theta}}(k+1)$ 为

$$\hat{\boldsymbol{\theta}}(k+1)=\boldsymbol{P}(k+1)[\boldsymbol{z}(k+1)\quad\cdots\quad\boldsymbol{z}_k]\begin{bmatrix}1 & \\ & \lambda\boldsymbol{\lambda}_k\end{bmatrix}\begin{bmatrix}\tilde{e}(k+1)\\ \vdots\\ \tilde{\boldsymbol{e}}_k\end{bmatrix}\tag{6.53}$$

展开可得

$$\hat{\boldsymbol{\theta}}(k+1)=\boldsymbol{P}(k+1)[\boldsymbol{z}(k+1)\tilde{e}(k+1)+\lambda\boldsymbol{z}_k\boldsymbol{\lambda}_k\tilde{\boldsymbol{e}}_k]\tag{6.54}$$

将式(6.52)的 $\boldsymbol{P}(k+1)$ 代入式(6.54)可得

$$\begin{aligned}\hat{\boldsymbol{\theta}}(k+1)=\boldsymbol{P}(k)\boldsymbol{z}_k\boldsymbol{\lambda}_k\tilde{\boldsymbol{e}}_k+\frac{\boldsymbol{P}(k)\boldsymbol{z}(k+1)}{\lambda+\boldsymbol{z}(k+1)^{\mathrm{T}}\boldsymbol{P}(k)\boldsymbol{z}(k+1)}\\ [\tilde{e}(k+1)-\boldsymbol{z}(k+1)^{\mathrm{T}}\boldsymbol{P}(k)\boldsymbol{z}_k\boldsymbol{\lambda}_k\tilde{\boldsymbol{e}}_k]\end{aligned}\tag{6.55}$$

由式(6.46)得

$$\begin{aligned}\hat{\boldsymbol{\theta}}(k+1)=\hat{\boldsymbol{\theta}}(k)+\frac{\boldsymbol{P}(k)\boldsymbol{z}(k+1)}{\lambda+\boldsymbol{z}(k+1)^{\mathrm{T}}\boldsymbol{P}(k)\boldsymbol{z}(k+1)}\\ [\tilde{e}(k+1)-\boldsymbol{z}(k+1)^{\mathrm{T}}\hat{\boldsymbol{\theta}}(k)]\end{aligned}\tag{6.56}$$

定义向量 $\boldsymbol{K}(k+1)$ 为

$$\boldsymbol{K}(k+1)=\frac{\boldsymbol{P}(k)\boldsymbol{z}(k+1)}{\lambda+\boldsymbol{z}(k+1)^{\mathrm{T}}\boldsymbol{P}(k)\boldsymbol{z}(k+1)}\tag{6.57}$$

则有

$$\hat{\boldsymbol{\theta}}(k+1)=\hat{\boldsymbol{\theta}}(k)+\boldsymbol{K}(k+1)[\tilde{e}(k+1)-\boldsymbol{z}(k+1)^{\mathrm{T}}\hat{\boldsymbol{\theta}}(k)]\tag{6.58}$$

$$\boldsymbol{P}(k+1)=\lambda^{-1}\boldsymbol{P}(k)-\lambda^{-1}\boldsymbol{K}(k+1)\boldsymbol{z}(k+1)^{\mathrm{T}}\boldsymbol{P}(k)\tag{6.59}$$

式(6.57)、式(6.58)和式(6.59)构成了递推最小二乘的参数估计过程,可以看出新的参数估计值 $\hat{\boldsymbol{\theta}}(k+1)$ 是在上一步估计值 $\hat{\boldsymbol{\theta}}(k)$ 修正得到,用于修正的预测误差值 $\tilde{e}(k+1)-\boldsymbol{z}(k+1)^{\mathrm{T}}\hat{\boldsymbol{\theta}}(k)$ 由新的测量数据 $\tilde{e}(k+1)$ 和系统输入向量

$z(k+1)$ 得到。

3. 谐波系数实时识别及仿真

根据式(6.1b)表示的控制输入,当存在测量噪声时控制输出点 n_m 处控制误差谐波响应的采样值 $\tilde{e}_{n_m}(k)$ 可表示为

$$\tilde{e}_{n_m}(k) = \boldsymbol{z}(k)^{\mathrm{T}}\boldsymbol{\theta}_{n_m} + \varepsilon_{n_m}(k) \tag{6.60}$$

式中, $\boldsymbol{\theta}_{n_m} = \begin{bmatrix} a_{n_m1} & b_{n_m1} & a_{n_m2} & b_{n_m2} & \cdots & a_{n_mR} & b_{n_mR} \end{bmatrix}^{\mathrm{T}}$ 是控制响应误差 $e_{n_m}(t)$ 的谐波系数向量; $\boldsymbol{z}(k) = [\cos(\omega_1 kT_s) \quad \sin(\omega_1 kT_s) \quad \cos(\omega_2 kT_s) \quad \sin(\omega_2 kT_s) \quad \cdots \quad \cos(\omega_R kT_s) \quad \sin(\omega_R kT_s)]^{\mathrm{T}}$ 是谐波基函数向量, T_s 是采样周期; $\varepsilon_{n_m}(k)$ 是测量噪声。方程(6.60)是标准的回归方程,由递推最小二乘算法的参数估计过程式(6.57)、式(6.58)和式(6.59)构成,控制响应误差谐波系数向量可与采样同步实时识别,识别过程为

$$\hat{\boldsymbol{\theta}}_{n_m}(k) = \hat{\boldsymbol{\theta}}_{n_m}(k-1) + \boldsymbol{K}(k-1)[\tilde{e}_{n_m}(k) - \boldsymbol{z}(k)^{\mathrm{T}}\hat{\boldsymbol{\theta}}_{n_m}(k-1)] \tag{6.61}$$

$$\boldsymbol{K}(k) = [\lambda + \boldsymbol{z}^{\mathrm{T}}(k)\boldsymbol{P}(k-1)\boldsymbol{z}(k)]^{-1}\boldsymbol{P}(k-1)\boldsymbol{z}(k) \tag{6.62}$$

$$\boldsymbol{P}(k) = \lambda^{-1}\boldsymbol{P}(k-1) - \lambda^{-1}\boldsymbol{K}(k)\boldsymbol{z}^{\mathrm{T}}(k)\boldsymbol{P}(k-1) \tag{6.63}$$

可以看出, k 时刻控制响应误差谐波系数识别值 $\hat{\boldsymbol{\theta}}_{n_m}(k)$ 由上一步识别值 $\hat{\boldsymbol{\theta}}_{n_m}(k-1)$ 修正求得,其用于修正的预测误差值 $\tilde{e}_{n_m}(k) - \boldsymbol{z}(k)^{\mathrm{T}}\hat{\boldsymbol{\theta}}_{n_m}(k-1)$ 来源于新的控制响应误差采样数据 $\tilde{e}_{n_m}(k)$ 与 k 时刻的谐波基函数向量 $\boldsymbol{z}(k)$。

为了验证谐波系数实时识别算法的识别能力,对识别过程式(6.61)~式(6.63)进行仿真研究,仿真中采样频率为 1 000 Hz,识别谐波系数的初始值设置为 0,遗忘因子 $\lambda = 0.98$,分别对稳态谐波信号、幅值周期时变谐波信号和直升机实测振动信号进行仿真。

1) 稳态谐波信号系数识别

令稳态谐波信号为

$$d_1 = 0.5\cos(2\pi\hat{f}t) + 1.0\sin(2\pi\hat{f}t) \tag{6.64}$$

式中,谐波频率 $\hat{f} = 22.0$ Hz。图 6.1 和图 6.2 分别给出了识别过程式(6.61)~式(6.63)对稳态谐波信号 d_1 的谐波系数识别及识别信号与原谐波信号的比较,可以看出由初始的零识别参数值,经过大约四分之一个谐波周期后,即可较精确地得到谐波信号的谐波系数,同时识别响应信号能很好地跟踪原谐波信号 d_1。

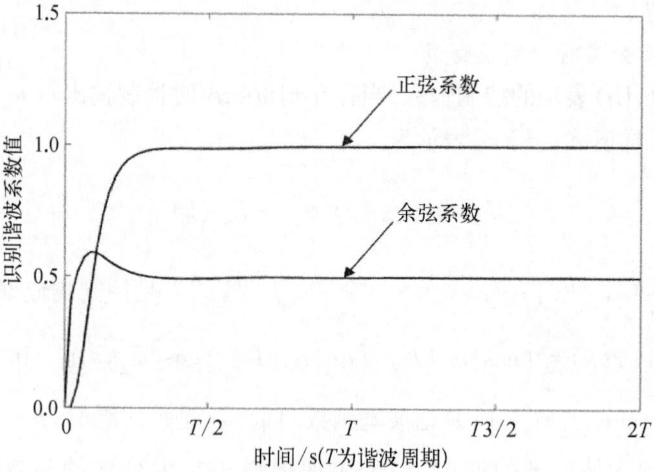

图 6.1 稳态谐波信号系数识别

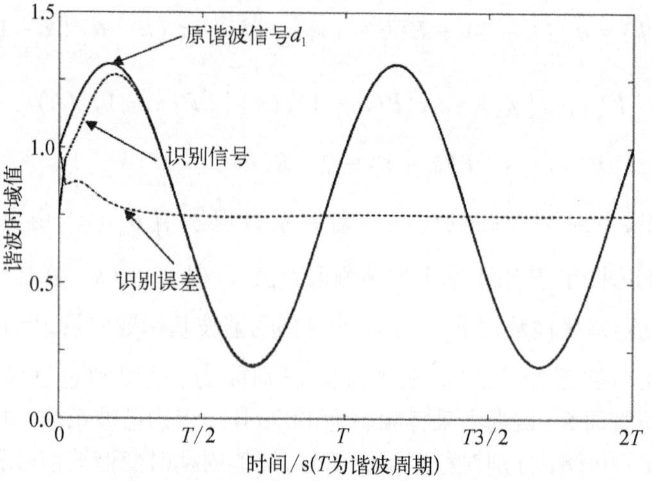

图 6.2 识别信号与原稳态谐波信号的比较

2）幅值周期时变谐波信号系数识别

令幅值周期时变谐波信号为

$$d_2(t) = a(t)\cos(2\pi\hat{f}t) + b(t)\sin(2\pi\hat{f}t) \tag{6.65}$$

式中，$a(t) = 0.5[1 + 0.1\sin(2\pi t)]$；$b(t) = 1 + 0.1\sin(2\pi t)$。图 6.3 给出了余弦、正弦谐波分量幅值 $a(t)$ 和 $b(t)$ 随时间变化的曲线，即信号幅值以 1 s 为周期的正弦波动 10%。图 6.4 和图 6.5 分别给出了对幅值周期时变谐波信号谐波系数 $a(t)$

和 $b(t)$ 的识别值和识别误差,图 6.6 给出了幅值周期时变谐波信号 $d_2(t)$、识别信号及识别误差,可以看出识别过程式(6.61)~式(6.63)能够有效地识别幅值时变谐波信号的谐波系数,能够较好地跟踪幅值周期时变谐波信号的正弦和余弦系数的变化。

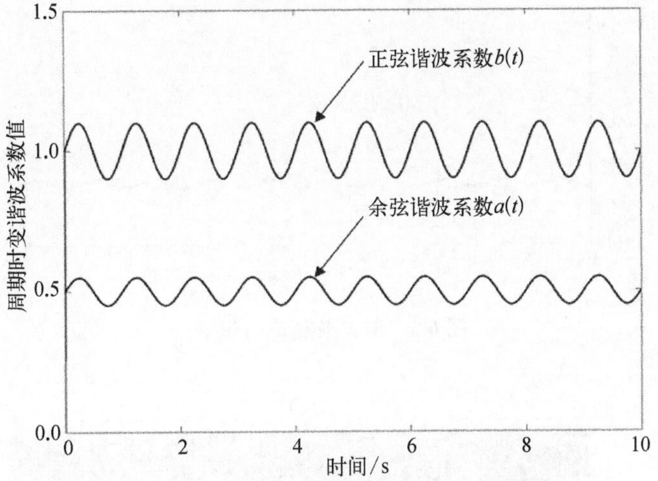

图 6.3　幅值周期时变谐波信号的正弦、余弦系数

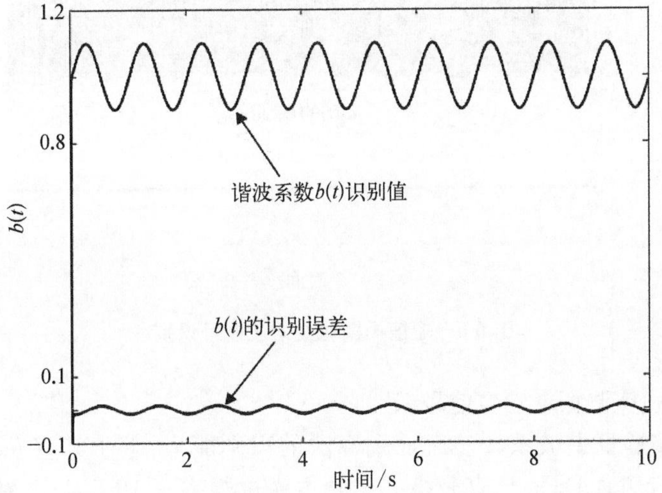

图 6.4　谐波系数 $b(t)$ 识别

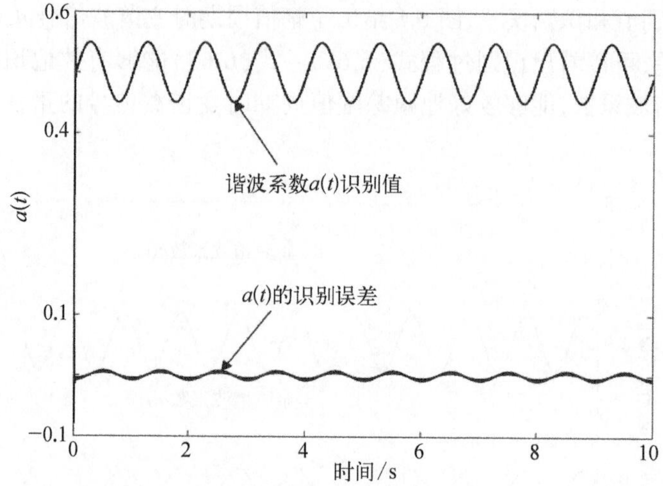

图 6.5　谐波系数 $a(t)$ 识别

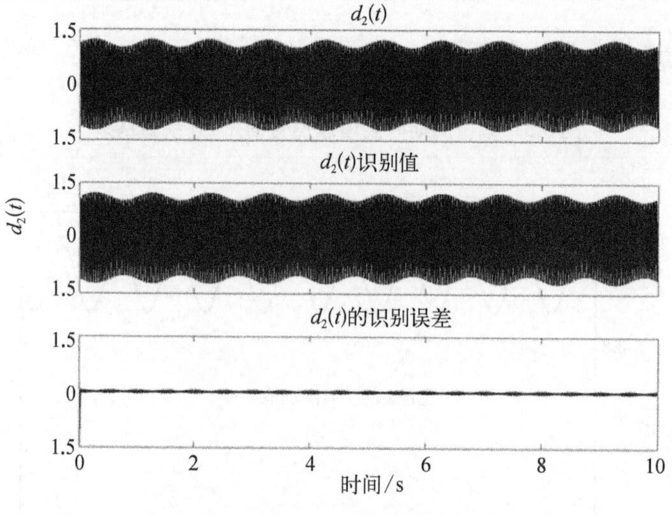

图 6.6　幅值周期时变谐波信号识别

3）直升机实测振动响应信号识别

为进一步验证谐波系数实时识别算法的识别能力，基于某直升机实测振动响应数据进行仿真验证，该直升机的桨叶主通过频率是 19.5 Hz。图 6.7 给出了实测振动响应信号、识别响应信号和对实测振动响应信号的识别误差，可以看出识别过程式(6.61)～式(6.63)能有效识别谐波系数并且能快速跟踪直升机实测振动的非平稳特性。图 6.8 给出了识别过程开始时刻的跟踪特性曲线，可以看出由初始的零识别参数值，经过大约四分之一个谐波周期后，识别响应信号能很好地跟踪实测振动响应信号。

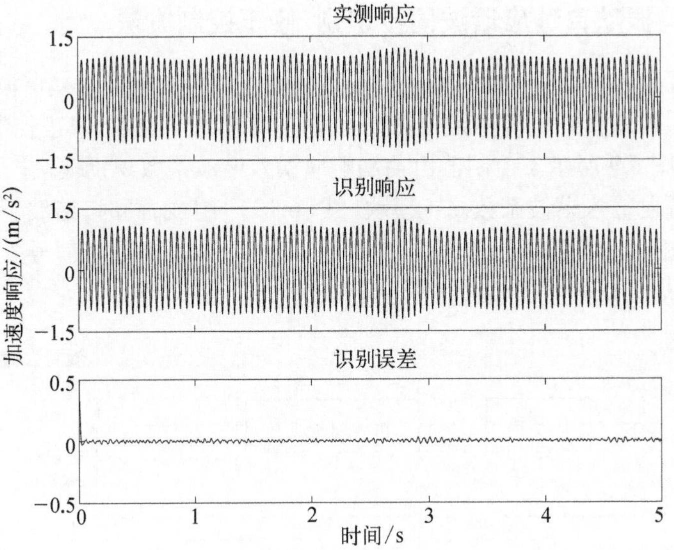

图 6.7　实测直升机振动响应信号识别

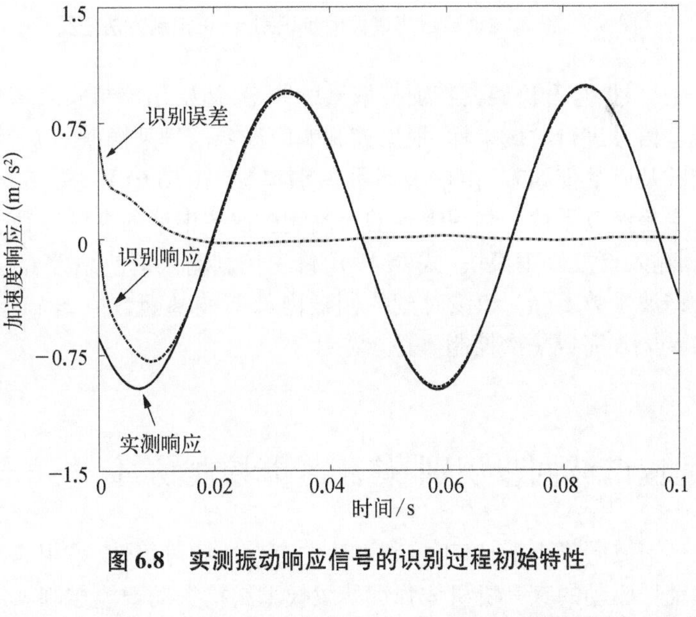

图 6.8　实测振动响应信号的识别过程初始特性

通过对稳态谐波信号、周期时变谐波信号、直升机实测谐波振动响应信号的仿真结果可以看出，识别过程式(6.61)～式(6.63)能有效识别谐波系数并且能快速跟踪谐波信号的非平稳特性，由初始的零识别参数值经过大约四分之一个谐波周期后,识别响应信号便能很好地跟踪原信号。

6.2.3 结构振动自适应谐波同步识别-修正控制方法

在6.2.1节和6.2.2节控制输入谐波系数修正和控制响应误差谐波系数实时识别的基础上,构建直升机机体结构振动自适应谐波同步识别-修正控制方法,该方法的框图如图6.9所示。控制器由控制响应误差谐波系数识别模块[式(6.61)~式(6.63)]和控制输入谐波系数修正模块[式(6.19)]组成,同时,谐波系数识别和时域控制信号的综合都需要谐波基函数 $\boldsymbol{z}(k)$,通常 $\boldsymbol{z}(k)$ 由数字信号处理器(digital signal processor, DSP)内部函数产生。

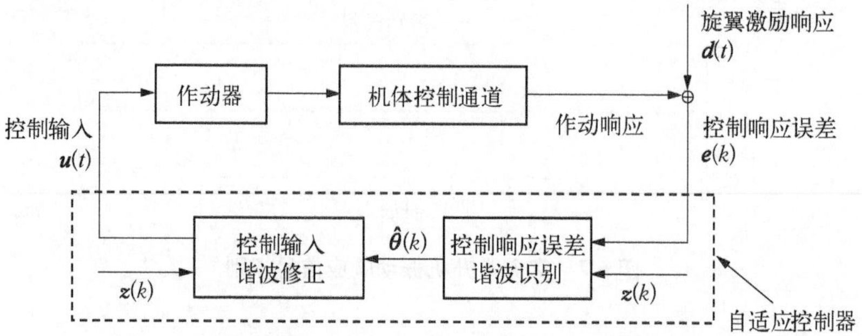

图6.9 结构振动自适应谐波同步识别-修正控制方法框图

控制开始,根据直升机旋翼特征提取激励频率,初始化控制输入谐波信号。对控制响应误差信号进行时域采样,根据控制响应误差信号采样值 $\boldsymbol{e}(k)$ 和该时刻控制器内部谐波基函数值 $\boldsymbol{z}(k)$ 由谐波系数识别模块[式(6.61)~式(6.63)]实时识别控制响应误差谐波系数。利用得到的控制响应误差谐波的余弦系数和正弦系数 $\hat{\boldsymbol{\theta}}(k)$ 由控制输入谐波修正模块[式(6.19)]修正控制输入谐波系数 $\hat{\boldsymbol{U}}(k)$,由更新的控制输入谐波系数 $\hat{\boldsymbol{U}}(k)$ 和该时刻控制器内部谐波基函数值 $\boldsymbol{z}(k)$ 更新时域谐波控制输入 $\boldsymbol{u}(t)$,完成一次控制修正。

6.3 自适应谐波同步识别-修正智能控制仿真

为了验证谐波同步识别-修正控制方法的有效性和可行性,采用第2章建立的压电叠层作动器驱动的直升机机体弹性线梁模型结构振动智能控制系统及其参数的优化结果,如图2.5所示,对结构振动自适应谐波同步识别-修正控制进行仿真研究,控制系统采用4个压电叠层作动器,6个选择的控制响应点 A、B、C、D、E、F 分别布置于驾驶舱、乘客舱等相对应的位置处,结构模型的模态阻尼比设置为

2%。仿真研究中，采样频率取 1 000 Hz，控制输入谐波系数修正步长 $\mu = 0.0006$，递推最小二乘识别算法中遗忘因子 $\lambda = 0.98$，初始谐波系数设置为 0。仿真研究分为桨叶主通过频率 $N_b\Omega = 22.0$ Hz 谐波激励的振动控制以及双频率 $N_b\Omega = 22.0$ Hz 和 $2N_b\Omega = 44.0$ Hz 谐波激励的振动控制。

6.3.1　单频简谐激励下的振动智能控制仿真

由旋翼引起的机体振动响应中，桨叶主通过频率 $N_b\Omega$ 的振动成分最为显著，是机体振动控制最需关注的控制成分，针对单频率 $N_b\Omega = 22.0$ Hz 的振动控制，最优压电叠层作动器安装位置分别为 8、10、13 和 15，加权参数 $\beta = 0.034$。单频激励控制仿真分为两种情况：① 模拟旋翼激励力为稳态单频简谐激励；② 模拟旋翼激励力为幅值周期变化的单频简谐激励。

1. 等幅单频简谐激励下的振动智能控制仿真

在激励点 O 处施加频率 $\hat{f} = 22.0$ Hz 的等幅简谐激励力为

$$F_d(t) = 2\,200.0\sin(2\pi\hat{f}t) \tag{6.66}$$

在激励力作用下，安装压电叠层作动器后控制响应点 A 处无控时的振动响应幅值为 1.83 m/s^2。仿真时，打开激励信号，在振动响应达到稳态后，在第 5 秒时打开控制并计算控制器输出，仿真时间持续 20 秒。图 6.10~图 6.15 分别给出了控制响应点 A、B、C、D、E、F 处无控和有控时的加速度响应曲线，图 6.16 给出了四个位置压电叠层作动器的控制输入电压曲线。可以看出，在等幅单频简谐激励下，采用自适应谐波同步识别-修正的结构振动智能控制能有效抑制控制响应点处的振动，在控制电压约束范围内，控制响应点处的振动加速度响应很快收敛到稳定状态，6 个控制响应点 A、B、C、D、E、F 处的加速度响应幅值分别下降了 99%、83%、92%、97%、79%、88%。

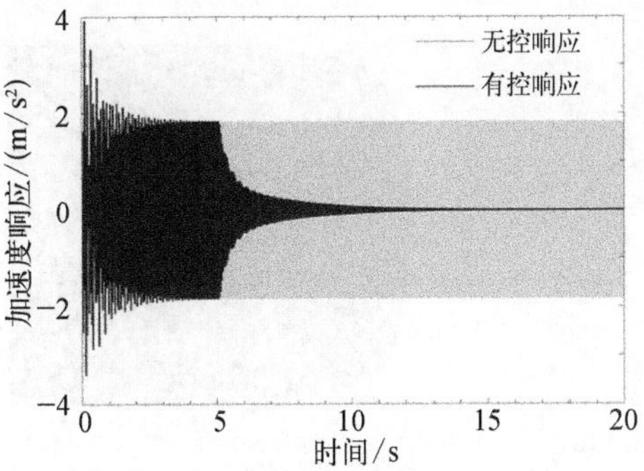

图 6.10　等幅单频简谐激励下控制点 A 的加速度响应

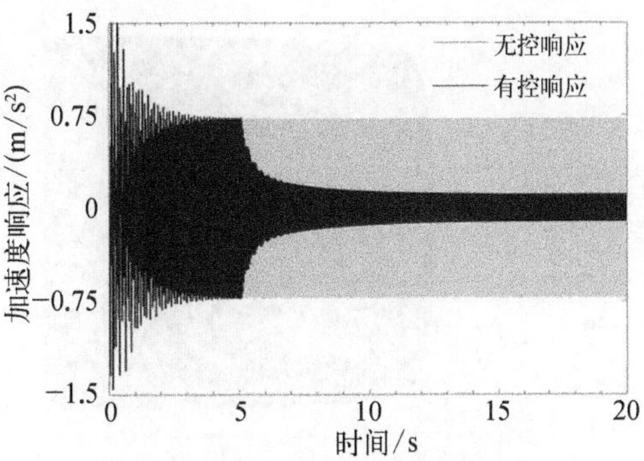

图 6.11　等幅单频简谐激励下控制点 B 的加速度响应

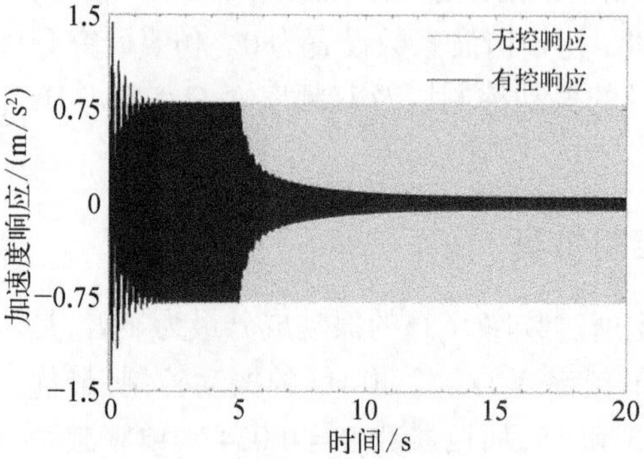

图 6.12 等幅单频简谐激励下控制点 *C* 的加速度响应

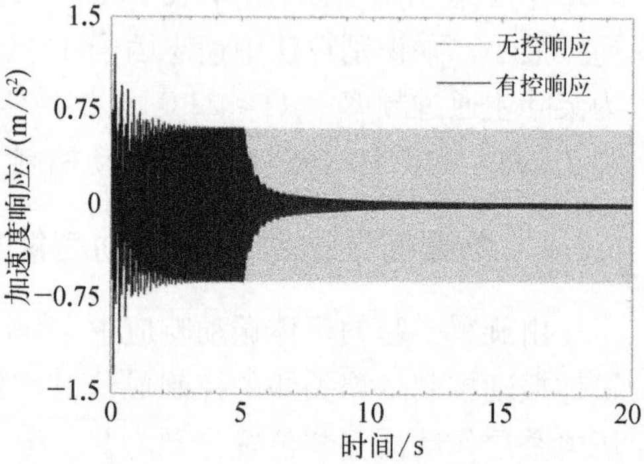

图 6.13 等幅单频简谐激励下控制点 *D* 的加速度响应

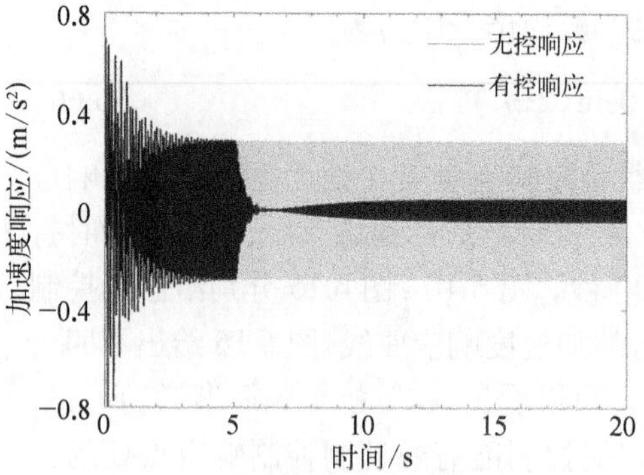

图 6.14 等幅单频简谐激励下控制点 *E* 的加速度响应

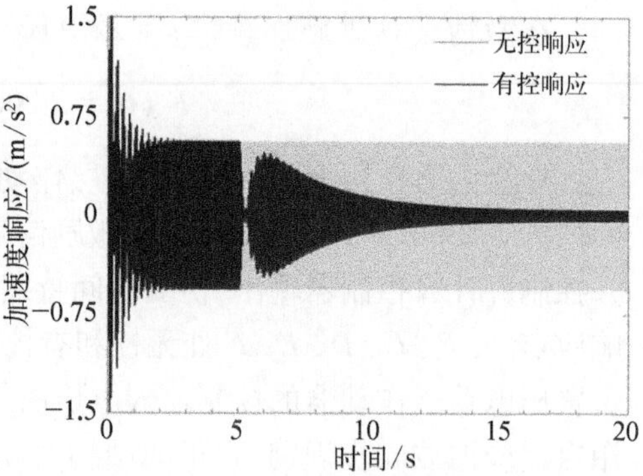

图 6.15 等幅单频简谐激励下控制点 *F* 的加速度响应

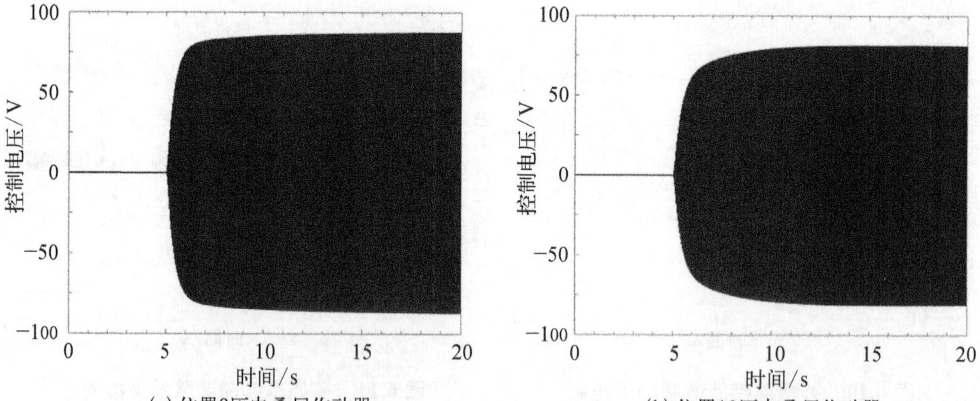

(a) 位置8压电叠层作动器 (b) 位置10压电叠层作动器

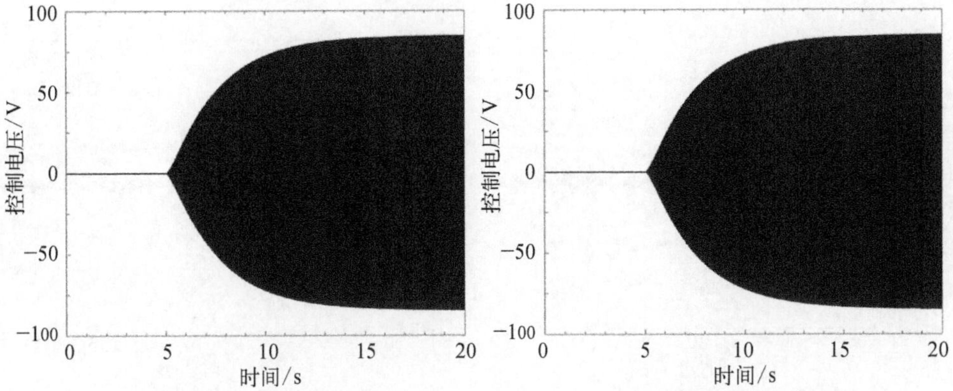

(c) 位置13压电叠层作动器　　(d) 位置15压电叠层作动器

图 6.16　等幅单频简谐激励下各压电叠层作动器的控制输入电压

2. 幅值简谐时变单频简谐激励下的振动智能控制仿真

为了分析振动智能控制系统在非平稳谐波振动环境下的控制能力，在激励输入点 O 处施加幅值简谐时变单频简谐激励力为

$$F_d(t) = b(t)\sin(2\pi\hat{f}t) \tag{6.67}$$

式中，简谐时变力幅 $b(t) = 2\,000[1 + 0.1\sin(2\pi t)]$ 以 1 秒为周期在幅值 2 000 基础上进行 10%的简谐变化。仿真时，打开激励信号，在振动响应达到稳态后，在第 5 秒时打开控制并计算控制器输出，仿真时间持续 20 秒。图 6.17～图 6.22 分别给出了幅值简谐时变单频简谐激励下减振点 A、B、C、D、E、F 处无控和有控制时的加速度响应曲线，从图中可以看到，控制开始后，控制响应点的振动都很快衰减到稳态值，且稳态响应误差出现了简谐时变特性，六个控制响应点 A、B、C、D、E、F 处的稳态响应最大幅值分别下降了 90%、77%、84%、87%、75%、81%。图 6.23

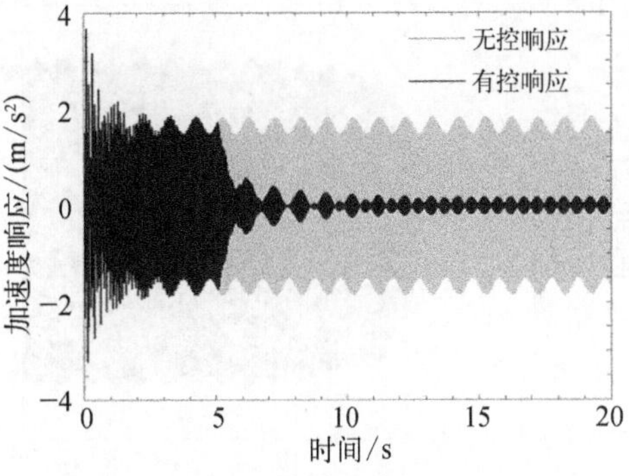

图 6.17　幅值简谐时变单频简谐激励下控制点 *A* 的加速度响应

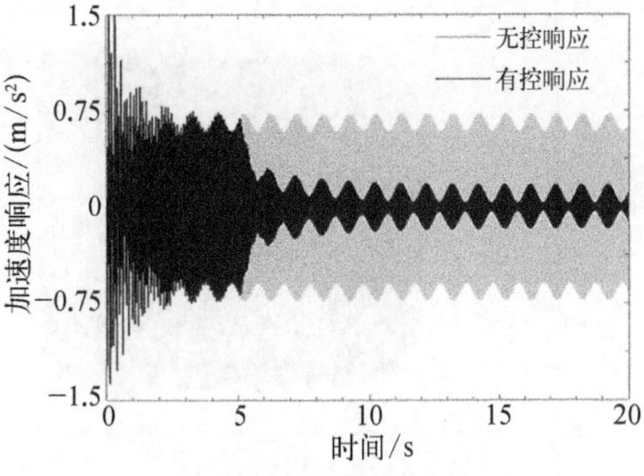

图 6.18　幅值简谐时变单频简谐激励下控制点 *B* 的加速度响应

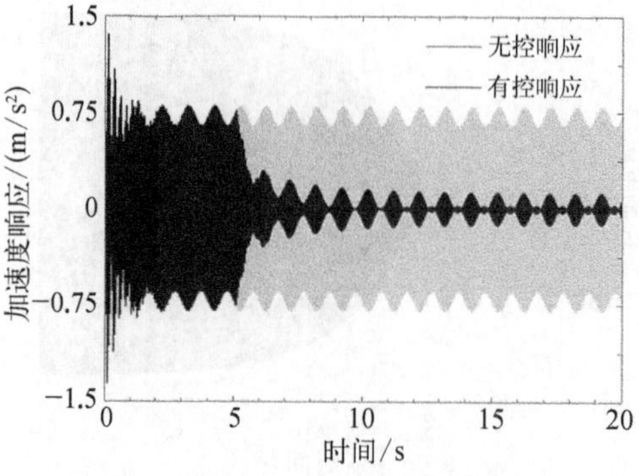

图 6.19　幅值简谐时变单频简谐激励下控制点 C 的加速度响应

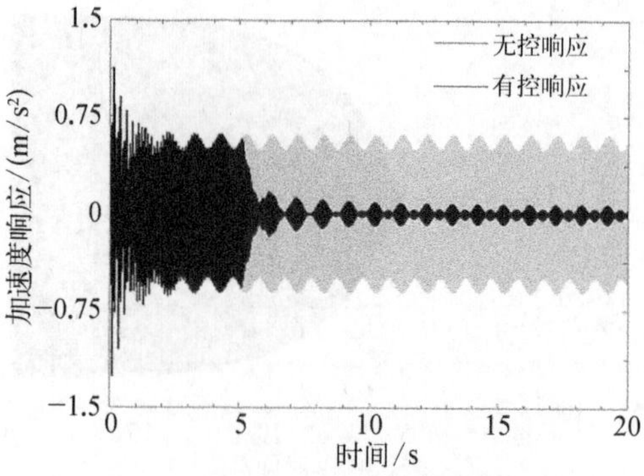

图 6.20　幅值简谐时变单频简谐激励下控制点 D 的加速度响应

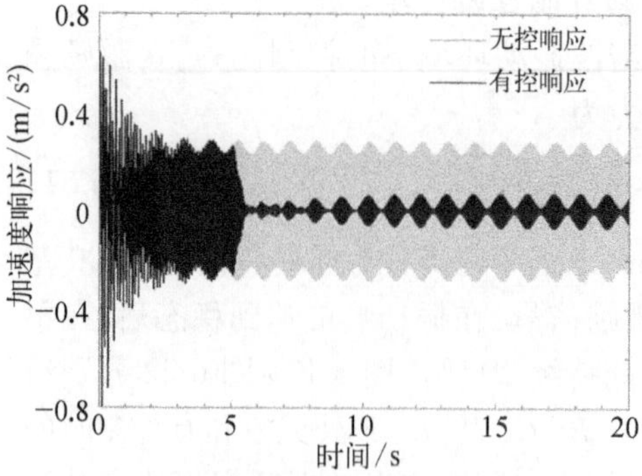

图 6.21　幅值简谐时变单频简谐激励下控制点 E 的加速度响应

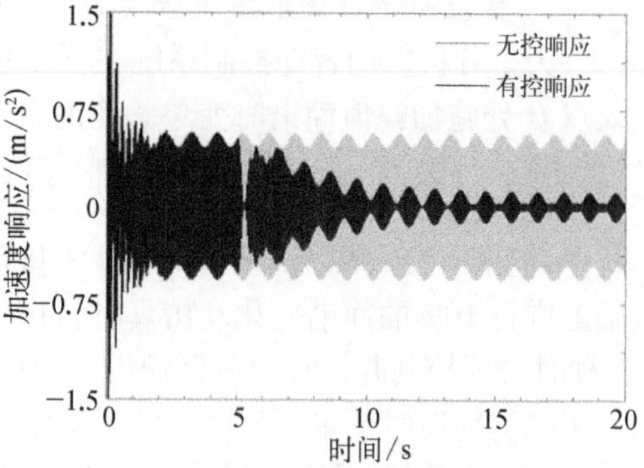

图 6.22　幅值简谐时变单频简谐激励下控制点 F 的加速度响应

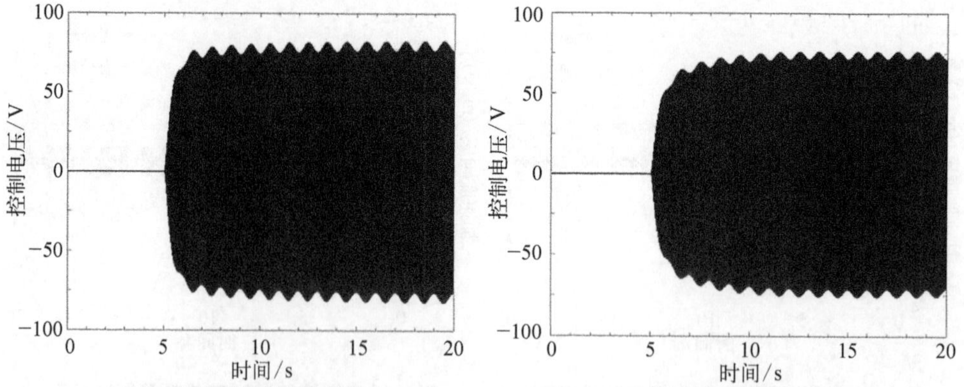

(a) 位置8压电叠层作动器　　(b) 位置10压电叠层作动器

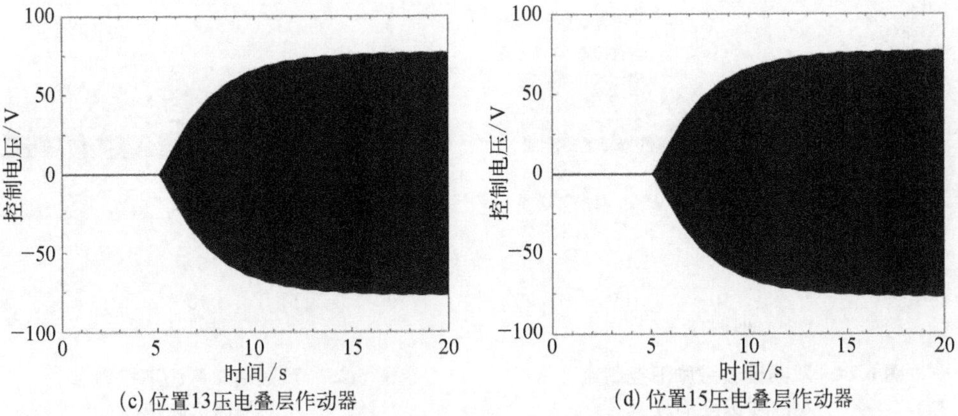

图 6.23　幅值简谐时变单频简谐激励下各压电叠层作动器的控制输入电压

给出了四个位置压电叠层作动器的控制输入电压曲线，从图中可以看出，在幅值简谐时变单频简谐激励下，采用自适应谐波同步识别-修正的结构振动智能控制能有效抑制控制响应点处的振动水平，在控制电压约束范围内，控制响应点处的振动加速度响应水平显著降低。

6.3.2　双频谐波激励下的振动智能控制仿真

由旋翼气弹激振力产生的机体振动成分中桨叶主通过频率 $N_b\Omega$ 占主要部分，但 $2N_b\Omega$ 谐波频率的振动也占较大的成分，在此对第 2 章中 $N_b\Omega$ 和 $2N_b\Omega$ 双频激励的优化结果进行振动智能控制的时域仿真。双频振动智能控制优化的压电叠层作动器最优位置是 8、11、13、15，加权参数取 $\beta_1 = 0.088$、$\beta_2 = 0.308$。双频谐波激励力为

$$F_d(t) = 2\,200\sin(2\pi\hat{f}t) + 660\sin(4\pi\hat{f}t) \tag{6.68}$$

仿真时，打开激励信号，在振动响应达到稳态后，在第 5 秒时打开控制并计算控制器输出，仿真时间持续 20 秒。图 6.24 ~ 图 6.29 分别给出了振动控制响应点 A、B、C、D、E、F 处无控和有控时的加速度响应曲线，图 6.30 给出了四个位置压电叠层作动器的控制输入电压曲线。可以看出，在 $N_b\Omega$ 和 $2N_b\Omega$ 双频谐波激励下，采用自适应谐波同步识别-修正的结构振动智能控制能有效抑制结构的振动水平。在控制电压约束范围内，减振点 A、B、C、D、E、F 处的振动加速度响应明显降低，有控与无控时各点加速度响应时域最大值相比分别下降了 90%、82%、92%、84%、70%、63%。

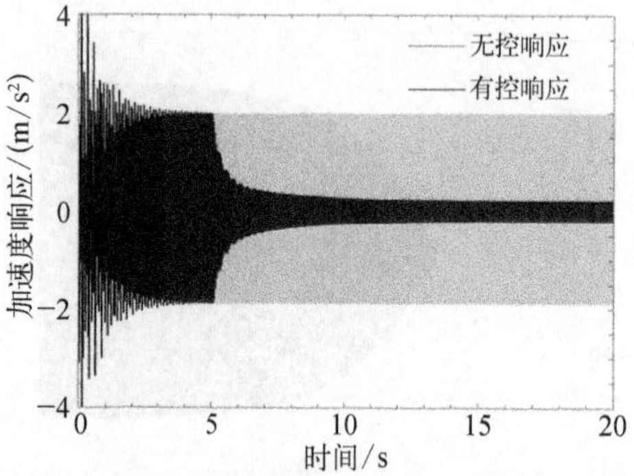

图 6.24 双频谐波激励下控制点 *A* 的加速度响应

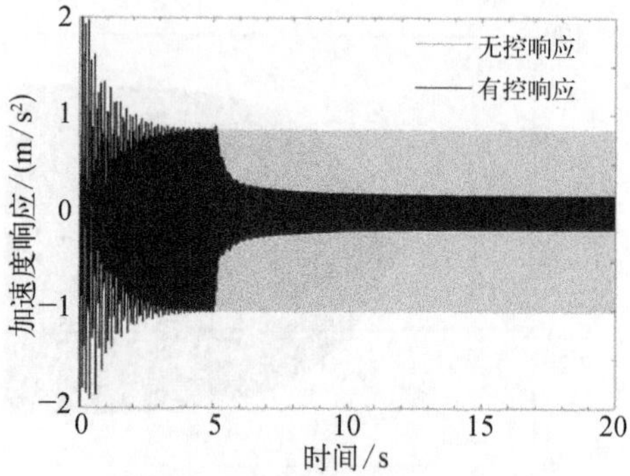

图 6.25 双频谐波激励下控制点 *B* 的加速度响应

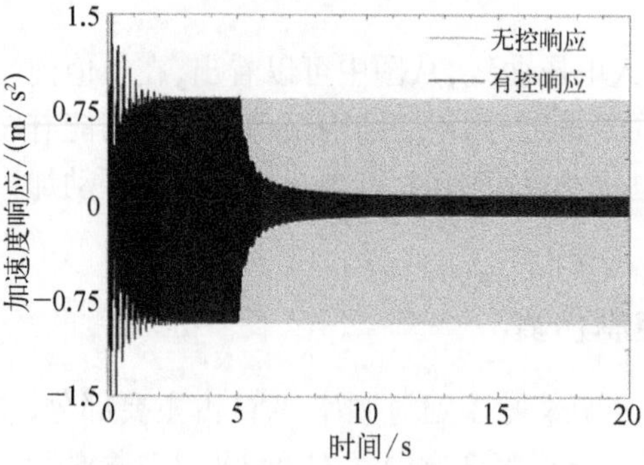

图 6.26 双频谐波激励下控制点 *C* 的加速度响应

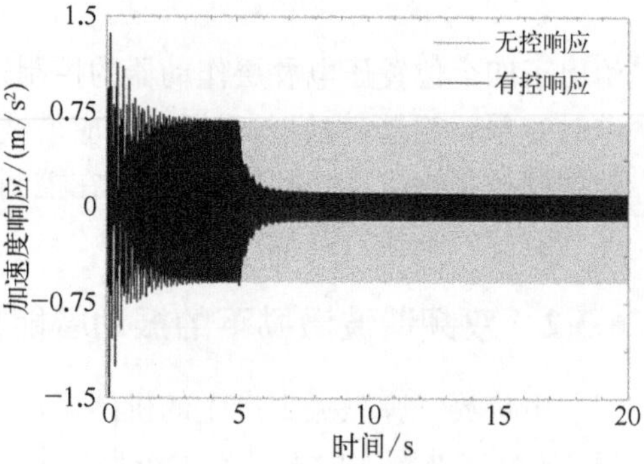

图 6.27 双频谐波激励下控制点 *D* 的加速度响应

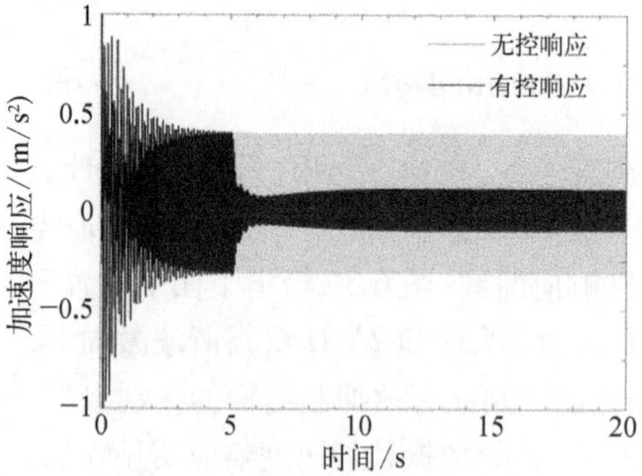

图 6.28 双频谐波激励下控制点 *E* 的加速度响应

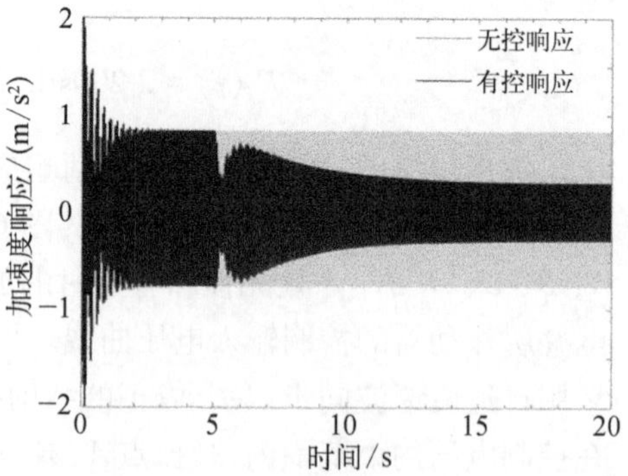

图 6.29 双频谐波激励下控制点 *F* 的加速度响应

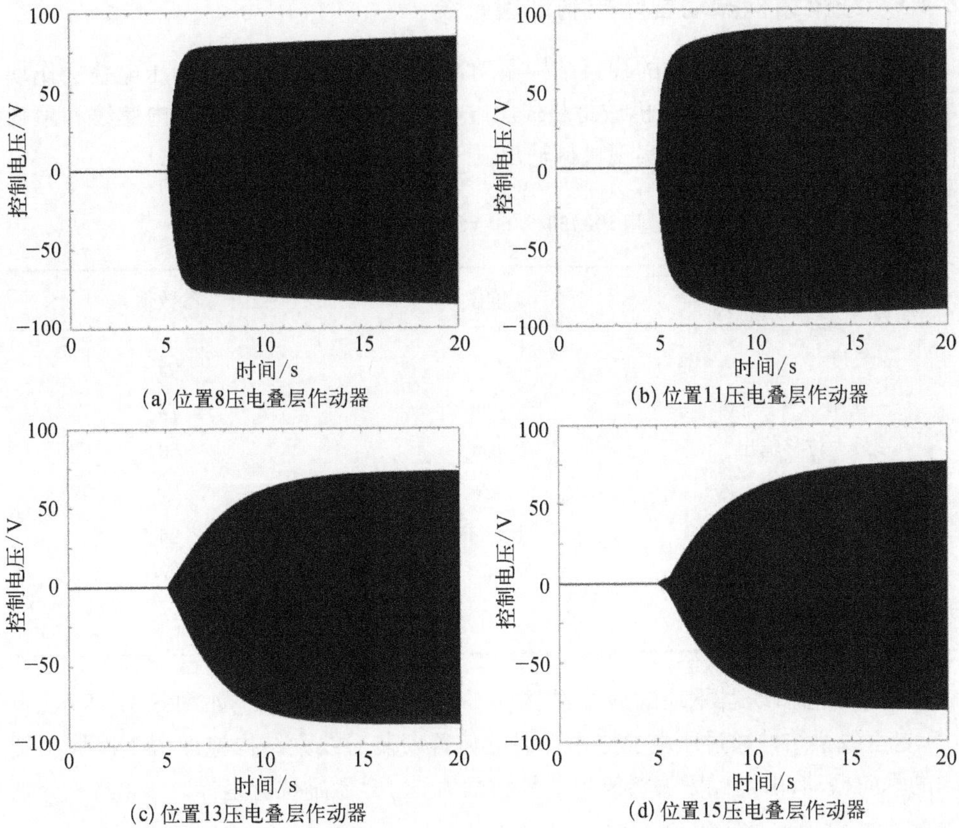

图 6.30　双频谐波激励下各压电叠层作动器的控制输入电压

6.4　自适应谐波同步识别-修正智能控制试验

基于参考直升机的旋翼特性及该直升机上实测的振动响应数据，采用建立的自适应谐波同步识别-修正控制方法，对压电叠层作动器驱动的线梁结构振动智能控制系统进行仿真和试验研究，把直升机机体结构模拟为自由-自由弹性梁，设计了压电叠层作动器的安装形式，以施加弯矩的形式控制线梁结构的横向振动，以控制响应点的振动加速度为控制目标，对控制响应点处的振动抑制进行了仿真和试验研究。试验研究包括两种情况：① 通过激振器激励线梁结构产生的稳态谐波振动进行智能控制试验研究；② 采用参考直升机实测的机体振动加速度响应数据作为控制点的振动响应进行半物理试验研究。

6.4.1 线梁结构振动智能控制试验系统

压电叠层作动器驱动的线梁结构振动智能控制试验系统所用的压电叠层作动器是 PSt150/7/60 VS12 型机械封装式压电叠层作动器,通过底座的内螺纹和顶杆的外螺纹与外部结构相连实现机械输出,压电叠层作动器参数见表 6.1。

表 6.1 试验用 PSt150/7/60 VS12 型压电叠层作动器参数

参　　数	单位	参数值
长度	mm	64
直径	mm	12
最大位移输出	μm	60
最大力输出	kN	1.4
轴向刚度	kN/mm	25
工作电压范围	V	0~150
一阶固有频率	kHz	15

压电叠层作动器驱动的线梁结构振动智能控制试验系统如图 6.31 所示,自由-自由线梁结构通过压电叠层作动器的偏置安装对线梁结构施加弯矩以控制结构的垂向振动,由电磁激振器模拟旋翼激励力, x_d 是激励位置坐标, x_{a_L} 和 x_{a_R} 分别是压电叠层作动器安装位置的左端和右端坐标, x_m 是加速度传感器安装位置坐标,δ 是作动器安装偏置距离。测量控制点的加速度响应,通过控制器的实时调节,使压电叠层作动器的控制力在控制点处产生的作动响应与外激振力在控制点处产生的激励响应相抵消,从而达到降低控制点处振动水平的目的。作动系统如图 6.32 所示,由支撑构架、连接螺栓、铰链和压电叠层作动器四部分组成。通过支撑构架将压电叠层作动器偏置安装于梁结构,实现压电作动器的轴向力以弯矩的

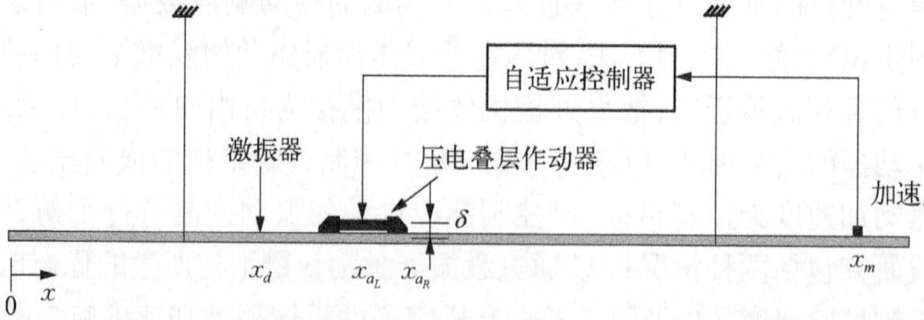

图 6.31 压电叠层作动器驱动的线梁结构振动智能控制试验系统示意图

形式作用于机体线梁结构模型,铰链与压电叠层作动器串联,以避免过大的弯矩作用于压电叠层作动器造成作动器的破坏。线梁模型参数及作动器、加速度传感器和激振器安装位置见表 6.2。

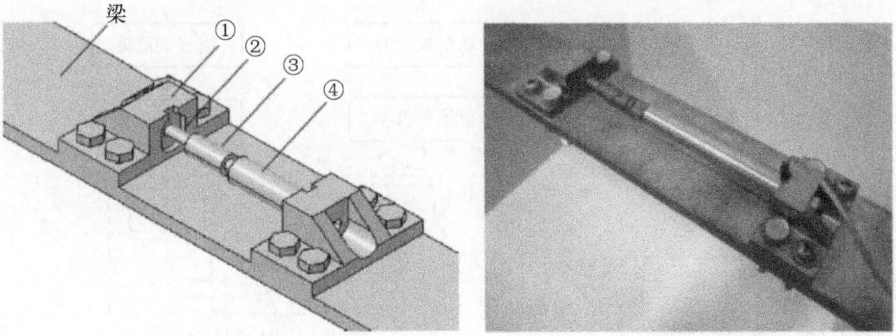

(a) 作动系统示意图　　(b) 作动系统实物图

图 6.32　压电叠层作动器及安装系统

① 支撑构架;② 连接螺栓;③ 铰链;④ 压电叠层作动器

表 6.2　试验线梁模型参数及相关位置

参　　数	单位	参数值
长×宽×高	mm×mm×mm	2 000×46×8
偏置距离 δ	mm	12
前三阶固有频率	Hz	10.2,28.1,56.4
控制点位置 x_m	m	1.95
作动器安装位置 x_{a_L}, x_{a_R}	m	0.8, 0.9
激励位置 x_d	m	0.7

线梁结构振动谐波同步识别-修正的自适应控制系统框图如图 6.33 所示。弹性梁结构由橡皮绳悬挂以模拟自由-自由状态,控制方向的悬挂频率为 0.3 Hz,远小于梁结构的一阶固有频率 10.2 Hz 和控制频率 19.5 Hz,因此梁模型可视为自由-自由边界条件。HEV－50 型激振器的输出力是 50 N,ICP 型加速度传感器型号是 333B30(100 mV/g),低通滤波器的截止频率设置为 50 Hz。控制器由浮点型数字信号处理器 TMS320F28335 实现,具有 150 MHz 的高速处理能力。控制的开始和停止由计算机控制,控制器的输出和采样控制响应误差通过串口发送给计算机进行存储。

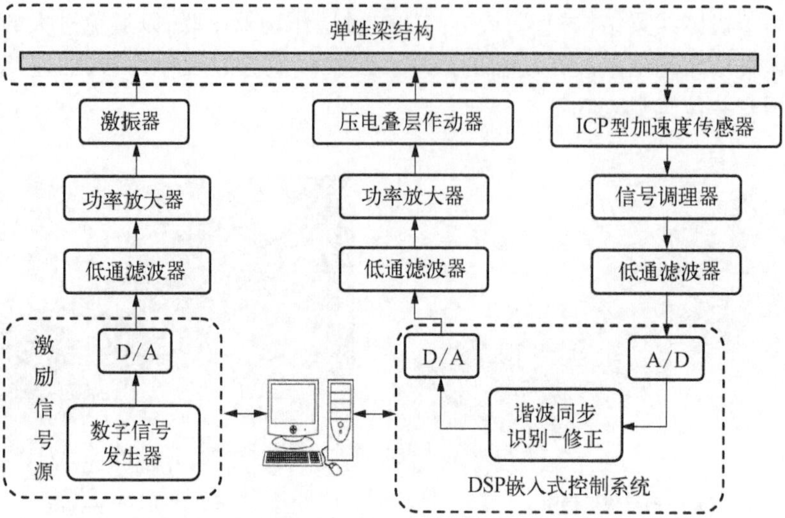

图 6.33 梁结构振动智能控制试验系统框图

6.4.2 试验系统振动智能控制仿真

与试验相对应,试验系统振动智能控制仿真分为两种情况:① 通过激振器激励线梁结构产生的稳态谐波振动进行智能控制仿真;② 采用参考直升机实测的机体振动加速度响应数据作为控制点的无控振动响应进行智能控制仿真。

1. 稳态谐波振动智能控制仿真

根据参考直升机的旋翼特性,谐波激励分为两种情况:① 桨叶通过频率 $N_b\Omega = 19.5$ Hz 的单频谐波激励;② 前两阶谐波 $N_b\Omega = 19.5$ Hz 和 $2N_b\Omega = 39.0$ Hz 的双频谐波激励。通过机上振动响应分析,桨叶通过频率 $N_b\Omega = 19.5$ Hz 的振动成分最大,是最需要控制的振动成分;第二阶谐波频率 $2N_b\Omega$ 的振动相对较小,但前两阶频率 19.5 Hz 和 39.0 Hz 的谐波振动通常占据了整个机体振动的绝大部分。在双频谐波激励时,调整谐波激励力幅值使得频率为 39.0 Hz 的谐波振动幅值大约是频率为 19.5 Hz 的谐波振动幅值的 30%。仿真前,设置采样频率 1 000 Hz、修正步长 $\mu = 0.03$、遗忘因子 $\lambda = 0.98$、初始谐波系数识别值为 0。仿真开始,打开激励信号,在振动响应达到稳态后,在第 3 秒时打开控制,计算控制输出,仿真持续 10 秒。图 6.34 和图 6.35 分别给出了单频激励和双频激励下的加速度响应,图 6.36 和图 6.37 分别给出了单频激励和双频激励下仿真控制输入电压。控制结果表明,在单频和双频谐波激励下,采用自适应谐波同步识别-修正的结构振动智能控制能有效地控制试验系统线梁模型控制点处的振动水平,控制达到稳态后,控制点振动几乎完全被消除。

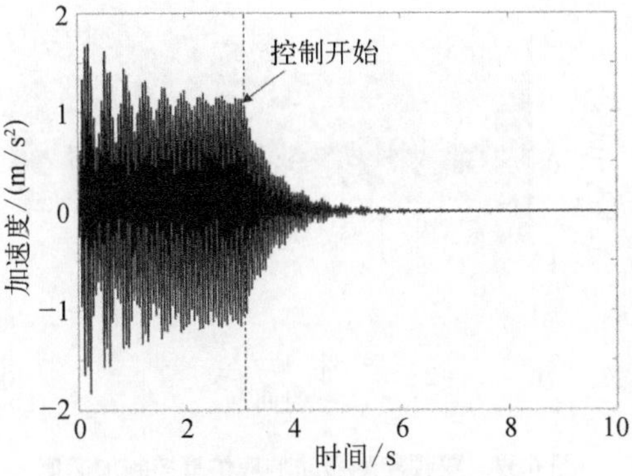

图 6.34　单频激励下试验系统仿真控制前后加速度响应

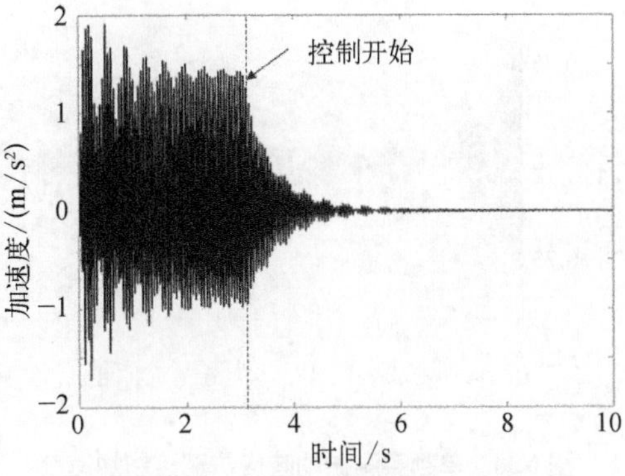

图 6.35　双频激励下试验系统仿真控制前后加速度响应

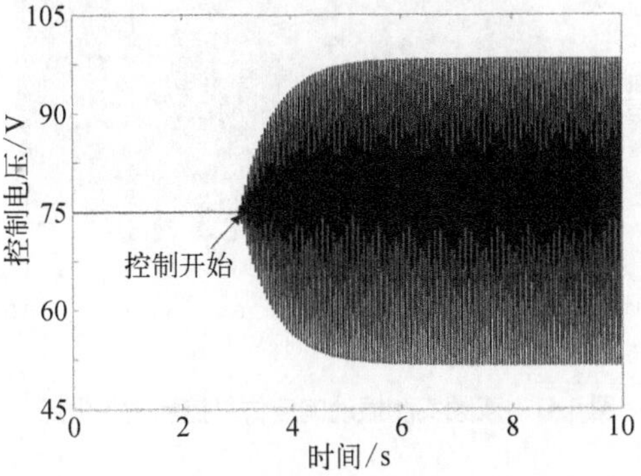

图 6.36　单频激励下试验系统仿真控制输入电压

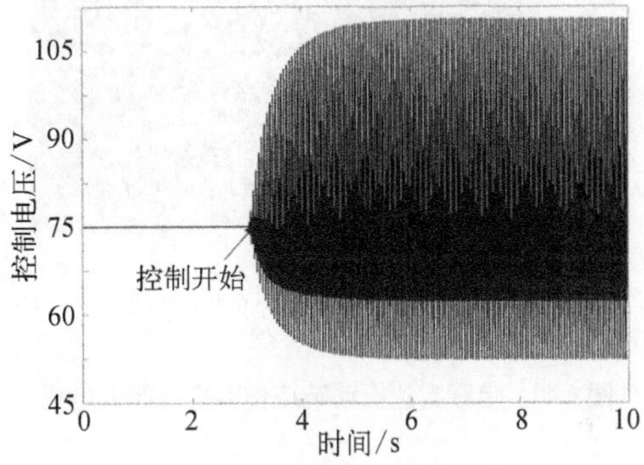

图 6.37　双频激励下试验系统仿真控制输入电压

2. 机体实测振动响应智能控制仿真

应用直升机上实测的振动加速度响应数据作为试验系统线梁模型控制点处的无控振动响应,通过滤波将实测振动加速度响应分为两种情况:① 桨叶主通过频率 $N_b\Omega = 19.5$ Hz 的振动响应;② 双频 $N_b\Omega = 19.5$ Hz 和 $2N_b\Omega = 39.0$ Hz 的振动响应。控制器在仿真一开始就打开控制。图 6.38 和图 6.39 分别给出了单频实测振动响应和双频实测振动响应的仿真控制响应误差,图 6.40 和图 6.41 分别给出了单频实测振动响应和双频实测振动响应仿真的控制输入电压,单频和双频实测振动响应控制仿真的控制点处的振动水平分别降低了 85%和 81%以上。可以看出,对于直升机实测振动响应,采用自适应谐波同步识别-修正的试验系统的振动控制仍能显著地降低振动水平,且对振动环境的变化具有较强的自适应控制能力。

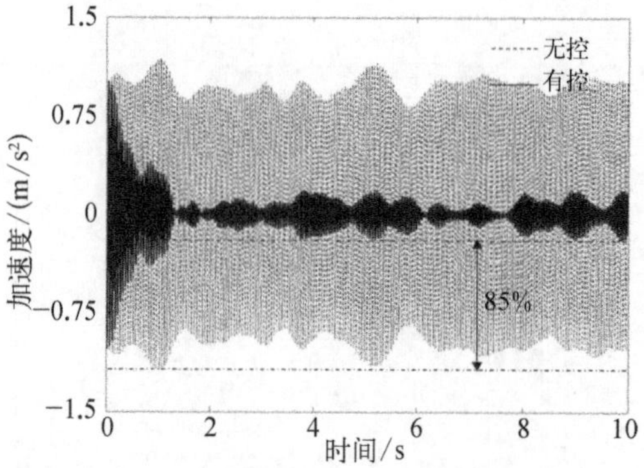

图 6.38　单频实测振动响应仿真控制加速度

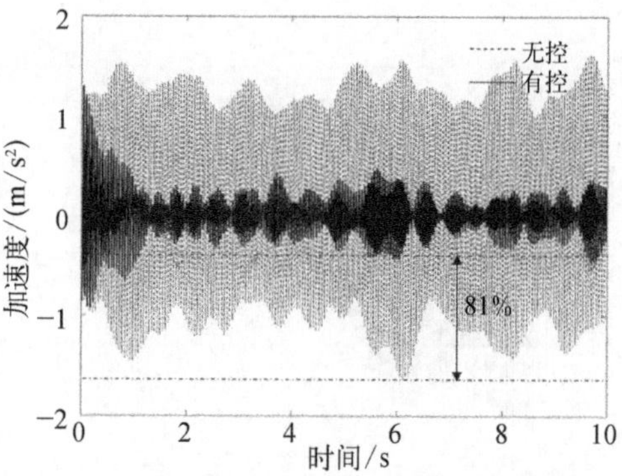

图 6.39　双频实测振动响应仿真控制加速度

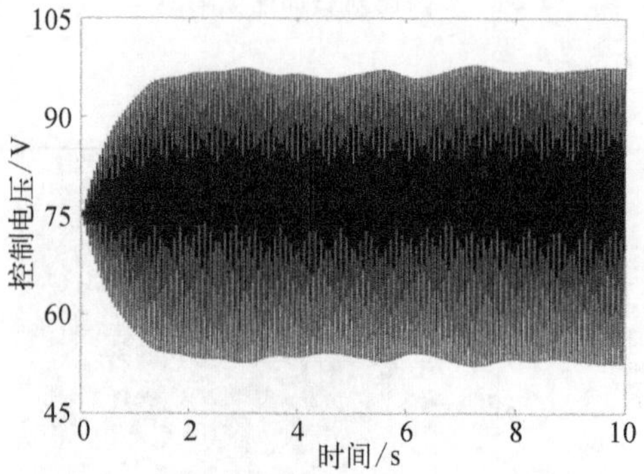

图 6.40　单频实测振动响应仿真控制输入电压

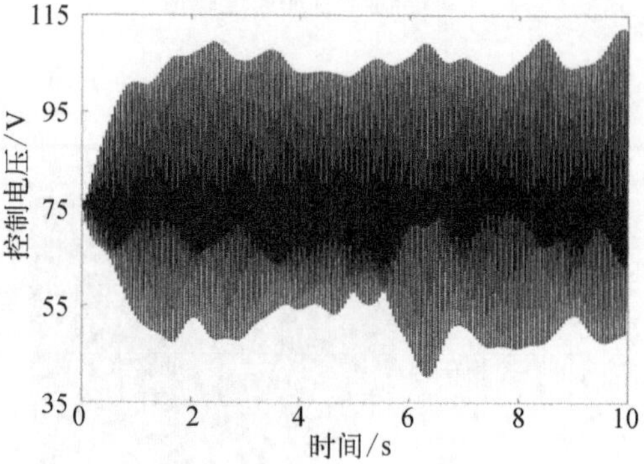

图 6.41　双频实测振动响应仿真控制输入电压

6.4.3　振动谐波同步识别-修正智能控制试验

1. 稳态谐波振动智能控制试验

采用激振器模拟旋翼激振力产生试验系统线梁的稳态谐波振动响应，激励信号分为两种：① 桨叶主通过频率 19.5 Hz 的单频谐波激励；② 19.5 Hz 和 39.0 Hz 的双频谐波激励。采用双频谐波激励时，调整激励信号幅值使得频率 39.0 Hz 的谐波响应幅值是频率为 19.5 Hz 的谐波响应幅值的 30%。设置采样频率 1 000 Hz、修正步长 $\mu = 0.03$、遗忘因子 $\lambda = 0.98$、初始谐波系数识别值为 0。试验开始，首先打开激振器输入信号，在振动响应达到稳态后，在第 10 秒时打开控制，计算控制输出。图 6.42 和图 6.43 分别给出了单频激励和双频激励下试验控制前后的加速度响应，从图中可以看出，对于单频和双频谐波振动智能控制试验，采用自适应谐波同步识别-修正的振动智能控制能有效地抑制线梁模型控制点处的振动水平，在控制响应达到稳态后，控制点处的振动水平分别下降了 97%和 98%，稳态控制响应误差维持在 0.03 m/s^2 的振动水平。图 6.44 和图 6.45 分别给出了单频激励和双频激励下压电叠层作动器的试验控制输入电压。

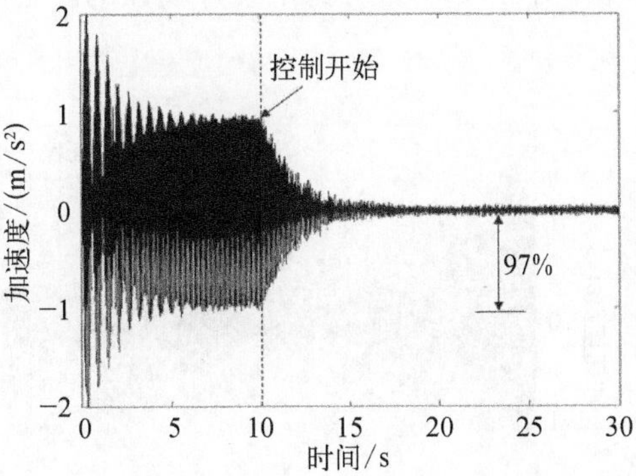

图 6.42　单频激励试验控制前后的加速度响应

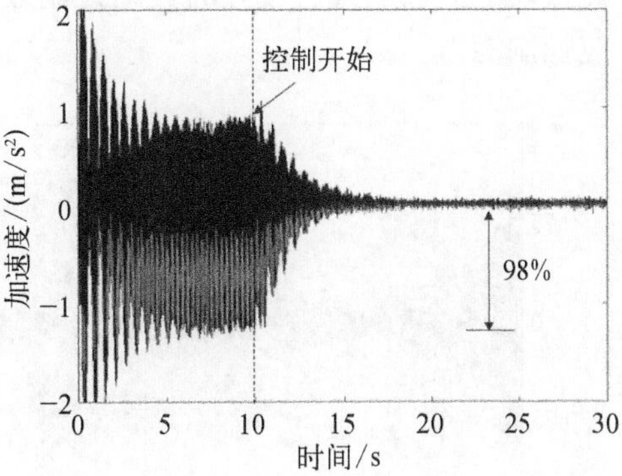

图 6.43　双频激励试验控制前后的加速度响应

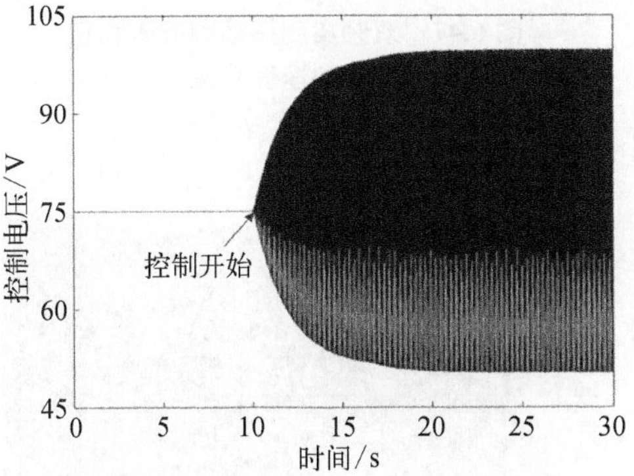

图 6.44　单频激励试验控制输入电压

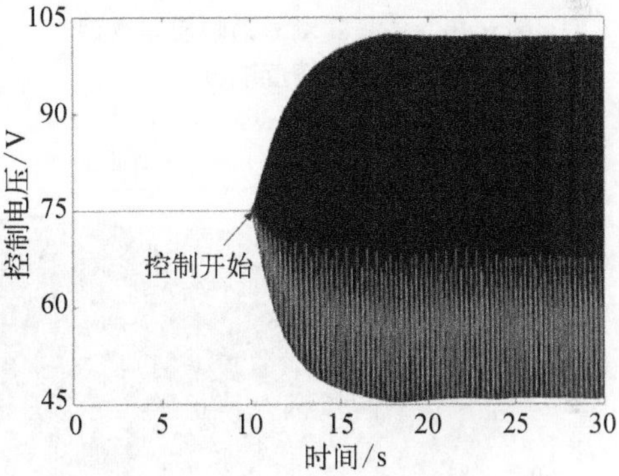

图 6.45　双频激励试验控制输入电压

2. 实测振动响应智能控制试验

采用参考直升机实测振动响应数据进行半物理试验研究，将实测振动响应数据存储于控制器的存储器中作为控制点处在没有控制时的振动响应，加速度传感器测量压电叠层作动器的驱动响应，并与存储器中的实测振动响应相叠加作为控制响应误差，半物理试验的振动响应同样分为两种情况：① 桨叶主通过频率 $N_b\Omega = 19.5$ Hz 的振动响应；② 双频 $N_b\Omega = 19.5$ Hz 和 $2N_b\Omega = 39.0$ Hz 的振动响应控制。控制器在试验一开始就打开控制。图 6.46 和图 6.47 分别给出了单频实测振动响应和双频实测振动响应的半物理试验控制的加速度响应，图 6.48 和图 6.49 分别给出了单频实测振动响应和双频实测振动响应半物理试验压电叠层作动器的控制输入电压。控制系统稳定后，单频实测振动响应试验控制后的振动水平降低了 81%，最大振动响应幅值由 1.21 m/s^2 下降到 0.23 m/s^2；双频实测振动响应试验控制后的振动水平降低了75%,最大振动响应幅值由1.66 m/s^{2}下降到0.41 m/s^2。半物理试验结果表明,采用自适应谐波同步识别-修正法的结构振动智能控制对于实测振动响应仍然具有较好的振动控制效果,并对振动环境的变化具有较强的自适应控制能力。

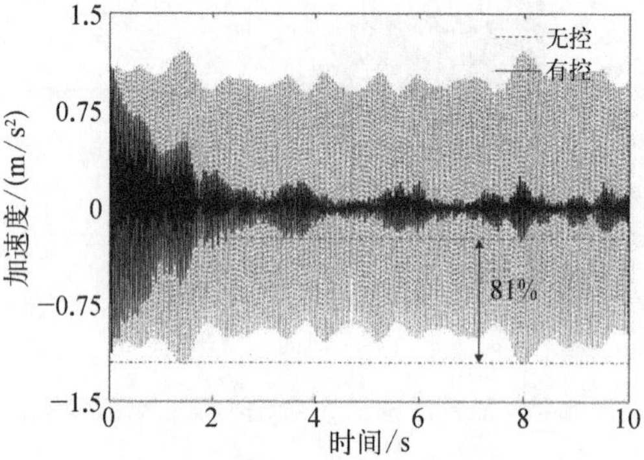

图 6.46 单频实测振动响应半物理试验加速度响应

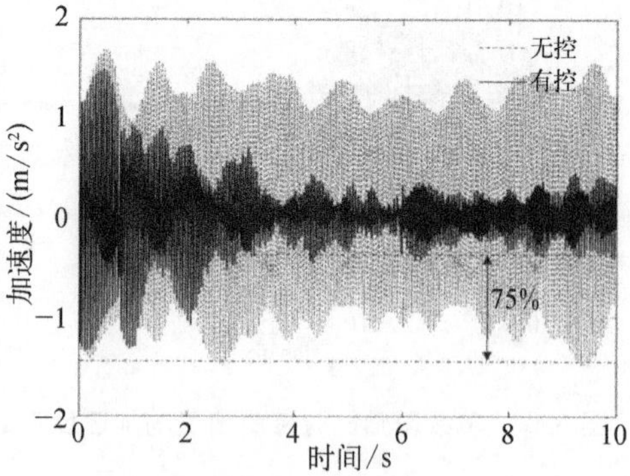

图 6.47 双频实测振动响应半物理试验加速度响应

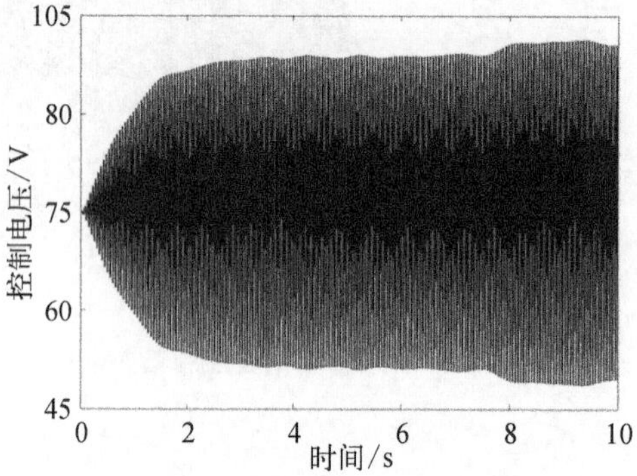

图 6.48 单频实测振动响应半物理试验控制输入电压

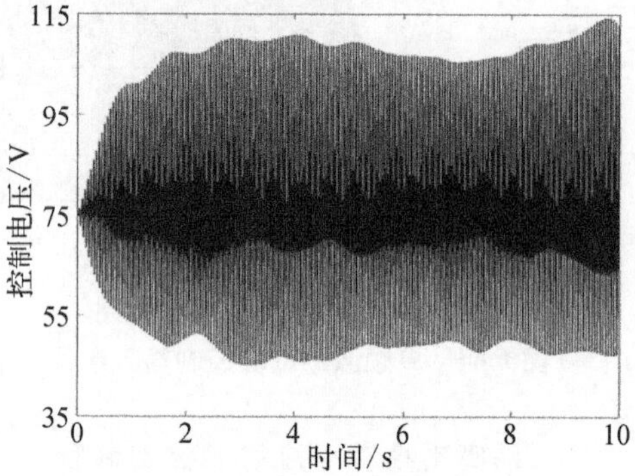

图 6.49 双频实测振动响应半物理试验控制输入电压

比较试验结果和仿真结果可以看出,无论控制的收敛性还是稳态控制误差,仿真结果都优于试验结果,其主要原因是:① 试验过程有测量噪声及更大的量化误差存在;② 试验用的钢梁模型阻尼因子相对更低,从而影响控制的收敛性及稳态控制误差,特别对于实测的非平稳振动响应更为显著。

第 7 章 机体振动自适应滤波前馈智能控制

7.1 引言

基于自适应滤波算法的前馈控制具有控制效果好、对信号变化跟踪性强、抗干扰性强的优点，其中滤波 x-LMS 算法简单，计算量小，被广泛应用于振动主控制领域（Hugin et al., 2007；Gupta et al., 2006；Qiu et al., 2006；Douglas, 2002）。针对第 4 章的直升机机体结构压电叠层作动器驱动梁的振动智能控制系统动力学模型，本专著作者采用滤波 x-LMS 自适应前馈控制算法提出了直升机机体振动自适应滤波 x-LMS 前馈控制的理论和方法，并构建了采用压电叠层作动器驱动直升机机体结构梁的振动智能控制仿真和试验系统，对多种谐波载荷激励状态下的直升机机体结构振动智能控制进行了仿真和试验研究，验证了直升机机体振动自适应滤波 x-LMS 前馈智能控制的性能和效果。在本专著作者深入研究基础上，本章系统阐述了直升机机体振动自适应滤波前馈智能控制的理论、方法、仿真和试验。

7.2 自适应滤波前馈控制算法

自适应滤波前馈控制的原理是设计出一种自适应滤波器，前馈的参考信号 $x(n)$ 输入这种自适应滤波器后产生输出信号 $y(n)$，输出信号 $y(n)$ 与期望信号 $d(n)$ 叠加后得到误差信号 $e(n)$，基于最小化误差信号的准则，通过自适应算法来得到最优的滤波器参数。其方法是使用前一时刻已经获得的滤波器参数和误差结果，通过某种自适应算法对现在时刻的滤波器参数进行自动调节，通过适应未知的信号或随时间变化的信号的统计特性来实现最优滤波。自适应滤波器实际上是一种维纳滤波器，它可以估计信号的统计特性，并自动调整滤波器参数，实现最优滤波。一旦输入信号改变，还可以跟踪这种信号的变化，自动调整滤波器参数，并重新实现最优滤波。

7.2.1　基于 LMS 算法的前馈控制

设计自适应滤波器的算法很多,其中最小均方算法(LMS)以其结构简单、易于实现、性能稳定、计算复杂度低、无需离线梯度估计器等优点而得到广泛应用。图 7.1 给出了基于 LMS 算法的前馈控制原理框图。

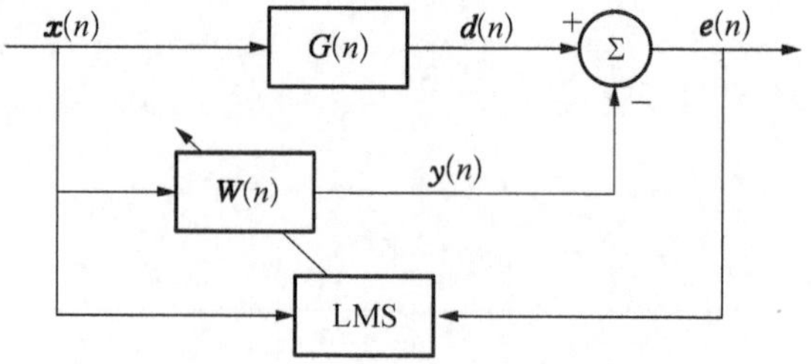

图 7.1　基于 LMS 算法的前馈控制原理框图

图 7.1 中, $\boldsymbol{x}(n)$ 是系统的输入信号向量, $\boldsymbol{G}(n)$ 是系统的传递函数矩阵, $\boldsymbol{d}(n)$ 是系统的响应信号向量。为了对系统的响应进行控制,需要设计自适应滤波器并优选其权值向量 $\boldsymbol{W}(n)$, 以输入信号向量 $\boldsymbol{x}(n)$ 为参考信号向量,前馈输入到自适应滤波器后产生出接近于 $\boldsymbol{d}(n)$ 的响应信号向量 $\boldsymbol{y}(n)$, $\boldsymbol{y}(n)$ 与 $\boldsymbol{d}(n)$ 叠加后生成最小的响应误差信号向量 $\boldsymbol{e}(n)$。 $\boldsymbol{e}(n)$ 表示为 $\boldsymbol{d}(n)$ 与 $\boldsymbol{y}(n)$ 之差:

$$\boldsymbol{e}(n) = \boldsymbol{d}(n) - \boldsymbol{y}(n) = \boldsymbol{d}(n) - \boldsymbol{x}^{\mathrm{T}}(n)\boldsymbol{W}(n) \tag{7.1}$$

生成最小响应误差信号向量 $\boldsymbol{e}(n)$ 的最佳权值向量 $\boldsymbol{W}(n)$ 可由 LMS 算法求出,通过最陡下降法递推求出最佳的权值向量 $\boldsymbol{W}(n)$, 求解时,把下一时刻的权值向量 $\boldsymbol{W}(n+1)$ 表示为现在时刻的权值向量 $\boldsymbol{W}(n)$ 减去权值向量的均方误差 $\nabla(n)$, 即

$$\boldsymbol{W}(n+1) = \boldsymbol{W}(n) - \mu\,\nabla(n) \tag{7.2}$$

式中, μ 是收敛因子,用来控制收敛速度和保证系统稳定性。μ 越大,收敛越快,但稳定性下降; μ 越小,收敛越慢,但稳定性增加。因此,需要找到一个合适的 μ, 既能保证收敛较快,又能保证稳定。

在 LMS 算法中,权值向量的均方误差 $\nabla(n)$ 的估计表示为响应误差信号向量的平方 $\boldsymbol{e}^{\mathrm{T}}(n)\boldsymbol{e}(n)$ 对权值向量 $\boldsymbol{W}(n)$ 的梯度,即 $\nabla(n)$ 可表示为

$$\nabla(n) = -\frac{\partial[\boldsymbol{e}^{\mathrm{T}}(n)\boldsymbol{e}(n)]}{\partial \boldsymbol{W}(n)} \tag{7.3}$$

由式(7.1)得知,向量 $\boldsymbol{e}(n)$ 与向量 $\boldsymbol{W}(n)$ 有关,由式(7.3)可求出 $\nabla(n)$ 的表达式。将式(7.1)代入式(7.3),并根据向量对向量的求导公式,经推导可得到权值向量的均方误差 $\nabla(n)$ 的表达式为

$$\nabla(n) = -2\boldsymbol{x}(n)\boldsymbol{e}(n) \tag{7.4}$$

将式(7.4)代入式(7.2)可得权值向量的迭代公式如下:

$$\boldsymbol{W}(n+1) = \boldsymbol{W}(n) + 2\mu\boldsymbol{x}(n)\boldsymbol{e}(n) \tag{7.5}$$

当迭代更新的 $\boldsymbol{W}(n+1)$ 与 $\boldsymbol{W}(n)$ 的误差小于等于给定的误差值时,得到的 $\boldsymbol{W}(n+1)$ 即为最佳的权值向量,将此最佳的权值向量代入式(7.1)得到的响应误差信号向量即为最小响应误差信号向量,于是系统响应得到了控制,这就是基于 LMS 算法的前馈控制原理。

7.2.2　基于自适应滤波 x-LMS 算法的前馈控制

在直升机振动智能控制中,压电叠层作动器产生智能控制力作动到机体结构,在机体的控制输出点即减振点产生作动响应,与减振点的激励响应叠加后相互相消,形成响应误差,响应误差越小,减振点的振动控制效果就越好。由于控制系统引入次级通道,即压电叠层作动器的作动点与减振点之间的控制通道,因此可能导致控制系统不稳定,其原因(Kuo et al., 2002)在于响应误差信号和输入的参考信号在时间上不同步,产生了相位差。为了减少由次级通道产生的这种影响,国内外学者已研究了多种控制算法,其中滤波 x-LMS(Filtered x-LMS)算法(Haykin, 2002)以其结构简单、易于实现的优点得到广泛应用。基于自适应滤波 x-LMS 算法的前馈控制原理框图如图 7.2 所示, $\boldsymbol{x}(n)$ 是旋翼激励信号向量; $\boldsymbol{G}(n)$ 是从旋翼激励点到机体振动测点即减振点之间的激励通道(也称为主通道)的传递函数矩阵;旋翼激励信号向量经过激励通道后在机体各减振点上产生激励响应信号向量 $\boldsymbol{d}(n)$。为了降低减振点的振动水平,在机体上安装压电叠层作动器,控制信号向量 $\boldsymbol{u}(n)$ 输入压电叠层作动器产生控制作动力对机体作动; $\boldsymbol{H}(n)$ 是压电叠层作动器在机体上的作动点到机体减振点之间的控制通道(也称为次级通道)的传递函数矩阵,压电叠层作动器的控制作动力经过控制通道后在机体各减振点上产生作动响应信号向量 $\boldsymbol{y}(n)$,并在各减振点上 $\boldsymbol{y}(n)$ 与 $\boldsymbol{d}(n)$ 叠加形成响应误差信号向量 $\boldsymbol{e}(n)$, $\boldsymbol{e}(n)$ 越小,控制效果越好; $\boldsymbol{W}(n)$ 是自适应滤波器的权值向量,由 LMS 算法求出最佳的权值向量,从而获得给压电叠层作动器的控制信号向量 $\boldsymbol{u}(n)$; 为补偿次级通道对控制效果的影响,在控制系统中引入了次级通道传递函数矩阵 $\boldsymbol{H}(n)$ 的估计 $\hat{\boldsymbol{H}}(n)$,以旋翼激励信号向量 $\boldsymbol{x}(n)$ 为参考信号向量前馈输入到次级通道传递函数矩阵的估计 $\hat{\boldsymbol{H}}(n)$ 后产生输出信号向量 $\boldsymbol{r}(n)$,即 $\boldsymbol{r}(n)=\boldsymbol{x}(n) * \hat{\boldsymbol{H}}(n)$,式中 * 表示卷积。这里需要指出的是,参考信号向量 $\boldsymbol{x}(n)$ 没有直接前馈输入进 LMS 算法,而是经过次级通道传递函数矩阵估计 $\hat{\boldsymbol{H}}(n)$ 的滤波后才前馈输入进 LMS 算法,因此,该算法称为滤波 x-LMS 算法。

假设在机体上共布置 M 个压电叠层作动器和 L 个减振点,第 l 个减振点在第 n

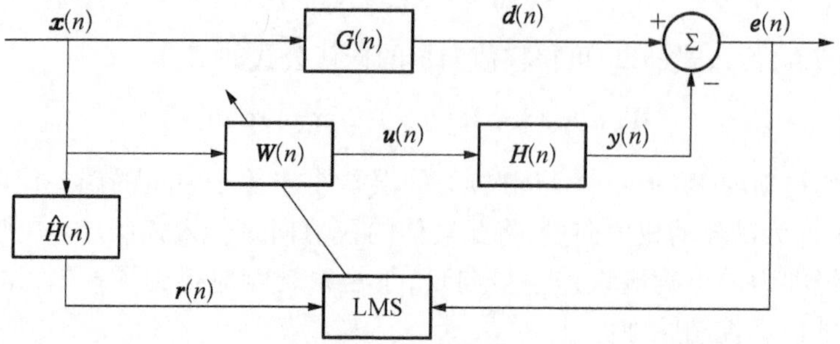

图 7.2　基于自适应滤波 x-LMS 算法的前馈控制原理框图

个时间序列的响应误差信号向量 $\boldsymbol{e}_l(n)$ 可表示为

$$\boldsymbol{e}_l(n) = \boldsymbol{d}_l(n) - \boldsymbol{y}_l(n) \tag{7.6}$$

对于线性系统 $\boldsymbol{H}(n)$，采用有限脉冲响应(finite impulse response，FIR)滤波器建立时间序列的输入 $\boldsymbol{u}(n)$ 和输出 $\boldsymbol{y}(n)$ 之间的关系，即现在时刻的系统输出与现在时刻和过去时刻的输入有关，且第 l 个减振点的响应是所有 M 个压电叠层作动器作动下的响应叠加，于是，第 l 个减振点的响应 $\boldsymbol{y}_l(n)$ 可表示如下：

$$\boldsymbol{y}_l(n) = \sum_{j=1}^{J} h_{lmj}(n) u_m(n - j + 1) \tag{7.7}$$

式中，j 表示输入 $u_m(n)$ 的第 j 个时间序列；J 是现在时刻和过去时刻输入 $u_m(n)$ 的时间序列个数；$h_{lmj}(n)$ 是 l 和 m 之间控制通道的脉冲响应函数。

将式(7.7)代入式(7.6)可得到压电叠层作动器作动下的响应误差信号向量 $\boldsymbol{e}_l(n)$ 如下：

$$\boldsymbol{e}_l(n) = \boldsymbol{d}_l(n) - \sum_{m=1}^{M}\sum_{j=1}^{J} h_{lmj}(n) u_m(n - j + 1) \tag{7.8}$$

式中，m 表示第 m 个压电叠层作动器的作动点。

对于线性系统 $\boldsymbol{W}(n)$，以旋翼激励信号 $x(n)$ 为参考信号，前馈输入到自适应滤波器 $\boldsymbol{W}(n)$ 后，同样采用有限脉冲响应滤波器建立时间序列输入 $x(n)$ 和输出 $u(n)$ 之间的关系：

$$u_m(n - j + 1) = \sum_{i=1}^{N} w_{mi}(n) x(n - j - i + 2) \tag{7.9}$$

式中，i 表示输入 $x(n)$ 的第 i 个时间序列；N 是现在时刻和过去时刻输入 $x(n)$ 的时间序列个数；$w_{mi}(n)$ 是脉冲响应函数，即自适应滤波器的权值。

将式(7.9)代入式(7.8)可进一步得到以旋翼激励信号 $x(n)$ 为参考信号，前馈输入到自适应滤波器 $\boldsymbol{W}(n)$ 后的响应误差信号向量 $\boldsymbol{e}_l(n)$ 如下：

$$\boldsymbol{e}_l(n)=\boldsymbol{d}_l(n)-\sum_{m=1}^{M}\sum_{j=1}^{J}\sum_{i=1}^{N}h_{lmj}(n)w_{mi}(n)x(n-j-i+2) \tag{7.10}$$

为了控制系统建模,定义如下矩阵：

$$\boldsymbol{H}_l(n)=\left[\boldsymbol{h}_{l1}^{\mathrm{T}}(n)\quad \boldsymbol{h}_{l2}^{\mathrm{T}}(n)\quad \cdots\quad \boldsymbol{h}_{lm}^{\mathrm{T}}(n)\quad \cdots\quad \boldsymbol{h}_{lM}^{\mathrm{T}}(n)\right]^{\mathrm{T}} \tag{7.11}$$

$$\boldsymbol{u}(n)=\left[\boldsymbol{u}_1(n)\quad \boldsymbol{u}_2(n)\quad \cdots\quad \boldsymbol{u}_m(n)\quad \cdots\quad \boldsymbol{u}_M(n)\right]^{\mathrm{T}} \tag{7.12}$$

式(7.11)中，$\boldsymbol{h}_{lm}(n)=\left[h_{lm1}(n)\quad h_{lm2}(n)\quad \cdots\quad h_{lmj}(n)\quad \cdots\quad h_{lmJ}(n)\right]^{\mathrm{T}}(m=1,2,\cdots,M)$，式(7.12)中，$\boldsymbol{u}_m(n)=\left[u_m(n)\quad u_m(n-1)\quad \cdots\quad u_m(n-j+1)\right]^{\mathrm{T}}(m=1,2,\cdots,M)$，则式(7.10)可改写为

$$\boldsymbol{e}_l(n)=\boldsymbol{d}_l(n)-\boldsymbol{H}_l^{\mathrm{T}}(n)\boldsymbol{u}(n) \tag{7.13}$$

对于线性系统 $\boldsymbol{G}(n)$，同样采用有限脉冲响应滤波器建立时间序列的输入 $\boldsymbol{x}(n)$ 和输出 $\boldsymbol{d}(n)$ 之间的关系,输入信号的时间序列 $x(n)$ 输入到线性系统 $\boldsymbol{G}(n)$ 后,在第 l 个减振点的输出,即激励响应信号向量 $\boldsymbol{d}_l(n)$ 为

$$\boldsymbol{d}_l(n)=\sum_{k=1}^{K}g_{lk}(n)x(n-k+1) \tag{7.14}$$

式中，k 表示输入 $x(n)$ 的第 k 个时间序列；K 是现在时刻和过去时刻输入 $x(n)$ 的时间序列个数；$g_{lk}(n)$ 是脉冲响应函数,即第 l 个主通道的传递函数。

将式(7.13)和式(7.14)表示的向量进行增广,分别定义 $\boldsymbol{H}(n)$ 和 $\boldsymbol{G}(n)$ 的脉冲响应函数向量 $\boldsymbol{\theta}_l(n)$ 和输入时间序列 $u(n)$ 和 $x(n)$ 的向量 $\boldsymbol{\xi}(n)$ 如下：

$$\boldsymbol{\theta}_l(n)=\left[h_{l11}(n)\quad h_{l12}(n)\quad \cdots\quad h_{lMJ}(n)\quad g_{l1}(n)\quad \cdots\quad g_{lk}(n)\right]^{\mathrm{T}} \tag{7.15}$$

$$\boldsymbol{\xi}(n)=\left[u_1(n)\quad \cdots\quad u_M(n-j+1)\quad x(n)\quad \cdots\quad x(n-K+1)\right]^{\mathrm{T}} \tag{7.16}$$

即

$$\boldsymbol{\theta}_l(n)=\left[\boldsymbol{H}_l^{\mathrm{T}}(n)\quad \boldsymbol{G}_l^{\mathrm{T}}(n)\right]^{\mathrm{T}} \tag{7.17}$$

$$\boldsymbol{\xi}(n)=\left[\boldsymbol{u}^{\mathrm{T}}(n)\quad \boldsymbol{x}^{\mathrm{T}}(n)\right]^{\mathrm{T}} \tag{7.18}$$

则由式(7.13)和式(7.14)表示的 $\boldsymbol{e}_l(n)$ 可改写为

$$\boldsymbol{e}_l(n)=\boldsymbol{\theta}_l^{\mathrm{T}}(n)\boldsymbol{\xi}(n) \tag{7.19}$$

上述表达式中，$\boldsymbol{e}_l(n)$ 和 $\boldsymbol{\xi}(n)$ 均可测量得到,未知的是以 $h_{lmj}(n)$ 和 $g_{lk}(n)$ 构成的 $\boldsymbol{\theta}_l(n)$，可采用最小二乘法求出 $\boldsymbol{\theta}_l(n)$ 进行系统识别。

进一步地，对于以旋翼激励信号 $x(n)$ 时间序列为参考信号，前馈输入到自适应滤波器 $\boldsymbol{W}(n)$ 后的响应误差信号向量 $\boldsymbol{e}_l(n)$，式(7.10)可改写如下：

$$\begin{aligned}\boldsymbol{e}_l(n) &= \boldsymbol{d}_l(n) - \sum_{m=1}^{M}\sum_{i=1}^{N} w_{mi}(n)\sum_{j=1}^{J} h_{lmj}(n)x(n-j-i+2) \\ &= \boldsymbol{d}_l(n) - \sum_{m=1}^{M}\sum_{i=1}^{N} w_{mi}(n) r_{lm}(n-i+1)\end{aligned} \tag{7.20}$$

式中，$r_{lm}(n-i+1)$ 是以旋翼激励信号 $x(n)$ 时间序列为参考信号，前馈输入到次级通道传递函数矩阵 $\boldsymbol{H}(n)$ 的估计 $\hat{\boldsymbol{H}}(n)$ 后产生的输出时间序列，也即经过 $\hat{\boldsymbol{H}}(n)$ 滤波的 $x(n)$ 时间序列，其表达式如下：

$$r_{lm}(n-i+1) = \sum_{j=1}^{J} \hat{h}_{lmj}(n)x(n-j-i+2) \tag{7.21}$$

式中，$\hat{h}_{lmj}(n)$ 是次级通道的传递函数估计值，可采用动力学建模或在线/离线识别方法获得。定义：

$$\boldsymbol{W}(n) = \begin{bmatrix}\boldsymbol{W}_1^{\mathrm{T}}(n) & \boldsymbol{W}_2^{\mathrm{T}}(n) & \cdots & \boldsymbol{W}_m^{\mathrm{T}}(n) & \cdots & \boldsymbol{W}_M^{\mathrm{T}}(n)\end{bmatrix}^{\mathrm{T}} \tag{7.22}$$

式中，$\boldsymbol{W}_m(n) = \begin{bmatrix}w_{m1}(n) & w_{m2}(n) & \cdots & w_{mi}(n) & \cdots & w_{mN}(n)\end{bmatrix}^{\mathrm{T}}(m=1, 2, \cdots, M)$ 是第 m 个自适应滤波器的权值向量。

定义滤波 $x(n)$ 的前馈信号 $\boldsymbol{r}_{lm}(n)$ 如下：

$$\boldsymbol{r}_l(n) = \begin{bmatrix}\boldsymbol{r}_{l1}^{\mathrm{T}}(n) & \boldsymbol{r}_{l2}^{\mathrm{T}}(n) & \cdots & \boldsymbol{r}_{lm}^{\mathrm{T}}(n) & \cdots & \boldsymbol{r}_{lM}^{\mathrm{T}}(n)\end{bmatrix}^{\mathrm{T}} \tag{7.23}$$

式中，

$$\boldsymbol{r}_{lm}(n) = \begin{bmatrix}r_{lm}(n) & r_{lm}(n-1) & \cdots & r_{lm}(n-i) & \cdots & r_{lm}(n-N+1)\end{bmatrix}^{\mathrm{T}} \tag{7.24}$$

于是，$\boldsymbol{e}_l(n)$ 可写成：

$$\boldsymbol{e}_l(n) = \boldsymbol{d}_l(n) - \boldsymbol{r}_l^{\mathrm{T}}(n)\boldsymbol{W}(n) \tag{7.25}$$

对 L 个减振点，有如下的关系式：

$$\boldsymbol{e}(n) = \boldsymbol{d}(n) - \boldsymbol{r}^{\mathrm{T}}(n)\boldsymbol{W}(n) \tag{7.26}$$

式中，$\boldsymbol{e}(n) = \begin{bmatrix}\boldsymbol{e}_1^{\mathrm{T}}(n) & \boldsymbol{e}_2^{\mathrm{T}}(n) & \cdots & \boldsymbol{e}_l^{\mathrm{T}}(n) & \cdots & \boldsymbol{e}_L^{\mathrm{T}}(n)\end{bmatrix}^{\mathrm{T}}$；$\boldsymbol{d}(n) = \begin{bmatrix}\boldsymbol{d}_1^{\mathrm{T}}(n) & \boldsymbol{d}_2^{\mathrm{T}}(n) & \cdots & \boldsymbol{d}_l^{\mathrm{T}}(n) & \cdots & \boldsymbol{d}_L^{\mathrm{T}}(n)\end{bmatrix}^{\mathrm{T}}$；$\boldsymbol{r}(n) = \begin{bmatrix}\boldsymbol{r}_1^{\mathrm{T}}(n) & \boldsymbol{r}_2^{\mathrm{T}}(n) & \cdots & \boldsymbol{r}_l^{\mathrm{T}}(n) & \cdots & \boldsymbol{r}_L^{\mathrm{T}}(n)\end{bmatrix}^{\mathrm{T}}$。

可采用 LMS 算法确定最佳权值向量，以得到最小的响应误差信号向量。求解公式类似于式(7.2)~式(7.5)如下：

$$\boldsymbol{W}(n+1)=\boldsymbol{W}(n)-\mu\frac{\partial \boldsymbol{e}(n)^{\mathrm{T}}\boldsymbol{e}(n)}{\partial \boldsymbol{W}(n)} \tag{7.27}$$

式中,μ 是迭代步长,将式(7.26)代入式(7.27)可得基于滤波 x-LMS 算法的自适应滤波器权值向量的迭代公式为

$$\boldsymbol{W}(n+1)=\boldsymbol{W}(n)+2\mu\boldsymbol{r}(n)\boldsymbol{e}(n) \tag{7.28}$$

需要指出的是,基于自适应滤波 x-LMS 算法的振动控制需要参考信号,选取参考信号的基本原则是与外激励相关,对于旋翼激励下的直升机振动智能控制,参考信号需具有与旋翼激励相同的频率成分。

7.3 自适应滤波 x-LMS 前馈智能控制仿真

7.3.1 单个垂向谐波载荷激励下振动智能控制仿真

在桨毂中心施加幅值为 F_z = 300 N、频率为桨叶一阶通过频率 25.5 Hz 的谐波载荷,采用自适应滤波 x-LMS 算法的前馈控制进行直升机机体结构振动智能控制时域仿真,采用第 4 章建立的压电叠层作动器驱动梁的机体结构振动智能控制模型。仿真时,在机体结构振动响应达到稳态后,在 5 秒时开启智能振动控制。图 7.3~图 7.6 分别显示了滤波 x-LMS 自适应前馈控制下机体 4 个减振点的垂向加速度响应时间历程,从图中可以看出,4 个减振点在智能控制系统开启后减振效果分别达到了 99%、99%、96%、96%,在单个垂向谐波稳态激励下,滤波 x-LMS 自适应前馈控制方法能够同时针对机体结构多个目标控制点的振动进行有效控制。图 7.7显示了 4 个压电叠层作动器的控制输入电压。

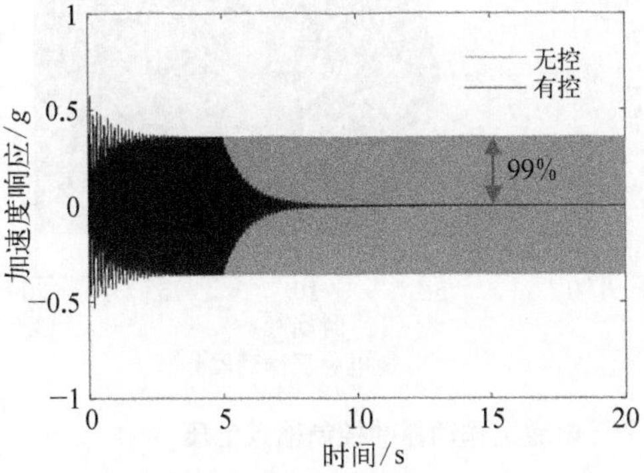

图 7.3 单个垂向谐波载荷激励下减振点 1 的垂向加速度响应

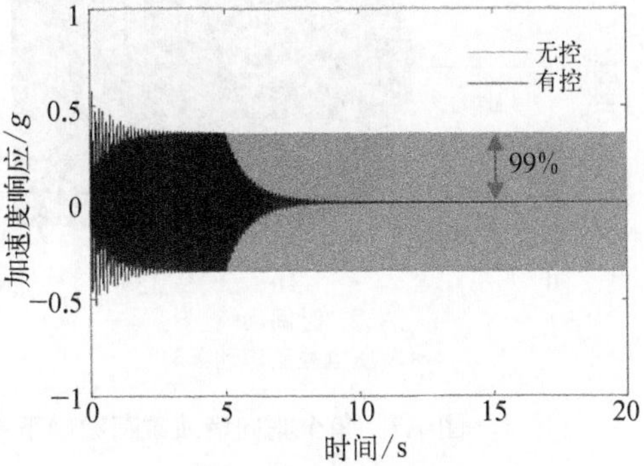

图 7.4 单个垂向谐波载荷激励下减振点 2 的垂向加速度响应

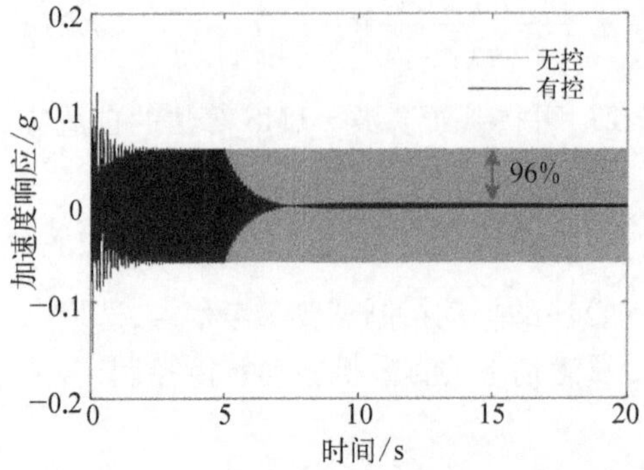

图 7.5 单个垂向谐波载荷激励下减振点 3 的垂向加速度响应

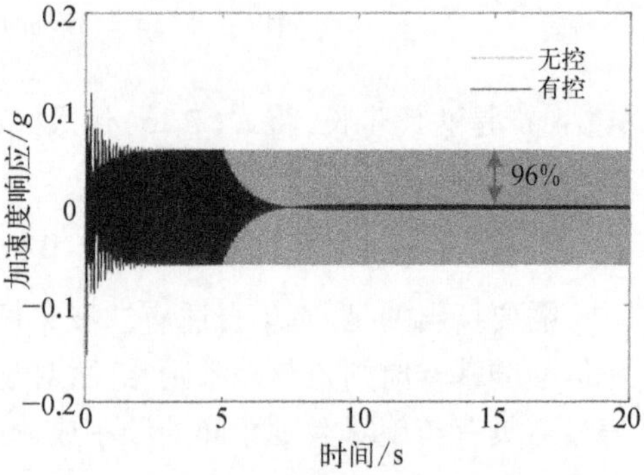

图 7.6 单个垂向谐波载荷激励下减振点 4 的垂向加速度响应

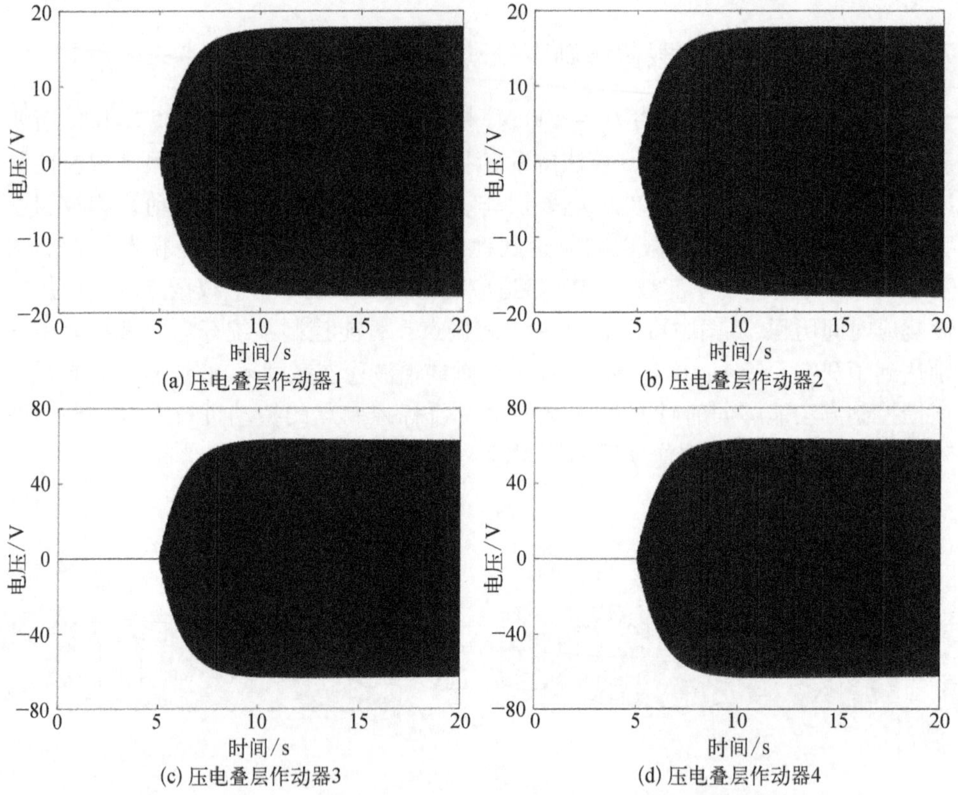

图 7.7 单个垂向谐波载荷激励下 4 个压电叠层作动器的控制输入电压

7.3.2　三向谐波载荷激励下振动智能控制仿真

在桨毂中心施加 3 个幅值分别为 $F_Z = 300\ \text{N}$、$F_Y = 100\ \text{N}$、$F_X = 100\ \text{N}$，频率为桨叶一阶通过频率 25.5 Hz 的 3 个谐波载荷，采用滤波 x-LMS 算法对压电叠层作动器驱动梁的直升机机体结构振动智能控制进行时域仿真，采用第 4 章的机体结构振动智能控制模型。仿真时，在机体振动响应达到稳态后，在 5 秒时开启振动智能控制。图 7.8～图 7.11 分别显示了三向激励下采用滤波 x-LMS 自适应前馈控制方法的机体结构 4 个减振点的垂向加速度响应时间历程，从图中可以看出，在振动智能控制系统开启后，4 个控制点的减振效果分别达到了 99%、99%、92%、94%，在三向谐波稳态载荷激励下，滤波 x-LMS 自适应前馈控制方法能够同时针对机体多个目标控制点的振动进行有效控制。图 7.12 显示了 4 个压电叠层作动器的控制输入电压，4 个压电叠层作动器的控制输入电压幅值分别为 13.29 V、32.43 V、91.34 V、85.56 V。

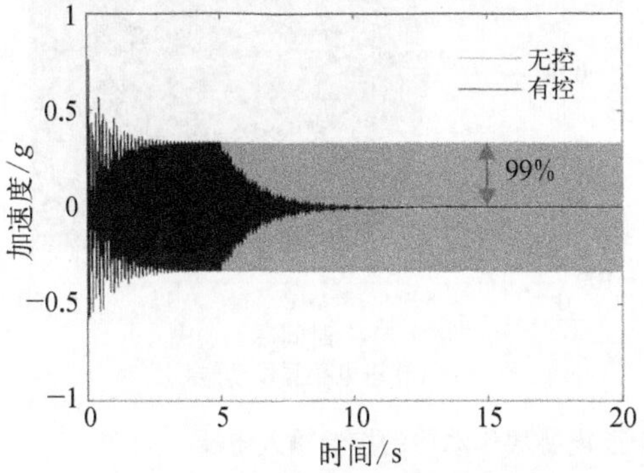

图 7.8　三向谐波载荷激励下减振点 1 的垂向加速度响应

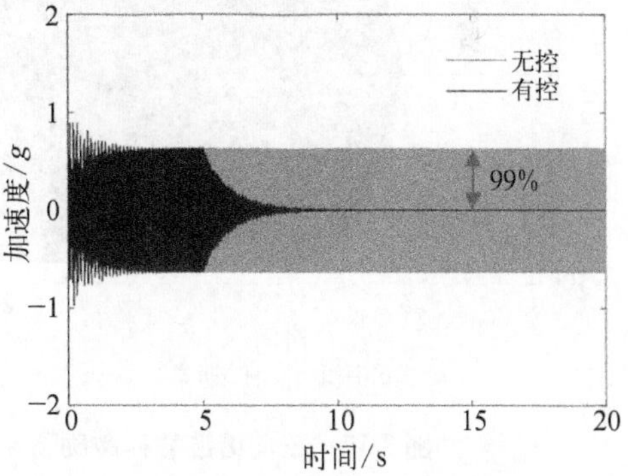

图 7.9　三向谐波载荷激励下减振点 2 的垂向加速度响应

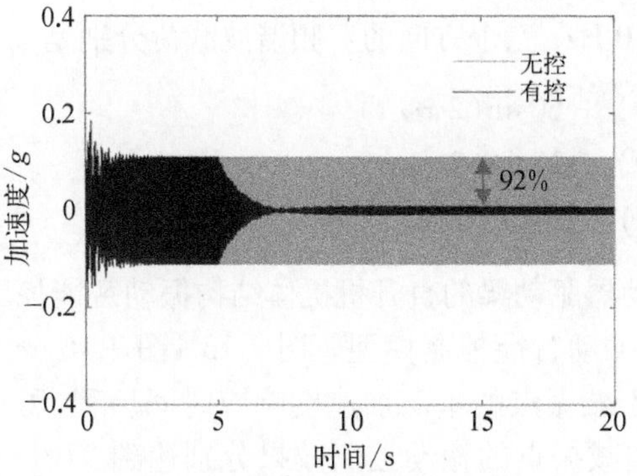

图 7.10　三向谐波载荷激励下减振点 3 的垂向加速度响应

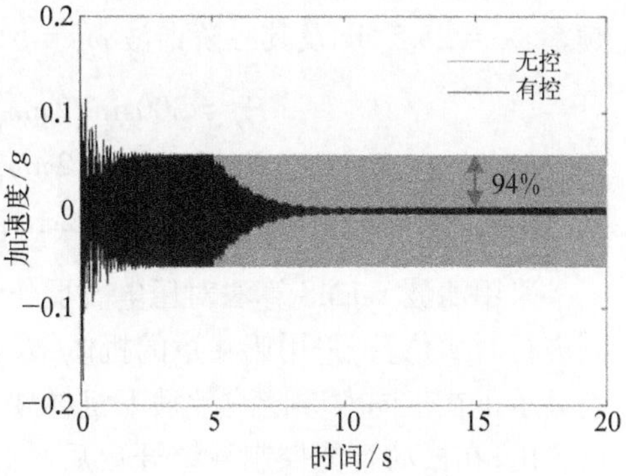

图 7.11　三向谐波载荷激励下减振点 4 的垂向加速度响应

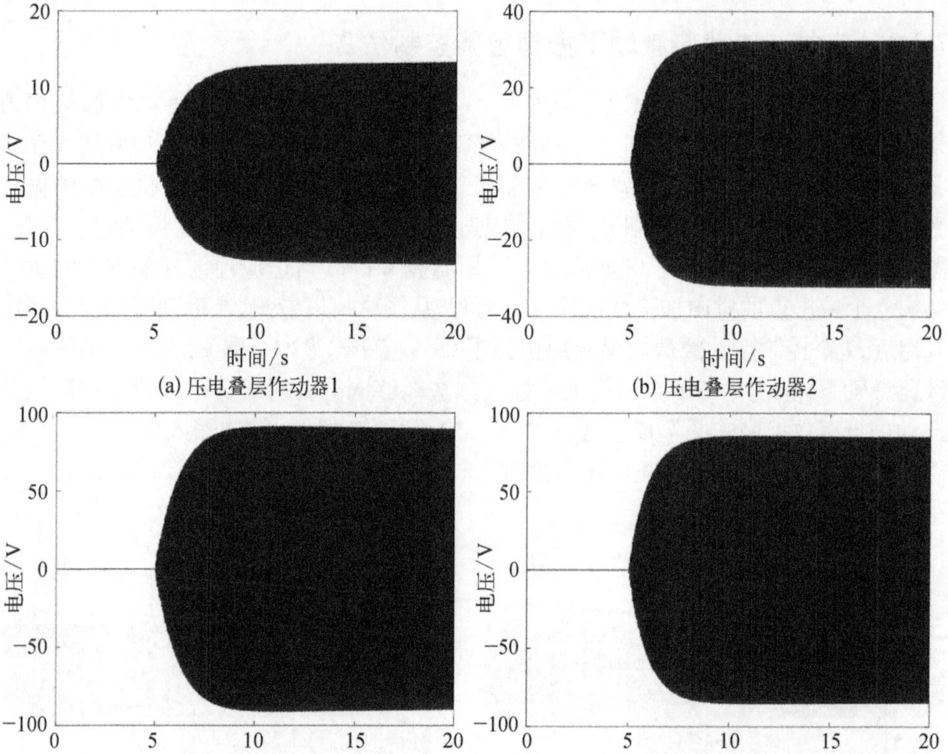

(a) 压电叠层作动器1　(b) 压电叠层作动器2　(c) 压电叠层作动器3　(d) 压电叠层作动器4

图 7.12　三向谐波载荷激励下 4 个压电叠层作动器的控制输入电压

7.3.3　三向双频谐波载荷激励下振动智能控制仿真

在桨毂中心施加三个方向的双频谐波载荷激励,载荷频率包括桨叶一阶通过频率 ω_1 = 25.5 Hz 及其二阶谐波 ω_2 = 51.0 Hz, 三个方向的双频谐波载荷分别是

$$F_Z = 300\sin(2\pi\omega_1 t) + 60\sin(2\pi\omega_2 t)$$
$$F_Y = 100\sin(2\pi\omega_1 t) + 20\sin(2\pi\omega_2 t)$$
$$F_X = 100\sin(2\pi\omega_1 t) + 20\sin(2\pi\omega_2 t)$$

采用滤波 x-LMS 算法对压电叠层作动器驱动梁的直升机机体结构振动智能控制进行时域仿真,采用第 4 章的机体结构振动智能控制模型。图 7.13~图 7.16 分别显示了在三向双频谐波激励下机体 4 个减振点的垂向加速度响应时间历程,可以看出,在振动智能控制系统开启后,4 个减振点的振动控制效果分别达到 94%、95%、83%、76%,可见在三向双频谐波稳态激励下,控制系统具有较快的收敛速度和控制能力。图 7.17 显示了 4 个压电叠层作动器的控制输入电压。

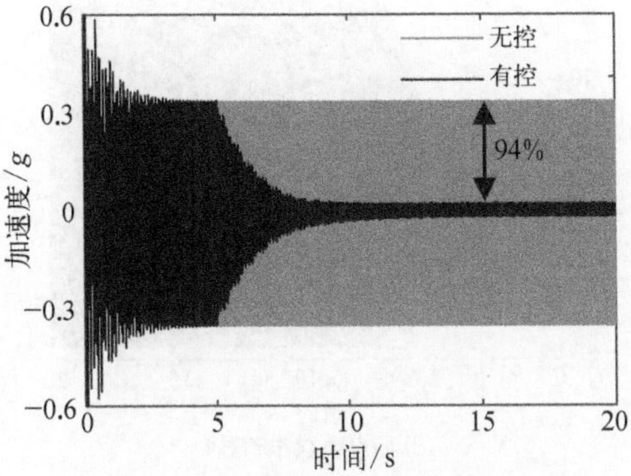

图 7.13　三向双频谐波激励下机体减振点 1 的垂向加速度响应

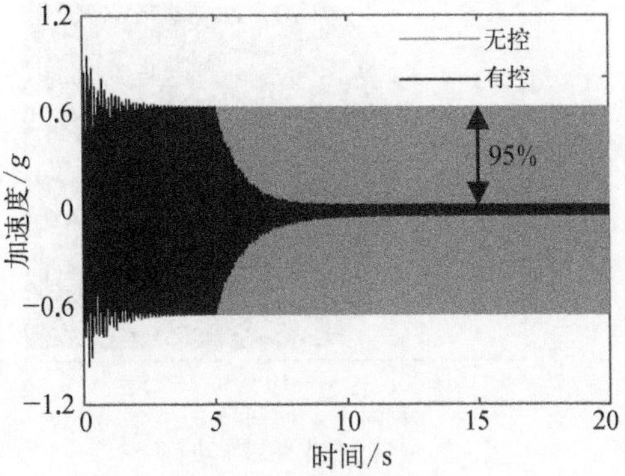

图 7.14　三向双频谐波激励下机体减振点 2 的垂向加速度响应

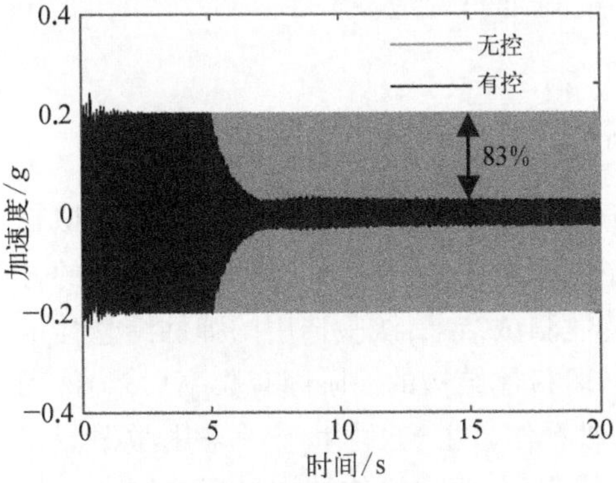

图 7.15　三向双频谐波激励下机体减振点 3 的垂向加速度响应

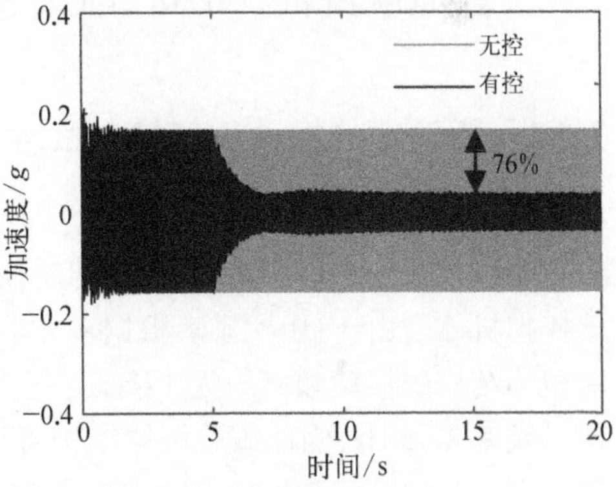

图 7.16　三向双频谐波激励下机体减振点 4 的垂向加速度响应

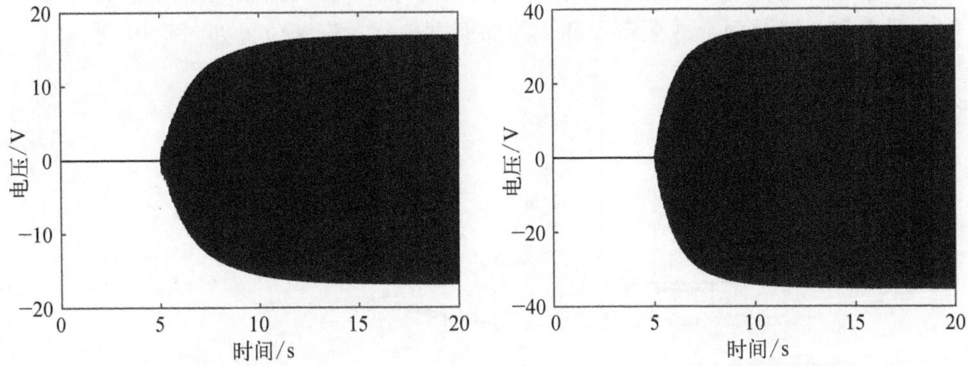

(a) 压电叠层作动器1　　(b) 压电叠层作动器2

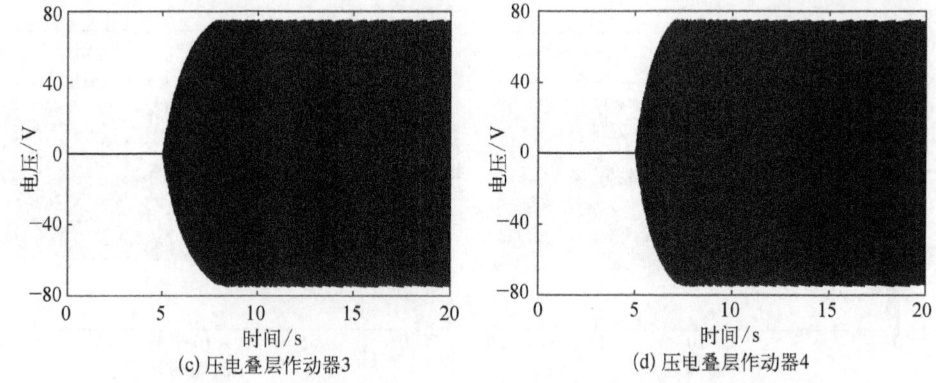

图 7.17 三向双频谐波激励下 4 个压电叠层作动器的控制输入电压

7.4 自适应滤波 x-LMS 前馈智能控制试验

7.4.1 驱动梁的振动智能控制试验系统

试验系统示意图如图 7.18 所示。直升机飞行时处于空中自由状态,为模拟直升机机体结构的自由状态,在振动智能控制试验中,采用弹性绳悬挂机体结构的方式模拟机体自由-自由状态。根据动力学特性测试结果,试验选用的弹性绳悬挂试验机体结构的振动频率约为 3 Hz,远小于试验机体结构的一阶固有频率 9.85 Hz 和激励频率 25.5 Hz,因此试验机体结构可近似看作自由-自由状态。采用激振器在桨毂中心施加谐波激振力以模拟旋翼激励载荷,布置在机体结构目标控制点的加速度传感器测量加速度振动信号并输入到自适应控制器,通过自适应控制算法计算实时控制电压信号并输入到压电叠层作动器驱动机体梁结构,实时控制目标输出点的振动加速度信号,从而形成闭环的振动智能控制试验系统。两个压电叠层作动器 Ⅰ 和 Ⅱ 以及两个减振点 1 和 2 的加速度传感器安装位置如图 7.19 所示。

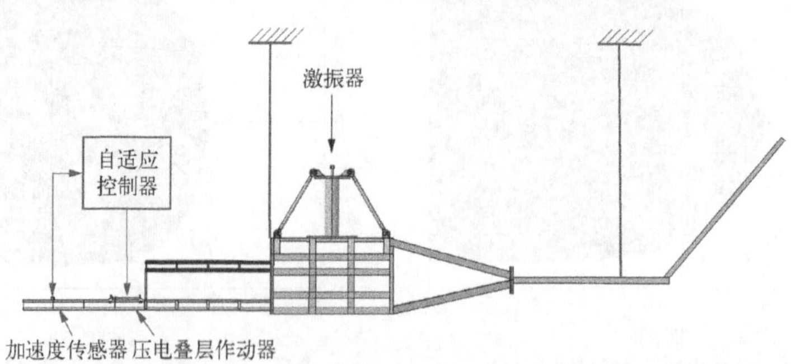

图 7.18 压电叠层作动器驱动梁的机体结构振动智能控制试验系统示意图

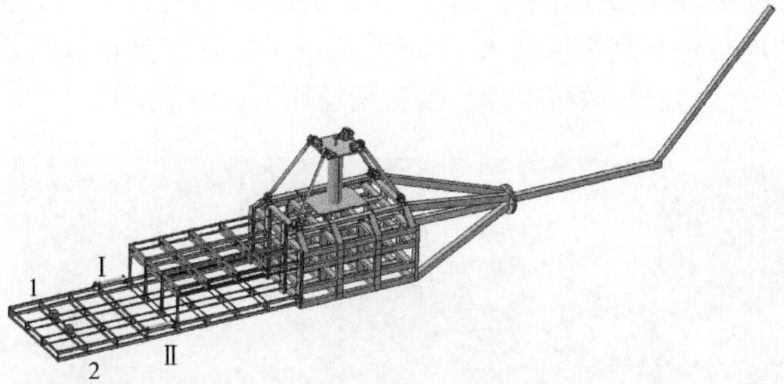

图 7.19　振动智能控制试验压电叠层作动器与加速度传感器布置示意图

振动智能控制试验由数字信号发生器产生谐波激励信号,通过功率放大器使激振器产生激振力,使机体结构产生振动;采用 DSP 采集数字信号发生器产生的谐波信号作为参考信号;采用 ICP 加速度传感器测量机体结构上目标控制点的振动加速度信号,经信号调理器处理信号和低通滤波器滤波信号后,在自适应控制系统中依次进行模数(A/D)转换,进行次级通道辨识并基于自适应滤波 x-LMS 前馈控制算法计算控制输入电压,控制输入电压经数模(D/A)转换后,经功率放大器输入压电叠层作动器产生智能控制力,驱动机体结构对机体结构目标控制点的振动信号进行实时控制。基于滤波 x-LMS 算法的自适应控制系统试验框图如图 7.20

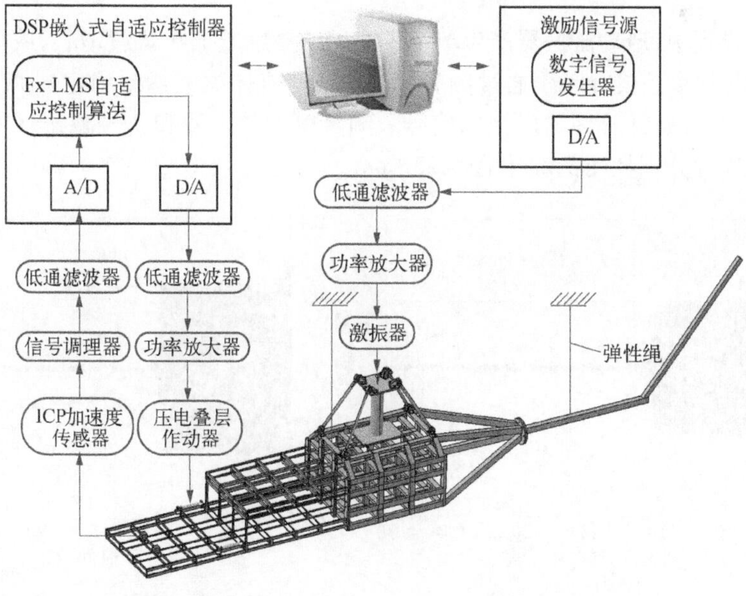

图 7.20　基于自适应滤波 x-LMS 算法的机体结构振动智能控制试验系统框图

所示。试验过程中,控制的启动与停止由计算机控制,目标控制点的振动加速度信号由 ICP 加速度传感器测量后输入至 DSP,通过串口连接到计算机进行信号的存储、显示,用于后续的试验数据处理。试验现场如图 7.21 所示。

图 7.21 压电叠层作动器驱动梁的机体结构振动智能控制试验现场

7.4.2 单个垂向谐波载荷激励下振动智能控制试验

试验过程中,启动激振器产生单个垂向谐波激励施加在桨毂中心,载荷幅值是 300 N,载荷频率是桨叶一阶通过频率 25.5 Hz,使机体振动达到稳定状态,在第 10 秒启动控制,开始计算并输出控制信号。测量得到的 1 号和 2 号减振点的加速度响应时间历程分别如图 7.22 和图 7.23 所示,Ⅰ、Ⅱ号压电叠层作动器的控制输入

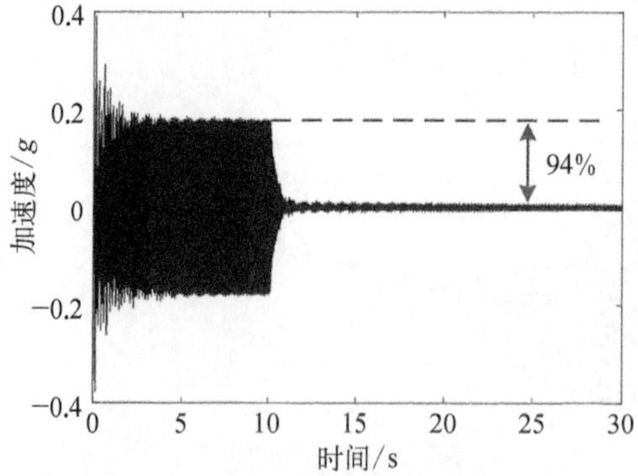

图 7.22 单个垂向谐波载荷激励下减振点 1 的加速度时间历程图

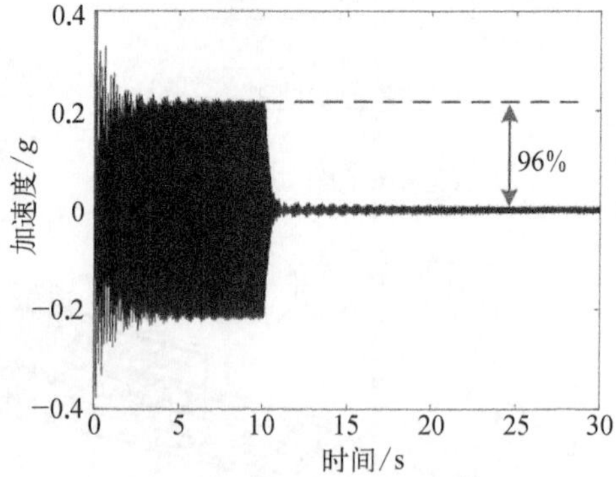

图 7.23 单个垂向谐波载荷激励下减振点 2 的加速度时间历程图

电压如图 7.24 所示。从试验结果可以看出,控制系统启动后控制点的加速度响应明显降低,两个控制点的加速度响应都在不到 1 秒内降至 0.01g 左右并保持稳定,响应稳定后 1 号减振点的振动水平下降了 94%,2 号减振点的振动水平下降了 96%,表明采用压电叠层作动器和基于滤波 x-LMS 算法的机体振动智能控制系统具有良好的减振能力和快速的收敛速度。

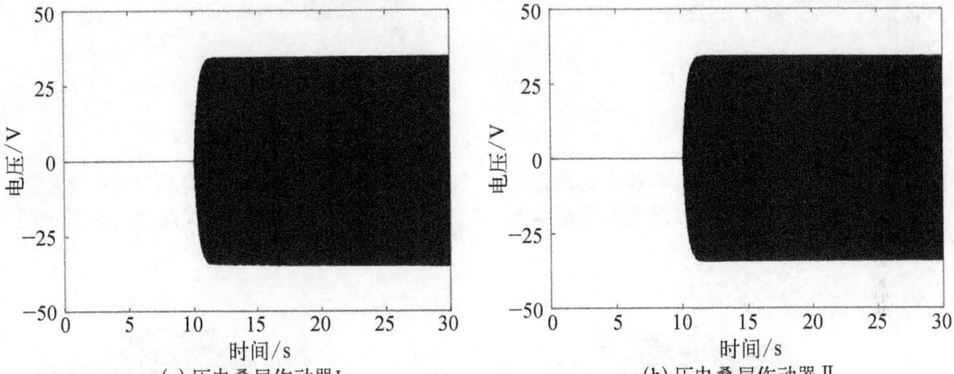

(a) 压电叠层作动器Ⅰ　(b) 压电叠层作动器Ⅱ

图 7.24　单个垂向谐波载荷激励下两个压电叠层作动器的控制输入电压

7.4.3　单个垂向谐波载荷变化激励下振动智能控制试验

为了验证本章振动智能控制系统的自适应跟踪控制能力,分别进行单个垂向谐波载荷幅值变化、频率变化和相位变化激励下振动智能控制试验研究。单个垂向载荷的初始幅值是 300 N,初始频率是桨叶一阶通过频率 25.5 Hz。首先进行谐波载荷激励时幅值多次变化的振动控制试验,启动激振器使机体振动达到稳定状态,在第 10 秒启动控制系统,开始计算并输出控制信号,振动加速度很快降低到很低水平;在 20 秒时将激励信号的幅值增加 20%;在 30 秒时将激励信号的幅值减小 20%;在 40 秒时控制结束。试验测量得到的两个减振点的加速度响应时间历程分别如图 7.25 和图 7.26 所示,从图中可以看出,在开启智能控制系统后,两个减振点的加速度响应都在不到 2 秒时间内降低到 0.01g 左右并保持稳定,与控制前的振动水平相比分别降低了 94%和 96%;在激励信号幅值增加和减小 20%时,两个减振点的振动水平随即增加,但很快在智能控制下又降低到很低水平,表明该振动智能控制系统具有良好的振动控制能力,且具有较快的收敛速度和较强的自适应跟踪控制能力。两个压电叠层作动器的控制输入电压如图 7.27 所示。

其次进行单个垂向谐波载荷频率变化和相位变化激励下振动控制试验研究。启动激振器使机体振动达到稳定状态,在第 10 秒启动控制系统,开始计算并输出控制信号,振动加速度很快降低到很低水平;在 20 秒时激励信号的频率减小 4%;在

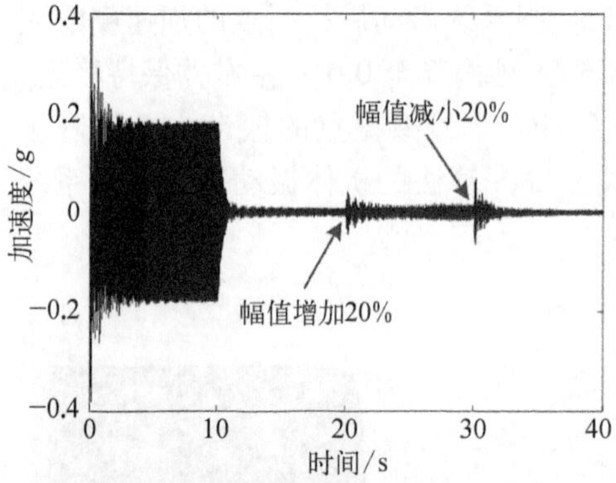

图 7.25　单个垂向谐波载荷幅值变化激励下减振点 1 测量的加速度时间历程图

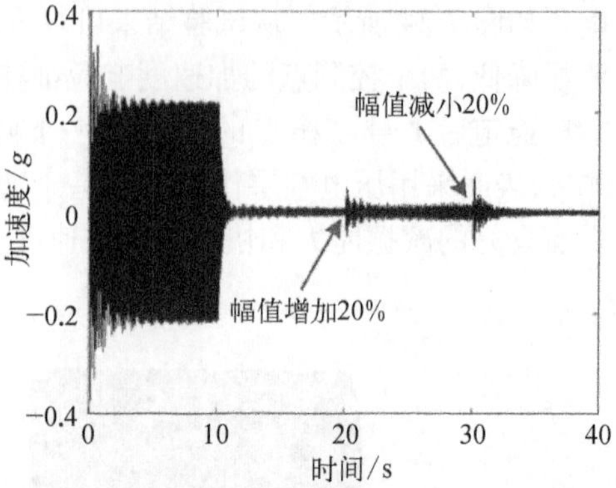

图 7.26　单个垂向谐波载荷幅值变化激励下减振点 2 测量的加速度时间历程图

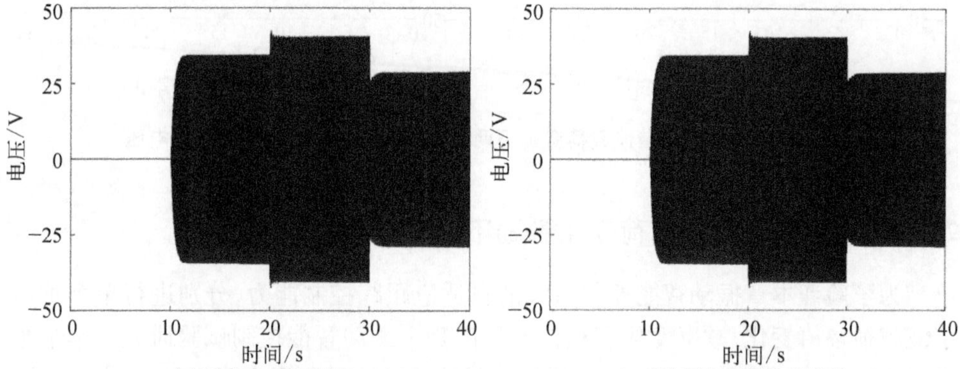

(a) 压电叠层作动器Ⅰ　　(b) 压电叠层作动器Ⅱ

图 7.27　单个垂向谐波载荷幅值变化激励下两个压电叠层作动器的控制输入电压

30 秒时激励信号的频率增加 4%；在 40 秒时激励信号的相位增加 π/4；在 50 秒时控制结束。在两个减振点试验测量得到的加速度响应时间历程分别如图 7.28 和图 7.29 所示，从图中可以看出，在开启智能控制系统后，振动很快降低，在 20 秒激励信号的频率减小 4%时，两个减振点的振动突然剧烈增大，甚至超过了无控时的振动水平，原因是激励频率减小 4%，激励频率值是桨叶一阶通过频率25.5 Hz 的96%，激励频率值是 24.48 Hz，非常接近于试验框架结构的扭转频率24.25 Hz，因而导致框架结构发生共振，使得振动变化非常剧烈。但是，在智能控制下，剧烈的共振又很快地得到了控制，降低到很低的水平。在后续的频率增加 4%和相位增加 π/4 的振动控制试验中，略有增加的振动在智能控制下都得到了快速降低。再一次表明了该振动智能控制系统具有良好的振动控制能力，特别在共振状态下仍然具有较强的振动控制能力，且具有较快的收敛速度和较强的自适应跟踪控制能力。

两个压电叠层作动器的控制输入电压如图 7.30 所示。

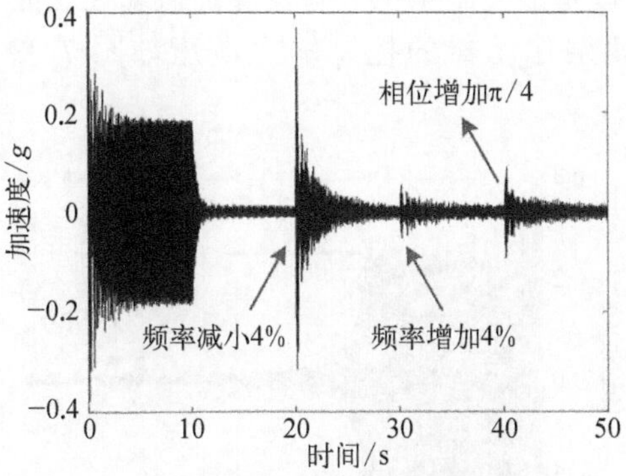

图 7.28　单个垂向谐波载荷频率变化和相位变化激励下减振点 1 测量的加速度时间历程图

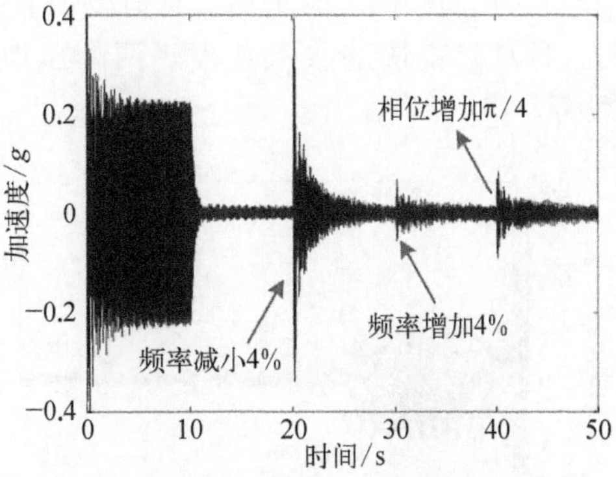

图 7.29　单个垂向谐波载荷频率变化和相位变化激励下减振点 2 测量的加速度时间历程图

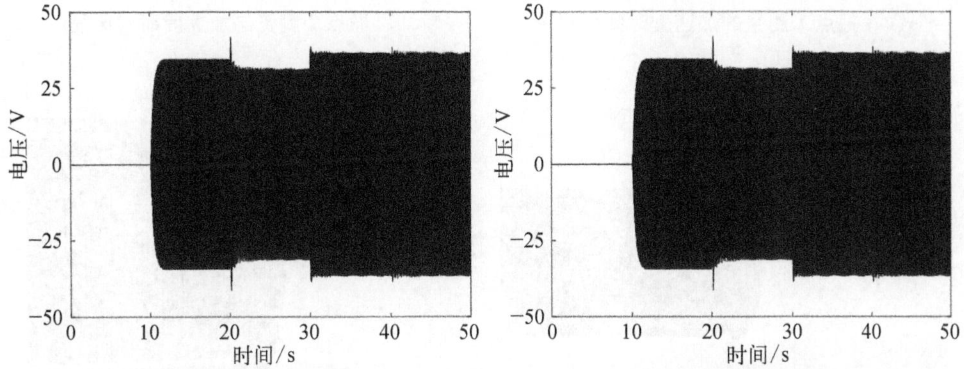

(a) 压电叠层作动器Ⅰ　　(b) 压电叠层作动器Ⅱ

图 7.30　单个垂向谐波载荷频率变化和相位变化激励下两个压电叠层作动器的控制输入电压

7.4.4　垂向和侧向两个谐波载荷激励下振动智能控制试验

为了进一步验证本章振动智能控制系统的振动控制能力，在桨毂中心的垂向和侧向同时施加两个谐波载荷激励，两个载荷幅值分别是 $F_Z = 300$ N 和 $F_Y = 100$ N，两个载荷频率都是桨叶一阶通过频率 25.5 Hz。试验时在桨毂中心垂向和侧向输入两个谐波激励信号，在振动达到稳态后，在第 10 秒启动控制系统，开始计算并输出智能控制信号。在两个减振点试验测量到的加速度响应时间历程分别如图7.31 和图 7.32 所示，从图中可以看出，两个减振点的加速度响应都有明显降低，在开启振动智能控制系统后，两个减振点的响应都在 3 秒左右分别降至0.012g 和

0.016g,系统稳定后减振点 1 和减振点 2 的振动水平分别下降了 84.7%和 94.5%,表明在垂向和侧向两个谐波载荷激励下振动智能控制系统具有良好的振动控制能力,且具有较快的收敛速度。两个压电叠层作动器的控制输入电压如图 7.33 所示。

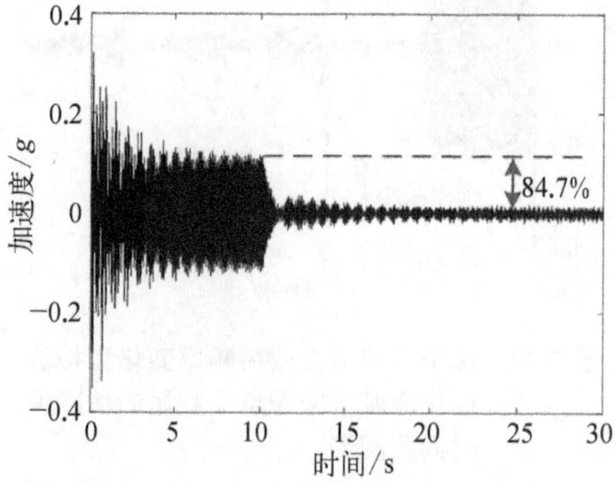

图 7.31 垂向和侧向两个谐波载荷激励下减振点 1 测量的加速度时间历程图

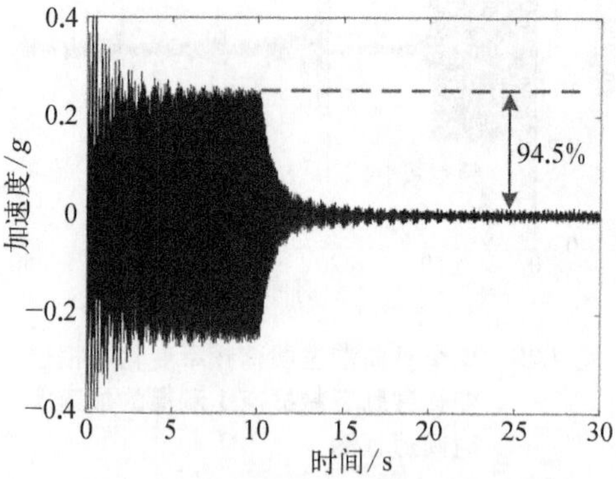

图 7.32 垂向和侧向两个谐波载荷激励下减振点 2 测量的加速度时间历程图

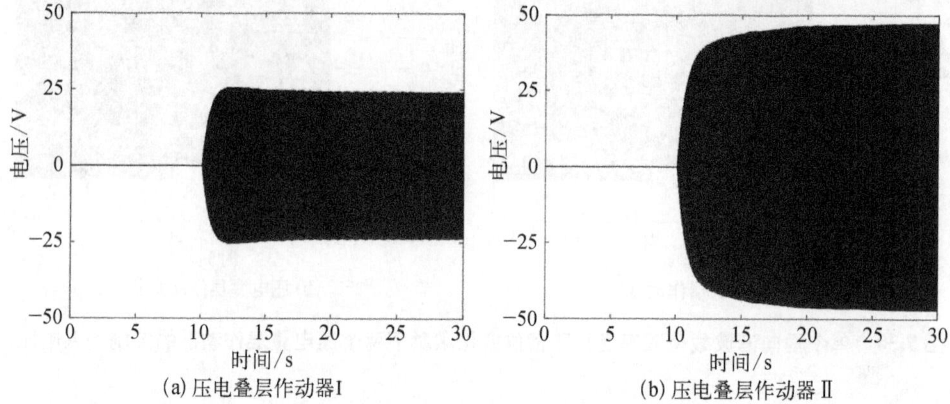

(a) 压电叠层作动器Ⅰ (b) 压电叠层作动器Ⅱ

图 7.33 垂向和侧向两个谐波载荷激励下两个压电叠层作动器的控制输入电压

第8章

机体振动谐波识别-自适应滤波前馈智能控制

8.1 引言

由于直升机振动环境十分复杂,直升机结构响应主动控制的控制算法要求收敛速度快、鲁棒性强、能跟踪振动的变化。目前,通常采用的基于频域的离散傅里叶变换法(Staple, 1989; King, 1988; King et al., 1986)跟踪振动响应变化的能力较差,并且采样频率必须选择振动频率的整数倍才能获得准确的变换结果,因此难以满足直升机振动主动控制的严苛要求。除此之外,基于时域的 H_∞ 鲁棒控制(Hanagud et al., 1994)、线性二次型反馈控制(Walchko et al., 2007)及滑模控制(Lang et al., 2019)等算法需要受控结构完整的状态空间模型,建模困难并且控制器阶数高。基于自适应滤波的 x-LMS 法(Hugin et al., 2007)等具有很好的自适应能力,被很多研究用来控制直升机机体的振动。但是滤波的 x-LMS 法控制多频率振动时效果较差,而如果仅控制主通过频率的振动难以达到令人满意的控制效果。单输入单输出控制对简单结构的单个模态的振动具有较好的控制效果,但直升机机体由复杂的梁、框和蒙皮组成,形状非常不规则,单输入单输出控制仅能对控制部分结构的振动进行抑制,其余位置的振动甚至会增大。多输入多输出控制相比单输入单输出控制算法更复杂、计算量更大,但可以对整个机体多个位置的振动进行控制,具有更好的机体振动控制效果。

本专著作者(孟德, 2020; Meng et al., 2018)基于直升机机体振动的特点,结合基于最小均方(LMS)误差法实时识别响应误差信号和旋翼激励信号的谐波系数及自适应滤波 x-LMS 前馈控制算法,提出了直升机机体振动自适应谐波识别-滤波前馈智能控制方法。在本专著作者深入研究基础上,本章系统阐述了直升机机体振动谐波识别-自适应滤波前馈智能控制的理论、方法、仿真和试验。

8.2 谐波识别-自适应滤波 x-LMS 前馈控制

直升机机体振动智能控制基于振动的叠加原理，通过压电智能作动器在机体上产生与旋翼激励响应频率相同、幅值相近、相位相反的作动响应，来降低机体振动水平。本章提出的直升机机体振动谐波识别-自适应滤波 x-LMS 前馈控制原理如图 8.1 所示，在旋翼振动载荷激励下，直升机机体产生激励响应，安装在机体待减振点位置处的加速度传感器测量振动响应并输入到振动智能控制器。控制器同时采集振动响应和旋翼激励信号，采用谐波系数识别技术识别各阶谐波振动频率的信号，并通过最小均方误差算法实时更新滤波器的权系数，用来计算当前时刻所需的作动器驱动信号。驱动信号经过功率放大后驱动安装在直升机机体结构的压电叠层作动器产生作动响应，与激励响应相抵消，达到降低直升机机体振动的目的。激励响应与作动响应的差值为响应误差。

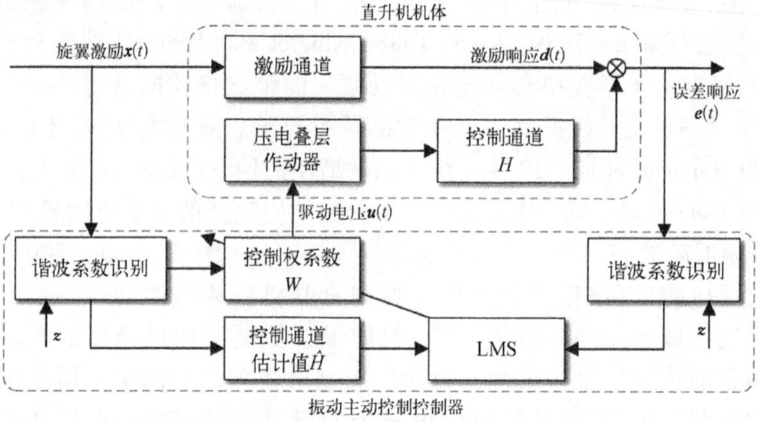

图 8.1　直升机机体振动谐波识别-自适应滤波 x-LMS 前馈控制原理图

假设机体振动智能控制系统中有 I 个旋翼激励、J 个作动器和 K 个待减振点。在第 t 时刻，第 i 个激励信号是 $x_i(t)\ (i=1,2,\cdots,I)$，第 j 个作动器的驱动电压是 $u_j(t)\ (j=1,2,\cdots,J)$，第 k 个减振点的激励响应与作动响应之间的响应误差是 $e_k(t)\ (k=1,2,\cdots,K)$，它们组成的向量分别表示为

$$
\begin{aligned}
\boldsymbol{x}(t) &= [x_1(t) \quad x_2(t) \quad \cdots \quad x_I(t)]^{\mathrm{T}} \\
\boldsymbol{u}(t) &= [u_1(t) \quad u_2(t) \quad \cdots \quad u_J(t)]^{\mathrm{T}} \\
\boldsymbol{e}(t) &= [e_1(t) \quad e_2(t) \quad \cdots \quad e_K(t)]^{\mathrm{T}}
\end{aligned} \tag{8.1}
$$

由于直升机机体振动的谐波特性,每一个振动信号都包含多阶谐波,因此可以将信号以谐波的形式表示,旋翼激励载荷 $x_i(t)$、作动器驱动电压 $u_j(t)$ 和响应误差 $e_k(t)$ 分别表示为

$$
\begin{aligned}
x_i(t) &= \sum_{r=1}^{R} [p_{ir}\cos(\omega_r t) + q_{ir}\sin(\omega_r t)] \\
u_j(t) &= \sum_{r=1}^{R} [m_{jr}\cos(\omega_r t) + n_{jr}\sin(\omega_r t)] \\
e_k(t) &= \sum_{r=1}^{R} [a_{kr}\cos(\omega_r t) + b_{kr}\sin(\omega_r t)]
\end{aligned}
\tag{8.2}
$$

式中,p_{ir} 和 q_{ir} 分别是第 i 个激励载荷的第 r 阶谐波的余弦和正弦系数;m_{jr} 和 n_{jr} 分别是第 j 个作动器驱动电压的第 r 阶谐波的余弦和正弦系数;a_{kr} 和 b_{kr} 分别是第 k 个减振点的响应误差的第 r 阶谐波的余弦和正弦系数;$\omega_r = rN_b\Omega$ 是旋翼激励载荷的第 r 阶谐波频率,N_b 是桨叶片数;R 是控制的谐波阶数。对于直升机机体的线性振动系统而言,各阶谐波振动之间相互独立,无能量交换。因此在本章的振动智能控制算法中,首先识别旋翼激励信号和响应误差信号的谐波系数,再通过识别的各阶谐波系数计算出各阶旋翼通过频率的振动,代入多输入多输出自适应控制算法中,计算出压电叠层作动器的控制电压。

8.2.1　基于 LMS 的谐波系数识别

通常使用的谐波系数识别算法有最小均方误差法和递归最小二乘法等(Ljung, 2002)。递归最小二乘法收敛速度快,但是运算过程中需要进行矩阵求逆,计算量大,对控制系统的计算性能提出了很高要求;最小均方误差法具有很好的自适应性,收敛速度较快,运算过程中不涉及矩阵求逆,计算量相比递归最小二乘法要少很多,适合需要计算较多参数的多输入多输出控制,并且便于在计算能力有限的单片机上应用。因此,采用最小均方误差法实时识别响应误差信号和旋翼激励信号的谐波系数,并对多种谐波信号进行谐波系数识别的仿真。

1. *谐波系数识别算法*

谐波系数识别过程类似系统辨识的过程,通常采用线性回归模型。在离散时间域内,模型的输入输出关系为

$$
e(n) = \boldsymbol{z}^{\mathrm{T}}(n)\hat{\boldsymbol{\theta}}(n) + \varepsilon(n) \tag{8.3}
$$

式中,$e(n)$ 为第 n 个采样点处减振点的响应误差,$n = f_s t$,f_s 为采样频率,t 为当前采样时间;$\boldsymbol{z}(n) = [\cos(\omega_1 n/f_s) \quad \sin(\omega_1 n/f_s) \quad \cdots \quad \cos(\omega_R n/f_s) \quad \sin(\omega_R n/f_s)]^{\mathrm{T}}$ 为谐波基函数向量,可直接由控制器的信号发生器生成;$\hat{\boldsymbol{\theta}}(n) = [\hat{a}_1 \quad \hat{b}_1 \quad \hat{a}_2$

$\hat{b}_2 \quad \cdots \quad \hat{a}_R \quad \hat{b}_R]^{\mathrm{T}}$ 为响应误差的谐波系数估计值组成的向量；$\varepsilon(n)$ 为系统识别误差。最小均方误差法的目标函数定义为识别误差的二次方函数：

$$J_{\mathrm{LMS}}(\hat{\boldsymbol{\theta}}) = \varepsilon^2(n) = [e(n) - \boldsymbol{z}(n)^{\mathrm{T}}\hat{\boldsymbol{\theta}}(n)]^2 \tag{8.4}$$

于是,该优化问题为寻求最优的谐波系数估计值使目标函数达到极小值,通常采用最陡下降法求解。在第 n 个采样点,目标函数的梯度即代表当前时刻变化率最大的方向,即残差下降最快的方向,因此,最陡下降法通过梯度实时修正谐波系数,使得目标函数快速收敛到极小值。在参数识别中,下一采样点的参数估计值 $\hat{\boldsymbol{\theta}}(n+1)$ 等于当前采样点的估计值 $\hat{\boldsymbol{\theta}}(n)$ 加上一个正比于梯度 $\nabla_i(n)$ 的变化量,即

$$\hat{\boldsymbol{\theta}}(n+1) = \hat{\boldsymbol{\theta}}(n) + \mu_i \nabla_i(n) \tag{8.5}$$

式中,μ_i 是谐波系数识别的收敛因子,其取值范围是 $0 < \mu_i < 1$。梯度 $\nabla_i(n)$ 为目标函数的偏导数：

$$\nabla_i(n) = \frac{\partial J_{\mathrm{LMS}}}{\partial \hat{\boldsymbol{\theta}}(n)} = 2\boldsymbol{z}^{\mathrm{T}}(n)[e(n) - \boldsymbol{z}^{\mathrm{T}}(n)\hat{\boldsymbol{\theta}}(n)] \tag{8.6}$$

将公式(8.6)代入公式(8.5)可得

$$\hat{\boldsymbol{\theta}}(n+1) = \hat{\boldsymbol{\theta}}(n) + 2\mu_i\boldsymbol{z}^{\mathrm{T}}(n)[e(n) - \boldsymbol{z}^{\mathrm{T}}(n)\hat{\boldsymbol{\theta}}(n)] \tag{8.7}$$

式(8.7)即为基于最小均方误差法的谐波系数估计过程。下一采样点的谐波系数估计值 $\hat{\boldsymbol{\theta}}(n+1)$ 由当前采样点的估计值 $\hat{\boldsymbol{\theta}}(n)$ 修正得到。用来修正谐波系数估计值的参数为当前采样点测量得到的响应误差 $e(n)$ 和谐波基函数向量 $\boldsymbol{z}(n)$。

以上是响应误差的谐波系数识别过程,旋翼激励载荷的谐波系数识别过程与响应误差的相同。

2. 单谐波信号的谐波系数识别仿真

为了验证基于最小均方误差法的谐波系数识别能力,本节采用不同的谐波信号进行仿真。仿真时,谐波系数识别的收敛因子取 $\mu_i = 0.05$, 采样频率取 $f_s = 1\,000$ Hz。首先对稳态单谐波信号进行谐波系数识别仿真,信号频率 $\omega_1 = 19.5$ Hz, 谐波信号的表达式为

$$d_1(t) = \cos(2\pi\omega_1 t) + 0.5\sin(2\pi\omega_1 t) \tag{8.8}$$

采用式(8.7)的谐波识别方法进行谐波系数识别,图 8.2 给出了前 0.2 秒时间内识别的谐波系数,正弦和余弦谐波系数都在 0.1 秒时分别收敛于理论值 0.5 和 1。图 8.3 给出了前 0.2 秒时间内的谐波信号识别结果,识别的谐波信号在 0.1 秒时与参考信号已基本一致。从图 8.2 和图 8.3 可以看出,基于最小均方误差法的谐波系数识别方法可以快速收敛,且具有很高的识别精度。

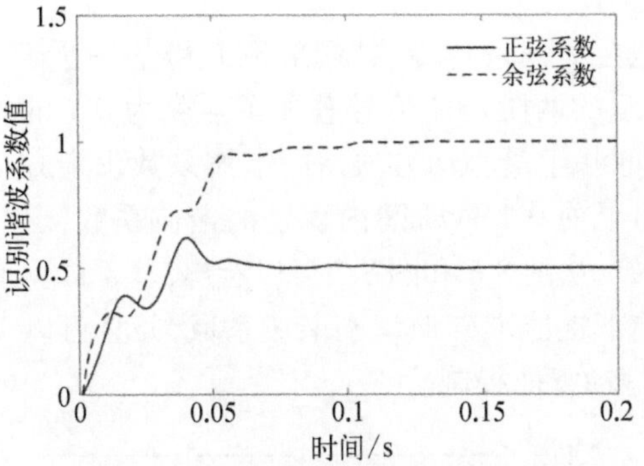

图 8.2　单谐波信号前 0.2 秒时间内谐波系数的识别结果

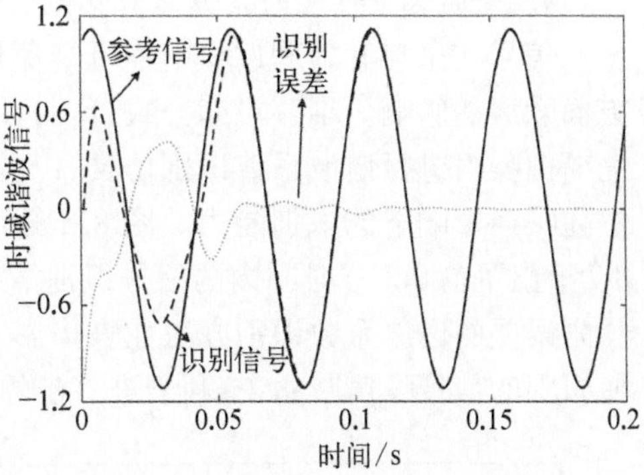

图 8.3　单谐波信号前 0.2 秒时间内谐波信号的识别结果

3. 两阶谐波信号的谐波系数识别仿真

直升机振动为多谐波振动，因此本节对一个包含两阶谐波成分的稳态信号进行谐波系数识别仿真，两个信号频率为 ω_1 = 19.5 Hz 和 ω_2 = 39.0 Hz。谐波信号的表达式为

$$d_2(t) = \cos(2\pi\omega_1 t) + 0.5\sin(2\pi\omega_1 t) - \cos(2\pi\omega_2 t) - 0.5\sin(2\pi\omega_2 t) \tag{8.9}$$

采用如公式(8.7)所示的谐波识别方法进行谐波系数识别，图 8.4 给出了前0.2 秒时间内识别的谐波系数，所有正弦和余弦谐波系数都在 0.1 秒时分别收敛于各自的理论值。图 8.5 给出了前 0.2 秒时间的谐波信号识别结果，识别的谐波信号在 0.1 秒时与参考信号已基本一致。从图 8.4 和图 8.5 可以看出，基于最小均方误差法的谐波系数识别方法对两阶谐波信号也具有很快的收敛速度和很高的识别精度。

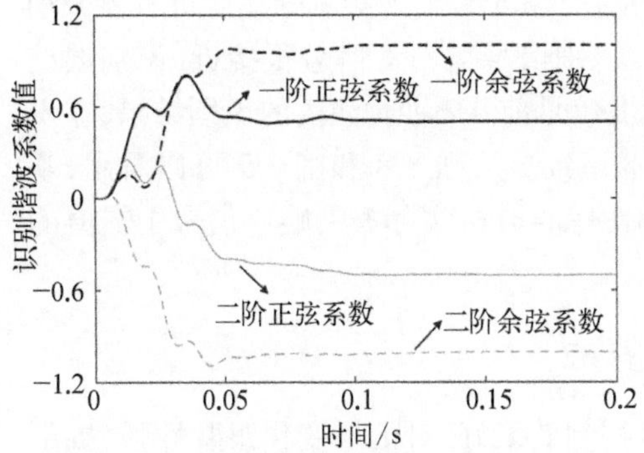

图 8.4　两阶谐波信号前 0.2 秒时间内谐波系数的识别结果

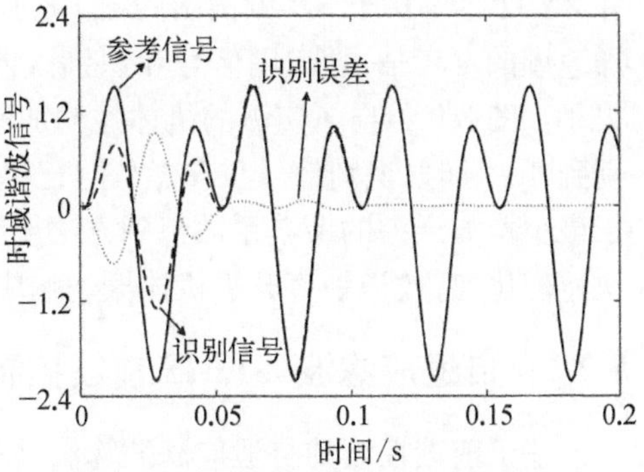

图 8.5　两阶谐波信号前 0.2 秒时间内谐波信号的识别结果

4. 叠加噪声信号的谐波系数识别仿真

信号在采集和处理过程中不可避免地会受到来自传感器、采集卡和电路等各方面噪声的影响。本节对如公式(8.9)所示的两阶谐波信号叠加了强度为0.1的高斯白噪声进行谐波系数识别仿真，以验证基于最小均方误差的谐波系数识别方法在噪声影响下的识别能力。图8.6给出了前0.2秒时间内识别的谐波系数，图8.7给出了前0.2秒时间内的信号识别结果。从图8.6和图8.7可以看出，基于最小均方误差的谐波系数识别方法在噪声影响下也能准确地识别谐波系数，并且可以使识别的信号噪声减弱，有利于进一步的振动智能控制。

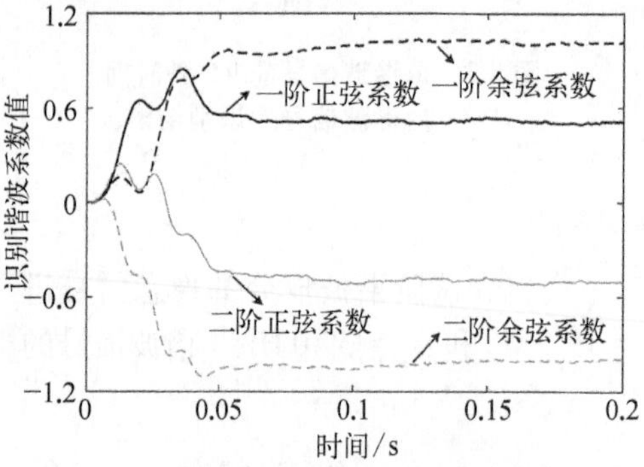

图8.6 叠加噪声的两阶谐波信号前0.2秒时间内谐波系数的识别结果

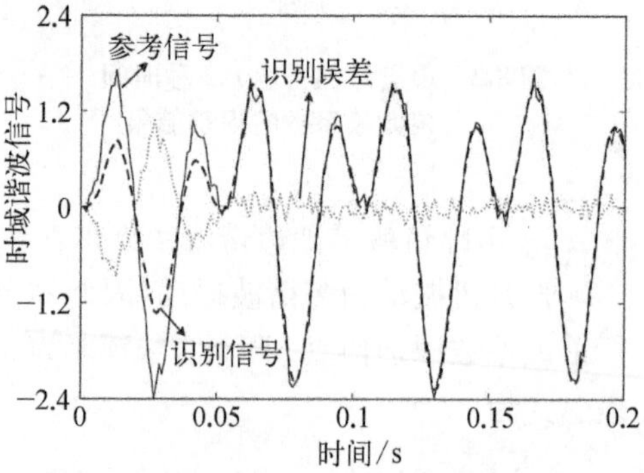

图8.7 叠加噪声的两阶谐波信号前0.2秒时间内谐波信号的识别结果

5. 直升机实测振动信号的谐波系数识别仿真

为了验证基于最小均方误差的谐波系数识别方法对实际直升机振动信号的识别能力，本节采用某直升机飞行试验测量的机体振动加速度一段信号进行谐波系数的识别仿真。实测的振动加速度信号包含两阶旋翼通过频率，即 $N_b\Omega = 19.5$ Hz 和 $2N_b\Omega = 39.0$ Hz，其频谱图如图1.8所示。图8.8给出了实测的直升机机体振动加速度的参考信号、识别信号和识别误差，识别信号与参考信号很接近，识别误差很小。图8.9给出了实测的机体振动加速度信号前0.2秒时间内的识别结果，在识别到0.1秒时，识别信号与参考信号已基本一致。从图8.8和图8.9可以看出，基于最小均方误差的谐波系数识别方法能够跟踪直升机实际振动响应信号中幅值的快速变化，有效识别直升机机体振动响应。

8.2.2 自适应滤波 x-LMS 前馈控制算法

基于前馈控制的自适应滤波算法具有控制效果好、对信号变化跟踪性强、抗干扰性强的优点，其中滤波 x-LMS 算法简单、计算量小，被广泛应用于振动主控制领域(Hugin et al., 2007; Gupta et al., 2006; Qiu et al., 2006; Douglas, 2002)。本节

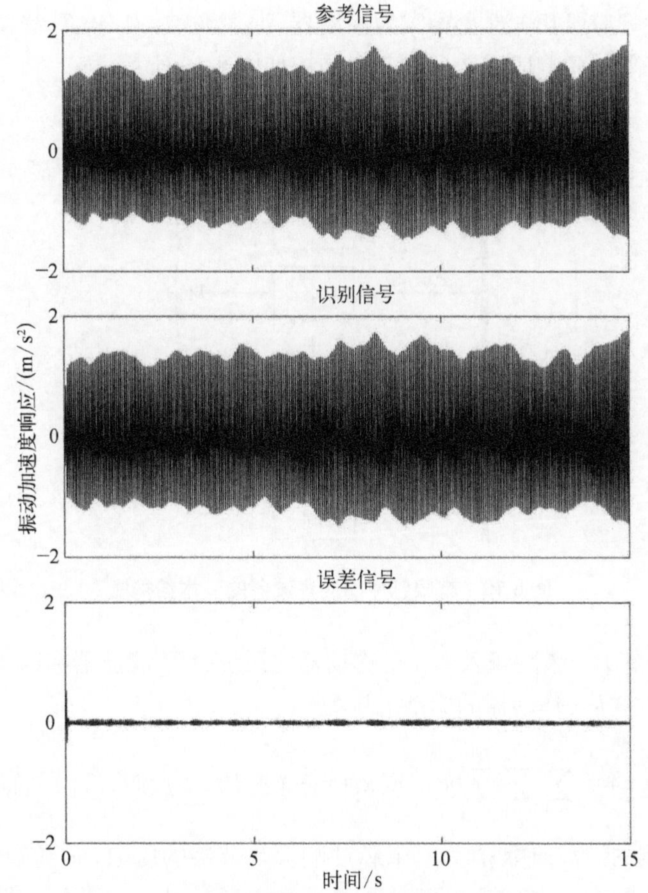

图 8.8　实测的直升机机体振动加速度的参考信号、识别信号和识别误差

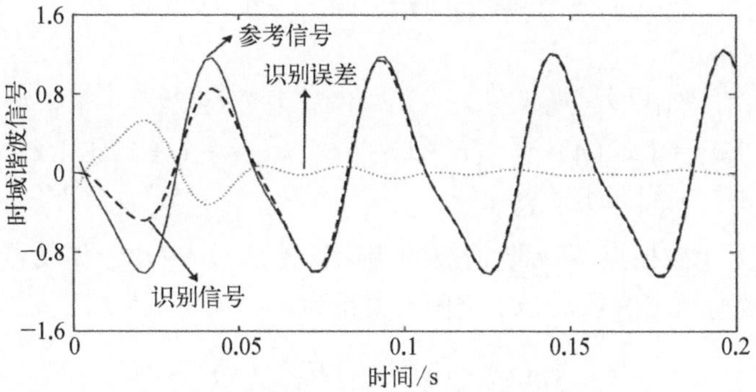

图 8.9　实测的直升机机体振动加速度信号前 0.2 秒时间内的识别结果

采用有限脉冲响应(FIR)滤波器作为控制器,通过滤波 x-LMS 算法实时更新滤波器的系数。有限脉冲响应滤波器的基本结构如图 8.10 所示。

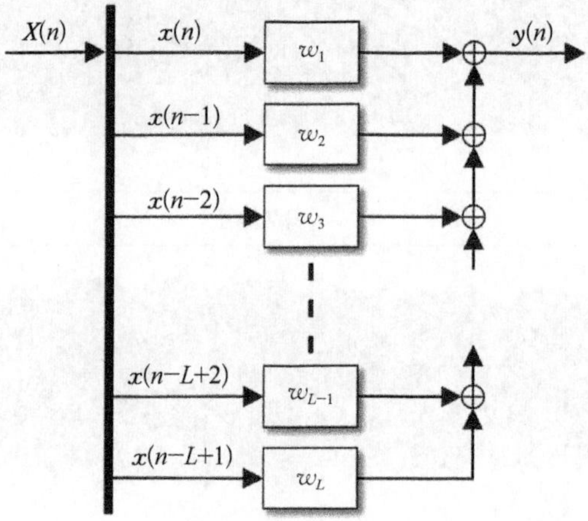

图 8.10 有限脉冲响应滤波器的基本结构图

对于一个有 I 个激励输入和 J 个作动器的系统,FIR 滤波器在第 n 个采样点的第 j 个输出,即第 j 个作动器的驱动电压为

$$u_j(n) = \sum_{r=1}^{R}\sum_{i=1}^{I}\sum_{l=0}^{L-1} w_{ijrl}(n)x_{ir}(n-l+1), \quad j=1, 2, \cdots, J \tag{8.10}$$

式中,R 为控制的谐波阶数;L 为有限脉冲响应滤波器的阶数;$w_{ijrl}(n)$ 为第 n 个采样点 FIR 滤波器对第 r 阶谐波的第 l 个权系数;$x_{ir}(n-l+1)$ 为滤波器第 $n-l+1$ 时刻的第 r 阶谐波的输入。将公式(8.10)写成矩阵形式:

$$y_j(n) = \sum_{i=1}^{I} \boldsymbol{W}_{ij}^{\mathrm{T}}(n)\boldsymbol{X}_i(n), \quad j=1, 2, \cdots, J \tag{8.11}$$

式中,$\boldsymbol{W}_{ij}(n) = [w_{ij1}(n) \quad w_{ij2}(n) \quad \cdots \quad w_{ijR}(n)]^{\mathrm{T}}$;$\boldsymbol{X}_i(n) = [x_{i1}(n) \quad x_{i2}(n) \quad \cdots \quad x_{i3}(n)]^{\mathrm{T}}$;$w_{ijr}(n) = [w_{ijr}(n) \quad w_{ijr}(n-1) \quad \cdots \quad w_{ijr}(n-L+1)]^{\mathrm{T}}$;$x_{ir}(n) = [x_{ir}(n) \quad x_{ir}(n-1) \quad \cdots \quad x_{ir}(n-L+1)]^{\mathrm{T}}$。

于是,第 k 个减振点、第 r 阶谐波的响应误差信号 $e_{kr}(n)$、作动器控制电压信号 $y_{jr}(n)$ 和激励响应信号 $d_{kr}(n)$ 之间的关系为

$$e_{kr}(n) = d_{kr}(n) - \hat{\boldsymbol{H}}_{jkr}y_{jr}(n) \tag{8.12}$$

式中,$\hat{\boldsymbol{H}}_{jkr}$ 是第 j 个作动器的驱动电压到第 k 个响应测量点之间的控制通道第 r 阶谐波的传递函数矩阵估计值。控制通道不仅包括机体传递通道,也包括作动器的

输入输出关系和功率放大系数。$\hat{\boldsymbol{H}}_{jkr}$ 可通过离线识别得到，也可以通过自适应估计方法在线识别得到。

最小均方误差法的控制目标为寻求最优的权系数，使误差的平方达到极小值：

$$\min J_{kr} = \min E\{e_{kr}^2(n)\} \tag{8.13}$$

滤波器的权系数可以用最陡下降法求得

$$\boldsymbol{W}_{ijr}(n) = \boldsymbol{W}_{ijr}(n-1) - \sum_{k=1}^{K} \mu_{ijkr}(n)\nabla_{ijkr}(n) \tag{8.14}$$

式中，$\mu_{ijkr}(n)$ 是收敛系数，可以用来调节算法的收敛速度；$\nabla_{ijkr}(n)$ 是梯度，是目标函数对权系数的偏导：

$$\nabla_{ijkr}(n) = -\frac{\partial J_{kr}}{\partial \boldsymbol{W}_{ijr}(n)} \tag{8.15}$$

在实际应用中，为了简化计算，一般取单个误差样本平方的梯度作为均方误差梯度的估计，则梯度为

$$\nabla_{ijkr}(n) = -\frac{\partial[e_{kr}^2(n)]}{\partial \boldsymbol{W}_{ijr}(n)} = -2e_{kr}(n)\hat{\boldsymbol{H}}_{jkr}\boldsymbol{X}_{ir}(n) \tag{8.16}$$

将式(8.16)代入式(8.14)，可得第 n 个采样点的权系数修正公式为

$$\boldsymbol{W}_{ijr}(n) = \boldsymbol{W}_{ijr}(n-1) + 2\sum_{k=1}^{K} \mu_{ijkr}(n)e_{kr}(n)\hat{\boldsymbol{H}}_{jkr}\boldsymbol{X}_{ir}(n) \tag{8.17}$$

式中，μ_{ijkr} 是系统的收敛系数，通常取值范围为 $0 < \mu_{ijkr} < 1$。但是在滤波 x-LMS 算法中，由于参考信号需要乘以控制通道传递函数的估计值，所以 μ_{ijkr} 的取值范围会发生变化。如果收敛系数选取过小，会造成系统收敛过慢；如果取值过大则会使系统发散。为了使系统在不同外扰幅值下保持相同的收敛特性，本节采用归一化最小均方误差算法（normalized least mean square, NLMS）（Haykin, 2003），在运算过程中对收敛系数进行实时修正，修正公式为

$$\mu_{ijkr}(n) = \frac{\mu_0}{\sum_{l=1}^{L}[\hat{\boldsymbol{H}}_{jkr}X_{ir}(n-l+1)]^2 \frac{1}{L} + \alpha} \tag{8.18}$$

式中，μ_0 为归一化收敛系数，$0 < \mu_0 < 1$；α 是一个很小的常数，使得分母始终不为0。

式(8.11)、式(8.17)和式(8.18)是归一化滤波自适应前馈控制算法的迭代公式，在这些公式中，激励信号和响应误差信号的每一阶谐波数值都由识别的该阶谐波系数乘以该阶谐波基函数向量得到。

8.3 谐波识别-自适应滤波 x-LMS 前馈智能控制仿真

为了验证本章提出的谐波识别-滤波 x-LMS 自适应前馈控制算法对直升机振动智能控制的有效性,本章针对第 3 章的压电叠层作动器驱动的直升机座舱地板动力学相似框架结构振动智能控制模型进行多组激励下的振动智能控制仿真。

8.3.1 单载荷单谐波激励下振动智能控制仿真

首先进行直升机地板动力学相似模型在单载荷单谐波激励下的振动智能控制仿真。仿真中,采样频率设为$f_s = 1\,000$ Hz, 归一化收敛系数$\mu_0 = 0.03$, 谐波系数识别的收敛系数$\mu_i = 0.05$。根据图 1.8 所示的直升机机体实测振动响应,激励力频率设置为 $\omega_1 = 19.5$ Hz, 与旋翼一阶通过频率相同。激励力设置为 $F_Z = 3.5\sin(2\pi\omega_1 t)$, 方向沿 Z 方向,设无控制时两个减振点的垂向振动加速度响应为 0.95 m/s^2, 与图 1.8 所示的一阶通过频率的振动响应相同。由于自适应控制算法计算出的驱动电压是正弦信号,存在负电压,而压电叠层作动器的工作范围是 0 ~ 150 V, 因此给驱动电压信号施加了 75 V 的偏置电压后再驱动压电叠层作动器。两个减振点的垂向振动加速度响应分别如图 8.11 和图 8.12 所示。仿真时长设为 10 秒,激振力 0 秒开始作用于地板模型,产生激励响应,3 秒时振动智能控制系统开启,两个减振点的振动加速度水平快速下降,系统开启 3 秒后减振点的振动水平降低了 99%以上。四个压电叠层作动器的驱动电压如图 8.13 所示。值得一提的是,由于系统的对称性,两个减振点的加速度响应相同,压电叠层作动器 Ⅰ 和 Ⅲ 的驱动电压相同, Ⅱ 和 Ⅳ 的驱动电压相同。

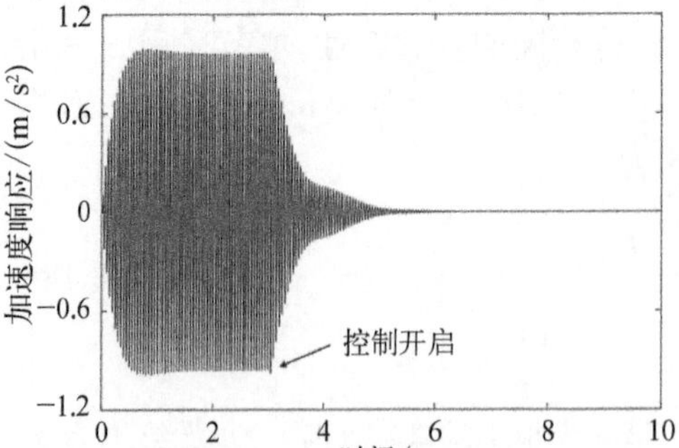

图 8.11 单载荷单谐波激励下振动智能控制仿真减振点 1 的垂向加速度响应

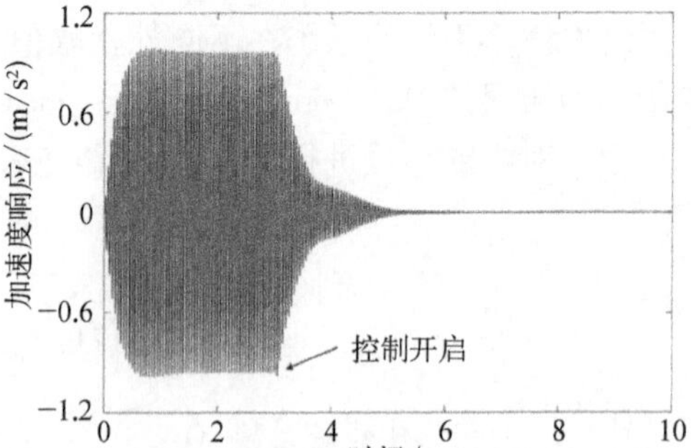

图 8.12 单载荷单谐波激励下振动智能控制仿真减振点 2 的垂向加速度响应

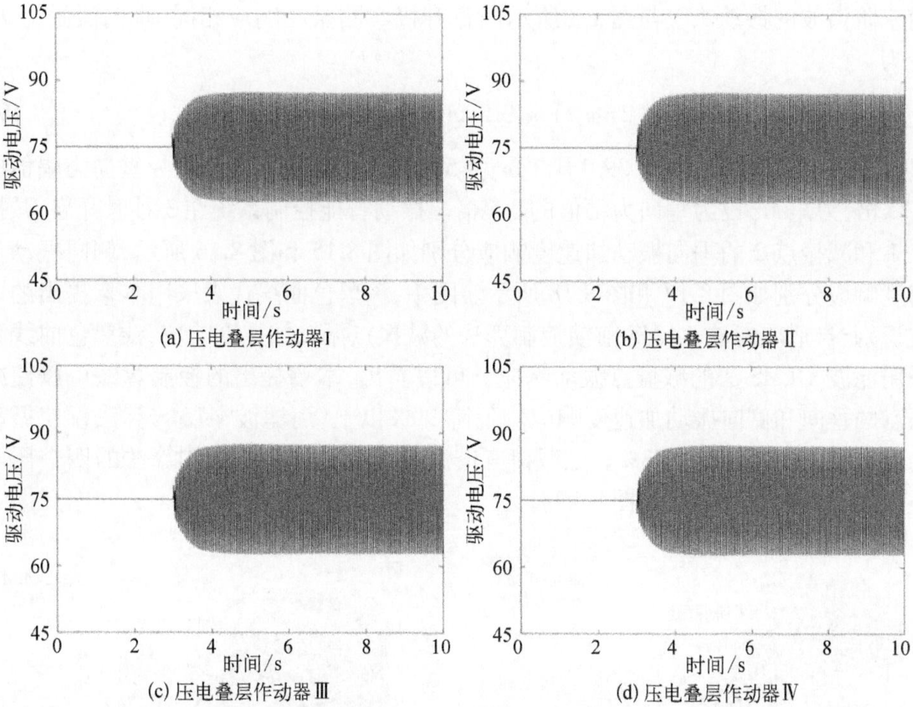

图 8.13　单载荷单谐波激励下振动智能控制仿真压电叠层作动器的驱动电压

8.3.2　三载荷三谐波激励下振动智能控制仿真

本节进行了三载荷三谐波激励下的机体座舱动力学相似模型振动智能控制仿真。仿真中,共有两个力 F_Z、F_Y 和一个力矩 M_X 作用在 75 号点上,如图 8.14 所示。为了使

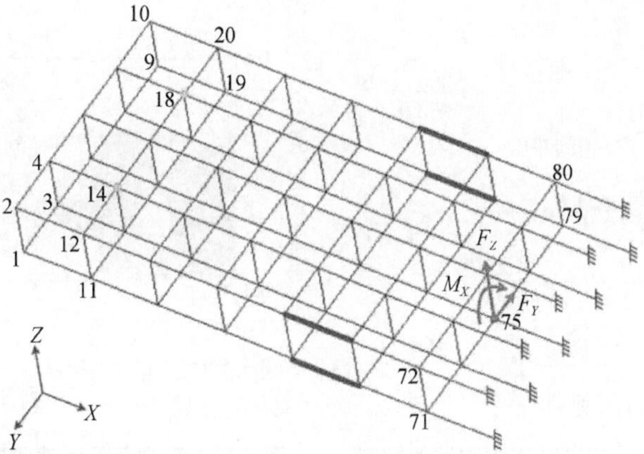

图 8.14　三载荷三谐波激励下振动智能控制仿真中的三个激励载荷

前三阶谐波的振动响应与图 1.8 所示的直升机实测振动响应相同,垂向激励力 F_Z 设为

$$F_Z = 3.5\sin(2\pi\omega_1 t) + 3.5\sin(2\pi\omega_2 t) + 0.3\sin(2\pi\omega_3 t) \tag{8.19}$$

式中,$\omega_1 = 19.5$ Hz;$\omega_2 = 39.0$ Hz;$\omega_3 = 58.5$ Hz。侧向力幅值设为垂向力幅值的 0.75 倍,力矩 M_X 设为垂向力幅值的 0.5 倍。振动智能控制系统在 3 秒时开启,减振点 1 和减振点 2 的垂向振动加速度响应分别如图 8.15 和图 8.16 所示,侧向振动加速度响应分别如图 8.17 和图 8.18 所示。图中,深黑色曲线代表采用本章提出的谐波识别-自适应滤波 x-LMS 前馈控制算法的减振点振动加速度响应,浅黑色曲线为采用滤波 x-LMS 法的减振点振动响应。可以看出,本章提出的控制算法可以使减振点的垂向和侧向振动加速度响应均下降 99%以上,而滤波 x-LMS 算法仅使振动加速度响应下降 40%~73%。三载荷三谐波激励下采用本章控制算法的四个压电叠层作动器的驱动电压如图 8.19 所示。

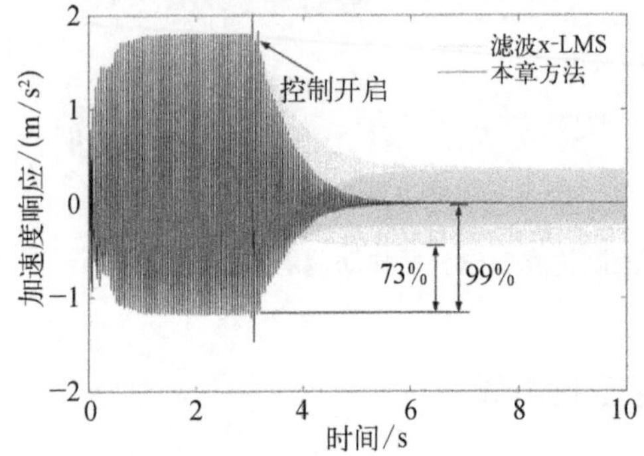

图 8.15 三载荷三谐波激励下振动智能控制仿真减振点 1 的垂向加速度响应

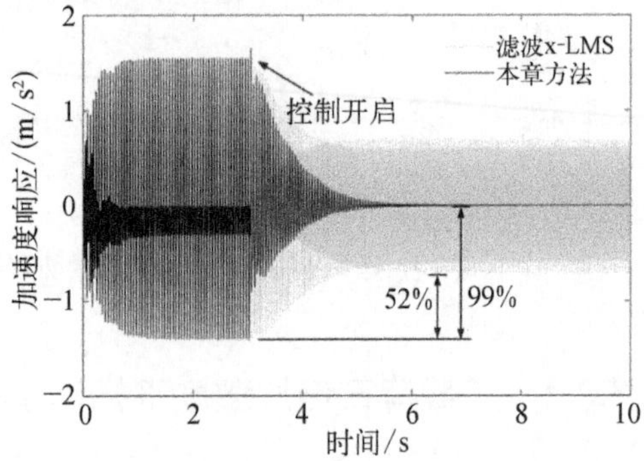

图 8.16 三载荷三谐波激励下振动智能控制仿真减振点 2 的垂向加速度响应

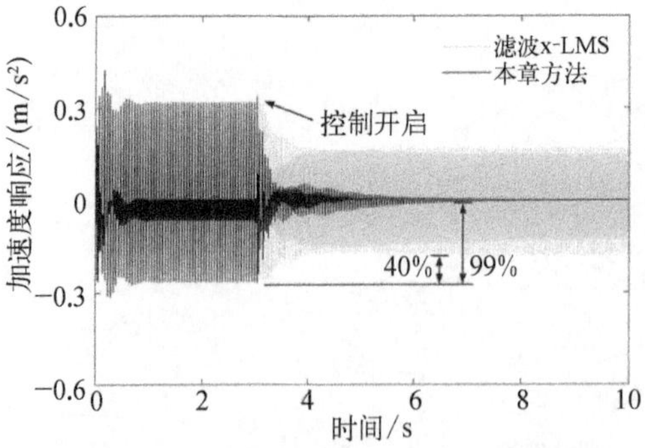

图 8.17 三载荷三谐波激励下振动智能控制仿真减振点 1 的侧向加速度响应

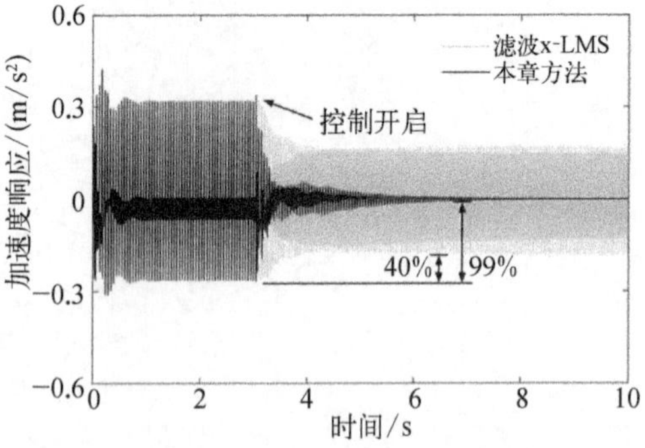

图 8.18 三载荷三谐波激励下振动智能控制仿真减振点 2 的侧向加速度响应

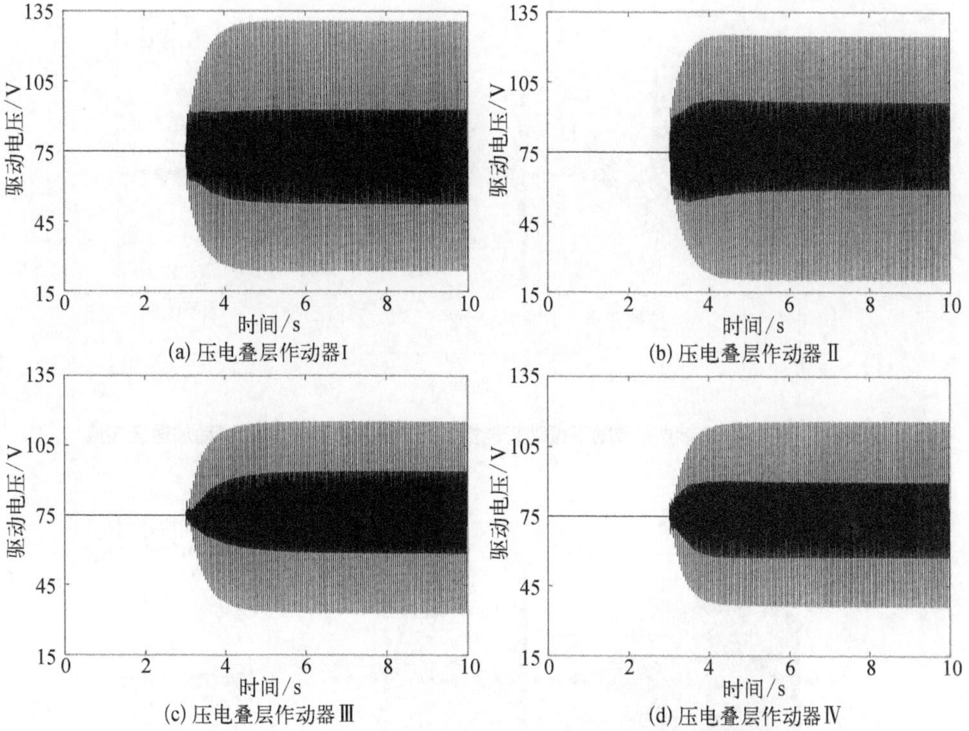

图 8.19　采用本章控制算法的压电叠层作动器的驱动电压

8.3.3　三载荷三谐波变激励下振动智能控制仿真

直升机飞行时，飞行状态的变化会引起旋翼激励载荷的变化，导致机体振动的相位、幅值和频率也发生变化。因此，直升机机体振动智能控制的算法要能针对这些振动变化，一直要有较好的振动控制效果。本节对相位、幅值和频率变化的激励载荷作用下的座舱地板动力学相似模型的多谐波振动智能控制进行仿真。0 秒时开启激励，激励包括三个载荷和三阶谐波，与第 8.3.2 节相同，幅值为第 8.3.2 节中的 75%。第 3 秒时，控制系统开启。激励信号在第 6 秒时相位改变 180°，第 9 秒时幅值增大 33%，第 12 秒时频率减小 5%。减振点 1 和 2 的垂向振动加速度响应分别如图 8.20 和图 8.21 所示，减振点 1 和 2 的侧向振动加速度响应如图 8.22 和图8.23 所示。图中，浅黑色曲线为无控制时的加速度响应，深黑色曲线为智能控制下的加速度响应。可见，当激励载荷的相位、幅值和频率改变时，动力学相似框架模型的振动水平在短时间内有所增大，但经过智能控制后，振动响应很快又衰减到很小值，表明振动智能控制系统对激励载荷的变化具有较强的自适应控制能力。

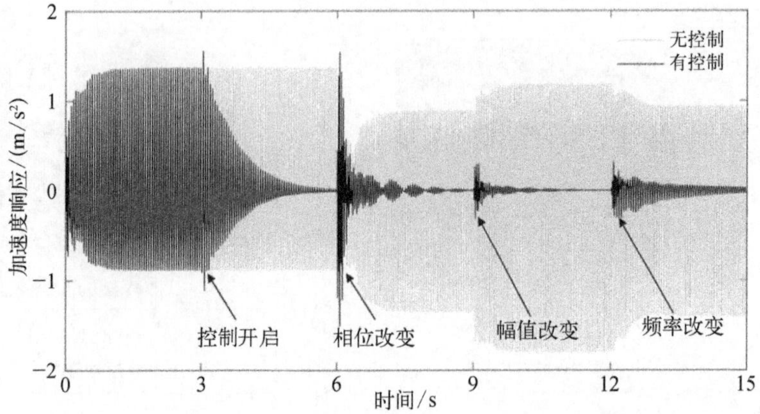

图 8.20　三载荷三谐波变激励下振动智能控制仿真减振点 1 的垂向振动加速度响应

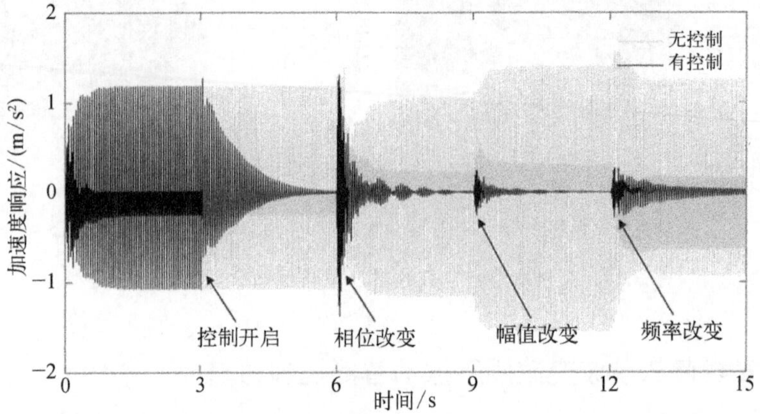

图 8.21　三载荷三谐波变激励下振动智能控制仿真减振点 2 的垂向振动加速度响应

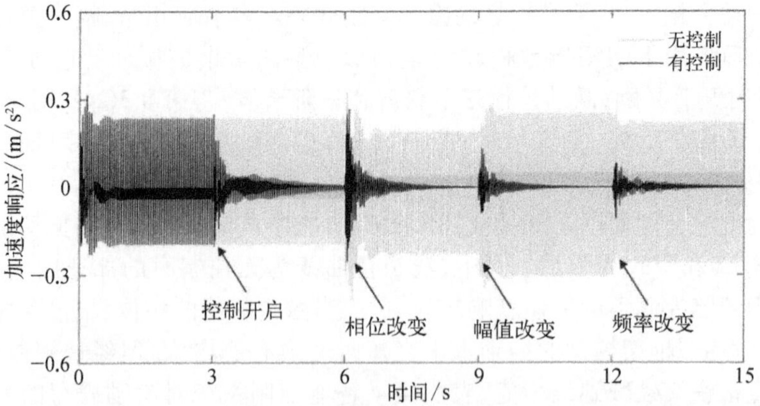

图 8.22　三载荷三谐波变激励下振动智能控制仿真减振点 1 的侧向振动加速度响应

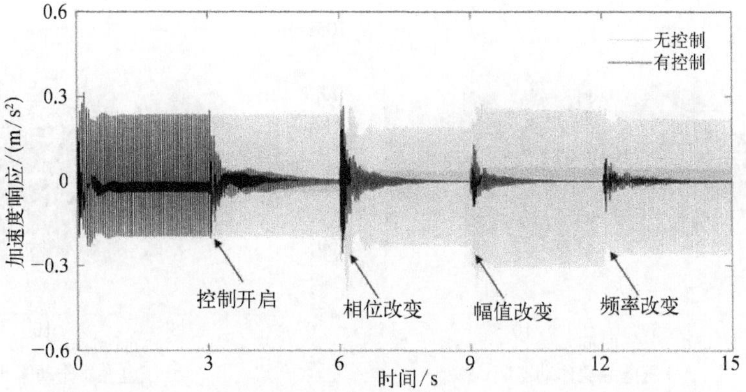

图 8.23　三载荷三谐波变激励下振动智能控制仿真减振点 2 的侧向振动加速度响应

8.3.4　采用直升机实测振动数据的智能控制仿真

为了验证本章提出的振动控制算法对直升机振动智能控制的能力，本节采用直升机飞行试验中一段测量的机体振动加速度响应进行振动智能控制仿真。实测的振动加速度响应信号与第 8.2.1 节第 5 小节中的相同。仿真中，实测的振动加速度响应用作两个减振点垂向的激励响应，实测振动响应与作动器产生的作动响应的差值作为响应误差信号输入控制算法中，参考信号采用谐波基函数中的各阶正弦信号，在 0 秒时开启振动智能控制系统。图 8.24 和图 8.25 分别给出了两个减振点的垂向振动加速度响应，图中深黑色曲线代表控制后的加速度响应，浅黑色曲线代表未控制的实测响应。可以看出在振动智能控制系统作用下，振动加速度响应在 4 秒内逐渐收敛，并在之后的控制时间内，振动水平降低了 84%以上，验证了本章提出的控制算法对实际直升机振动控制的有效性。四个压电叠层作动器的驱动电压如图 8.26 所示。

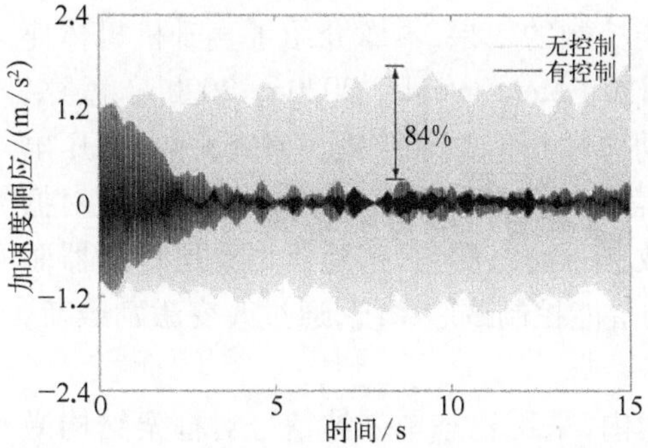

图 8.24　采用直升机实测振动数据的智能控制仿真减振点 1 的垂向加速度响应

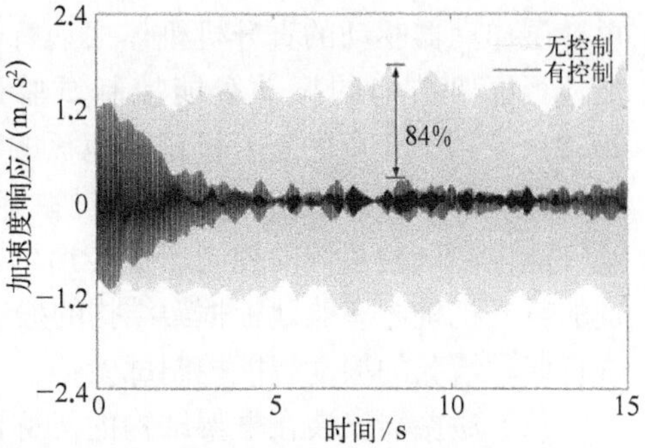

图 8.25　采用直升机实测振动数据的智能控制仿真减振点 2 的垂向加速度响应

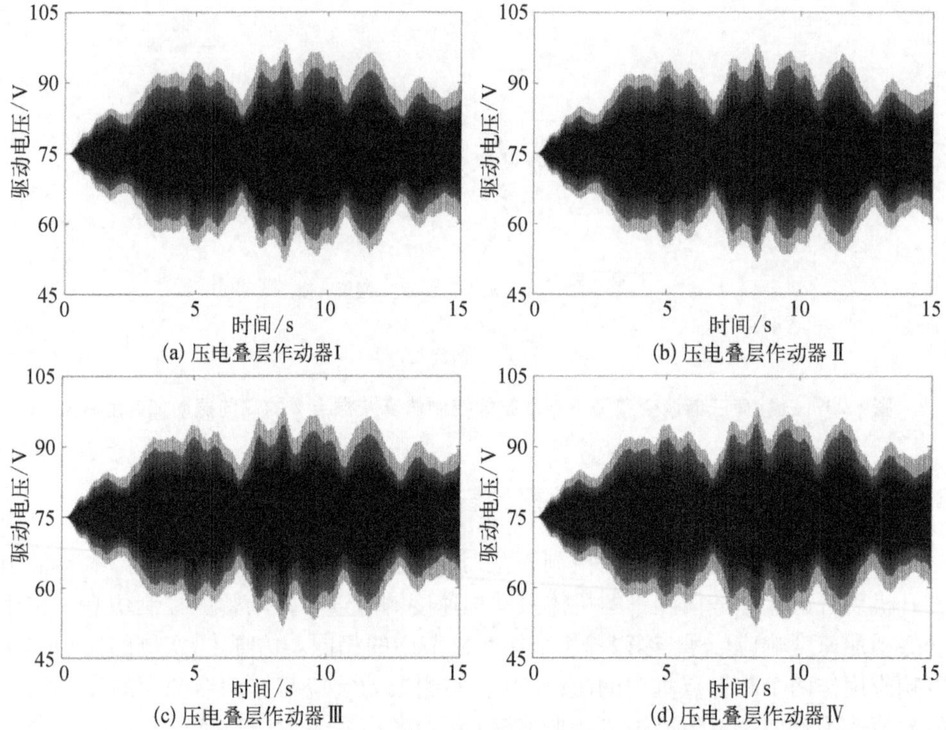

图 8.26　采用直升机实测振动数据的智能控制仿真压电叠层作动器的驱动电压

8.4　谐波识别-自适应滤波 x-LMS 前馈智能控制试验

为了试验验证本章建立的谐波识别-自适应滤波 x-LMS 前馈控制算法进行压电叠层作动器驱动的直升机机体振动智能控制的效果，本章介绍了直升机机体座舱地板框架结构的振动智能控制试验研究（Meng et al.，2020a，2020b；孟德，2020），采用第 3 章的直升机座舱地板的动力学相似框架结构为研究对象，将压电叠层作动器安装到框架结构上，通过数字信号处理器研制试验系统的控制器，对振动智能控制试验系统的控制通道传递函数进行离线测量，构建压电叠层作动器驱动的直升机机体座舱地板框架结构的振动智能控制试验系统，通过改变激励载荷，进行四种情况的振动智能控制试验：

（1）激振器安装在框架结构的对称面内，采用稳态单谐波信号对框架结构激励，进行单谐波对称激励下的振动智能控制试验；

（2）激振器安装在框架结构的非对称位置，采用稳态两阶谐波信号对框架结构激励，进行两阶谐波不对称激励下的振动智能控制试验；

（3）激振器安装在框架模型的非对称位置，采用幅值、相位和频率变化的两阶谐波信号对框架结构激励，进行变振动智能控制试验；

（4）采用实测直升机机体振动加速度响应信号作为减振点的激励响应，进行直升机机体实测振动响应的智能控制试验。

试验结果表明，本章提出的谐波识别-自适应滤波 x-LMS 前馈控制算法可以有效控制直升机机体振动，并且具有良好的自适应控制能力。

8.4.1　座舱地板框架结构振动智能控制试验系统

1. 座舱地板动力学相似框架结构

直升机座舱地板动力学相似框架结构垂直固定安装在试验台架上的照片如图 8.27 所示，框架结构材料采用 45 号钢，总质量为 15.7 kg。采用锤击法对框架结构进行模态试验，框架结构试验的模态和直升机座舱地板的模态如表 8.1 所示，表中的框架结构的模态为安装压电叠层作动器后的模态，从表中可以看出，两者前三阶模态的振型一致、频率误差很小，表明框架结构与直升机座舱地板的前三阶动力学相似度很高。

图 8.27　座舱地板动力学相似框架结构垂直安装在试验台架上的照片

表 8.1 地板框架结构试验模态与直升机座舱地板模态

模态阶数	振　　型	框架结构测量频率/Hz	座舱地板频率/Hz	频率误差/%
1	垂向一弯	7.88	7.87	0.13
2	垂向二弯	18.75	19.20	−2.34
3	扭转一阶	22.13	21.86	1.24

2. 压电叠层作动器

试验系统中采用的压电叠层作动器是机械封装式压电叠层作动器,其型号是 PSt150/7/100 VS12,实物照片如图 8.28 所示,封装内部的压电陶瓷单元如图 8.29 所示,压电单元长 80 mm,横截面 7 mm×7 mm,压电薄片厚度 100 μm,压电材料是锆钛酸铅(PZT),其压电系数 d_{33} = 635 pm/V, 杨氏模量 55 GPa,介电系数 5 400。封装后的 PSt150/7/100 VS12 压电叠层作动器的参数见表 3.2。PSt150/7/100 VS12 压电叠层作动器通过两端的内螺纹与外部结构相连。压电叠层作动器不能承受拉力和弯矩,否则压电薄片之间的连接会发生脆性断裂从而导致压电叠层作动器损坏失效。在实际使用中,为了避免拉力,在安装压电叠层作动器时需在两端施加一定的预紧力,并避免使用负电压驱动压电叠层作动器。为了避免压电叠层作动器受弯,在安装压电叠层作动器时需将一个弹性铰与压电叠层作动器并联安装,安装形式如图 8.30 所示。

图 8.28 压电叠层作动器实物照片

图 8.29 压电叠层作动器封装内部的压电单元

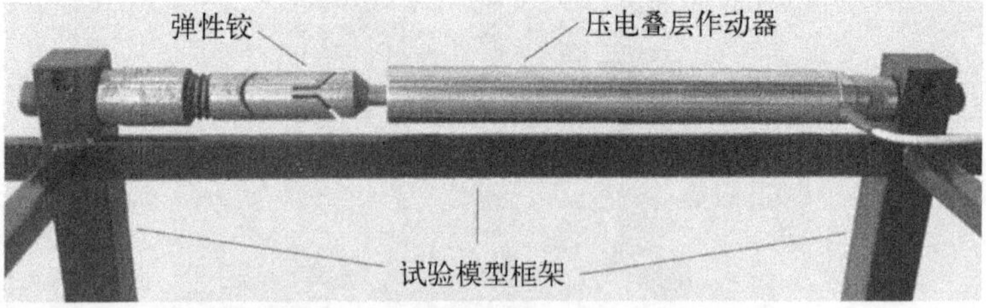

图 8.30 压电叠层作动器安装形式

3. 试验系统的控制器

试验系统的控制器通过数字信号处理器(DSP)研制。DSP 是由集成电路芯片组成的用来完成信号处理任务的处理器,其内部采用哈佛结构,即程序空间和数据空间分开存储。DSP 采用多总线结构和多处理单元,具有功耗低、运算精度高和运算能力强的特点。例如,TMS320X54x 系列 DSP 芯片具有 16 位的字长,为了防止溢出,累加器达到 40 位,并且其运行速度高达 100 MIPS 以上,即每秒可以执行一亿条指令。DSP 芯片具有很强的接口功能,片内具有串行接口、主机接口、定时器、A/D、D/A 等多个接口,方便利用外围设备实现更多功能。本试验采用美国德州仪器公司开发的 TMS320F28335 型浮点型数字信号处理器开发板,其采用 32 位浮点型 CPU,主频是 150 MHz,其实物照片如图 8.31 所示。

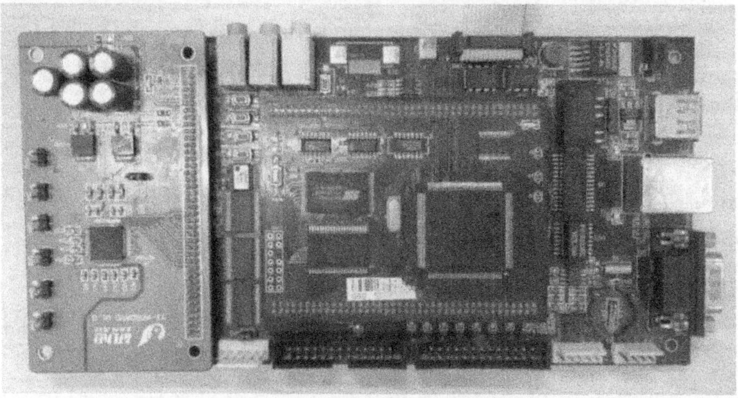

图 8.31　试验采用的 TMS320F28335 型 DSP 开发板

数字信号处理系统的简化流程框图如图 8.32 所示,待处理的数字信号首先通过抗混叠滤波器滤除高于混叠频率(其值为采样频率的一半)的成分,防止产生信号频谱的混叠干扰采样。随后通过 A/D 采样变成离散的数字信号,并采用数字信号处理器对信号进行处理,产生输出的数字信号。输出的数字信号经过 D/A 转换后变成模拟信号经过低通滤波器即可得到平滑的输出信号。图 8.32 中的 A/D 转换和 D/A 转换均由数字信号处理器开发板上集成的 ADC 和 DAC 芯片实现。由于板载的 ADC 芯片采集的电压范围为 0~3 V,而传感器测量的信号是正弦谐波信号,存在负值,因此通过数据总线接口外接了 AD7656 采集模块进行 A/D 转换。AD7656 芯片拥有 6 通道输入,单个通道最高采样频率可达 250 kHz,采样电压范围 ±10 V,采样精度 16 位。通过 A/D 转换,AD7656 芯片可以将-10~10 V 的电压信号按比例转换成-32767~32768 之间的数字信号进行处理。D/A 转换采用板载的 DAC7724 芯片实现,其拥有 4 通道输出,±10 V 的输出范围和 12 位转换精度。通过 D/A 转换,可以将 0~4095 之间的数字信号对应产生-10~10 V 的输出电压,其中 0 对应-10 V，2048 对应 0 V，4095 对应+10 V。值得一提的是，由于 DAC7724 芯片的零阶保持，即在同一采样窗口内 D/A 的输出电压保持不变，D/A 输出的信号存在采样频率及其高阶谐波频率的成分，需要通过低通滤波器滤除高阶成分后才能获得平滑的输出信号。

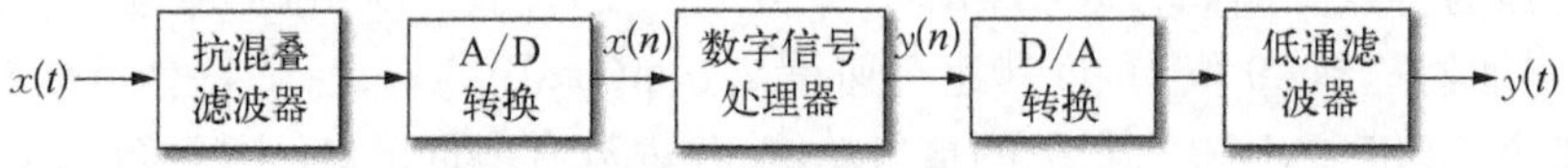

图 8.32　数字信号处理系统简化流程图

数字信号处理器可以快速实现对信号的 A/D 转换、信号处理和 D/A 变换，但是，受限于有限的存储空间，难以对试验的信号进行存储或展示。因此，在试验系统中，DSP 通过串行通信接口（serial communication interface，SCI）实时将测量信号和输出信号发送到计算机中。F28335 处理器共提供三个 SCI 接口，支持 8 位数据接收和发送，并且具有 FIFO（First In First Out）数据缓冲和可调的波特率，能够在保证传送数据不丢包的基础上减少软件的负担。计算机上采用格西烽火软件对 DSP 发送的数据进行抓包处理，再通过 MATLAB 软件编写程序对 DSP 发送的数据进行解码，并进行信号处理、展示和储存。

数字信号处理器内部采用汇编语言进行指令和操作，但使用汇编语言编写 DSP 应用软件十分烦琐且困难。德州仪器公司开发了针对 DSP 的操作软件 TI Code Composer Studio（CCS），使得可以在主机上采用 C 语言等高级语言对 DSP 进行调试，提供了良好的 DSP 应用软件的开发环境。本试验中，控制器采用 CCS v4 和 C 语言进行直升机结构振动智能控制算法程序的开发。

4. 试验系统构建

直升机机体座舱框架结构振动智能控制试验系统的框图如图 8.33 所示。DSP 内部的信号发生器生成数字激励信号通过 D/A 转换为模拟信号，然后通过低通滤波和功率放大器放大后输入到电磁激振器对框架结构激励产生激励响应，模拟旋翼激振力在直升机座舱地板产生的振动响应。加速度传感器采集减振点的加速度响应，并转化为相应的电信号，再由 A/D 采样得到数字信号。采集到的数字信号代入控制算法用来修正压电叠层作动器的驱动信号，驱动信号通过 D/A 转换后经过低通滤波器和功率放大器输入到压电叠层作动器，驱动框架结构产生作动响应并与激励响应相抵消，抵消后的响应误差通过串口与压电叠层作动器的驱动信号实时发送给计算机进行存储。

框架结构垂直安装于试验台架上，激振器、压电叠层作动器和加速度传感器均安装在试验框架结构上，安装位置如图 8.34 所示。图中 X、Y、Z 方向分别表示直升机的航向、侧向、垂向。激振器的激励载荷施加在框架结构底部，模拟从直升机

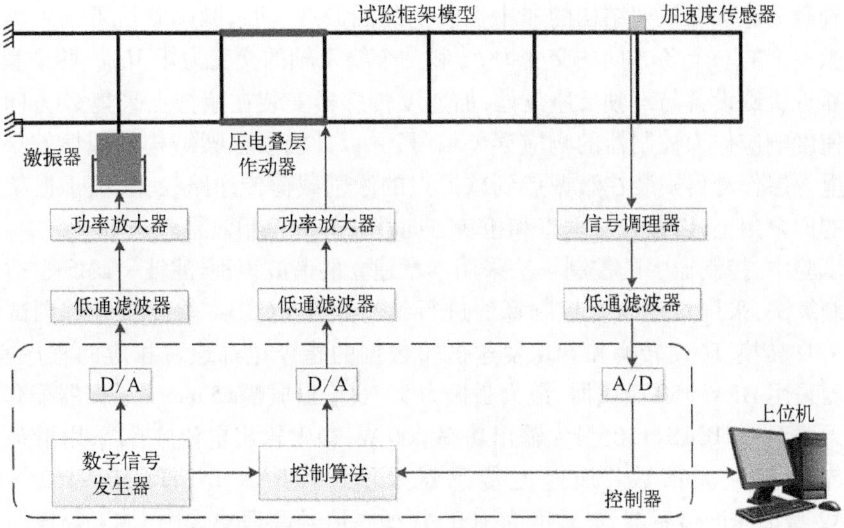

图 8.33　框架结构振动智能控制试验系统框图

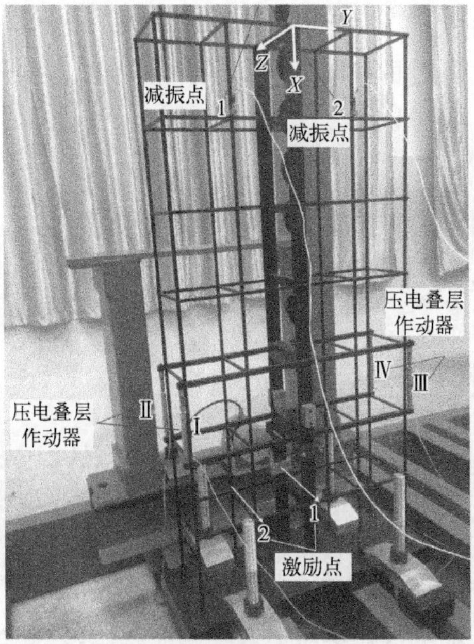

图 8.34　激振器、压电叠层作动器和加速度传感器在框架结构上的位置

机体中段传递到座舱地板结构的振动载荷。当激振器的激励载荷施加在框架结构中性线上的激振点 1 时，激励载荷为 Z 方向的交变力 F_Z。当移动激振器安装位置

使激励载荷施加在框架结构的非中性线上的激振点 2 时,激励载荷可分解为作用在激振点 1 的一个 Z 方向的交变力 F_Z 和一个绕 X 轴的交变力矩 M_X。两个减振点选在靠近机载设备与驾驶员座位处,加速度传感器安装在减振点采集 Z 方向的振动加速度响应作为控制器的响应误差信号,并以此衡量框架结构的减振效果。四个压电叠层作动器安装在激振点到减振点的激励载荷传递路径上,位于框架结构侧面的四个角上,以获得对垂直和扭转方向都较好的控制效果。

试验中,控制器中的控制算法采用本章建立的谐波识别-滤波 x-LMS 自适应前馈控制算法,采用 C 语言对控制算法进行编写并在 CCS v4 软件中进行调试和编译。A/D 转换、D/A 转换和 SCI 发送试验数据的指令也都通过相应的程序实现。激振器采用 HEV－50 激振器,最大激振力 50 N,输出振幅±5 mm。激振器配套的功率放大器型号 HEAS－50,最大输出功率 200 W,最大输出电流 4 A,采用滑动变阻器调节功率放大倍数。加速度传感器采用 DYTRAN INSTRUMENTS 公司的 3097A2 型加速度传感器,灵敏度为 100 mV/g。信号调理器采用 CM3508D 型 8 通道动态信号调理模块,其不仅可以提供 4 mA 恒流源给加速度传感器供电,还包含了 5 阶巴特沃斯低通滤波,可以完成抗混滤波和输出信号滤波。压电叠层作动器的功率放大器采用 XE501－A 型 9 通道功率放大器,其电压放大倍数 15 倍,单个通道最大输出功率 7 W。构建的框架结构振动智能控制试验系统照片如图 8.35 所示。

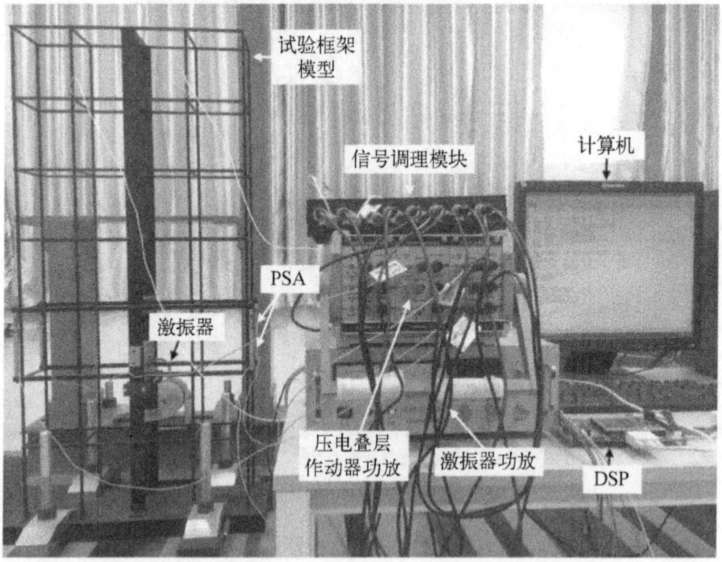

图 8.35　框架结构振动智能控制试验系统照片

5. 控制通道传递函数测量

建立的控制算法需要准确的控制通道的传递函数来保证控制算法的收敛。本节通过识别离线测量方法,采集并计算得到框架结构振动智能控制试验系统的控制通道传递函数,控制通道的传递函数测量框图如图8.36 所示。数字信号发生器产生正弦激励信号,经过 D/A 转换和低通滤波后,再经过功率放大驱动压电叠层作动器对框架结构施加作动力。作动力在减振点产生作动响应,安装在减振点的加速度传感器测量作动响应。测量的加速度信号经过低通滤波和 A/D 转换后得到数字信号,与激励信号一起通过串口实时传送给计算机。计算机对数据进行抓包和解码处理后,计算加速度信号和激励信号的幅值比和相位差,即可得到控制通道的传递函数。试验中,采样频率设为 f_s = 975 Hz, 激励信号的频率是直升机旋翼振动载荷的一阶和二阶谐波频率,分别测量 19.5 Hz 和 39.0 Hz 的控制通道传递函数,测量的结果如表 8.2 和表 8.3 所示。需要指出的是,控制通道的传递函数除了包含压电叠层作动器和框架结构的动态特性,还包含了功率放大器的放大倍数、传感器的灵敏度以及 A/D 转换和 D/A 转换的精度。

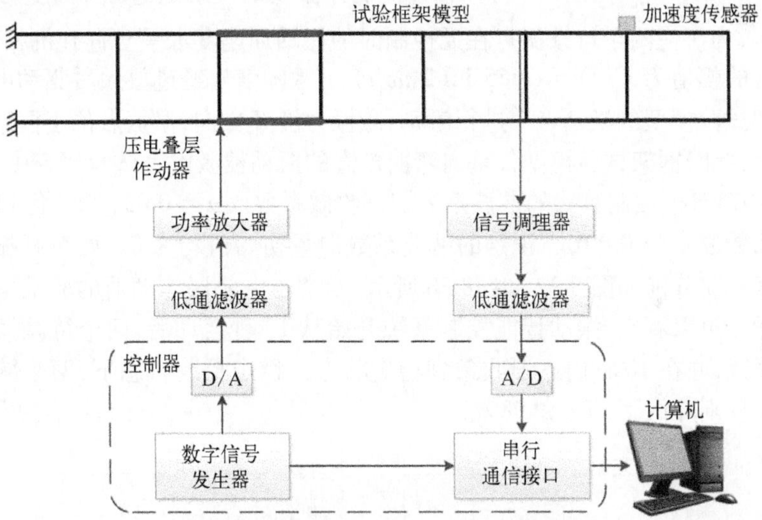

图 8.36　控制通道的传递函数测量框图

表 8.2　测量频率 19.5 Hz 的控制通道传递函数

压电叠层作动器	减振点 1	减振点 2
Ⅰ	0.89−1.49i	0.60−1.18i
Ⅱ	−0.74+1.29i	−0.56+1.10i
Ⅲ	0.84−1.41i	0.85−1.42i
Ⅳ	−0.90+1.51i	−0.98+1.58i

表 8.3 测量频率 39.0 Hz 的控制通道传递函数

压电叠层作动器	减振点 1	减振点 2
Ⅰ	0.36−1.47i	0.77−2.15i
Ⅱ	−0.23+1.24i	−0.59+1.87i
Ⅲ	0.30−0.56i	0.05−0.24i
Ⅳ	−0.38+0.55i	−0.06−0.11i

8.4.2 座舱地板框架结构振动智能控制试验

1. 单谐波对称激励试验

根据某直升机机体实测的振动响应信号,单谐波激励的频率是桨叶一阶通过频率 ω_1 = 19.5 Hz。由图 1.8 可知直升机机体振动的一阶通过频率加速度响应为 0.95 m/s^2,为了使两个待减振点在无控制时的振动加速度水平与直升机相同,设置激励信号的幅值为 $x_e(t) = 1.465\sin(2\pi\omega_1 t)$。激励信号经过放大后驱动电磁激振器对框架试验模型的激励点 1 进行激励,激振力沿 Z 方向,激振点位于框架结构的中性线上,此时框架试验模型仅垂向弯曲模态的振动被激发。试验研究中,采样频率为 f_s = 975 Hz,控制算法的谐波系数识别收敛系数取 μ_i = 0.03,归一化 LMS 算法的收敛系数取 μ_0 = 0.001。识别的谐波系数向量初始值均为 0。两个减振点的垂向加速度响应分别如图 8.37 和图8.38 所示,四个压电叠层作动器的驱动电压如图 8.39 所示。可以看出,振动智能控制系统开始从 10 秒启动后,两个待减振点的振动随之衰减,并在 10 秒内逐渐收敛到稳定状态。稳定控制状态下,两个减振点的振动响应分别降低了 97%和 98%。

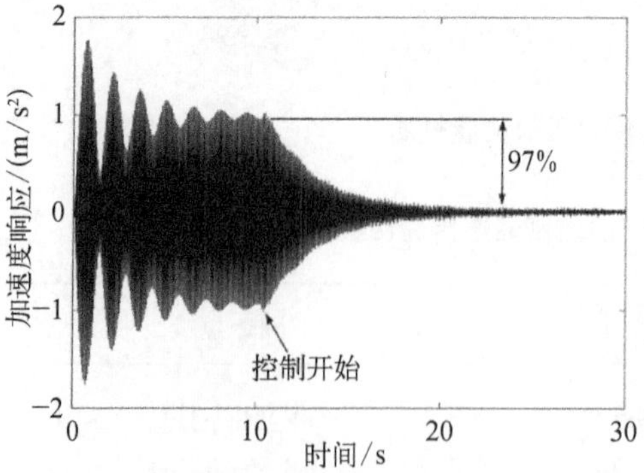

图 8.37 单谐波对称激励试验减振点 1 的垂向加速度响应

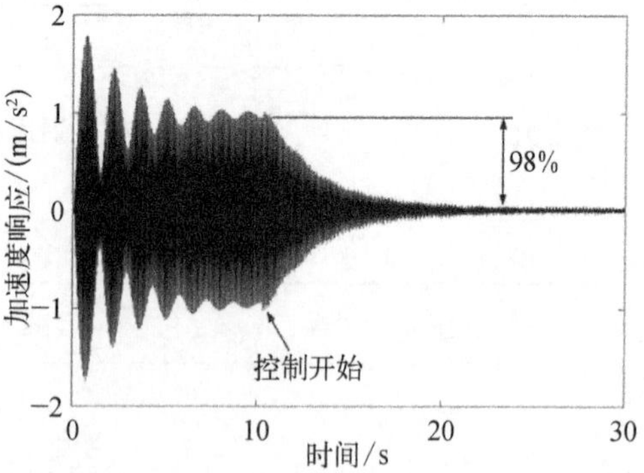

图 8.38 单谐波对称激励试验减振点 2 的垂向加速度响应

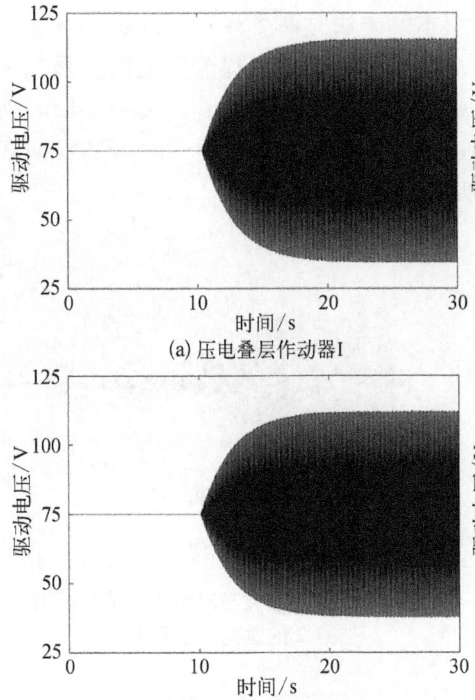

(a) 压电叠层作动器Ⅰ　(b) 压电叠层作动器Ⅱ
(c) 压电叠层作动器Ⅲ　(d) 压电叠层作动器Ⅳ

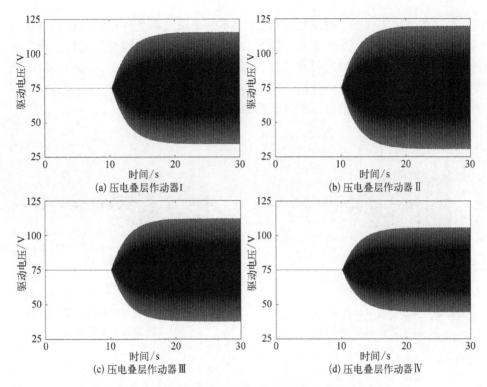

图 8.39　单谐波对称激励试验压电叠层作动器的驱动电压

2. 两阶谐波不对称激励试验

当激励作用在激励点 1 时,试验框架结构仅有垂向弯曲模态被激发,并且单谐波的激励也难以模拟直升机的真实振动载荷。激励点 2 不在试验框架结构的对称面内,因此当激励作用在激励点 2 时,相当于在激励点 1 施加了 Z 方向的激励力 F_Z 和一个 X 方向的激励力矩 M_X,可以同时激起试验框架结构的垂向弯曲和扭转模态。并且直升机机体振动具有多谐波特性,如图 1.8 所示,直升机机体上实测的前两阶桨叶通过频率的振动加速度响应分别为 0.95 m/s^2 和 0.35 m/s^2,是机体振动的主要成分。本节采用包含前两阶桨叶通过频率的激励信号在激励点 2 对框架结构进行激振,进行振动智能控制试验。试验中,为了使减振点的平均振动响应与直升机实测响应相同,激励信号设置为 $x_e(t) = 1.465\sin(2\pi\omega_1 t) + 0.719\sin(2\pi\omega_2 t)$,激励信号的两阶谐波频率是 $\omega_1 = 19.5$ Hz 和 $\omega_2 = 39$ Hz。两个减振点的垂向加速度响应分别如图 8.40 和图 8.41 中深色曲线所示。为了对比本章谐波识别-自适应滤波 x-LMS 前馈控制的效果,本节还采用滤波 x-LMS 算法进行了对比控制试验。对比控制试验中,减振点的加速度响应如图 8.40 和图 8.41 中浅色曲线所示。可以看出,振动智能控制系统从 10 秒时启动后,两个减振点的振动随之衰减,并在 10 秒内逐渐收敛到稳定状态。控制稳定后，采用本章方法时两个减振点的振动响应分别降低了 92%和 94%，采用滤波 x-LMS 算法时，两个减振点加速度响应仅降低了 69%和 72%。与滤波 x-LMS 算法相比，本章提出的谐波识别-自适应滤波 x-LMS 前馈控制方法使两个减振点的减振效果分别提高了 23%和 22%。采用本章方法时四个压电叠层作动器的驱动电压如图 8.42 所示。

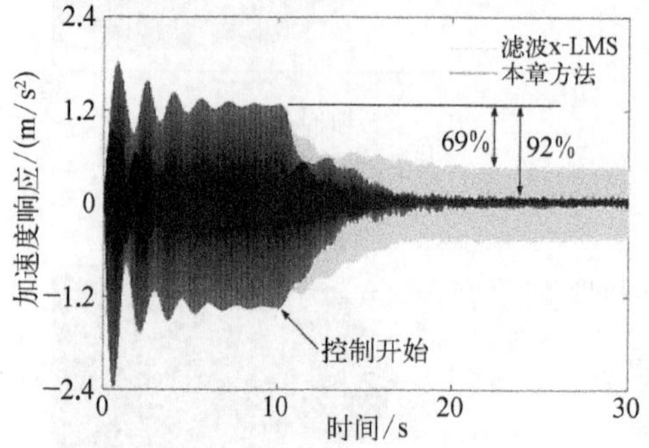

图 8.40 两阶谐波不对称激励试验减振点 1 的垂向加速度响应

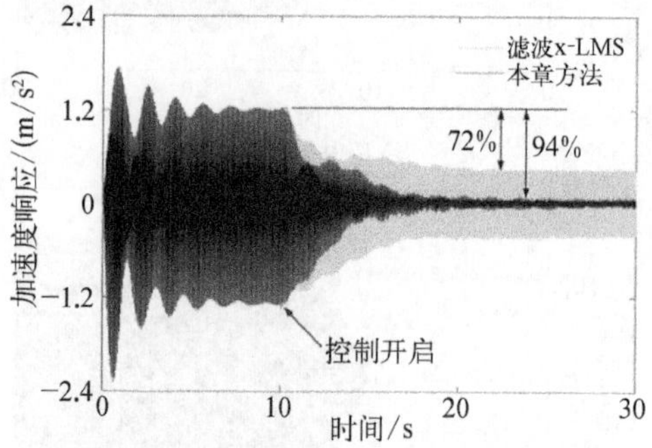

图 8.41 两阶谐波不对称激励试验减振点 2 的垂向加速度响应

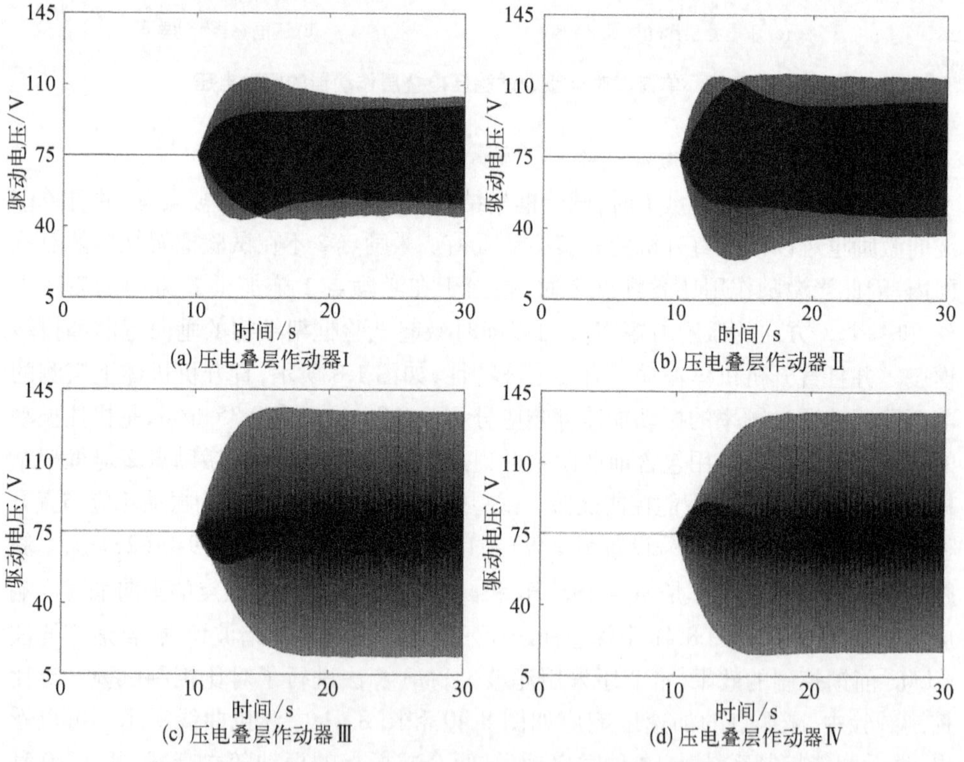

图 8.42 两阶谐波不对称激励试验压电叠层作动器的驱动电压

3. 变载荷激励下振动智能控制试验

直升机振动智能控制系统要能够适应直升机机体振动的相位、幅值和频率的变化，因此本节采用相位、幅值和频率变化的激励载荷对试验框架结构激励进行自适应控制试验。试验中，0 秒激励开启，激励信号包含两阶谐波频率 ω_1 = 19.5 Hz 和 ω_2 = 39 Hz，作用在激振点 2，激励信号是 $x_e(t) = 0.977\sin(2\pi\omega_1 t) + 0.479\sin(2\pi\omega_2 t)$，幅值是上节中的 67%。在第 20 秒时控制系统开启。激励信号在第 40 秒时相位改变 180°，第 60 秒时幅值增大 50%，第 80 秒时频率降低 5%。减振点的垂向振动加速度响应如图 8.43 和图 8.44 所示。图中，浅色曲线代表无控制时的加速度响应，深色曲线代表有控制时的加速度响应。由图可见，当激励的相位、幅值和频率改变时，试验框架结构的振动水平在短时间内增大，但在振动智能控制系统的自适应控制下，振动响应很快又衰减到很低水平，表明控制系统对激励信号的变化具有很强的自适应跟踪控制能力。

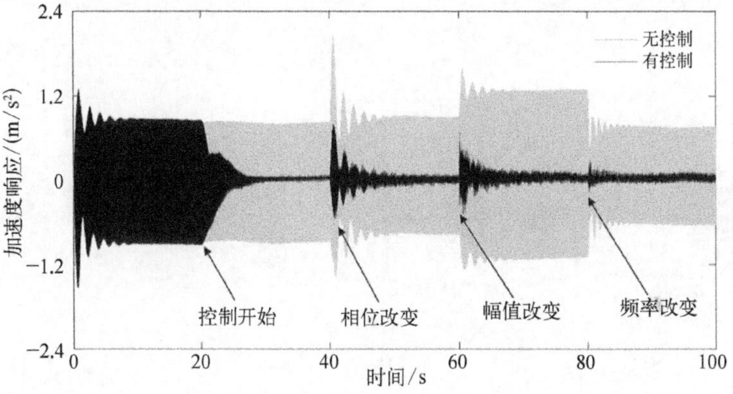

图 8.43　变载荷激励下振动智能控制试验减振点 1 的垂向加速度响应

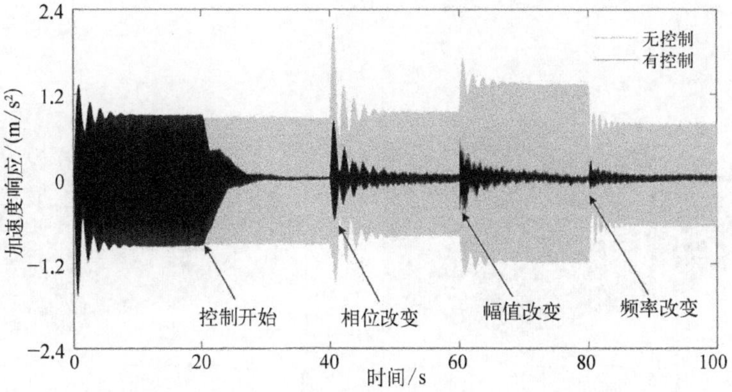

图 8.44　变载荷激励下振动智能控制试验减振点 2 的垂向加速度响应

4. 采用直升机机体实测振动信号的振动智能控制试验

为了验证振动智能控制系统对真实直升机振动的控制能力,本节选择了一段直升机机体实测振动信号进行振动智能控制半物理试验研究。试验中,实测的振动响应信号用作两个减振点的激励响应,并且被预先存储在数字信号处理器中。加速度传感器测量压电叠层作动器驱动下产生的作动响应并与激励响应求差值,作为响应误差信号代入控制算法中,控制算法的参考信号采用谐波基函数中的正弦信号,控制从 0 秒开始。两个减振点的垂向振动加速度响应分别如图 8.45 和图 8.46 所示,其中深色曲线代表振动智能控制系统开启时的加速度响应,而浅色曲线代表无控制的实测响应,也就是实测的机体振动响应信号。可以看出,在振动智能控制系统控制下,响应误差在 5 秒内逐渐收敛,并且在之后的控制时间内,两个减振点的响应误差分别降低了 68%和 70%以上,说明振动智能控制试验系统能有效降低直升机机体的振动。四个压电叠层作动器的驱动电压如图 8.47 所示。

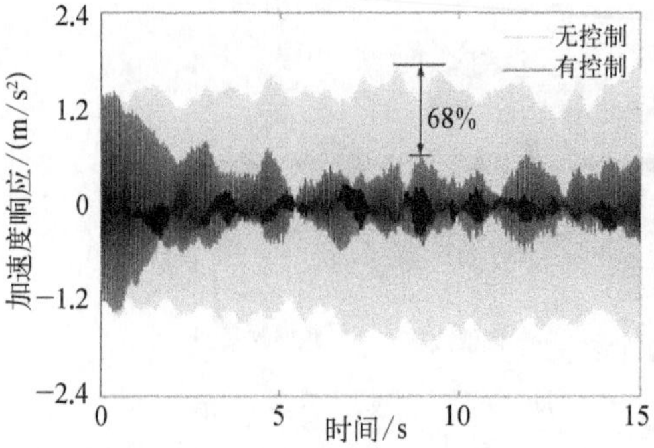

图 8.45 机体实测振动信号控制试验减振点 1 的垂向加速度响应

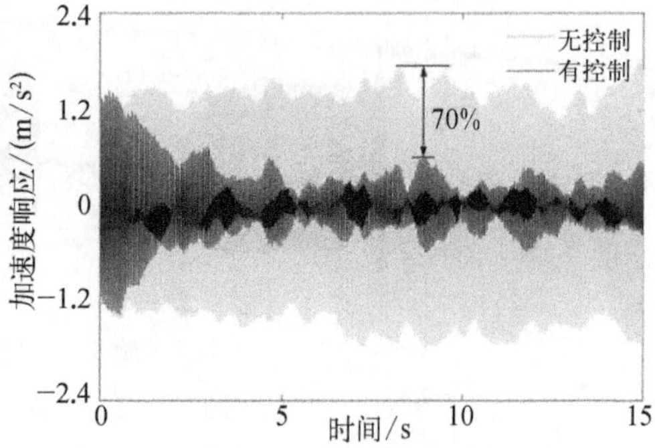

图 8.46 机体实测振动信号控制试验减振点 2 的垂向加速度响应

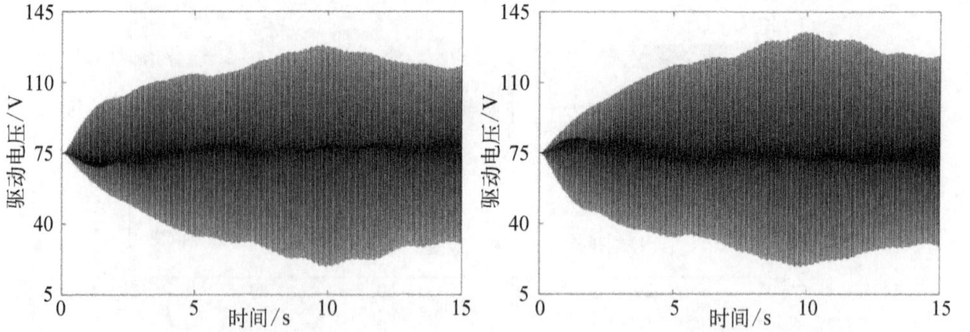

(a) 压电叠层作动器Ⅰ (b) 压电叠层作动器Ⅱ

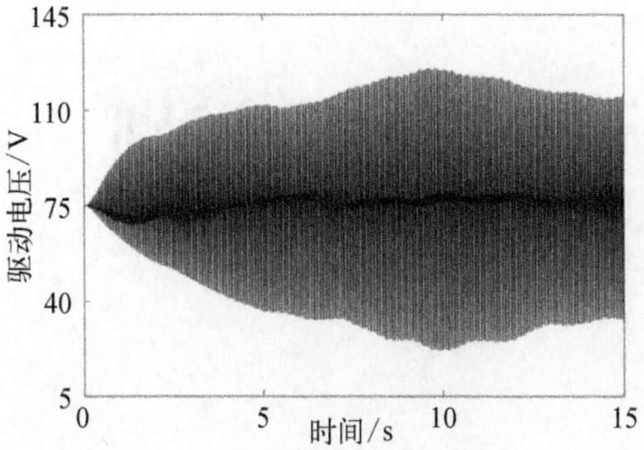

(c) 压电叠层作动器Ⅲ

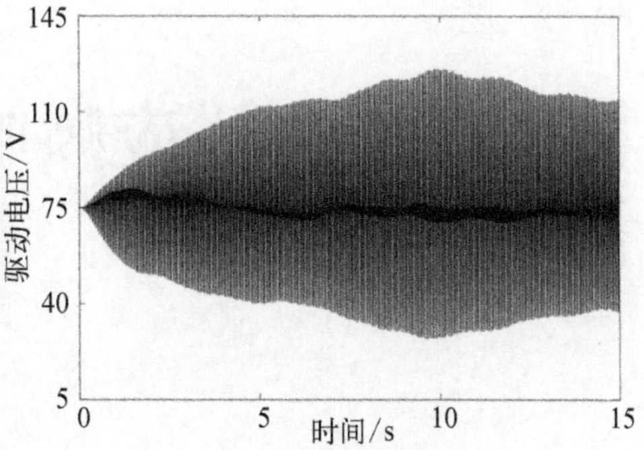

(d) 压电叠层作动器Ⅳ

图 8.47 机体实测振动信号控制试验压电叠层作动器的驱动电压

需要指出的是,在仿真和试验控制中,机体实测振动信号的控制效果都逊色于稳态谐波响应控制,分析其原因主要由于直升机飞行过程中机体振动响应信号的幅值、相位及频率都会有一定范围内的变化,本章算法需要采用误差信号对控制器的权系数进行修正,从响应信号变化到控制器权系数相应调整再到作动器产生相应的作动响应均有延迟,这就导致控制系统很难完全准确地跟踪响应信号的变化,造成实测振动响应的控制效果不如稳态谐波响应的控制效果。但是相比传统频域控制算法,本章方法具有更快的收敛速度和自适应控制能力,因此对实测振动响应的控制效果要好于传统的频域算法的控制效果。

第9章

机体振动自适应频响修正-谐波识别智能控制

9.1 引言

直升机机体振动具备谐波稳态特征，因此，针对旋翼的高阶谐波控制（HHC）、独立桨叶控制（IBC）以及针对机体振动的结构响应主动控制（ACSR）等方法广泛采用频域控制算法实现振动主动控制，其中基于离散傅里叶变换（DFT）的高阶谐波控制（HHC）算法（Patt et al., 2005）应用最为广泛。这些算法的控制效果通常依赖于对直升机振动主动控制系统控制通道频响函数的精确获取。控制通道的频响函数通常在离线的情况下通过动力学测试或者风洞试验建立，因此不可避免地存在建模误差。同时直升机飞行状态的改变、旋翼转速的变化、负载质量和重心的变化等因素也会引起系统频响的变化，引起建模误差。因此，基于离线建模的传统振动主动控制方法在建模存在大误差时会出现控制效果下降，甚至控制发散的情况。

为了实现建模存在大误差时的稳定的振动控制，基于 HHC 算法现已提出了多种自适应 HHC 算法（Kamaldar et al., 2017; Chandrasekar et al., 2006; Patt et al., 2005; Jacklin, 1998），应用于直升机振动的自适应控制。这些算法采用 Kalman 滤波、LMS、RLS 等方法对控制系统的频响函数矩阵进行在线识别，增强了 HHC 算法的鲁棒性和自适应性。然而这些算法都依赖于测量响应的 DFT 计算数据，且需要足够长的控制输入修正时间间隔以保证系统响应达到谐波稳态，因此也被称为自适应谐波稳态（adaptive harmonic steady state, AHSS）控制算法。过长的控制输入修正时间间隔导致此类算法存在收敛速度慢的缺点，此外，由于控制输入信号修正与振动响应信号采样不同步以及 DFT 分辨率受限，HHC 存在控制输入信号延迟、控制效果下降等问题（Song et al., 2015）。Kamaldar 等（Kamaldar et al., 2017）提出的基于时域采样数据的 AHSS 算法可实现无需 DFT 的实时控制，但是这种算法无法实现系统频响函数的精确识别，当瞬态响应引起控制饱和时会导致控制效果下降，因此需在每个采样时刻对系统频响矩阵进行特征值判断计算，大大增加了算法的计算量和复杂性,影响了该算法的实用性。时域算法中,基于次级通道在线识别的滤波 LMS 算法可对控制模型进行实时识别(Zhang et al., 2001; Kuo et al., 1997),但是需要引入白噪声以确保系统识别的稳定性,导致控制效果下降。

在本专著第 6 章中,本专著作者提出的谐波同步识别-修正(HSIU)算法采用 RLS 方法对系统控制响应误差的谐波系数进行实时识别(Song et al., 2015),有效避免了传统 HHC 控制算法的控制收敛慢、控制效果下降等问题。尽管该算法仍然需要较精确的控制系统的频响信息,但是可实时识别系统控制响应误差的谐波系数,对于自适应谐波控制问题具有很高的应用价值。

本专著作者(Lang et al., 2022; 郎凯, 2021)采用 HSIU 算法和 LMS 方法对系统控制响应误差的谐波系数进行实时识别,采用 RLS 方法对系统频响矩阵进行实时修正,提出了自适应频响修正-谐波识别(FRFU-HI)控制方法,实现了无需 DFT 计算的实时自适应谐波控制。同时提出了动态谐波控制权矩阵方法,在提高频响矩阵识别精度的同时,避免了因引入额外激励信号而导致的控制效果下降的问题。基于第 2 章的主动撑杆驱动的机体结构振动智能控制系统,以测点处的振动响应为控制目标,在多个建模误差状态下,进行了多频率、多输入、多输出的振动智能控制仿真研究,仿真结果表明,所建立的 FRFU-HI 方法能够在建模存在大误差情况下实现高效稳定的振动智能控制,相比于基于 DFT 方法的 AHSS 控制方法,具有更快的控制收敛速度和更精确的频响矩阵识别能力。在本专著作者深入研究基础上,本章系统阐述了直升机机体振动自适应频响修正-谐波识别智能控制的理论、方法、仿真和试验。

9.2　谐波同步识别-修正算法及收敛条件

9.2.1　控制输入谐波系数修正算法

在直升机振动智能控制过程中,设采样时间为 τ, 第 n 个采样时刻、第 k 个测量点即减振点的控制响应误差 $e_k(n)$, 第 m 个作动器的谐波控制输入 $u_m(n)$, 第 k 个测量点的旋翼振动载荷激励下的激励响应 $d_k(n)$ 可分别表示为

$$
\begin{aligned}
e_k(n) &= \sum_{i=1}^{I_c}[a_{ki}\cos(\omega_i n\tau) + b_{ki}\sin(\omega_i n\tau)] = \boldsymbol{z}^{\mathrm{T}}(n)\boldsymbol{E}_k \\
u_m(n) &= \sum_{i=1}^{I_c}[c_{mi}\cos(\omega_i n\tau) + d_{mi}\sin(\omega_i n\tau)] = \boldsymbol{z}^{\mathrm{T}}(n)\boldsymbol{U}_m \\
d_k(n) &= \sum_{i=1}^{I_c}[f_{ki}\cos(\omega_i n\tau) + g_{ki}\sin(\omega_i n\tau)] = \boldsymbol{z}^{\mathrm{T}}(n)\boldsymbol{D}_k
\end{aligned}
\tag{9.1}
$$

式中，$z(n) \in \mathbb{R}^{2I_c}$ 是谐波基函数向量在第 n 个采样时刻的采样值；$\omega_i = iN_b\Omega(i = 1, 2, \cdots, I_c)$ 是桨叶第 i 阶通过频率，I_c 是控制谐波的阶数，相关向量表示如下：

$$z(n) = [\sin(\omega_1 n\tau) \quad \cos(\omega_1 n\tau) \quad \sin(\omega_2 n\tau) \quad \cos(\omega_2 n\tau) \quad \cdots \quad \sin(\omega_{I_c} n\tau) \quad \cos(\omega_{I_c} n\tau)]^{\mathrm{T}}$$

$$\boldsymbol{E}_k = [a_{k1} \quad b_{k1} \quad a_{k2} \quad b_{k2} \quad \cdots \quad a_{kI_c} \quad b_{kI_c}]^{\mathrm{T}},\ \boldsymbol{E}_k \in \mathbb{R}^{2I_c}$$

$$\boldsymbol{U}_m = [c_{m1} \quad d_{m1} \quad c_{m2} \quad d_{m2} \quad \cdots \quad c_{mI_c} \quad d_{mI_c}]^{\mathrm{T}},\ \boldsymbol{U}_m \in \mathbb{R}^{2I_c}$$

$$\boldsymbol{D}_k = [f_{k1} \quad g_{k1} \quad f_{k2} \quad g_{k2} \quad \cdots \quad f_{kI_c} \quad g_{kI_c}]^{\mathrm{T}},\ \boldsymbol{D}_k \in \mathbb{R}^{2I_c}$$

令：$\boldsymbol{\theta}(n) \in \mathbb{R}^{2KI_c}$ 是第 n 个采样时刻所有 K 个测量点的响应误差谐波系数向量，$\boldsymbol{\gamma}(n) \in \mathbb{R}^{2MI_c}$ 是 M 个作动器的控制输入谐波系数向量，$\boldsymbol{\eta}(n) \in \mathbb{R}^{2KI_c}$ 是 K 个测量点的激励响应谐波系数向量，其表达式如下：

$$\boldsymbol{\theta}(n) = [\boldsymbol{\theta}_1^{\mathrm{T}}(n) \quad \boldsymbol{\theta}_2^{\mathrm{T}}(n) \quad \cdots \quad \boldsymbol{\theta}_{I_c}^{\mathrm{T}}(n)]^{\mathrm{T}}$$

$$\boldsymbol{\theta}_i(n) = [a_{1i} \quad b_{1i} \quad a_{2i} \quad b_{2i} \quad \cdots \quad a_{Ki} \quad b_{Ki}]^{\mathrm{T}}$$

$$\boldsymbol{\gamma}(n) = [\boldsymbol{\gamma}_1^{\mathrm{T}}(n) \quad \boldsymbol{\gamma}_2^{\mathrm{T}}(n) \quad \cdots \quad \boldsymbol{\gamma}_{I_c}^{\mathrm{T}}(n)]^{\mathrm{T}}$$

$$\boldsymbol{\gamma}_i(n) = [c_{1i} \quad d_{1i} \quad c_{2i} \quad d_{2i} \quad \cdots \quad c_{Mi} \quad d_{Mi}]^{\mathrm{T}}$$

$$\boldsymbol{\eta}(n) = [\boldsymbol{\eta}_1^{\mathrm{T}}(n) \quad \boldsymbol{\eta}_2^{\mathrm{T}}(n) \quad \cdots \quad \boldsymbol{\eta}_{I_c}^{\mathrm{T}}(n)]^{\mathrm{T}}$$

$$\boldsymbol{\eta}_i(n) = [e_{1i} \quad f_{1i} \quad e_{2i} \quad f_{2i} \quad \cdots \quad e_{Ki} \quad f_{Ki}]^{\mathrm{T}}$$

$\boldsymbol{E}_k$ 和 $\boldsymbol{\theta}_i(n)$ 都表示响应误差谐波系数向量，$\boldsymbol{E}_k$ 是第 k 个测量点的所有阶数的响应误差谐波系数向量，$\boldsymbol{\theta}_i(n)$ 是所有测量点的第 i 阶响应误差谐波系数向量，二者可互相转换。$\boldsymbol{\theta}(n)$、$\boldsymbol{\gamma}(n)$ 和 $\boldsymbol{\eta}(n)$ 存在如下关系：

$$\boldsymbol{\theta}(n) = \boldsymbol{T}_a \boldsymbol{\gamma}(n-1) + \boldsymbol{\eta}(n) \tag{9.2}$$

式中，$\boldsymbol{T}_a = \mathrm{diag}[\boldsymbol{T}_{a1}, \boldsymbol{T}_{a2}, \cdots, \boldsymbol{T}_{aI_c}] \in \mathbb{R}^{2KI_c \times 2MI_c}$ 是控制系统作动器到响应测量点之间的频响函数矩阵。$\boldsymbol{T}_{ai}(i = 1, 2, \cdots, I_c) \in \mathbb{R}^{2K \times 2MI_c}$ 是频率 ω_i 的频响函数矩阵：

$$\boldsymbol{T}_{ai} = \begin{bmatrix} \boldsymbol{T}_{11}(\omega_i) & \boldsymbol{T}_{12}(\omega_i) & \cdots & \boldsymbol{T}_{1M}(\omega_i) \\ \boldsymbol{T}_{21}(\omega_i) & \boldsymbol{T}_{22}(\omega_i) & \cdots & \boldsymbol{T}_{2M}(\omega_i) \\ \vdots & \vdots & \ddots & \vdots \\ \boldsymbol{T}_{K1}(\omega_i) & \boldsymbol{T}_{K2}(\omega_i) & \cdots & \boldsymbol{T}_{KM}(\omega_i) \end{bmatrix} \tag{9.3}$$

$$\boldsymbol{T}_{km}(\omega_i) = \begin{bmatrix} \mathrm{Re}(H_{km}(\omega_i)) & \mathrm{Im}(H_{km}(\omega_i)) \\ -\mathrm{Im}(H_{km}(\omega_i)) & \mathrm{Re}(H_{km}(\omega_i)) \end{bmatrix} \tag{9.4}$$

式中，Re 和 Im 分别表示复数的实部和虚部；$H_{km}(\omega_i)$ 是第 m 个作动器到第 k 个测量点的频响函数在频率 ω_i 处的值。定义目标函数 $J_a(n)$：

$$J_a(n) = \frac{1}{2}[\boldsymbol{\theta}^{\mathrm{T}}(n)\boldsymbol{W}_e(n)\boldsymbol{\theta}(n) + \boldsymbol{\gamma}^{\mathrm{T}}(n)\boldsymbol{W}_u(n)\boldsymbol{\gamma}(n)] \tag{9.5}$$

式中，

$$\boldsymbol{W}_e(n) = \mathrm{diag}[\boldsymbol{W}_{e1}(n), \boldsymbol{W}_{e2}(n), \cdots, \boldsymbol{W}_{eI_c}(n)] \in \mathbb{R}^{2KI_c \times 2KI_c} \tag{9.6}$$

$$\boldsymbol{W}_u(n) = \mathrm{diag}[\boldsymbol{W}_{u1}(n), \boldsymbol{W}_{u2}(n), \cdots, \boldsymbol{W}_{uI_c}(n)] \in \mathbb{R}^{2MI_c \times 2MI_c} \tag{9.7}$$

分别是响应误差和控制输入的权重矩阵，且：

$$\boldsymbol{W}_{ei}(n) = \mathrm{diag}[W_{ei1}(n), W_{ei1}(n), W_{ei2}(n), W_{ei2}(n), \cdots, W_{eiK}(n), W_{eiK}(n)] \tag{9.8}$$

$$\boldsymbol{W}_{ui}(n) = \mathrm{diag}[W_{ui1}(n), W_{ui1}(n), W_{ui2}(n), W_{ui2}(n), \cdots, W_{uiM}(n), W_{uiM}(n)] \tag{9.9}$$

式中，$W_{eik}(n)$ 是第 k 个测量点的第 i 阶谐波控制响应误差的权重值；W_{uim} 是第 m 个作动器的第 i 阶谐波控制输入的权重值。为了最小化目标函数 J_a，采用最速下降法修正作动器的控制输入谐波系数：

$$\boldsymbol{\gamma}(n) = \boldsymbol{\gamma}(n-1) - \mu \frac{\partial J_a(n)}{\partial \boldsymbol{\gamma}(n)} \tag{9.10}$$

式中，μ 是控制输入谐波系数的修正步长。将式(9.2)代入式(9.5)，由式(9.10)进行推导，并在式(9.10)的推导过程中，因 μ 是小量，忽略了含 μ^2 的小量项，推导出作动器的控制输入谐波系数的修正公式如下：

$$\boldsymbol{\gamma}(n) = [\boldsymbol{I} - \mu \boldsymbol{W}_u(n)]\,\boldsymbol{\gamma}(n-1) - \mu \boldsymbol{T}_a^{\mathrm{T}} \boldsymbol{W}_e(n)\boldsymbol{\theta}(n) \tag{9.11}$$

9.2.2　响应误差谐波系数识别算法

式(9.11)的修正方程依赖于控制响应误差的谐波系数。为避免 DFT 带来的控制信号延迟等问题，HSIU 算法（Song et al., 2015）中采用 RLS 方法对控制响应误差谐波系数进行实时识别。为了简化控制算法，这里采用 LMS 方法进行控制响应误差谐波系数识别。

令：$\boldsymbol{e}_{k_L}(n) = [\boldsymbol{e}_k(n) \quad \boldsymbol{e}_k(n-1) \quad \cdots \quad \boldsymbol{e}_k(n-L+1)] \in \mathbb{R}^L$ 和 $\boldsymbol{z}_L(n) = [\boldsymbol{z}(n) \quad \boldsymbol{z}(n-1) \quad \cdots \quad \boldsymbol{z}(n-L+1)] \in \mathbb{R}^{2I_c \times L}$ 分别是由第 k 个控制响应误差和谐波基函数最新的 L 个数据构成的向量，则 $\boldsymbol{e}_{k_L}(n)$、$\boldsymbol{z}_L(n)$ 和第 n 个采样时刻所识别的响应误差谐波系数 $\boldsymbol{E}_k(n)$ 具有如下关系：

$$\boldsymbol{e}_{k_L}(n) = \boldsymbol{z}_L^{\mathrm{T}}(n)\boldsymbol{E}_k(n) + \boldsymbol{\varepsilon}_{k_L}(n) \tag{9.12}$$

式中，$\boldsymbol{\varepsilon}_{k_L}(n) = [\varepsilon_k(n) \quad \varepsilon_k(n-1) \quad \cdots \quad \varepsilon_k(n-L+1)] \in \mathbb{R}^L$ 是最新的 L 个识别误差数据构成的向量。定义控制响应误差谐波系数识别的均方误差为

$$E_{\mathrm{LMS}}(\boldsymbol{\varepsilon}_{k_L})^2 = \frac{1}{L}[\boldsymbol{e}_{k_L}(n) - \boldsymbol{z}_L^{\mathrm{T}}(n)\boldsymbol{E}_k(n)]^{\mathrm{T}}[\boldsymbol{e}_{k_L}(n) - \boldsymbol{z}_L^{\mathrm{T}}(n)\boldsymbol{E}_k(n)] \tag{9.13}$$

采用最速下降法最小化识别均方误差，控制响应误差谐波系数的递推公式为

$$\boldsymbol{E}_k(n+1) = \boldsymbol{E}_k(n) - \mu_\theta \frac{\partial E_{\mathrm{LMS}}(\boldsymbol{\varepsilon}_{k_L})^2}{\partial \boldsymbol{E}_k(n)} \tag{9.14}$$

式中，μ_θ 是谐波系数识别步长。取单个样本误差平方的梯度作为均方误差梯度的估计，控制响应误差谐波系数的递推公式可转换为

$$\boldsymbol{E}_k(n+1) = \boldsymbol{E}_k(n) + 2\mu_\theta \boldsymbol{z}(n)[\boldsymbol{e}_k(n) - \boldsymbol{z}^{\mathrm{T}}(n)\boldsymbol{E}_k(n)] \tag{9.15}$$

通过实时识别各测量点的控制响应误差的谐波系数 $\boldsymbol{E}_k(n)$，可得到所有测量点的控制响应误差的谐波系数 $\boldsymbol{\theta}(n)$，代入式(9.11)修正控制输入的谐波系数，便可实现直升机振动的谐波控制，这就是 HSIU 算法的基本原理。这种算法不需要 DFT 计算，也不需要足够长的控制输入修正时间间隔以满足振动响应的谐波稳态假设。

9.2.3 控制输入谐波系数修正的收敛条件

假设系统控制输入至输出的频响可以准确获取，即控制系统无建模误差，则 HSIU 算法的收敛性仅取决于谐波系数的修正步长 μ。将式(9.12)代入到控制输入谐波系数的修正方程式(9.11)中，可将控制输入谐波系数的修正公式转换至如下形式：

$$\boldsymbol{\gamma}(n) = [\boldsymbol{I} - \mu \boldsymbol{W}_u(n) - \mu \boldsymbol{T}_a^{\mathrm{T}} \boldsymbol{W}_e(n) \boldsymbol{T}_a]\boldsymbol{\gamma}(n-1) - \mu \boldsymbol{T}_a^{\mathrm{T}} \boldsymbol{W}_e(n) \boldsymbol{\eta}(n) \tag{9.16}$$

式(9.16)收敛的充要条件是 $\rho[\boldsymbol{I} - \mu \boldsymbol{W}_u(n) - \mu \boldsymbol{T}_a^{\mathrm{T}} \boldsymbol{W}_e(n) \boldsymbol{T}_a] < 1$，其中 $\rho(\cdot)$ 表示矩阵的谱半径。令矩阵 $\boldsymbol{\Gamma}(n) = [\boldsymbol{W}_u(n) + \boldsymbol{T}_a^{\mathrm{T}} \boldsymbol{W}_e(n) \boldsymbol{T}_a] \in \mathbb{R}^{2MI_c \times 2MI_c}$，$\boldsymbol{\Gamma}(n)$ 的最大特征值是 $\lambda_{\max}$。由于矩阵 $\boldsymbol{W}_e(n)$ 和 $\boldsymbol{W}_u(n)$ 的选取通常为正定实对角矩阵，因此

式(9.16)收敛的充要条件为 $0 < \mu < \dfrac{2}{\lambda_{\max}}$。此时,控制输入的谐波系数收敛于最优控制输入谐波系数 $\boldsymbol{\gamma}^{\text{opt}}(n)$:

$$\boldsymbol{\gamma}^{\text{opt}}(n) = -\boldsymbol{\Gamma}^{-1}(n)\boldsymbol{T}_a^{\text{T}}\boldsymbol{W}_e(n)\boldsymbol{\eta}(n) \tag{9.17}$$

控制响应误差的谐波系数收敛于最优控制响应误差谐波系数 $\boldsymbol{\theta}^{\text{opt}}(n)$:

$$\boldsymbol{\theta}^{\text{opt}}(n) = [\boldsymbol{I} - \boldsymbol{T}_a\boldsymbol{\Gamma}^{-1}(n)\boldsymbol{T}_a^{\text{T}}\boldsymbol{W}_e(n)]\,\boldsymbol{\eta}(n) \tag{9.18}$$

谐波控制目标函数 J_a 收敛于最优谐波控制目标函数 J_a^{opt}:

$$J_a^{\text{opt}} = \frac{1}{2}\boldsymbol{\eta}^{T}(n)\,[\boldsymbol{W}_e(n) - \boldsymbol{W}_e(n)\boldsymbol{T}_a\boldsymbol{\Gamma}^{-1}(n)\boldsymbol{T}_a^{\text{T}}\boldsymbol{W}_e(n)]\,\boldsymbol{\eta}(n) \tag{9.19}$$

当通过离线识别获取的控制系统频响矩阵 $\hat{\boldsymbol{T}}_a$ 与实际频响矩阵 $\boldsymbol{T}_a$ 之间存在误差时,定义 $\Delta\boldsymbol{T}_a = \hat{\boldsymbol{T}}_a - \boldsymbol{T}_a$,则实际控制过程中控制输入的谐波系数 $\hat{\boldsymbol{\gamma}}(n)$ 的修正方程变为

$$\hat{\boldsymbol{\gamma}}(n) = [\boldsymbol{I} - \mu\boldsymbol{W}_u(n)]\,\hat{\boldsymbol{\gamma}}(n-1) - \mu\,\hat{\boldsymbol{T}}_a^{\text{T}}\boldsymbol{W}_e(n)\hat{\boldsymbol{\theta}}(n) \tag{9.20}$$

式中,$\hat{\boldsymbol{\theta}}(n) = \boldsymbol{T}_a\hat{\boldsymbol{\gamma}}(n-1) + \boldsymbol{\eta}(n)$,代入式(9.20)可得

$$\hat{\boldsymbol{\gamma}}(n) = [\boldsymbol{I} - \mu\boldsymbol{W}_u(n) - \mu\,\hat{\boldsymbol{T}}_a^{\text{T}}\boldsymbol{W}_e(n)\boldsymbol{T}_a]\,\hat{\boldsymbol{\gamma}}(n-1) - \mu\,\hat{\boldsymbol{T}}_a^{\text{T}}\boldsymbol{W}_e(n)\boldsymbol{\eta}(n) \tag{9.21}$$

定义:$\Delta\boldsymbol{T}_a = \hat{\boldsymbol{T}}_a - \boldsymbol{T}_a$,则式(9.21)收敛的充要条件是:矩阵 $\hat{\boldsymbol{\Gamma}}(n) = \mu[\boldsymbol{W}_u(n) + (\boldsymbol{T}_a + \Delta\boldsymbol{T}_a)^{\text{T}}\boldsymbol{W}_e(n)\boldsymbol{T}_a]$ 的谱半径小于1。

令 $\hat{\lambda}_l = \hat{\sigma}_l + \mathrm{i}\hat{\zeta}_l$ 是矩阵 $\hat{\boldsymbol{\Gamma}}(n)$ 的特征值,则控制输入谐波系数的收敛需满足:

$$\begin{cases}\hat{\sigma}_l > 0 \\ 0 < \mu < \dfrac{2\hat{\sigma}_l}{\hat{\sigma}_l^2 + (\mu\hat{\zeta}_l)^2}\end{cases},\ l = 1,\ 2,\ \cdots,\ \min(K,\ M) \tag{9.22}$$

此时控制输入的谐波系数收敛于:

$$\hat{\boldsymbol{\gamma}}^{\text{opt}}(n) = -\hat{\boldsymbol{\Gamma}}^{-1}(n)\,\hat{\boldsymbol{T}}_a^{\text{T}}\boldsymbol{W}_e(n)\boldsymbol{\eta}(n) \tag{9.23}$$

控制响应误差的谐波系数收敛于:

$$\hat{\boldsymbol{\theta}}^{\text{opt}}(n) = [\boldsymbol{I} - \boldsymbol{T}_a\hat{\boldsymbol{\Gamma}}^{-1}(n)\,\hat{\boldsymbol{T}}_a^{\text{T}}\boldsymbol{W}_e(n)]\,\boldsymbol{\eta}(n) \tag{9.24}$$

谐波控制目标函数 $\hat{J}_a^{\text{opt}}$ 收敛于:

$$\hat{J}_a^{\mathrm{opt}} = \frac{1}{2}\boldsymbol{\eta}^{\mathrm{T}} \left\{ \begin{aligned} &\boldsymbol{W}_e(n) - \boldsymbol{W}_e(n)\boldsymbol{T}_a\hat{\boldsymbol{\Gamma}}^{-1}(n)\hat{\boldsymbol{T}}_a^{\mathrm{T}}\boldsymbol{W}_e(n) - \\ &[\boldsymbol{W}_e(n)\boldsymbol{T}_a\hat{\boldsymbol{\Gamma}}^{-1}(n)\hat{\boldsymbol{T}}_a^{\mathrm{T}}\boldsymbol{W}_e(n)]^{\mathrm{T}} + \\ &[\hat{\boldsymbol{\Gamma}}^{-1}(n)\hat{\boldsymbol{T}}_a^{\mathrm{T}}\boldsymbol{W}_e(n)]^{\mathrm{T}}\boldsymbol{\Gamma}(n)[\hat{\boldsymbol{\Gamma}}^{-1}(n)\hat{\boldsymbol{T}}_a^{\mathrm{T}}\boldsymbol{W}_e(n)] \end{aligned} \right\} \boldsymbol{\eta}(n) \tag{9.25}$$

定义矩阵 $\boldsymbol{\Psi}(n) = \boldsymbol{\Gamma}^{-\frac{1}{2}}(n)\boldsymbol{T}_a^{\mathrm{T}}\boldsymbol{W}_e(n) - \boldsymbol{\Gamma}^{\frac{1}{2}}(n)\hat{\boldsymbol{\Gamma}}^{-1}(n)\hat{\boldsymbol{T}}_a^{\mathrm{T}}\boldsymbol{W}_e(n)$，则矩阵不等式 $\boldsymbol{\Psi}^{\mathrm{T}}(n)\boldsymbol{\Psi}(n) \geqslant 0$ 成立，展开得

$$\begin{aligned} \boldsymbol{W}_e(n)\boldsymbol{T}_a\boldsymbol{\Gamma}^{-1}(n)\boldsymbol{T}_a^{\mathrm{T}}\boldsymbol{W}_e(n) \geqslant\ & \boldsymbol{W}_e(n)\boldsymbol{T}_a\hat{\boldsymbol{\Gamma}}^{-1}(n)\hat{\boldsymbol{T}}_a^{\mathrm{T}}\boldsymbol{W}_e(n) \\ & + [\boldsymbol{W}_e(n)\boldsymbol{T}_a\hat{\boldsymbol{\Gamma}}^{-1}(n)\hat{\boldsymbol{T}}_a^{\mathrm{T}}\boldsymbol{W}(n)]^{\mathrm{T}} \\ & - [\hat{\boldsymbol{\Gamma}}^{-1}(n)\hat{\boldsymbol{T}}_a^{\mathrm{T}}\boldsymbol{W}_e(n)]^{\mathrm{T}}\boldsymbol{\Gamma}(n)[\hat{\boldsymbol{\Gamma}}^{-1}(n)\hat{\boldsymbol{T}}_a^{\mathrm{T}}\boldsymbol{W}_e(n)] \end{aligned} \tag{9.26}$$

比较式(9.19)和式(9.25)，可得 $\hat{J}_a^{\mathrm{opt}} \geqslant J_a^{\mathrm{opt}}$，即存在控制系统频响矩阵建模误差时，谐波控制目标函数不小于无建模误差时的控制目标函数。

特别地，当控制系统作动器的数量与测量点的数量相等，即 $M = K$，且各作动器至测量点的频响值无零点时，则频响矩阵 $\hat{\boldsymbol{T}}_a$ 可逆。若对控制输入无限制，即 $\boldsymbol{W}_u(n) = 0$，此时谐波控制目标函数收敛至无建模误差时的控制目标函数，即 $\hat{J}_a^{\mathrm{opt}} = J_a^{\mathrm{opt}}$，且控制响应误差的谐波系数收敛至 0。

当控制系统为单输入单输出时，式(9.21)收敛的必要条件为控制输入至输出的频响相位误差不超过 90°。对于多输入多输出系统，频响矩阵的建模误差要求更为严格，一旦建模误差不满足式(9.22)表示的收敛条件，无论谐波系数修正步长如何设置，控制都会发散。

9.2.4 控制输入谐波系数修正的收敛速度

当不存在系统建模误差时，将式(9.17)代入式(9.19)，可得第 i 阶谐波控制目标函数 J_{ai} 收敛于：

$$J_{ai}^{\mathrm{opt}} = \frac{1}{2}\boldsymbol{\eta}_i^{\mathrm{T}}(n)\boldsymbol{W}_{ei}(n)\boldsymbol{\eta}_i(n) + [\boldsymbol{\gamma}_{ai}^{\mathrm{opt}}(n)]^{\mathrm{T}}\boldsymbol{\Gamma}_i(n) \tag{9.27}$$

式中，J_{ai}^{opt} 为第 i 阶最优谐波控制目标函数，$\boldsymbol{\gamma}_{ai}^{\mathrm{opt}}$ 为最优控制输入的第 i 阶谐波系数，且：

$$\boldsymbol{\Gamma}_i(n) = \boldsymbol{W}_{ui}(n) + \boldsymbol{T}_{ai}^{\mathrm{T}}\boldsymbol{W}_{ei}(n)\boldsymbol{T}_{ai} \tag{9.28}$$

则第 n 个采样时刻的第 i 阶谐波控制目标函数 $J_{ai}(n)$ 与 J_{ai}^{opt} 存在以下关系：

$$
\begin{aligned}
J_{ai}(n) &= J_{ai}^{\text{opt}}(n) - \frac{1}{2}[\boldsymbol{\gamma}_{ai}^{\text{opt}}(n)]^{\text{T}}\boldsymbol{T}_{ai}^{\text{T}}\boldsymbol{W}_{ei}(n)\boldsymbol{\eta}_i(n) + \boldsymbol{\eta}_i^{\text{T}}(n)\boldsymbol{W}_{ei}(n)\boldsymbol{T}_{ai}\boldsymbol{\gamma}_i(n) \\
&\quad + \frac{1}{2}\boldsymbol{\gamma}_i^{\text{T}}(n)\boldsymbol{\Gamma}_i(n)\boldsymbol{\gamma}_i(n) \\
&= J_{ai}^{\text{opt}}(n) + \frac{1}{2}[\boldsymbol{\gamma}_{ai}^{\text{opt}}(n)]^{\text{T}}\boldsymbol{\Gamma}_i(n)\boldsymbol{\gamma}_{ai}^{\text{opt}}(n) - [\boldsymbol{\gamma}_{ai}^{\text{opt}}(n)]^{\text{T}}\boldsymbol{\Gamma}_i(n)\boldsymbol{\gamma}_i(n) \\
&\quad + \frac{1}{2}\boldsymbol{\gamma}_i^{\text{T}}(n)\boldsymbol{\Gamma}_i(n)\boldsymbol{\gamma}_i(n) \\
&= J_{ai}^{\text{opt}}(n) + \frac{1}{2}[\boldsymbol{\gamma}_i(n) - \boldsymbol{\gamma}_{ai}^{\text{opt}}(n)]^{\text{T}}\boldsymbol{\Gamma}_i(n)[\boldsymbol{\gamma}_i(n) - \boldsymbol{\gamma}_{ai}^{\text{opt}}(n)] \\
&= J_{ai}^{\text{opt}}(n) + \frac{1}{2}\boldsymbol{\kappa}_i^{\text{T}}(n)\boldsymbol{\Gamma}_i(n)\boldsymbol{\kappa}_i(n)
\end{aligned} \tag{9.29}
$$

式中，$\boldsymbol{\kappa}_i(n) = [\boldsymbol{\gamma}_i(n) - \boldsymbol{\gamma}_{ai}^{\text{opt}}(n)] \in \mathbb{R}^{2K}$。将 $\boldsymbol{\Gamma}_i(n)$ 对角化：$\boldsymbol{\Gamma}_i(n) = \boldsymbol{Q}(n)\Lambda\boldsymbol{Q}^{-1}(n)$，$\Lambda = \text{diag}(\lambda_1, \lambda_2, \cdots, \lambda_{2M})$，$\lambda_l(l = 1, \cdots, 2M)$ 是 $\boldsymbol{\Gamma}_i(n)$ 的特征值。

令 $\bar{\boldsymbol{\kappa}}_i(n) = \boldsymbol{Q}^{-1}(n)\boldsymbol{\Gamma}_i(n) = \boldsymbol{Q}^{\text{T}}(n)\boldsymbol{\Gamma}_i(n)$，则式(9.29)可转换为

$$
J_{ai}(n) = J_{ai}^{\text{opt}}(n) + \frac{1}{2}\bar{\boldsymbol{\kappa}}_i^{\text{T}}(n)\Lambda\bar{\boldsymbol{\kappa}}_i(n) \tag{9.30}
$$

控制输入的第 i 阶谐波系数修正公式可表达为如下形式：

$$
\boldsymbol{\gamma}_i(n) = \boldsymbol{\gamma}_i(n-1) - \mu\frac{\partial J_{ai}(n)}{\partial\boldsymbol{\gamma}_i(n)} = \boldsymbol{\gamma}_i(n-1) - \mu\boldsymbol{\Gamma}_i(n)\boldsymbol{\kappa}_i(n) \tag{9.31}
$$

因此，$\boldsymbol{\gamma}_i(n) - \boldsymbol{\gamma}_{ai}^{\text{opt}}(n)$ 和 $\bar{\boldsymbol{\kappa}}_i(n)$ 可分别表示为

$$
\boldsymbol{\gamma}_i(n) - \boldsymbol{\gamma}_{ai}^{\text{opt}}(n) = \boldsymbol{\gamma}_i(n-1) - \boldsymbol{\gamma}_{ai}^{\text{opt}}(n) - \mu\boldsymbol{\Gamma}(n)\boldsymbol{\kappa}_i(n) \tag{9.32}
$$

$$
\bar{\boldsymbol{\kappa}}_i(n) = (\boldsymbol{I} - \mu\Lambda)\bar{\boldsymbol{\kappa}}_i(n-1) \tag{9.33}
$$

由

$$
\begin{aligned}
\bar{\boldsymbol{\kappa}}_i(1) &= (\boldsymbol{I} - \mu\Lambda)\bar{\boldsymbol{\kappa}}_i(0) \\
\bar{\boldsymbol{\kappa}}_i(2) &= (\boldsymbol{I} - \mu\Lambda)\bar{\boldsymbol{\kappa}}_i(1) \\
&\vdots \\
\bar{\boldsymbol{\kappa}}_i(n) &= (\boldsymbol{I} - \mu\Lambda)\bar{\boldsymbol{\kappa}}_i(n-1)
\end{aligned} \tag{9.34}
$$

可得

$$\bar{\boldsymbol{\kappa}}_i(n) = (\boldsymbol{I} - \mu\Lambda)^n \bar{\boldsymbol{\kappa}}_i(0) \tag{9.35}$$

将式(9.35)代入式(9.30)得

$$J_{ai}(n) = J_{ai}^{\text{opt}}(n) + \frac{1}{2}\bar{\boldsymbol{\kappa}}_i^{\text{T}}(0)\ (\boldsymbol{I} - \mu\Lambda)^{2n}\ \bar{\boldsymbol{\kappa}}_i(0) \tag{9.36}$$

由式(9.36)可知,在控制输入谐波系数修正过程中,每次迭代后控制目标函数衰减 $(\boldsymbol{I} - \mu\Lambda)^2$ 倍,因此第 i 阶谐波控制下,令第 l 个控制谐波系数对应的目标函数分量每次迭代的衰减率为 $\xi_l^2 = (1 - \mu\lambda_l)^2$, 因此 $(\xi_l^2)^n$ 随迭代次数 n 作指数衰减。将 $(\xi_l^2)^n$ 改写为

$$(\xi_l^2)^n = (1 - \mu\lambda_l)^{2n} = \mathrm{e}^{-2n/\tau_l} = \mathrm{e}^{-n/\tau_{mse}} \tag{9.37}$$

式中, $\tau_{mse} = \dfrac{\tau_l}{2}$ 是指数衰减的时间常数。因此:

$$\xi_l = \mathrm{e}^{-1/\tau_l} = 1 - \frac{1}{\tau_l} + \frac{1}{2!\ \tau_l^2} + \cdots \tag{9.38}$$

当 $\tau_l \gg 1$ 时,式(9.38)可做如下近似处理:

$$\xi_l = 1 - \mu\lambda_l \approx 1 - \frac{1}{\tau_l} \tag{9.39}$$

因此:

$$\tau_{mse} \approx \frac{1}{4\mu\lambda_l} \tag{9.40}$$

因此,谐波控制目标函数的收敛时间与谐波系数修正步长 μ 和 $\boldsymbol{\Gamma}_i(n)$ 的特征值 λ_l 有关, μ 越大整体收敛时间越短,收敛性能越好。固定步长下,控制系统整体收敛时间则由 $\boldsymbol{\Gamma}_i(n)$ 的最小特征值 $\lambda_{\min}$ 决定。

9.3 频响矩阵修正算法及收敛条件

9.3.1 频响矩阵修正算法

当控制系统频响矩阵的建模误差超出谐波控制的收敛条件时,谐波控制将会发散并加剧直升机的振动响应。因此本章提出一种频响矩阵修正算法,实时修正频响矩阵,保证谐波控制的收敛性。Patt 等(Patt et al., 2005)根据相邻控制时间

间隔的控制输入的谐波系数差与响应误差的谐波系数差对频响矩阵进行估算，但是无法保证估算过程中的频响矩阵能够保持式(9.3)和式(9.4)所示的矩阵结构，存在较大的识别误差。因此，需保证修正过程频响矩阵的结构不发生改变，从而提升系统频响的识别精度。

构造特殊矩阵如下：

$$\boldsymbol{\Lambda}_l = \begin{bmatrix} 0 & -1 \\ 1 & 0 \end{bmatrix} \otimes \boldsymbol{I}_l \in \mathbb{R}^{2l \times 2l} \tag{9.41}$$

式中，$\otimes$ 表示 Kronecker 积，并定义第 i 阶估测频响矩阵 $\hat{\boldsymbol{T}}_{ai}$：

$$\hat{\boldsymbol{T}}_{ai} = (\boldsymbol{\Theta}_i + \boldsymbol{\Lambda}_K^{\mathrm{T}} \boldsymbol{\Theta}_i \boldsymbol{\Lambda}_M) \in \mathbb{R}^{2K \times 2M}, \ \boldsymbol{\Theta}_i \in \mathbb{R}^{2K \times 2M} \tag{9.42}$$

则 $\hat{\boldsymbol{T}}_{ai}$ 具备式(9.3)和式(9.4)所示的矩阵结构，且满足 $\hat{\boldsymbol{T}}_{ai} = \boldsymbol{\Lambda}_K^{\mathrm{T}} \hat{\boldsymbol{T}}_{ai} \boldsymbol{\Lambda}_M$ (Kamaldar et al., 2018)。

控制系统的频响矩阵是由控制结构的动力学特性、作动器的输出特性、作动器和传感器的位置等决定的，是系统的内在属性，因此在振动控制过程中不易受外部激励的影响。控制过程中所有的控制输入和振动响应数据的关系都包含了系统频响的信息。考虑到 RLS 方法是基于所有历史数据的递归算法，相比于其他变步长梯度下降方法具备更快的收敛速度(Bismor et al., 2016)，这里采用 RLS 方法对频响矩阵进行识别。

对于激励响应平稳的振动环境，振动智能控制过程中控制响应误差谐波系数 $\boldsymbol{\theta}_i(n)$ 可由估测频响矩阵 $\hat{\boldsymbol{T}}_{ai}$、估测激励响应谐波系数 $\hat{\boldsymbol{\eta}}_i(n)$ 以及估测误差 $\hat{\boldsymbol{\varepsilon}}_i(n)$ 表示如下：

$$\boldsymbol{\theta}_i(n) = \hat{\boldsymbol{T}}_{ai} \boldsymbol{\gamma}_i(n) + \hat{\boldsymbol{\eta}}_i(n) + \hat{\boldsymbol{\varepsilon}}_i(n) \tag{9.43}$$

对于式(9.43)所示的线性回归模型系统，定义频响矩阵估测误差的最小二乘目标函数：

$$J_{n_{LS}} = \sum_{n=1}^{n=n_{LS}} [\boldsymbol{\theta}_i(n) - \hat{\boldsymbol{T}}_{ai}(n)\boldsymbol{\gamma}_i(n) - \hat{\boldsymbol{\eta}}_i(n)]^{\mathrm{T}} [\boldsymbol{\theta}_i(n) - \hat{\boldsymbol{T}}_{ai}(n)\boldsymbol{\gamma}_i(n) - \hat{\boldsymbol{\eta}}_i(n)] \tag{9.44}$$

定义：n_{LS} 个控制响应误差谐波系数向量构成的矩阵是 $\boldsymbol{\theta}_{i,n_{LS}} = [\boldsymbol{\theta}_i(n_{LS}) \quad \boldsymbol{\theta}_i(n_{LS}-1) \quad \cdots \quad \boldsymbol{\theta}_i(1)]^{\mathrm{T}} \in \mathbb{R}^{2K \times 2n_{LS}}$，$n_{LS}$ 个控制输入谐波系数向量构成的矩阵是 $\boldsymbol{\gamma}_{i,n_{LS}} = [\boldsymbol{\gamma}_i(n_{LS}) \quad \boldsymbol{\gamma}_i(n_{LS}-1) \quad \cdots \quad \boldsymbol{\gamma}_i(1)]^{\mathrm{T}} \in \mathbb{R}^{2M \times 2n_{LS}}$，$n_{LS}$ 个激励响应谐波系数向量构成的矩阵是 $\hat{\boldsymbol{\eta}}_{i,n_{LS}}(n) = [\hat{\boldsymbol{\eta}}_i(n) \quad \hat{\boldsymbol{\eta}}_i(n) \quad \cdots \quad \hat{\boldsymbol{\eta}}_i(n)]^{\mathrm{T}} \in \mathbb{R}^{2K \times 2n_{LS}}$，注意

到 $\hat{\boldsymbol{T}}_{ai}=\boldsymbol{\Theta}_i+\boldsymbol{\Lambda}_K^{\mathrm{T}}\boldsymbol{\Theta}_i\boldsymbol{\Lambda}_M$，则最小二乘目标函数可转换为

$$J_{n_{LS}}=\|\boldsymbol{\theta}_{i,n_{LS}}(n)-\boldsymbol{\gamma}_{i,n_{LS}}(\boldsymbol{\Theta}_i+\boldsymbol{\Lambda}_K^{\mathrm{T}}\boldsymbol{\Theta}_i\boldsymbol{\Lambda}_M)^{\mathrm{T}}-\hat{\boldsymbol{\eta}}_{i,n_{LS}}(n)\|_{\mathrm{F}}^2 \tag{9.45}$$

式中，$\|\cdot\|_{\mathrm{F}}$ 表示 F-范数。令 $\dfrac{\partial J_{n_{LS}}}{\partial \boldsymbol{\Theta}_i}=0$，即可求得 $\boldsymbol{\Theta}_i$ 的最小二乘解：

$$\boldsymbol{\Theta}_{iLS}=[\boldsymbol{\theta}_{in_{LS}}^{\mathrm{T}}(n)-\hat{\boldsymbol{\eta}}_{in_{LS}}^{\mathrm{T}}(n)]\boldsymbol{\gamma}_{in_{LS}}(n)\boldsymbol{\psi}_{in_{LS}}^{-1}(n) \tag{9.46}$$

式中，$\boldsymbol{\psi}_{in_{LS}}(n)=[\boldsymbol{\gamma}_{in_{LS}}^{\mathrm{T}}(n)\boldsymbol{\gamma}_{in_{LS}}(n)+\boldsymbol{\Lambda}_M\boldsymbol{\gamma}_{in_{LS}}^{\mathrm{T}}(n)\boldsymbol{\gamma}_{in_{LS}}(n)\boldsymbol{\Lambda}_M^{\mathrm{T}}]\in\mathbb{R}^{2M}$。$\hat{\boldsymbol{T}}_{ai}$ 的最小二乘解为 $\hat{\boldsymbol{T}}_{aiLS}=\boldsymbol{\Theta}_{iLS}+\boldsymbol{\Lambda}_M^{\mathrm{T}}\boldsymbol{\Theta}_{iLS}\boldsymbol{\Lambda}_K$。注意式(9.46)中，激励响应的谐波系数是未知的，因此将控制输入谐波系数向量和估测频响矩阵进行增广处理：

$$\tilde{\boldsymbol{\gamma}}_{i,n_{LS}}=[\tilde{\boldsymbol{\gamma}}_i(n_{LS})\quad \tilde{\boldsymbol{\gamma}}_i(n_{LS}-1)\quad\cdots\quad \tilde{\boldsymbol{\gamma}}_i(1)]^{\mathrm{T}},\tilde{\boldsymbol{\gamma}}_i(n)=[\boldsymbol{\gamma}_i^{\mathrm{T}}(n)\quad 1\quad 1]^{\mathrm{T}} \tag{9.47}$$

$$\tilde{\boldsymbol{T}}_{ai}=\tilde{\boldsymbol{\Theta}}_i+\boldsymbol{\Lambda}_K^{\mathrm{T}}\tilde{\boldsymbol{\Theta}}_i\boldsymbol{\Lambda}_{M+1},\ \tilde{\boldsymbol{\Theta}}=[\tilde{\boldsymbol{\Theta}}_{i1}\quad \tilde{\boldsymbol{\Theta}}_{i2}] \tag{9.48}$$

式中，$\tilde{\boldsymbol{\Theta}}_{i1}\in\mathbb{R}^{2K\times 2M}$；$\tilde{\boldsymbol{\Theta}}_{i2}\in\mathbb{R}^{2K\times 2}$；$\tilde{\boldsymbol{T}}_{ai}=[\hat{\boldsymbol{T}}_{ai}\quad \hat{\boldsymbol{T}}_{\eta i}]\in\mathbb{R}^{2K\times 2(M+1)}$。则 $\tilde{\boldsymbol{\Theta}}_i$ 的最小二乘解为

$$\tilde{\boldsymbol{\Theta}}_{iLS}=\boldsymbol{\theta}_{in_{LS}}^{\mathrm{T}}(n)\tilde{\boldsymbol{\gamma}}_{in_{LS}}(n)\boldsymbol{\psi}_{in_{LS}}^{-1}(n) \tag{9.49}$$

则 $\tilde{\boldsymbol{T}}_{ai}$ 的最小二乘解是 $\tilde{\boldsymbol{T}}_{aiLS}=\tilde{\boldsymbol{\Theta}}_{iLS}+\boldsymbol{\Lambda}_K^{\mathrm{T}}\tilde{\boldsymbol{\Theta}}_{iLS}\boldsymbol{\Lambda}_{M+1}$，$\tilde{\boldsymbol{T}}_{aiLS}=[\hat{\boldsymbol{T}}_{aiLS}\quad \hat{\boldsymbol{T}}_{\eta iLS}]$，其中 $\hat{\boldsymbol{T}}_{aiLS}$ 即是估测频响矩阵的最小二乘解，估测激励响应谐波系数的最小二乘解为 $\hat{\boldsymbol{\eta}}_{iLS}(n)=\hat{\boldsymbol{T}}_{\eta iLS}[1\quad 1]^{\mathrm{T}}$。

根据控制响应误差的谐波系数和控制输入的谐波系数数据，即可估测控制系统的频响矩阵。然而实际识别过程中，式(9.49)的计算量会随着数据量的增加而增加。此外，随着振动环境的改变，需舍弃较远时刻的数据。因此采用 RLS 方法实现频响矩阵的实时估测。定义第 n 个采样时刻估测误差的指数加权目标函数：

$$J_{\lambda n_{LS}}=\sum_{l=1}^{n}\lambda^{n-l}[\boldsymbol{\theta}_i(l)-\tilde{\boldsymbol{T}}_{ai}(l)\tilde{\boldsymbol{\gamma}}_i(n)]^{\mathrm{T}}[\boldsymbol{\theta}_i(l)-\tilde{\boldsymbol{T}}_{ai}(l)\tilde{\boldsymbol{\gamma}}_i(n)] \tag{9.50}$$

式中，$\lambda\leqslant 1$ 为遗忘因子。最小化 $J_{\lambda n_{LS}}$ 并令 $\boldsymbol{\lambda}_n=\mathrm{diag}(1,\lambda^1,\cdots,\lambda^{n-1})\in\mathbb{R}^{n\times n}$，可得估测增广频响矩阵的最小二乘解为

$$\tilde{\boldsymbol{\Theta}}_{iLS}=\boldsymbol{\theta}_{in}^{\mathrm{T}}(n)\tilde{\boldsymbol{\gamma}}_{in}(n)\boldsymbol{\psi}_{in}^{-1}(n) \tag{9.51}$$

$$\tilde{\boldsymbol{T}}_{iLS}=\tilde{\boldsymbol{\Theta}}_{iLS}+\boldsymbol{\Lambda}_K^{\mathrm{T}}\tilde{\boldsymbol{\Theta}}_{iLS}\boldsymbol{\Lambda}_{M+1} \tag{9.52}$$

式中，$\boldsymbol{\psi}_{in}=\tilde{\boldsymbol{\gamma}}_{in}^{\mathrm{T}}(n)\boldsymbol{\lambda}_n\tilde{\boldsymbol{\gamma}}_{in}(n)+\boldsymbol{\Lambda}_{M+1}\tilde{\boldsymbol{\gamma}}_{in}^{\mathrm{T}}(n)\boldsymbol{\lambda}_n\tilde{\boldsymbol{\gamma}}_{in}(n)\boldsymbol{\Lambda}_{M+1}^{\mathrm{T}}$。

令 $\boldsymbol{P}(n)=[\tilde{\boldsymbol{\gamma}}_{in}^{\mathrm{T}}(n)\boldsymbol{\lambda}_n\tilde{\boldsymbol{\gamma}}_{in}(n)+\boldsymbol{\Lambda}_{M+1}\tilde{\boldsymbol{\gamma}}_{in}^{\mathrm{T}}(n)\boldsymbol{\lambda}_n\tilde{\boldsymbol{\gamma}}_{in}(n)\boldsymbol{\Lambda}_{M+1}^{\mathrm{T}}]^{-1}$，$\boldsymbol{P}(n)\in\mathbb{R}^{2(M+1)\times 2(M+1)}$，则可推导出：

$$\boldsymbol{P}(n+1)=[\lambda\boldsymbol{P}^{-1}(n)+\boldsymbol{\psi}_i(n+1)]^{-1} \tag{9.53}$$

式中，$\boldsymbol{\psi}_i(n+1)=\tilde{\boldsymbol{\gamma}}_i(n+1)\tilde{\boldsymbol{\gamma}}_i^{\mathrm{T}}(n+1)+\boldsymbol{\Lambda}_{M+1}\tilde{\boldsymbol{\gamma}}_i(n+1)\tilde{\boldsymbol{\gamma}}_i^{\mathrm{T}}(n+1)\boldsymbol{\Lambda}_{M+1}^{\mathrm{T}}$。值得注意的是，假设 $\boldsymbol{P}(n)$ 的初始值满足 $\boldsymbol{P}(0)=\boldsymbol{\Lambda}_{M+1}^{\mathrm{T}}\boldsymbol{P}(0)\boldsymbol{\Lambda}_{M+1}$ 且为正定对称矩阵，则 $\boldsymbol{P}(n)=\boldsymbol{\Lambda}_{M+1}^{\mathrm{T}}\boldsymbol{P}(n)\boldsymbol{\Lambda}_{M+1}$ 正定且对称。式(9.53)的右边部分可转化至 $[\boldsymbol{B}^{-1}+\boldsymbol{C}\boldsymbol{C}^{\mathrm{T}}+\boldsymbol{D}\boldsymbol{D}^{\mathrm{T}}]^{-1}$ 的形式，其中 $\boldsymbol{B}\in\mathbb{R}^{p\times p}$，$\boldsymbol{C}\in\mathbb{R}^{p}$，$\boldsymbol{D}\in\mathbb{R}^{p}$。利用矩阵求逆公式可推导出：

$$[\boldsymbol{B}^{-1}+\boldsymbol{C}\boldsymbol{C}^{\mathrm{T}}+\boldsymbol{D}\boldsymbol{D}^{\mathrm{T}}]^{-1}=$$

$$\boldsymbol{B}-\frac{(1+\boldsymbol{D}^{\mathrm{T}}\boldsymbol{B}\boldsymbol{D})\boldsymbol{B}\boldsymbol{C}\boldsymbol{C}^{\mathrm{T}}\boldsymbol{B}+(1+\boldsymbol{C}^{\mathrm{T}}\boldsymbol{B}\boldsymbol{C})\boldsymbol{B}\boldsymbol{D}\boldsymbol{D}^{\mathrm{T}}\boldsymbol{B}-\boldsymbol{D}^{\mathrm{T}}\boldsymbol{B}\boldsymbol{C}\boldsymbol{B}\boldsymbol{D}\boldsymbol{C}^{\mathrm{T}}\boldsymbol{B}-\boldsymbol{C}^{\mathrm{T}}\boldsymbol{B}\boldsymbol{D}\boldsymbol{B}\boldsymbol{C}\boldsymbol{D}^{\mathrm{T}}\boldsymbol{B}}{1+\boldsymbol{C}^{\mathrm{T}}\boldsymbol{B}\boldsymbol{C}+\boldsymbol{D}^{\mathrm{T}}\boldsymbol{B}\boldsymbol{D}+\boldsymbol{C}^{\mathrm{T}}\boldsymbol{B}\boldsymbol{C}\boldsymbol{D}^{\mathrm{T}}\boldsymbol{B}\boldsymbol{D}-\boldsymbol{D}^{\mathrm{T}}\boldsymbol{B}\boldsymbol{C}\boldsymbol{C}^{\mathrm{T}}\boldsymbol{B}\boldsymbol{D}} \tag{9.54}$$

将 $\boldsymbol{B}=\lambda\boldsymbol{P}^{-1}(n)$，$\boldsymbol{C}=\tilde{\boldsymbol{\gamma}}_i(n+1)$ 和 $\boldsymbol{D}=\boldsymbol{\Lambda}_{M+1}\tilde{\boldsymbol{\gamma}}_i(n+1)$ 代入式(9.54)，且 $\boldsymbol{\Lambda}_{M+1}^{\mathrm{T}}\boldsymbol{\Lambda}_{M+1}=\boldsymbol{I}_{2(M+1)}$，对称矩阵 $\boldsymbol{P}(n)$ 满足 $\tilde{\boldsymbol{\gamma}}_i^{\mathrm{T}}(n+1)\boldsymbol{P}(n)\boldsymbol{\Lambda}_{M+1}\tilde{\boldsymbol{\gamma}}_i(n+1)=\tilde{\boldsymbol{\gamma}}_i^{\mathrm{T}}(n+1)\boldsymbol{\Lambda}_{M+1}^{\mathrm{T}}\boldsymbol{P}(n)\tilde{\boldsymbol{\gamma}}_i(n+1)=0$，可以推导出：

$$\boldsymbol{P}(n+1)=\lambda^{-1}\boldsymbol{P}(n)-\frac{\lambda^{-1}\boldsymbol{P}(n)\boldsymbol{\psi}_i(n+1)\boldsymbol{P}(n)}{\lambda+\tilde{\boldsymbol{\gamma}}_i^{\mathrm{T}}(n+1)\boldsymbol{P}(n)\tilde{\boldsymbol{\gamma}}_i(n+1)} \tag{9.55}$$

则在第 $n+1$ 个采样时刻，$\tilde{\boldsymbol{\Theta}}_i(n+1)$ 可表示为

$$\begin{aligned}\tilde{\boldsymbol{\Theta}}_i(n+1)&=[\boldsymbol{\theta}_i(n+1)\tilde{\boldsymbol{\gamma}}_i^{\mathrm{T}}(n+1)+\lambda\boldsymbol{\theta}_{in}^{\mathrm{T}}(n)\boldsymbol{\lambda}_n\tilde{\boldsymbol{\gamma}}_{in}(n)]\boldsymbol{P}(n+1)\\&=\tilde{\boldsymbol{\Theta}}_i(n)+\frac{[\boldsymbol{\theta}_i(n+1)\tilde{\boldsymbol{\gamma}}_i^{\mathrm{T}}(n+1)-\tilde{\boldsymbol{\Theta}}_i(n)\boldsymbol{\psi}_i(n+1)]\boldsymbol{P}(n)}{\lambda+\tilde{\boldsymbol{\gamma}}_i^{\mathrm{T}}(n+1)\boldsymbol{P}(n)\tilde{\boldsymbol{\gamma}}_i(n+1)}\end{aligned} \tag{9.56}$$

将式(9.56)代入式(9.48)，且令 $\boldsymbol{\xi}_i(n+1)=[\boldsymbol{\theta}_i(n+1)\tilde{\boldsymbol{\gamma}}_i^{\mathrm{T}}(n+1)-\tilde{\boldsymbol{T}}_{ai}(n)\tilde{\boldsymbol{\gamma}}_i(n+1)\tilde{\boldsymbol{\gamma}}_i^{\mathrm{T}}(n+1)]$，$\boldsymbol{\xi}_i(n+1)\in\mathbb{R}^{2K\times 2(M+1)}$，则可推导出增广估测频响矩阵的 RLS 的递推公式：

$$\boldsymbol{K}(n+1)=\frac{\boldsymbol{P}(n)}{\lambda+\tilde{\boldsymbol{\gamma}}_i^{\mathrm{T}}(n+1)\boldsymbol{P}(n)\tilde{\boldsymbol{\gamma}}_i(n+1)} \tag{9.57}$$

$$\tilde{\boldsymbol{T}}_{ai}(n+1) = \tilde{\boldsymbol{T}}_{ai}(n) + [\boldsymbol{\xi}_i(n+1) + \boldsymbol{\Lambda}_K^{\mathrm{T}}\boldsymbol{\xi}_i(n+1)\boldsymbol{\Lambda}_{M+1}]\boldsymbol{K}(n+1) \tag{9.58}$$

$$\boldsymbol{P}(n+1) = \lambda^{-1}\boldsymbol{P}(n)[\boldsymbol{I} - \boldsymbol{\psi}_i(n+1)\boldsymbol{K}(n+1)] \tag{9.59}$$

选取 $\boldsymbol{P}(n)$ 的初始值满足 $\boldsymbol{P}(0) = \boldsymbol{\Lambda}_{M+1}^{\mathrm{T}}\boldsymbol{P}(0)\boldsymbol{\Lambda}_{M+1}$ 且为正定对称矩阵,选取 $\tilde{\boldsymbol{T}}_{ai}(n)$ 的初始值满足 $\tilde{\boldsymbol{T}}_{ai}(0) = \boldsymbol{\Lambda}_K^{\mathrm{T}}\tilde{\boldsymbol{T}}_{ai}(0)\boldsymbol{\Lambda}_{M+1}$,则 $\tilde{\boldsymbol{T}}_{ai}(n)$ 具备式(9.3)和式(9.4)所示的矩阵结构。式(9.57)~式(9.59)即自适应频响修正算法的频响矩阵修正公式。

9.3.2 频响矩阵修正的收敛条件

由式(9.53)可得,对于所有的 $n \geqslant 1$, $\boldsymbol{P}(n)$ 可表示为

$$\boldsymbol{P}(n) = [\lambda^t\boldsymbol{P}^{-1}(0) + \boldsymbol{\psi}_{in}(n)]^{-1} \tag{9.60}$$

联立式(9.11)、式(9.48)、式(9.53)和式(9.58)可得

$$\tilde{\boldsymbol{T}}_{ai}(n+1) = \tilde{\boldsymbol{T}}_{ai}(n) + [\boldsymbol{\xi}_i(n+1) + \boldsymbol{\Lambda}_K^{\mathrm{T}}\boldsymbol{\xi}_i(n+1)\boldsymbol{\Lambda}_{M+1}]\boldsymbol{P}(n+1) \tag{9.61}$$

将式(9.60)代入式(9.61)可以得出:

$$\begin{aligned}\tilde{\boldsymbol{T}}_{ai}(n+1)\boldsymbol{P}^{-1}(n+1) &= \lambda\tilde{\boldsymbol{T}}_{ai}(n)\boldsymbol{P}^{-1}(n) + \boldsymbol{\theta}_i(n+1)\tilde{\boldsymbol{\gamma}}_i^{\mathrm{T}}(n+1)\\ &\quad + \boldsymbol{\Lambda}_K^{\mathrm{T}}\boldsymbol{\theta}_i(n+1)\tilde{\boldsymbol{\gamma}}_i^{\mathrm{T}}(n+1)\boldsymbol{\Lambda}_{M+1}\\ &= \lambda^t\tilde{\boldsymbol{T}}_{ai}(0)\boldsymbol{P}^{-1}(0) + \boldsymbol{\theta}_{in}^{\mathrm{T}}(n)\boldsymbol{\lambda}_t\tilde{\boldsymbol{\gamma}}_{in}(n)\\ &\quad + \boldsymbol{\Lambda}_K^{\mathrm{T}}\boldsymbol{\theta}_{in}^{\mathrm{T}}(n)\boldsymbol{\lambda}_n\tilde{\boldsymbol{\gamma}}_{in}(n)\boldsymbol{\Lambda}_{M+1}\end{aligned} \tag{9.62}$$

因此 $\tilde{\boldsymbol{T}}_{ai}(n)$ 可由 $\tilde{\boldsymbol{T}}_{ai}(0)$ 和 $\boldsymbol{P}(0)$ 表示如下:

$$\tilde{\boldsymbol{T}}_{ai}(n) = \begin{bmatrix}\lambda^t\tilde{\boldsymbol{T}}_{ai}(0)\boldsymbol{P}^{-1}(0) + \boldsymbol{\theta}_{in}^{\mathrm{T}}(n)\boldsymbol{\lambda}_n\tilde{\boldsymbol{\gamma}}_{in}(n)\\ + \boldsymbol{\Lambda}_K^{\mathrm{T}}\boldsymbol{\theta}_{in}^{\mathrm{T}}(n)\boldsymbol{\lambda}_t\tilde{\boldsymbol{\gamma}}_{in}(n)\boldsymbol{\Lambda}_{M+1}\end{bmatrix}[\lambda^t\boldsymbol{P}^{-1}(0) + \boldsymbol{\psi}_{in}(n)]^{-1} \tag{9.63}$$

如果 $\lambda < 1$ 且 $\boldsymbol{\psi}_{in}(n)$ 可逆,则当 $n \to \infty$ 时 $\lambda^n\boldsymbol{P}^{-1}(0) \to 0$, $\lambda^n\tilde{\boldsymbol{T}}_{ai}(0)\boldsymbol{P}^{-1}(0) \to 0$,此时增广估测频响矩阵趋向于:

$$\tilde{\boldsymbol{T}}_{ai\infty} \triangleq \lim_{t\to\infty}\tilde{\boldsymbol{T}}_{ai}(n) = [\boldsymbol{\theta}_{in}^{\mathrm{T}}(n)\boldsymbol{\lambda}_n\tilde{\boldsymbol{\gamma}}_{in}(n) + \boldsymbol{\Lambda}_K^{\mathrm{T}}\theta_{in}^{\mathrm{T}}(n)\boldsymbol{\lambda}_n\tilde{\boldsymbol{\gamma}}_{in}(n)\boldsymbol{\Lambda}_{M+1}]\boldsymbol{\psi}_{in}^{-1}(n) \tag{9.64}$$

$$\tilde{\boldsymbol{T}}_{ai\infty} = [\hat{\boldsymbol{T}}_{ai\infty} \quad \hat{\boldsymbol{T}}_{\eta i\infty}] \tag{9.65}$$

由式(9.2)可得

$$\boldsymbol{\theta}_{in}(n)=\boldsymbol{\gamma}_{in}(n)\boldsymbol{T}_{ai}^{\mathrm{T}}+\boldsymbol{\eta}_{in}(n)=\tilde{\boldsymbol{\gamma}}_{in}(n)\overline{\boldsymbol{T}}_{ai}^{\mathrm{T}} \tag{9.66}$$

$$\boldsymbol{\theta}_{in}^{\mathrm{T}}(n)\boldsymbol{\lambda}_n\tilde{\boldsymbol{\gamma}}_{in}(n)+\boldsymbol{\Lambda}_K^{\mathrm{T}}\boldsymbol{\theta}_{in}^{\mathrm{T}}(n)\boldsymbol{\lambda}_n\tilde{\boldsymbol{\gamma}}_{in}(n)\boldsymbol{\Lambda}_{M+1}=\overline{\boldsymbol{T}}_{ai}\boldsymbol{\psi}_{in}(n) \tag{9.67}$$

式中，$\overline{\boldsymbol{T}}_{ai}=[\boldsymbol{T}_{ai}\quad\boldsymbol{T}_{\eta i}]\in\mathbb{R}^{2K\times2(M+1)}$，$\boldsymbol{T}_{ai}$ 即系统真实频响矩阵，且 $\boldsymbol{\eta}_i=\boldsymbol{T}_{\eta i}[1\quad1]^{\mathrm{T}}$ 即真实激励响应谐波系数。将式(9.66)和式(9.67)代入式(9.64)和式(9.65)可得

$$\lim_{t\to\infty}\tilde{\boldsymbol{T}}_{ai}(n)=\overline{\boldsymbol{T}}_{ai} \tag{9.68}$$

$$\lim_{t\to\infty}\hat{\boldsymbol{T}}_{ai}(n)=\boldsymbol{T}_{ai} \tag{9.69}$$

因此，估测频响矩阵最终将收敛于真实频响矩阵。

如果 $\lambda=1$，则式(9.63)转变为

$$\begin{aligned}\tilde{\boldsymbol{T}}_{ai}(n)=&[\tilde{\boldsymbol{T}}_{ai}(0)\boldsymbol{P}^{-1}(0)+\boldsymbol{\theta}_{in}^{\mathrm{T}}(n)\tilde{\boldsymbol{\gamma}}_{in}(n)+\boldsymbol{\Lambda}_K^{\mathrm{T}}\boldsymbol{\theta}_{in}^{\mathrm{T}}(n)\tilde{\boldsymbol{\gamma}}_{in}(n)\boldsymbol{\Lambda}_{M+1}]\\&[\boldsymbol{P}^{-1}(0)+\boldsymbol{\kappa}_{in}(n)]^{-1}\end{aligned} \tag{9.70}$$

式中，$\boldsymbol{\kappa}_{in}(n)=\tilde{\boldsymbol{\gamma}}_{in}^{\mathrm{T}}(n)\tilde{\boldsymbol{\gamma}}_{in}(n)+\boldsymbol{\Lambda}_{M+1}\tilde{\boldsymbol{\gamma}}_{in}^{\mathrm{T}}(n)\tilde{\boldsymbol{\gamma}}_{in}(n)\boldsymbol{\Lambda}_{M+1}^{\mathrm{T}}$。

令 $\Delta\tilde{\boldsymbol{T}}_{ai}(n)=\tilde{\boldsymbol{T}}_{ai}(n)-\overline{\boldsymbol{T}}_{ai}(n)$，且将式(9.66)和式(9.67)代入式(9.70)可得

$$\Delta\tilde{\boldsymbol{T}}_{ai}(n)=\Delta\tilde{\boldsymbol{T}}_{ai}(0)\boldsymbol{P}^{-1}(0)[\boldsymbol{P}^{-1}(0)+\boldsymbol{\kappa}_{in}(n)]^{-1} \tag{9.71}$$

由于：

$$\boldsymbol{P}^{-1}(n+1)=\boldsymbol{P}^{-1}(0)+\boldsymbol{\kappa}_{in}(n)=\boldsymbol{P}^{-1}(n)+\boldsymbol{\psi}_i(n+1) \tag{9.72}$$

注意 $\boldsymbol{\psi}_i(n+1)\geqslant0$，因此：

$$\boldsymbol{P}(n+1)\leqslant\boldsymbol{P}(n) \tag{9.73}$$

因此 $\lim\limits_{n\to\infty}\boldsymbol{P}(n)$ 存在，且 $\rho[\boldsymbol{P}^{-1}(0)\boldsymbol{P}_\infty]\leqslant1$。令 $\boldsymbol{P}_\infty=\lim\limits_{n\to\infty}\boldsymbol{P}(n)$，则 $\lim\limits_{n\to\infty}\Delta\tilde{\boldsymbol{T}}_{ai}(n)$ 存在：

$$\lim_{n\to\infty}\Delta\tilde{\boldsymbol{T}}_{ai}(n)=\Delta\tilde{\boldsymbol{T}}_{ai}(0)\boldsymbol{P}^{-1}(0)\boldsymbol{P}_\infty^{-1} \tag{9.74}$$

因此 $\tilde{\boldsymbol{T}}_{ai\infty}=\lim\limits_{n\to\infty}\tilde{\boldsymbol{T}}_{ai}(n)$ 存在，$\hat{\boldsymbol{T}}_{ai\infty}=\lim\limits_{n\to\infty}\hat{\boldsymbol{T}}_{ai}(n)$ 存在，$\hat{\boldsymbol{T}}_{ai}(n)$ 收敛。由于 $\rho[\boldsymbol{P}^{-1}(0)\boldsymbol{P}_\infty]\leqslant1$，因此：

$$\lim_{n\to\infty}\|\Delta\tilde{\boldsymbol{T}}_{ai}(n)\|=\|\Delta\tilde{\boldsymbol{T}}_{ai}(0)\boldsymbol{P}^{-1}(0)\boldsymbol{P}_\infty\|\leqslant\|\Delta\tilde{\boldsymbol{T}}_{ai}(0)\| \tag{9.75}$$

即收敛后的频响矩阵估测误差的 2 范数不大于初始误差的 2 范数。

将 $\tilde{\boldsymbol{T}}_{ai}=[\hat{\boldsymbol{T}}_{ai}\quad\hat{\boldsymbol{T}}_{\eta i}]$ 代入式(9.20)，可得出存在建模误差下第 i 阶增广输入谐波系数向量的递推公式：

$$\boldsymbol{\gamma}_i(n)=\{\boldsymbol{I}-\mu\boldsymbol{W}_{ui}(n)-\mu[\boldsymbol{I}_{2M}\quad \boldsymbol{0}_{2\times2}]\tilde{\boldsymbol{T}}^{\mathrm{T}}_{ai}\boldsymbol{W}_{ei}(n)\boldsymbol{T}_{ai}\}\boldsymbol{\gamma}_i(n-1)+\mu\hat{\boldsymbol{T}}^{\mathrm{T}}_{ai}\boldsymbol{W}_{ei}(n)\boldsymbol{\eta}_i(n) \tag{9.76}$$

将式(9.63)、式(9.66)和式(9.67)代入式(9.76)可得

$$\boldsymbol{\gamma}_i(n)=\{\boldsymbol{I}-\mu\boldsymbol{W}_{ui}(n)-\mu\{\boldsymbol{T}_{ai}+\lambda^n\Delta\tilde{\boldsymbol{T}}_{ai}(0)\boldsymbol{P}^{-1}(0)\boldsymbol{P}(n)[\boldsymbol{I}_{2M}\quad \boldsymbol{0}_{2\times2}]^{\mathrm{T}}\}^{\mathrm{T}}\boldsymbol{W}_{ei}(n)\boldsymbol{T}_{ai}\}\boldsymbol{\gamma}_i(n-1)+\mu\hat{\boldsymbol{T}}^{\mathrm{T}}_{ai}\boldsymbol{W}_{ei}(n)\boldsymbol{\eta}_i(n) \tag{9.77}$$

显然,如果 $\lambda<1$ 且 $\boldsymbol{\psi}_{in}(n)$ 可逆,则 $\lim\limits_{n\to\infty}\tilde{\boldsymbol{\gamma}}_i(n)$ 和 $\lim\limits_{n\to\infty}\boldsymbol{\gamma}_i(n)$ 存在, $\boldsymbol{\gamma}_i(n)$ 收敛于:

$$\lim_{n\to\infty}\boldsymbol{\gamma}_i(n)=-[\boldsymbol{W}_{ui}(n)+\boldsymbol{T}^{\mathrm{T}}_{ai}\boldsymbol{W}_{ei}(n)\boldsymbol{T}_{ai}]^{-1}\boldsymbol{W}_{ei}(n)\boldsymbol{\eta}_i(n) \tag{9.78}$$

此时控制输入谐波系数的收敛条件与无频响矩阵误差时收敛条件一致,收敛条件即 $0<\mu<\dfrac{2}{\lambda_{\max}}$, $\lambda_{\max}$ 为 $\boldsymbol{\Gamma}$ 的最大特征值。

如果 $\lambda=1$, 式(9.77)转化为

$$\boldsymbol{\gamma}_i(n)=\{\boldsymbol{I}-\mu\boldsymbol{W}_{ui}(n)-\mu\{\boldsymbol{T}_{ai}+\Delta\tilde{\boldsymbol{T}}_{ai}(0)\boldsymbol{P}^{-1}(0)\boldsymbol{P}(n)[\boldsymbol{I}_{2M}\quad \boldsymbol{0}_{2\times2}]^{\mathrm{T}}\}^{\mathrm{T}}\boldsymbol{W}_{ei}(n)\boldsymbol{T}_{ai}\}\boldsymbol{\gamma}_i(n-1)+\mu\hat{\boldsymbol{T}}^{\mathrm{T}}_{ai}\boldsymbol{W}_{ei}(n)\boldsymbol{\eta}_i(n) \tag{9.79}$$

令 $\hat{\boldsymbol{\Gamma}}(n)=\boldsymbol{W}_{ui}(n)+\{\boldsymbol{T}_{ai}+\Delta\tilde{\boldsymbol{T}}_{ai}(0)\boldsymbol{P}^{-1}(0)\boldsymbol{P}(n)[\boldsymbol{I}_{2M}\quad \boldsymbol{0}_{2\times2}]^{\mathrm{T}}\}^{\mathrm{T}}\boldsymbol{W}_{ei}(n)\boldsymbol{T}_{ai}$, 则控制输入谐波系数的收敛条件是 $\rho[\boldsymbol{I}-\mu\hat{\boldsymbol{\Gamma}}(n)]<1$。通过不等式(9.22)可知,当无频响矩阵修正时,如果频响矩阵的误差过大, $\hat{\boldsymbol{\Gamma}}(0)$ 存在小于零的特征值则控制发散。因此式(9.79)收敛的必要条件是 $\hat{\boldsymbol{\Gamma}}(n)>0$, 即

$$\boldsymbol{W}_{ui}(n)+\boldsymbol{T}^{\mathrm{T}}_{ai}\boldsymbol{W}_{ei}(n)\boldsymbol{T}_{ai}+\{\Delta\tilde{\boldsymbol{T}}_{ai}(0)\boldsymbol{P}^{-1}(0)\boldsymbol{P}(n)[\boldsymbol{I}_{2M}\quad \boldsymbol{0}_{2\times2}]^{\mathrm{T}}\}^{\mathrm{T}}\boldsymbol{W}_{ei}(n)\boldsymbol{T}_{ai}>0 \tag{9.80}$$

在控制发散时, $\boldsymbol{\psi}_{in}(n)-\boldsymbol{\psi}_{i(n-M)}(n)>0$。假设在第 n 个采样时刻控制处于发散状态,则如下不等式成立:

$$\boldsymbol{P}(n)<\boldsymbol{P}(n-M) \tag{9.81}$$

且对于任意 $\delta>0$, 存在 $l>M$ 使 $\boldsymbol{P}(l)-\boldsymbol{P}(l-M)>\delta\boldsymbol{I}_{2(M+1)}$。令 δ 满足:

$$\boldsymbol{W}_{ui}(n)+\boldsymbol{T}^{\mathrm{T}}_{ai}\boldsymbol{W}_{ei}(n)\boldsymbol{T}_{ai}+\{\Delta\tilde{\boldsymbol{T}}_{ai}(0)\boldsymbol{P}^{-1}(0)\delta\boldsymbol{I}_{2(M+1)}[\boldsymbol{I}_{2M}\quad \boldsymbol{0}_{2\times2}]^{\mathrm{T}}\}^{\mathrm{T}}\boldsymbol{W}_{ei}(n)\boldsymbol{T}_{ai}>0 \tag{9.82}$$

则存在 l 使下式成立:

$$\boldsymbol{W}_{ui}(n) + \boldsymbol{T}_{ai}^{\mathrm{T}}\boldsymbol{W}_{ei}(n)\boldsymbol{T}_{ai} + \{\Delta\tilde{\boldsymbol{T}}_{ai}(0)\boldsymbol{P}^{-1}(0)\boldsymbol{P}(l)\,[\boldsymbol{I}_{2M}\quad \boldsymbol{0}_{2\times 2}]^{\mathrm{T}}\}^{\mathrm{T}}\boldsymbol{W}_{ei}(n)\boldsymbol{T}_{ai} > 0 \tag{9.83}$$

此时控制输入谐波系数的收敛性可通过调节谐波系数修正步长 μ 来保证。并且当 $\boldsymbol{\gamma}_i(n)$ 满足持续激励(Astrom et al., 1995)条件时 $\lim\limits_{n\to\infty}\boldsymbol{P}(n) = 0$，此时 $\lim\limits_{n\to\infty}\hat{\boldsymbol{T}}_{ai}(n) = \boldsymbol{T}_{ai}$，则控制输入谐波系数的收敛条件与无频响矩阵误差时的收敛条件一致，即 $0 < \mu < \dfrac{2}{\lambda_{\max}}$。

9.4　动态谐波控制权矩阵算法

由式(9.63)可知，当 $\lambda < 1$ 时，随着 n 的增加，矩阵 $\lambda^n\boldsymbol{P}^{-1}(0) + \boldsymbol{\psi}_{in}(n)$ 的奇异性主要由矩阵 $\boldsymbol{\psi}_{in}(n)$ 决定。而控制输入谐波系数 $\boldsymbol{\gamma}_i(n)$ 是由式(9.11)所示的修正方程决定的，尤其当控制稳定后，矩阵 $\boldsymbol{\psi}_{in}(n)$ 将趋向于一个奇异矩阵，会导致频响矩阵的 RLS 估测过程发散。令 $\lambda = 1$ 可避免估测过程发散，但是 $\boldsymbol{\gamma}_i(n)$ 需满足持续激励条件才可保证估测频响矩阵收敛至真实频响矩阵。Chandrasekar 等(Chandrasekar et al., 2006)通过在谐波控制输入信号上叠加持续激励的方法使频响矩阵的估测值趋向于真实值，然而在控制信号上施加额外激励会降低控制效果。本章通过采用动态谐波控制权矩阵方法，在无需外部激励的情况下，使控制输入谐波系数满足持续激励条件，在保证了控制效果的前提下提升了频响矩阵的估测精度。

假设控制收敛，则根据式(9.23)和式(9.79)可得，存在建模误差时第 i 阶 FRFU-HI 控制输入谐波系数收敛于：

$$\hat{\boldsymbol{\gamma}}_i^{\mathrm{opt}}(n) = -\{\boldsymbol{W}_{ui}(n) + \{\boldsymbol{T}_{ai} + \Delta\tilde{\boldsymbol{T}}_{ai}(0)\boldsymbol{P}^{-1}(0)\boldsymbol{P}_{\infty}\,[\boldsymbol{I}_{2M}\quad \boldsymbol{0}_{2\times 2}]^{\mathrm{T}}\}^{\mathrm{T}}\boldsymbol{W}_{ei}(n)\boldsymbol{T}_{ai}\}^{-1}\hat{\boldsymbol{T}}_{ai\infty}\boldsymbol{W}_{ei}(n)\boldsymbol{\eta}_i(n) \tag{9.84}$$

$\boldsymbol{\gamma}_i(n)$ 收敛于定值，不满足持续激励条件，因此无法保证估测频响矩阵收敛于真实值。定义动态控制输入权矩阵 $\hat{\boldsymbol{W}}_{ui}(n) = \boldsymbol{W}_{ui}(n) + \Delta\hat{\boldsymbol{W}}_{ui}(n)$，定义动态控制误差权矩阵：

$$\hat{\boldsymbol{W}}_{ei}(n) = \boldsymbol{W}_{ei}(n) + \Delta\hat{\boldsymbol{W}}_{ei}(n)$$

$$\Delta\hat{\boldsymbol{W}}_{ui}(n) = \mathrm{diag}\{\hat{W}_{ui1}(n), \hat{W}_{ui1}(n), \hat{W}_{ui2}(n), \hat{W}_{ui2}(n), \cdots, \hat{W}_{uiM}(n), \hat{W}_{uiM}(n)\}$$

$$\Delta\hat{\boldsymbol{W}}_{ei}(n) = \mathrm{diag}\{\hat{W}_{ei1}(n), \hat{W}_{ei1}(n), \hat{W}_{ei2}(n), \hat{W}_{ei2}(n), \cdots, \hat{W}_{eiK}(n), \hat{W}_{eiK}(n)\}$$

式中，

$$\begin{cases}\hat{W}_{uim}(n)=\varepsilon_{ui}W_{uim}(n)\sin(\hat{\omega}_i n\tau+\varphi_{um}),\ m=1,2,\cdots,M\\ \hat{W}_{eik}(n)=\varepsilon_{ei}W_{eik}(n)\sin(\hat{\omega}_i n\tau+\varphi_{ek}),\ k=1,2,\cdots,K\\ \varphi_{up}\neq\varphi_{uq},\ \varphi_{ep}\neq\varphi_{eq}(p\neq q)\end{cases}\tag{9.85}$$

式中，$\hat{\omega}_i$ 是第 i 阶动态控制误差权矩阵的浮动频率；$\varepsilon_{ui}<1$ 和 $\varepsilon_{ei}<1$ 分别是动态控制输入权矩阵和动态控制误差权矩阵的浮动系数；φ_{um} 是第 m 个控制输入权系数的相位；φ_{ek} 是第 k 个动态控制误差权系数的相位。将式(9.11)中的 $\boldsymbol{W}_{ui}(n)$ 和 $\boldsymbol{W}_{ei}(n)$ 替换为 $\hat{\boldsymbol{W}}_{ui}(n)$ 和 $\hat{\boldsymbol{W}}_{ei}(n)$，此时控制输入谐波系数的修正方程为

$$\begin{aligned}\boldsymbol{\gamma}_i(n)=&[\boldsymbol{I}-\mu\hat{\boldsymbol{W}}_{ui}(n)-\mu\hat{\boldsymbol{T}}_{ai}^{\mathrm{T}}(n)\hat{\boldsymbol{W}}_{ei}(n)\boldsymbol{T}_{ai}]\boldsymbol{\gamma}_i(n-1)\\&+\mu\hat{\boldsymbol{T}}_{ai}^{\mathrm{T}}(n)\hat{\boldsymbol{W}}_{ei}(n)\boldsymbol{\eta}_i(n)\end{aligned}\tag{9.86}$$

因此，$\boldsymbol{\gamma}_i(n)$ 将动态收敛于：

$$\boldsymbol{\gamma}_i(n)=\hat{\boldsymbol{\gamma}}_i^{\mathrm{opt}}(n)+\zeta_i(n)\tag{9.87}$$

式中，

$$\begin{aligned}\zeta_i(n)=&[\boldsymbol{I}-\mu\hat{\boldsymbol{W}}_{ui}(n)-\mu\hat{\boldsymbol{T}}_{ai\infty}^{\mathrm{T}}\hat{\boldsymbol{W}}_{ei}(n)\boldsymbol{T}_{ai}]\zeta_i(n-1)-[\mu\Delta\hat{\boldsymbol{W}}_{ui}(n)\\&+\mu\hat{\boldsymbol{T}}_{ai\infty}^{\mathrm{T}}\Delta\hat{\boldsymbol{W}}_{ei}(n)]\hat{\boldsymbol{\gamma}}_i^{\mathrm{opt}}(n)+\mu\hat{\boldsymbol{T}}_{ai\infty}^{\mathrm{T}}\Delta\hat{\boldsymbol{W}}_{ei}(n)\boldsymbol{\eta}_i(n)\end{aligned}\tag{9.88}$$

观察式(9.88)，$\boldsymbol{\gamma}_i(n)$ 中每个控制输入的谐波系数都包含了与其他控制输入谐波系数不同相位的正弦信号，所以 $\boldsymbol{\gamma}_i(n)$ 满足持续激励(Astrom et al., 1995)条件，即存在 $\rho>0$，使所有 $n\geqslant M$ 满足：

$$\frac{1}{M}\sum_{l=n}^{n+M-1}[\boldsymbol{\gamma}_i(n)\lambda^{n-l}\boldsymbol{\gamma}_i^{\mathrm{T}}(n)+\boldsymbol{\Lambda}_M\boldsymbol{\gamma}_i(n)\lambda^{n-l}\boldsymbol{\gamma}_i^{\mathrm{T}}(n)\boldsymbol{\Lambda}_M^{\mathrm{T}}]>\rho\boldsymbol{I}\tag{9.89}$$

因此：

$$\lim_{n\to\infty}\lambda_{\min}\left\{\sum_{l=1}^{n}[\tilde{\boldsymbol{\gamma}}_i(n)\lambda^{n-l}\tilde{\boldsymbol{\gamma}}_i^{\mathrm{T}}(n)+\boldsymbol{\Lambda}_{M+1}\tilde{\boldsymbol{\gamma}}_i(n)\lambda^{n-l}\tilde{\boldsymbol{\gamma}}_i^{\mathrm{T}}(n)\boldsymbol{\Lambda}_{M+1}^{\mathrm{T}}]\right\}=\infty\tag{9.90}$$

即 $\lim_{n\to\infty}\lambda_{\min}(\boldsymbol{\psi}_{in})=\infty$。根据式(9.60)可得

$$\lim_{n\to\infty}\boldsymbol{P}(n)=0\tag{9.91}$$

联立式(9.60)和式(9.71)可得

$$\tilde{\boldsymbol{T}}_{ai\infty}=\bar{\boldsymbol{T}}_{ai}+\Delta\tilde{\boldsymbol{T}}_{ai}(0)\boldsymbol{P}^{-1}(0)\lim_{n\to\infty}\boldsymbol{P}(n)=\bar{\boldsymbol{T}}_{ai}$$

$$\hat{\boldsymbol{T}}_{ai\infty}=\boldsymbol{T}_{ai} \tag{9.92}$$

即估测频响矩阵趋近于真实频响矩阵。

不同于在控制输入信号上直接叠加外部持续激励，动态谐波控制权矩阵算法实质上是动态调整不同控制输入和不同输出响应的权系数，实现动态目标函数下的最优控制，因此不会因为引入额外激励信号而导致控制目标函数无法保持在最优值，避免了引入额外激励导致的控制效果下降。但是浮动系数 ε_{ui} 和 ε_{ei} 的选择影响着频响矩阵的估测精度和振动响应的抑制效果，过大的浮动系数会导致不同输出响应的权系数差别过大，以及不同控制输入的权系数差别过大从而无法使所有测点的响应都满足振动控制要求；过小的浮动系数会导致估测频响矩阵收敛于真实值的时间过长。实际控制中需根据振动控制要求调整权矩阵浮动系数。

9.5　自适应频响修正-谐波识别控制方法及仿真

9.5.1　自适应频响修正-谐波识别控制方法

结合式(9.57)~式(9.59)所示的频响矩阵修正算法、响应误差谐波系数识别算法，以及式(9.85)和式(9.86)所示的基于动态谐波控制权矩阵算法的控制输入谐波修正算法，即构成了自适应频响修正-谐波识别(FRFU-HI)控制方法，可实现控制系统频响矩阵的实时修正和振动响应的谐波控制。

图 9.1 显示了 FRFU-HI 控制方法的框图。$\boldsymbol{P}_d$ 为旋翼载荷至测点响应的传递函数，$\boldsymbol{P}_c$ 为作动器输入至测点响应之间的传递函数。旋翼载荷 $\boldsymbol{v}(n)$ 通过 $\boldsymbol{P}_d$ 生成激励响应 $\boldsymbol{d}(n)$，作动器控制输入 $\boldsymbol{u}_a(n)$ 通过 $\boldsymbol{P}_c$ 生成作动响应 $\boldsymbol{a}(n)$，与 $\boldsymbol{d}(n)$ 叠加生成控制响应误差 $\boldsymbol{e}(n)=\boldsymbol{d}(n)-\boldsymbol{a}(n)$。$\boldsymbol{e}(n)$ 和谐波基函数 $\boldsymbol{z}(n)$ 传递至谐波系数识别模块，根据式(9.15)识别控制响应误差的谐波系数 $\boldsymbol{\theta}(n)$；根据 $\boldsymbol{\theta}(n)$ 和控制输入的谐

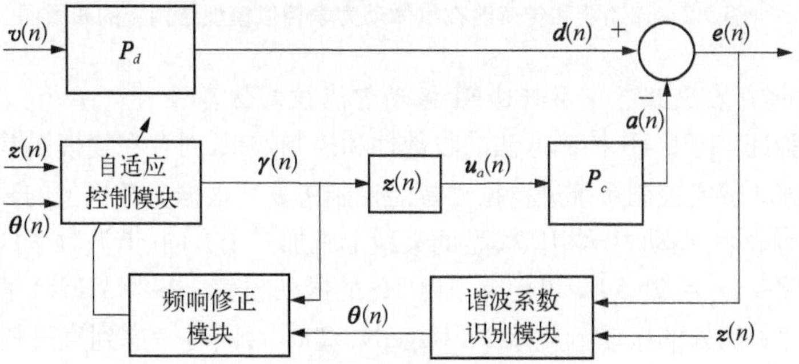

图 9.1　自适应频响修正-谐波识别控制方法的框图

波系数 $\boldsymbol{\gamma}(n)$，频响矩阵估测模块根据式(9.57)~式(9.59)的 RLS 递推公式更新增广频响矩阵的估测值，同时更新自适应控制器；$\boldsymbol{\theta}(n)$ 和 $\boldsymbol{z}(n)$ 传递至自适应控制器，根据式(9.85)和式(9.86)生成控制输入谐波系数 $\boldsymbol{\gamma}(n)$，并与 $\boldsymbol{z}(n)$ 相乘生成作动器控制输入 $\boldsymbol{u}_a(n)$，作动器驱动直升机机体生成作动响应抵消激励响应，实现振动智能控制。

9.5.2 自适应频响修正-谐波识别智能控制仿真

为了验证 FRFU-HI 控制方法在建模存在大误差下的控制效果、收敛性以及自适应性，基于第 5 章建立的主动撑杆驱动的机体结构振动智能控制系统，在多种建模误差条件下，采用不同控制方法进行了一系列的仿真研究。仿真内容主要包括：建模存在大误差下采用 FRFU-HI 的振动智能控制仿真；FRFU-HI 方法与 HSIU 方法的振动智能控制仿真对比；FRFU-HI 振动智能控制与 AHSS 振动主动控制仿真对比；时变旋翼载荷激励下采用 FRFU-HI 的振动智能控制仿真。

在机体动力学相似模型的驾驶舱结构上布置四个加速度传感器，模拟仪表盘和驾驶座椅处的位置。压电叠层作动器的安装方式和详细参数见第 5 章。作动器和传感器的布置见图 9.2。直升机动力学相似模型、作动器、传感器以及控制系统共同组成了 4 输入 4 输出的直升机机体振动智能控制系统。

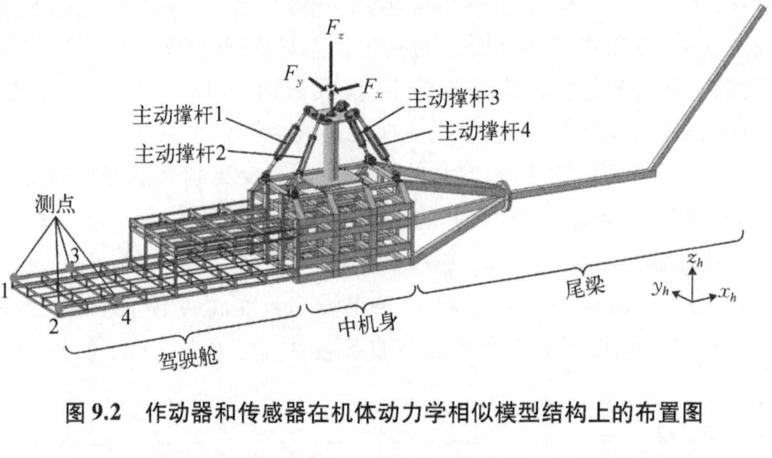

图 9.2 作动器和传感器在机体动力学相似模型结构上的布置图

1. 建模存在大误差下 FRFU-HI 振动智能控制仿真

为了验证 FRFU-HI 控制方法的收敛性和控制效果，对存在建模误差($\hat{\boldsymbol{T}}_{ai} \neq \boldsymbol{T}_{ai}$)的直升机振动智能控制系统进行振动智能控制仿真。根据参考机型的桨叶通过频率和机体振动水平，在动力学相似模型的桨毂上施加三个方向、谐波频率成分为前两阶桨叶通过频率 ω_1 = 25.5 Hz 和 ω_2 = 51.0 Hz 的振动载荷。参考 AH64A 直升机飞行过程中实测驾驶舱处的振动响应水平(Heverly, 2002)，同时考虑到直升机机体在第二阶通过频率处的振动响应通常为主通过频率的 30%左右(Song et al., 2015)，因此调整激励载荷的幅值使双频激励下测点 1 和 2 处响应在 0.15g 左右，且 51 Hz 处的响应幅值为 25.5 Hz 处响应幅值的 30%左右。计算出各作动器控制输入至测点输出之间在各个控制频率处的频响 $H_{km}(\omega_i)$，建立控制系统的真实频响矩阵 $\boldsymbol{T}_a$。由于影响谐波控制算法稳定性的建模误差主要体现在频响的相位误差上，因此设置离线建模频响矩阵 $\hat{\boldsymbol{T}}_a$，使得 $\hat{\boldsymbol{T}}_a$ 中对应每个控制通道在每个控制频率处的频响 $\hat{H}_{km}(\omega_i)$ 与真实频响 $H_{km}(\omega_i)$ 都存在相位差 α，即 $\angle H_{km}(\omega_i) - \angle\hat{H}_{km}(\omega_i) = \alpha$，模拟离线建模误差。根据对 HSIU 收敛性的分析，对于单输入单输出控制系统，控制收敛的必要条件是 $\alpha < 90°$，而对于多输入多输出系统，控制收敛条件更苛刻。

仿真过程中，采样频率设置为 1 000 Hz，FRFU-HI 谐波修正步长 $\mu = 0.5$，频响矩阵修正遗忘因子 $\lambda = 0.99$，为避免引入控制目标频率外的扰动，动态控制误差权矩阵的浮动频率设置为 $\hat{\omega}_1 = 25.5$ Hz 和 $\hat{\omega}_2 = 51.0$ Hz，动态控制输入权矩阵和动态控制误差权矩阵的浮动系数分别设置为 $\varepsilon_{ui} = 0.1$ 和 $\varepsilon_{ei} = 0.5$。离线建模频响误差即初始频响估测误差设置为 $\alpha = 180°$，即 $\hat{\boldsymbol{T}}_a = -\boldsymbol{T}_a$。控制开始时向动力学相似模型的桨毂节点施加振动载荷激励，在第 10 秒开启 FRFU-HI 智能控制。图 9.3～图 9.6 显示了当离线建模误差 $\angle H_{km}(\omega_i) - \angle\hat{H}_{km}(\omega_i) = 180°$ 时无控和开启 FRFU-HI 控制时四个测点的垂向加速度响应。由于初始频响矩阵中各个控制通道的频响值相对于真实频响都存在 180°的建模误差，即离线建模得到的频响相位与真实频响相位完全相反，此时按照初始频响矩阵计算的控制输入将生成与激励响应相位相同的作动响应，使机体响应增大。因此在控制开始的前 2 秒(10～12 秒)，四个测点的响应都有所增加，但是在 FRFU-HI 的控制下，四个测点的响应都迅速降低，在 7 秒后收敛至 0.003g 以下。图 9.7 显示了四个主动撑杆的控制电压。撑杆 1～4 的控制电压幅值分别收敛于 73 V、44 V、25 V 和 20 V，相对应的输出作动力为 1 119 N、675 N、383 N 和 307 N。

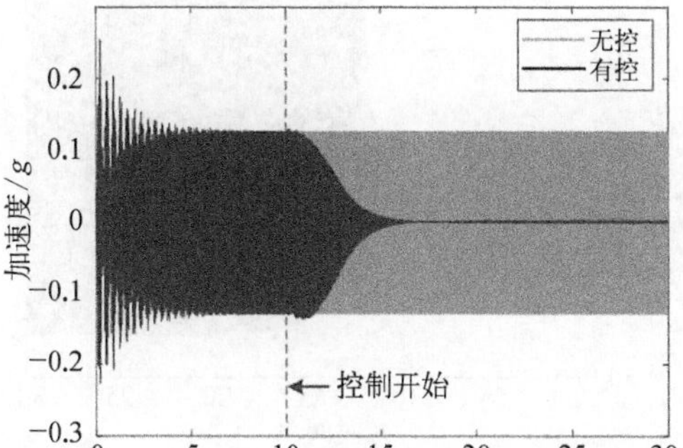

图 9.3　离线建模频响的相位误差 180°时测点 1 的加速度响应

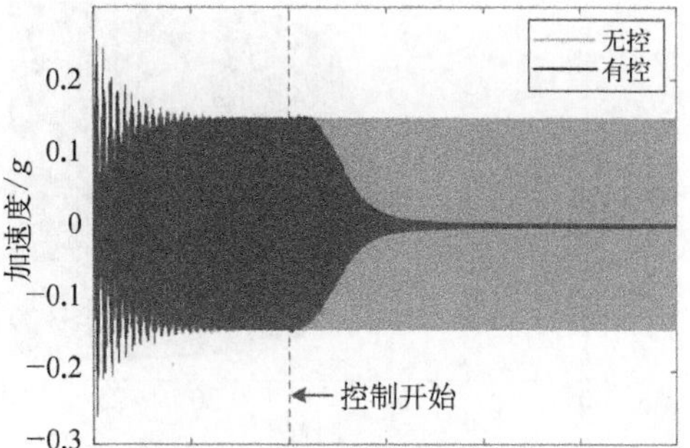

图 9.4　离线建模频响的相位误差 180°时测点 2 的加速度响应

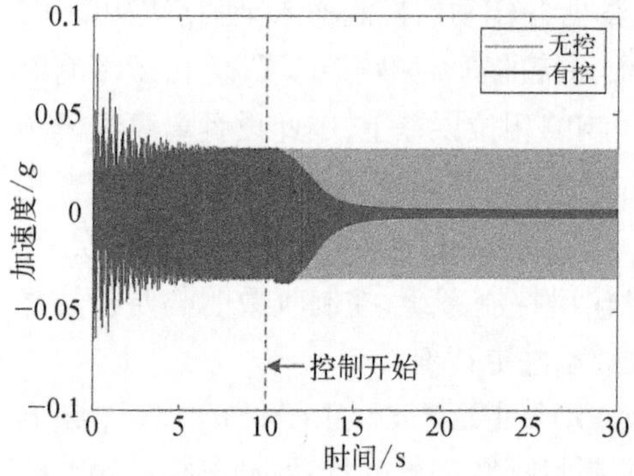

图 9.5 离线建模频响的相位误差 180°时测点 3 的加速度响应

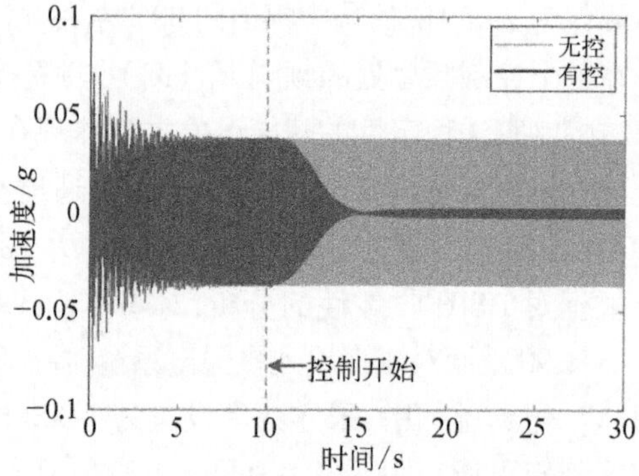

图 9.6 离线建模频响的相位误差 180°时测点 4 的加速度响应

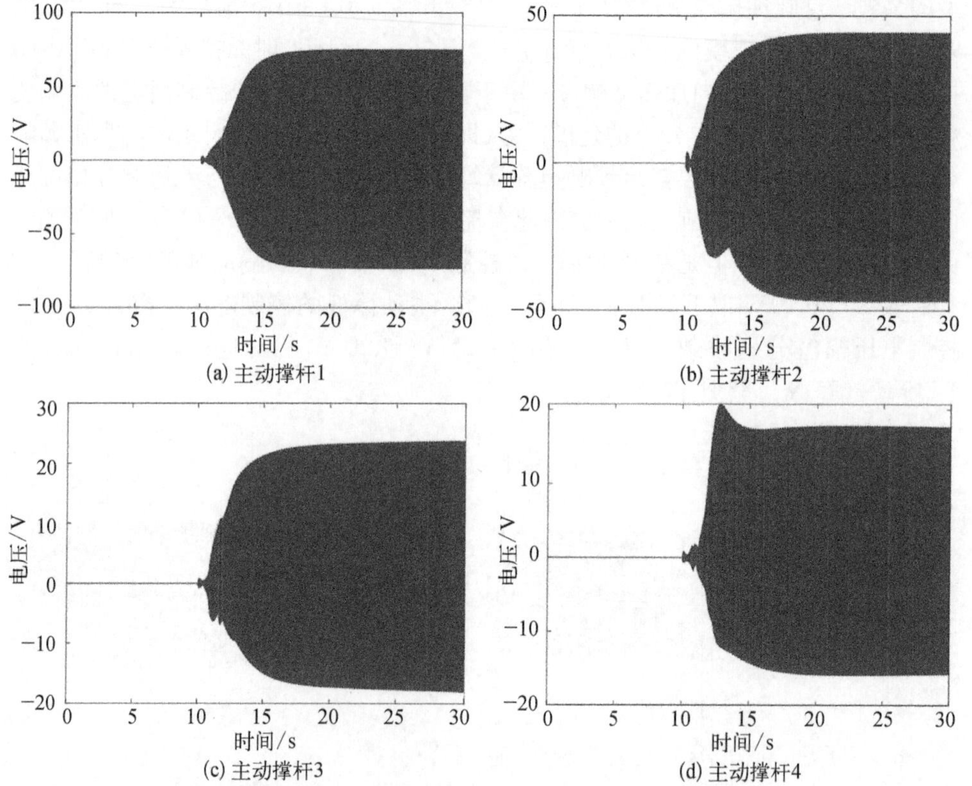

图 9.7 离线建模频响的相位误差 180°时各主动撑杆的控制电压

系统频响矩阵的精确识别直接影响着谐波控制算法的控制效果和收敛性,因此有必要对控制过程中系统频响的修正过程进行观测分析。图 9.8 显示了主动撑杆 1 至测点 1 在 25.5 Hz 处的频响 $H_{11}(\omega_1)$ 的估测值 $\hat{H}_{11}(\omega_1)$ 的修正过程。$H_{11}(\omega_1)$ 的真实值为 $H_{11}(\omega_1)=-1.602\times10^{-3}-0.064\times10^{-3}\mathrm{j}(g/\mathrm{V})$, $H_{11}(\omega_1)$ 的初始估测值为 $\hat{H}_{11}(\omega_1)=1.602\times10^{-3}+0.064\times10^{-3}\mathrm{j}(g/\mathrm{V})$。$\mathrm{Re}[H_{11}(\omega_1)]$ 和 $\mathrm{Im}[H_{11}(\omega_1)]$ 分别为 $H_{11}(\omega_1)$ 的实部和虚部, $\mathrm{Re}[\hat{H}_{11}(\omega_1)]$ 和 $\mathrm{Im}[\hat{H}_{11}(\omega_1)]$ 分别为 $\mathrm{Re}[H_{11}(\omega_1)]$ 和 $\mathrm{Im}[H_{11}(\omega_1)]$ 的估测值。可以看出,控制系统的初始频响与真实频响相位完全相反,在 4 秒内估测频响数值收敛于真实频响附近,最终频响估测值的实部 $\mathrm{Re}[\hat{H}_{11}(\omega_1)]$ 和虚部 $\mathrm{Im}[\hat{H}_{11}(\omega_1)]$ 分别收敛至 -1.568×10^{-3} 和 1.01×10^{-4}。收敛后的频响估测相位差为 $|\angle H_{11}(\omega_1)-\angle\hat{H}_{11}(\omega_1)|=5.973°$, 频响估测幅值误差为 $||H_{11}(\omega_1)|-|\hat{H}_{11}(\omega_1)||/|H_{11}(\omega_1)|=2.0\%$。可见,频响矩阵修正算法可根据控制响应误差和控制输入的谐波系数使频响矩阵快速向真实频响矩阵附近收敛。

值得注意的是,为了保证测点响应的控制效果,动态控制输入权矩阵和动态控制误差权矩阵的浮动系数设置得较小,导致动态收敛后控制输入谐波系数 $\boldsymbol{\gamma}_i(t)$ 中 $\boldsymbol{\zeta}_i(t)$ 的占比过小,降低了 $\boldsymbol{P}(t)$ 趋向于 0 的速度,因此在短暂的控制时间内估测频响矩阵并未完全收敛至真实频响矩阵。图 9.9 展示了控制时间达到 1 000 秒时 $H_{11}(\omega_1)$ 估测值的修正过程,估测误差逐渐趋向于 0,表明随着控制时间的增加,估测频响矩阵将最终趋近于真实频响矩阵。

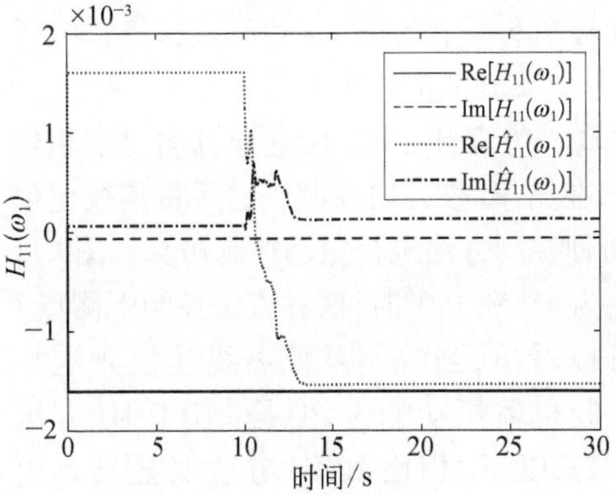

图 9.8　采用动态权矩阵算法的 $\hat{H}_{11}(\omega_1)$ 的修正过程(0~30 秒)

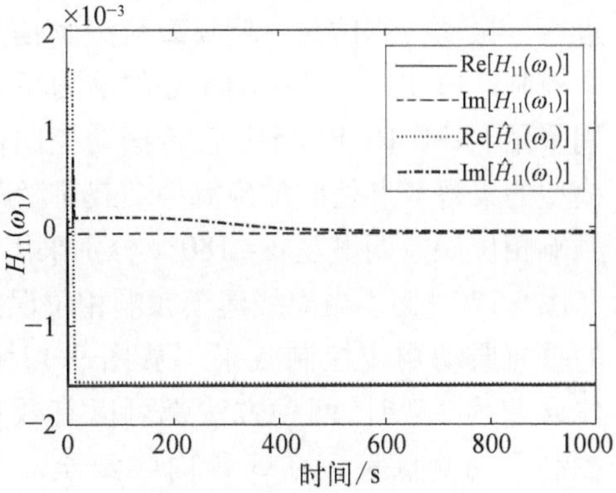

图 9.9　采用动态权矩阵算法的 $\hat{H}_{11}(\omega_1)$ 的修正过程(0~1 000 秒)

为了验证动态权矩阵算法对频响矩阵修正算法的重要性,将 ε_{ui} 和 ε_{ei} 设置为 0,即不采用动态权矩阵算法,其余仿真参数不变,采用 FRFU-HI 控制方法进行振动智能控制仿真。图 9.10 显示了不采用动态谐波控制权矩阵算法时 $H_{11}(\omega_1)$ 估测值的修正过程。整个控制过程中 $\hat{H}_{11}(\omega_1)$ 并未收敛至 $H_{11}(\omega_1)$ 附近，控制结束后 $H_{11}(\omega_1)$ 的估测相位误差为 13.738°，幅值误差为 29.99%。对比图 9.8 和图 9.10，采用动态权矩阵算法可提升频响矩阵的估测精度。

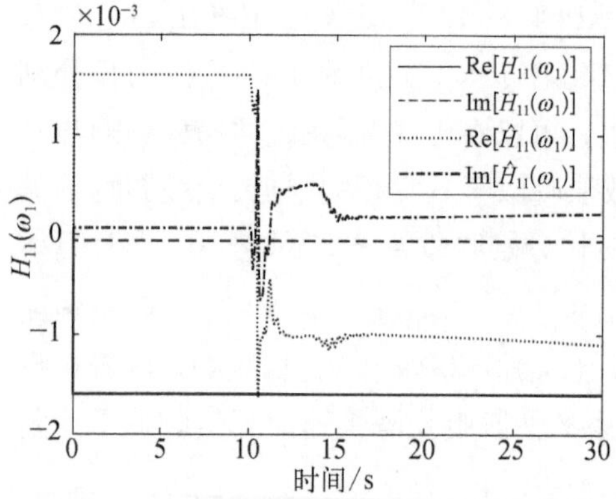

图 9.10 不采用动态权矩阵算法的 $\hat{H}_{11}(\omega_1)$ 的修正过程(0~30 秒)

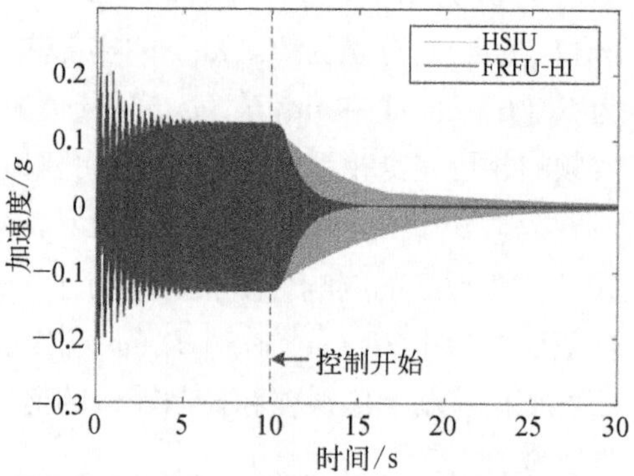

图 9.11 离线建模频响有相位误差 45°时 FRFU-HI 和 HSIU 控制下测点 1 的加速度响应

2. FRFU-HI 和 HSIU 的振动控制仿真对比

为了分析 FRFU-HI 方法对比 HSIU 方法在控制稳定性上的提升，基于主动撑杆驱动的机体结构振动智能控制系统，分别在不同建模误差下，采用两种控制方法进行了振动控制仿真。旋翼载荷激励信号与 9.5.2 节的第 1 小节一致，将系统每个控制通道在每个控制频率处的估测频响与真实频响的相位差设置为 $\alpha = 45°$，分别采用 FRFU-HI 和 HSIU 进行振动控制仿真。仿真开始时，在直升机动力学相似模型的桨毂节点处施加旋翼振动载荷激励，在第 10 秒开启控制。之后将离线建模频响相位误差调整至 $\alpha = 180°$，分别采用两种控制方法进行振动控制仿真。图9.11 和图 9.12 对比了当离线建模频响相位误差为 45°和 180°时，两种方法控制下测点 1 的垂向振动响应控制效果。从图 9.11 可以看出，当控制系统离线建模频响相位误差为 45°时，两种方法都可以有效抑制机体振动响应，但是 FRFU-HI 方法控制下的测点响应在 5 秒内收敛至 $0.002g$ 以下，相比 HSIU 方法明显具有更快的收敛速度。这是由于尽管此时的频响建模误差仍满足谐波控制的收敛条件，但是 HSIU 方法无法消除或降低建模误差，从而导致控制收敛速度变慢；而 FRFU-HI 方法可实时修正频响矩阵，降低频响误差，从而实现快速且高效的机体振动响应控制。从图 9.12 可以看出，当离线建模频响相位误差达到 180°时，过大的频响误差导致 HSIU 方法控制发散，而 FRFU-HI 方法依旧可以实现快速高效的控制效果。

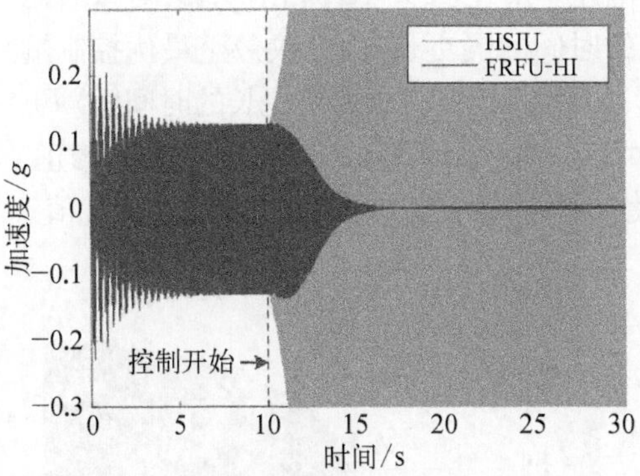

图 9.12　离线建模频响有相位误差 180°时 FRFU-HI 和 HSIU 控制下测点 1 的加速度响应

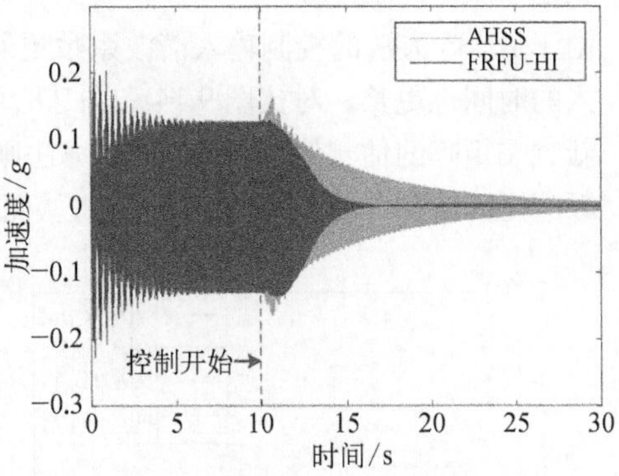

图 9.13　离线建模频响的相位误差为 180°时 FRFU-HI 和 AHSS 控制下测点 1 的加速度响应

3. FRFU-HI 和 AHSS 的振动控制仿真对比

Chandrasekar 等(Chandrasekar et al., 2006)提出的 AHSS 方法由于采用 DFT 方法且需要较长的控制输入修正时间间隔以使响应达到谐波稳态假设,具有控制输入延迟、收敛速度较慢等缺陷。FRFU-HI 方法无需 DFT 计算且对修正时间间隔无限制,因此具备更快的收敛速度。为了验证 FRFU-HI 方法相比 AHSS 算法在收敛性上的提升,在建模存在大误差的情况下,基于主动撑杆驱动的机体结构振动智能控制系统,采用两种方法进行振动控制仿真。设置离线建模频响矩阵,使系统每个控制通道在每个控制频率处的估测频响与真实频响的相位差为 $\alpha = 180°$, 分别采用 FRFU-HI 和 AHSS 方法进行振动控制仿真。根据直升机机体动力学相似模型的固有频率和阻尼,AHSS 方法的控制输入修正时间间隔设置为 0.2 秒,仿真结果表明该时间间隔下收敛速度最快。FRFU-HI 方法的控制输入修正时间间隔与仿真采样率一致,为 0.001 秒。仿真开始时,在直升机动力学相似模型的桨毂节点施加旋翼振动载荷激励,旋翼载荷激励信号与 9.5.2 节的第 1 小节一致,在第 10 秒开启控制。图 9.13 对比了当初始离线建模频响相位误差为 180°时,采用两种方法控制下测点 1 的振动响应的控制效果。采用 FRFU-HI 方法的振动智能控制可使测点 1 的响应在 7 秒内降低至 $0.003g$ 以下,而采用 AHSS 方法在控制开始 20 秒后,测点 1 的响应仅降低至 $0.02g$ 左右。显然,相比 AHSS 方法,FRFU-HI 方法拥有更强的收敛性能。这是由于 FRFU-HI 方法采用控制响应误差谐波系数识别算法,无需 DFT 计算以及较长的修正时间间隔以满足响应谐波稳态假设,同时可以以更快的速度修正频响矩阵,因此可以根据更精确的频响矩阵实时调整控制输入的谐波系数,更快地抑制机体振动响应。

图 9.14 显示了采用 AHSS 方法时估测频响 $\hat{H}_{11}(\omega_1)$ 的修正过程。图 9.15 显示了采用 AHSS 控制过程中主动撑杆 1 的控制电压。对比图 9.7(a) 和图 9.15，可以看出由于 AHSS 方法的控制输入谐波系数更新的时间间隔更长，因此收敛至最优控制输入的时间也更长。对比图 9.14 和图 9.8，可以看出 AHSS 方法需要更长的时间间隔更新频响矩阵的估测值，而 FRFU-HI 方法则可以在每一个采样时刻进行频响矩阵修正，频响矩阵估测误差下降的速度更快，从而使控制输入的谐波系数更快收敛至最优值。

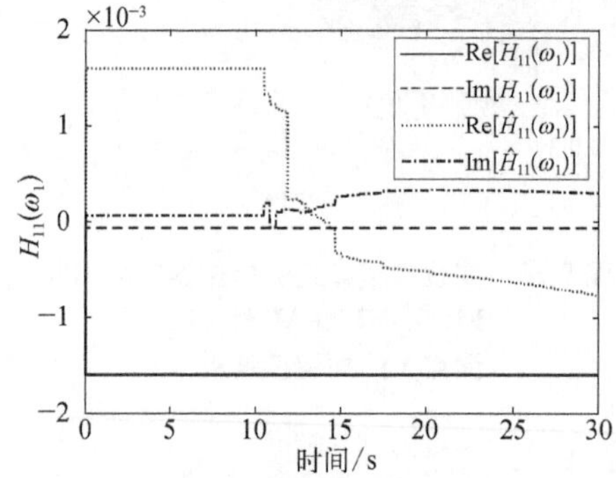

图 9.14 采用 AHSS 方法 $\hat{H}_{11}(\omega_1)$ 的修正过程(0~30 秒)

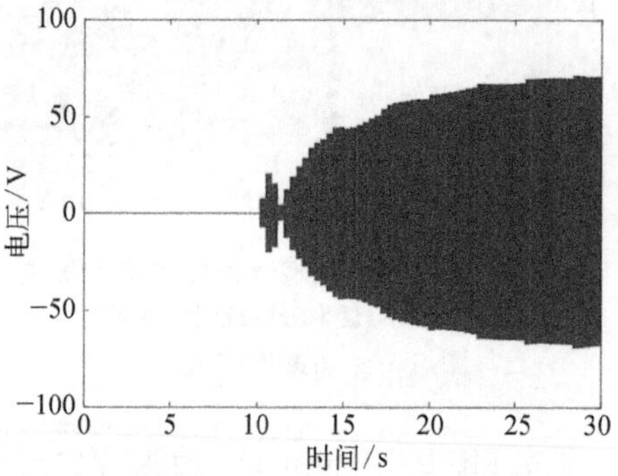

图 9.15 AHSS 控制下主动撑杆 1 控制电压

4. 时变载荷激励下的振动智能控制仿真

直升机飞行环境或飞行状态的变化会引起旋翼载荷的幅值、相位发生变化，此外对于旋翼变转速直升机，旋翼转速的变化也会引起旋翼载荷幅值、相位和频率的变化。为了验证 FRFU-HI 方法的自适应能力，基于主动撑杆驱动的机体结构振动智能控制系统，在旋翼载荷激励的幅值、相位和频率发生变化的振动环境下，采用 FRFU-HI 方法进行振动智能控制仿真。初始离线建模频响相位误差设置为 180°。仿真开始时，在直升机动力学模型的桨毂节点处施加旋翼振动载荷激励，激励信号与 9.5.2 节的第 1 小节一致，在第 10 秒开启 FRFU-HI 控制。在第 20 秒时激励幅值增加 25%，在 30 秒时激励相位增加 π/3，在 40 秒时激励频率降低 20% 以模拟旋翼转速突然降低的情况。图 9.16~图 9.19 显示了时变旋翼载荷激励下，无控和采用 FRFU-HI 控制的四个测点的加速度响应。当激励的幅值和相位开始变化时，机体响应增加，但是在 FRFU-HI 控制下迅速下降，四个测点的响应都能在 5 秒内收敛至 0.003g 以下。当激励频率突然下降时，在 FRFU-HI 控制下的机体响应出现了先上升后下降的现象，这是由于激励频率的变化改变了各控制通道的频响，控制输入的谐波系数未能及时根据正确的频响矩阵进行调整，从而在激励频率开始变化后生成的作动响应与激励响应的相位不是反向的，增加了测点响应；但是随着 FRFU-HI 方法对频响矩阵的修正，机体响应随后下降，最终四个测点的响应都收敛至

0.003g 以下。图 9.20 显示了四根主动撑杆在控制过程中的控制电压。

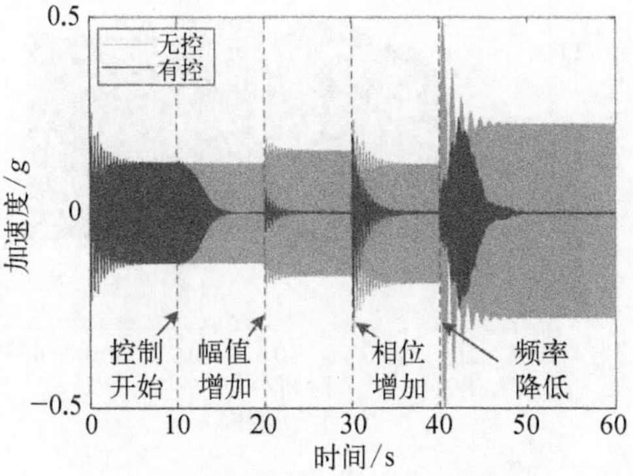

图 9.16　时变载荷激励下采用 FRFU-HI 控制测点 1 的加速度响应

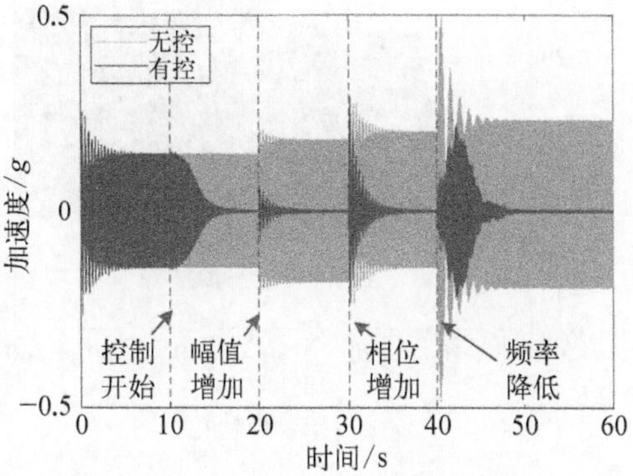

图 9.17　时变载荷激励下采用 FRFU-HI 控制测点 2 的加速度响应

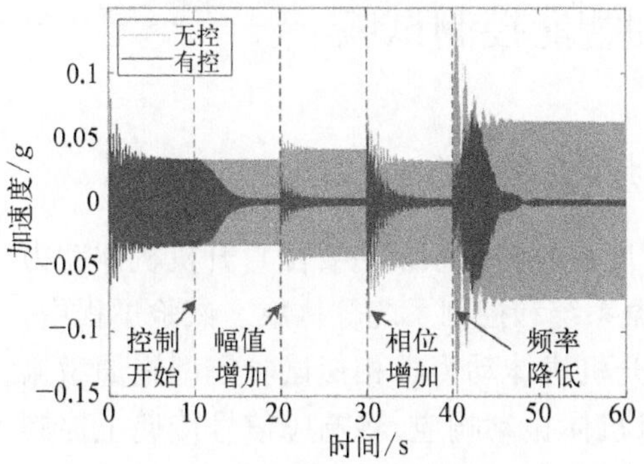

图 9.18　时变载荷激励下采用 FRFU-HI 控制测点 3 的加速度响应

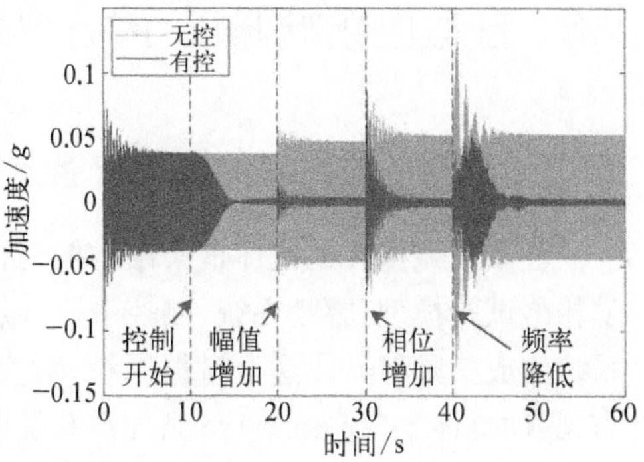

图 9.19　时变载荷激励下采用 FRFU-HI 控制测点 4 的加速度响应

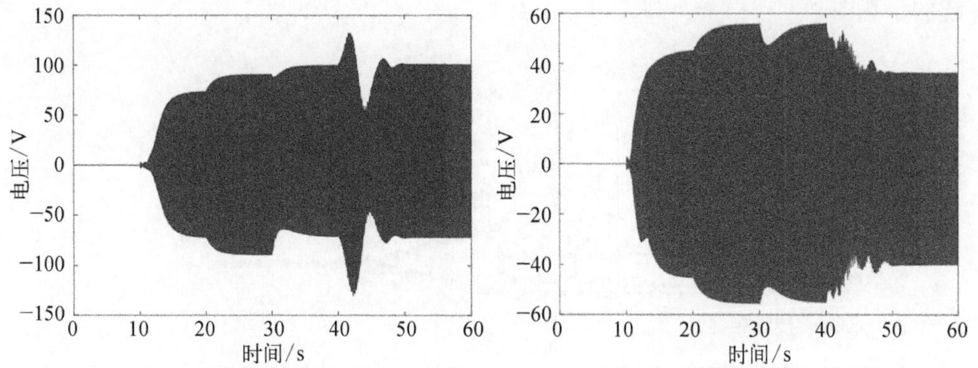

(a) 主动撑杆1　　(b) 主动撑杆2

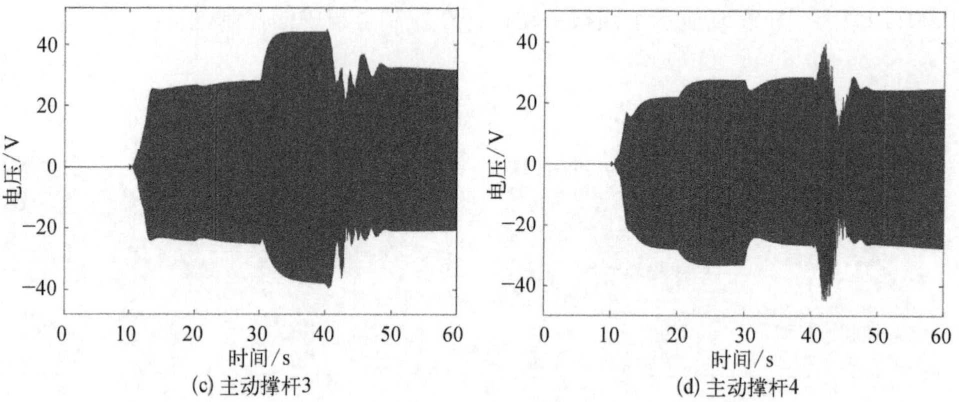

图 9.20　时变载荷激励下采用 FRFU-HI 控制各主动撑杆的控制电压

9.6　自适应频响修正−谐波识别智能控制试验

9.6.1　驱动主减撑杆的振动智能控制试验系统

驱动主减撑杆的机体框架结构振动智能控制试验系统主要由直升机机体动力学相似试验模型、驱动系统、测控系统、激振系统和控制系统等构成。试验过程中，系统生成激励信号传递至激振系统，对直升机机体动力学相似试验模型施加激振力，驱动机体生成激励响应；测控系统测量机体振动响应，将响应信号传递至控制系统；控制系统根据控制算法实时计算控制输入信号并输入至驱动系统；驱动系统驱动机体生成作动响应，抵消激励响应从而实现振动智能控制(Lang et al., 2022; 郎凯, 2021)。图 9.21 显示了驱动主减撑杆的机体框架结构振动智能控制试验系统的示意图。

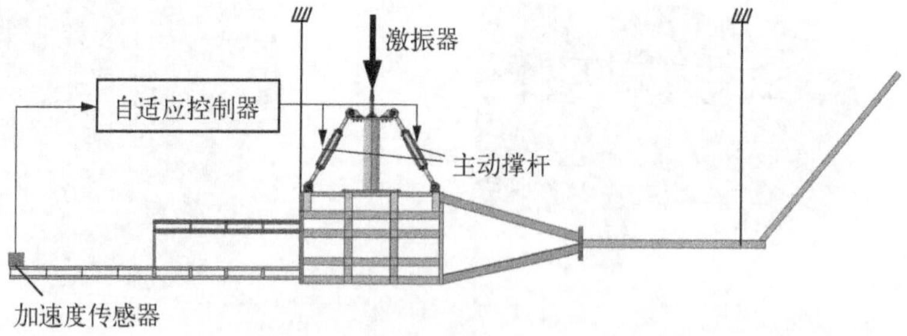

图 9.21　驱动主减撑杆的机体框架结构振动智能控制试验系统示意图

1. 机体结构动力学相似试验模型

基于第 5 章建立的直升机机体动力学相似模型的有限元模型，加工机体动力学相似试验模型。模型材料选用 45 号钢，总重 330 kg，其中驾驶舱结构重 39 kg，中机身结构 239 kg，尾梁结构 23 kg，主减结构 30 kg，集中质量 6 kg。机体动力学相似试验模型的尺寸与第 5 章中建立的机体动力学相似结构有限元模型一致。

为了验证加工的动力学相似试验模型与理论建模在动力学特性上的一致性，采用 LMS Test.lab 试验分析系统对直升机机体动力学相似试验模型进行动力学特性试验。表 9.1 对比了直升机机体动力学相似试验模型前六阶固有频率和振型的计算与测试结果，除了垂向二阶弯曲模态固有频率的测试值与计算值误差稍大，其余模态的固有频率误差均在 5%以内，且模态置信度都达到了 90%以上。此外，与参考直升机前四阶模态的固有频率和振型数据对比表明，建立的动力学相似试验模型与参考直升机具备较好的动力学相似性。

表 9.1　机体动力学相似模型计算模态与测试模态对比

模态振型	计算频率/Hz	测试频率/Hz	频率误差/%	*MAC*/%
垂向一阶弯曲	10.06	9.90	1.82	90
侧向一阶弯曲	10.15	9.98	0.40	91
垂向二阶弯曲	16.76	19.07	12.15	96
侧向二阶弯曲	18.46	18.05	2.31	95
扭转一阶	22.78	23.84	4.45	98
主减俯仰模态	30.93	30.50	1.38	96

2. 驱动系统

驱动主减撑杆的机体框架结构振动智能控制试验的驱动系统由四组主动撑杆和一个驱动电源构成。其中每组主动撑杆由两个压电叠层作动器与一根主减撑杆并联连接组成，试验中采用的压电叠层作动器型号为 PSt150/10/160 VS15，具体参数见表 4.6。作动器通过底部的内螺纹及顶部的外螺纹与驱动结构进行连接，实现轴向作动力的输出。驱动电源选用 E03 系列压电陶瓷驱动电源，内置 E03.00.4 功率放大模块，平均输出功率 7 W，输入电压为 0~10 V，输出电压为 0~150 V，用于将外部输入的模拟电压信号进行放大，输入压电叠层作动器。

图 9.22 显示了主动撑杆系统中压电叠层作动器在主减速器撑杆上的安装形式。两个压电叠层作动器对称安装在主减撑杆两侧。由于压电叠层作动器无法承受过大的弯矩载荷，因此作动器一端与刚性连接元件固定连接，另一端通过弹性铰链与刚性连接元件连接，作动器两端的刚性连接元件与撑杆固定连接。弹性铰链

具备较大的轴向刚度和较小的弯曲刚度,可避免作动器受到过大的弯矩而失效。这样,通过给两个作动器输入相同的作动信号,主动撑杆即可生成轴向作动力。

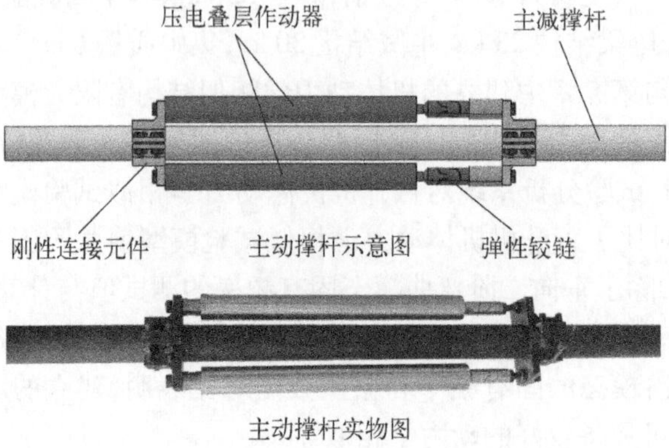

图 9.22 主动撑杆系统

3. 测控系统与激励系统

测控系统主要由加速度传感器和信号调理模块构成。加速度传感器选用两个 ICP 压电加速度传感器,灵敏度分别为 100.11 mV/g 和 100.63 mV/g。信号调理模块选用 CM3508D 8 通道动态信号调理模块,用于对压电传感器等动态信号进行程控增益和低通滤波调理,同时为 ICP 加速度传感器提供恒流源。

激励系统主要由激振器和功率放大器构成。激振器选用 HEV－50 激振器,最大振幅±5 mm,最大激振力 50 N,在试验过程中用于在桨毂位置处施加垂向载荷模拟旋翼振动载荷激励。功率放大器选用 HEAS－50 型功率放大器,用于将外部输入的模拟电压信号进行放大,驱动 HEV－50 型激振器。输入电压范围为±5 V,最大输出电流为 4 A,最大输出功率为 200 W。

4. 控制系统

控制系统由数字信号处理芯片(DSP)以及 DSP 开发环境构成。试验中选用 TMS320F28335 型 DSP 实现多种振动智能控制算法,同时也实现加速度传感器信号的接收与控制信号的计算和输出。TMS320F28335 型数字信号处理器是一款 TMS320C28X 系列浮点 DSP 芯片,采用了主频 150 MHz 的 32 位浮点型 CPU,周期时间仅为 6.67 ns,具备 4 路 12 位 DA 输出接口和 16 路 12 位 AD 输入接口。试验过程中 DSP 通过 XDS100V2 型仿真器与电脑连接,利用开发软件编辑控制算法以及数据采集、发送程序,通过仿真器写入 DSP,实现振动响应信号的输入,以及根据控制算法进行控制信号的计算和输出。图 9.23 显示了 TMS320F28335 型 DSP。DSP 开发环境选用 Code Composer Studio (CCS)软件实现,采用 C 语言编写控制算法以及数据采集、发送程序。程序主要包括以下流程:

图9.23　TMS320F28335型DSP

(1) 系统初始化：时钟中断设置、内存分配、AD/DA端口初始化等；

(2) 接收数据：接收加速度传感器测量的振动响应模拟信号，在中断程序中进行AD信号转换；

(3) 控制信号计算：根据接收的振动响应数字信号，按照控制算法程序计算最优控制数字信号；

(4) 控制信号输出：对计算得到的控制数字信号进行DA转换，将转换后的模拟信号输出至作动器电源；

(5) 数据储存和发送：对测点振动响应信号、控制信号等数据进行实时储存，并通过串口发送到计算机进行分析和保存。

5. 试验系统集成

驱动主减撑杆的机体框架结构振动智能控制试验系统框图如图9.24所示。通过弹性绳将直升机机体动力学相似试验模型悬挂在空中，模拟直升机在空中飞行的状态，悬挂频率实测低于2 Hz，远小于动力学相似试验模型的一阶固有频率，因此试验模型可认为是自由-自由状态。HEV-50激振器的一端通过弹性绳悬挂，另一端通过传力杆与桨毂连接，模拟旋翼载荷传递至桨毂的过程。试验过程中，激励信号源产生模拟不同旋翼载荷环境的谐波数字信号，经过D/A转换和低通滤波处理传递至激振器，激振器通过传力杆向桨毂结构输出激振力，驱动机体结构生成激励响应；ICP加速度传感器收集机体振动响应的模拟信号，经过CM3508D动态信号调理模块进行信号调理和低通滤波后，传递至DSP控制器，经过A/D转换生成振动响应的数字信号，并根据振动智能控制算法计算最优控制的数字信号，再经过 D/A 转换生成模拟控制信号，通过低通滤波处理后输入至功率放大器，驱动压电叠层作动器产生智能控制作动力，驱动机体结构生成作动响应抑制激励响应实现振动智能控制。同时，DSP 将采集到的测点振动响应数据和控制信号通过串口传递并储存至计算机，用 MATLAB 软件进行试验数据的处理和分析。图 9.25 显示了驱动主减撑杆的机体框架结构振动智能控制试验系统现场。

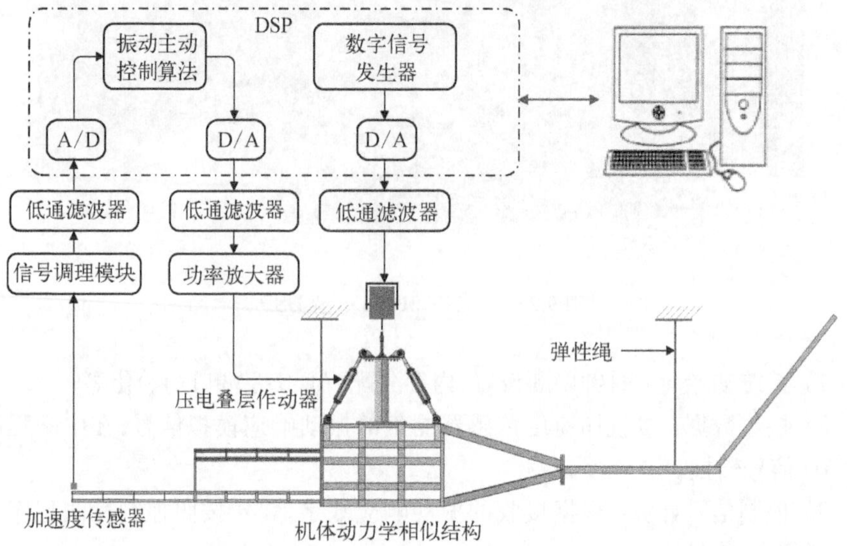

图 9.24　驱动主减撑杆的机体框架结构振动智能控制试验系统框图

图 9.25　驱动主减撑杆的机体框架结构振动智能控制试验系统现场

9.6.2　试验参数与频响函数误差

为了验证当控制系统存在建模误差时采用自适应频响修正-谐波识别(FRFU-HI)方法的控制稳定性和效果,基于本章建立的驱动主减撑杆的机体框架结构振动智能控制试验系统,在不同的激励环境下,以测点 1 和测点 2 的振动响应为控制目标,采用 FRFU-HI 方法进行振动智能控制试验。为了简化试验过程,试验中仅使用主动撑杆 1 和 2 作为作动器,同时激励信号的频率成分仅包含直升机的主通过频率。

试验过程中的激励信号为 25.5 Hz 的单频激励信号。FRFU-HI 方法的控制输入谐波系数修正步长设置为 $\mu = 1.0$,初始谐波系数设置为 0,谐波系数识别步长设置为 $\mu_\theta = 0.1$,采样频率设置为 1 275 Hz,信号调理模块的低通滤波截止频率设置为 70 Hz。振动智能控制试验开始前,分别测量主动撑杆 1 和 2 至各测点的频响数值 $H_{km}(\omega)$,组成频响矩阵作为控制系统的真实频响矩阵 $\boldsymbol{T}_{ai}$。测量的频响数据见表 9.2。由于谐波控制的收敛性和稳定性主要受频响相位误差影响,因此离线建模误差主要体现为频响矩阵中各频响的相位误差 α,即 $\angle \hat{H}_{km}(\omega) - \angle H_{km}(\omega) = \alpha$。试验中将控制系统各控制通道的频响测量值都增加相位误差角 α 模拟频响的建模误差。分别将频响相位误差设置为 30°、60°、90°和 180°,模拟不同程度的建模误差。不同建模误差下各控制通道的离线建模频响数据见表 9.3。值得注意的是,对于频域控制方法,频响相位误差越大控制效果越差,且无论对于单输入单输出和多输入多输出控制系统,频响相位误差超过 90°时控制都将发散。

表 9.2　各控制通道在频率 ω=25.5 Hz 处频响的测量数据

	测点 1	测点 2
主动撑杆 1	$H_{11}(\omega) = 0.80 - 2.49\mathrm{i}$	$H_{12}(\omega) = -0.20 + 0.08\mathrm{i}$
主动撑杆 2	$H_{21}(\omega) = -0.43 + 0.82\mathrm{i}$	$H_{22}(\omega) = 0.97 - 2.55\mathrm{i}$

表 9.3　不同建模误差下各控制通道的频响离线建模数据

	建模误差	测点 1	测点 2
主动撑杆 1	$\angle \hat{H}_{km}(\omega) - \angle H_{km}(\omega) = 30°$	$\hat{H}_{11}(\omega) = 1.93 - 1.75\mathrm{i}$	$\hat{H}_{12}(\omega) = -0.22 - 0.03\mathrm{i}$
主动撑杆 2		$\hat{H}_{21}(\omega) = -0.78 + 0.50\mathrm{i}$	$\hat{H}_{22}(\omega) = 2.11 - 1.73\mathrm{i}$

续 表

	建模误差	测点 1	测点 2
主动撑杆 1	$\angle\hat{H}_{km}(\omega)-\angle H_{km}(\omega)=60°$	$\hat{H}_{11}(\omega)=2.55-0.55i$	$\hat{H}_{12}(\omega)=-0.17-0.14i$
主动撑杆 2		$\hat{H}_{21}(\omega)=-0.93+0.04i$	$\hat{H}_{22}(\omega)=2.68-0.44i$
主动撑杆 1	$\angle\hat{H}_{km}(\omega)-\angle H_{km}(\omega)=90°$	$\hat{H}_{11}(\omega)=2.49+0.80i$	$\hat{H}_{12}(\omega)=-0.08-0.20i$
主动撑杆 2		$\hat{H}_{21}(\omega)=-0.82-0.43i$	$\hat{H}_{22}(\omega)=2.55+0.97i$
主动撑杆 1	$\angle\hat{H}_{km}(\omega)-\angle H_{km}(\omega)=180°$	$\hat{H}_{11}(\omega)=-0.80+2.49i$	$\hat{H}_{12}(\omega)=0.20-0.08i$
主动撑杆 2		$\hat{H}_{21}(\omega)=0.43-0.82i$	$\hat{H}_{22}(\omega)=-0.97+2.55i$

9.6.3 不同建模误差下振动智能控制试验

为了验证 FRFU-HI 方法在不同建模误差下的控制效果和收敛性能，将频响相位误差分别设置为 30°、60°、90°和 180°，在每个建模误差设置下，分别采用含频响修正的谐波控制方法（即 FRFU-HI 方法）和不含频响修正的谐波控制方法（即 HSIU 方法）进行振动控制对比试验。通过激振器在桨毂位置处施加频率 25.5 Hz 的稳态激励，模拟直升机桨叶主通过频率的旋翼振动载荷。注意，受试验设备限制，能提供的激振力的最大幅值为 50 N。但是直升机的 ACSR 系统可以认为是一个线性系统，对于更大的载荷激励只需相应的线性放大作动力便可得到相似的振动控制效果。本章的试验验证的控制方法对真实直升机的振动控制仍具有应用价值。为了防止控制算法发散导致的控制电压过载损坏作动器，将各主动撑杆的控制电压限制在±60 V 以内。试验开始时向试验模型的桨毂结构施加 25.5 Hz 的稳态激励，待测点响应达到稳态后于第 20 秒开启控制。图 9.26~图 9.29 对比了不同建模误差下，含有频响修正和不含频响修正的谐波算法控制下测点 1 处的控制效果。由图 9.26 和图 9.27 可知，当频响相位误差在 60°以内时，两种控制方法都能稳定抑制测点响应，说明 60°的频响相位误差仍在谐波控制的收敛条件以内。在这两种情况下，含有频响修正的控制收敛速度更快，但是在控制开始的前 1~2 秒，由于 FRFU-HI 方法在修正频响的时候引起了频响的波动，FRFU-HI 方法控制下的响应稍大于不含频响修正的控制方法。由图 9.28 和图 9.29 可知，当频响相位误差达到了 90°及以上，不含频响修正的谐波控制由于无法修正频响相位，频响相位误差超出了谐波控制的收敛条件，因而控制发散。注意这里测点响应并未发散是因为控制电压限制在±60 V 以内，此时测点响应相比无控情况有所增加。其中频响相位误差为 180°时控制发散后的测点响应大于频响相位误差为 90°的情况，这主要是因为 180°的频响相位误差导致控制作动响应与最优作动响应相位完全相反，从而使测点响应与作动响应以近似相同的相位叠加。而 FRFU-HI 方法可迅速对频响相位进行修正,因此可迅速降低测点响应,在不同的建模误差环境下都可实现稳定快速的振动控制效果。对比 FRFU-HI 方法在不同建模误差下的振动控制效果可知,不同建模误差下测点响应的收敛速度大致一致,表明了 FRFU-HI 方法在不同建模误差条件下都具备较为稳定的控制效果。

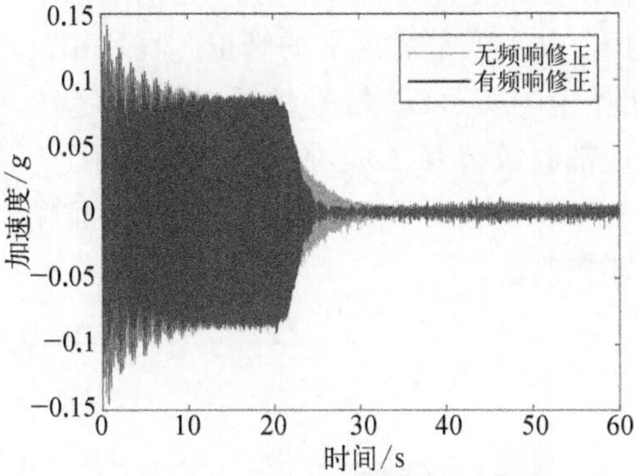

图 9.26　频响相位建模存在误差 30°时有无频响修正两种方法控制下测点 1 的控制效果

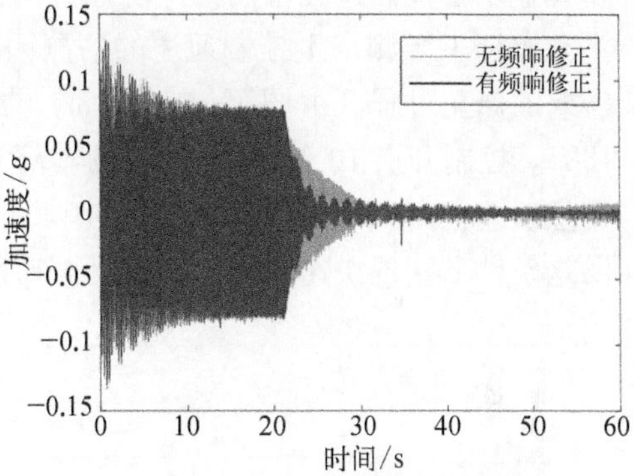

图 9.27　频响相位建模存在误差 60°时有无频响修正两种方法控制下测点 1 的控制效果

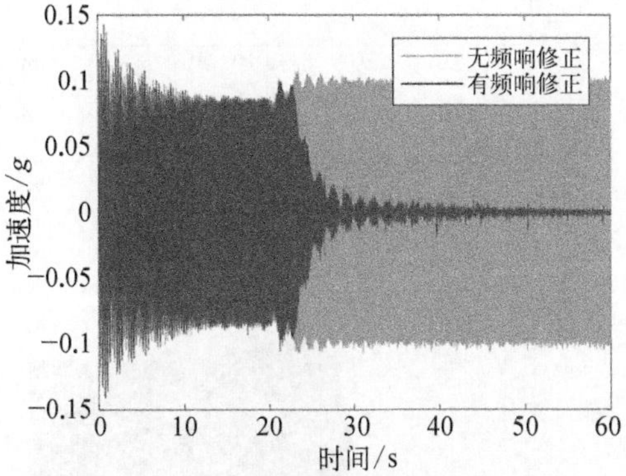

图 9.28　频响相位建模存在误差 90°时有无频响修正两种方法控制下测点 1 的控制效果

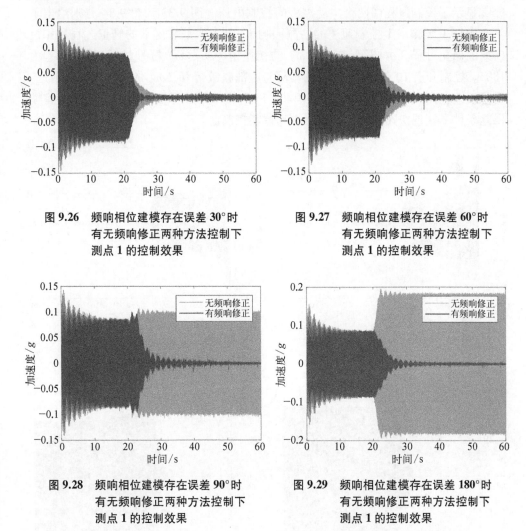

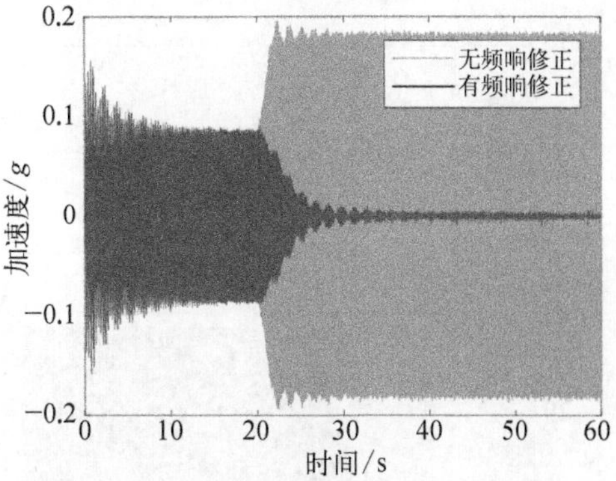

图 9.29　频响相位建模存在误差 180°时有无频响修正两种方法控制下测点 1 的控制效果

为了验证 FRFU-HI 方法在建模存在大误差下的振动智能控制效果和收敛性,将频响相位误差设置为 180°,在稳态激励下采用 FRFU-HI 方法进行振动智能控制试验研究。试验开始时向试验模型的桨毂结构施加激励,待测点响应达到稳态后于第 20 秒开启 FRFU-HI 控制。图 9.30 和图 9.31 显示了试验过程中两个测点的加速度响应，由图 9.30 可知，控制开始的瞬间，两个测点的响应都有不同程度的短暂的增加。这是由于控制开始的时候，由于各控制通道离线建模的频响与真实频响之间存在 180°的相位误差，控制输入生成的作动响应与激励响应的相位是近似一致的，从而使得测点响应增加。但是之后随着 FRFU-HI 方法对频响相位误差的修正，两个测点的响应都迅速下降，在控制开启的 8 秒后分别下降了 96%和 94%。图 9.32 显示了控制过程中两个主动撑杆的控制电压。图 9.33 和图 9.34 分别给出了主动撑杆 1 至测点 1 控制通道的估测频响 $\hat{H}_{11}(\omega)$ 实部和虚部的修正过程和相位误差的修正过程。由图可知，$\hat{H}_{11}(\omega)$ 的初始值与 $H_{11}(\omega)$ 符号相反，相位误差为 180°。控制开启 10 秒后 $\hat{H}_{11}(\omega)$ 的实部与虚部收敛至 $H_{11}(\omega)$ 的实部与虚部附近，相位误差也由 180°降低至 4.31°。因此，FRFU-HI 方法可在控制系统存在大建模误差条件下实现快速高效的直升机振动智能控制。

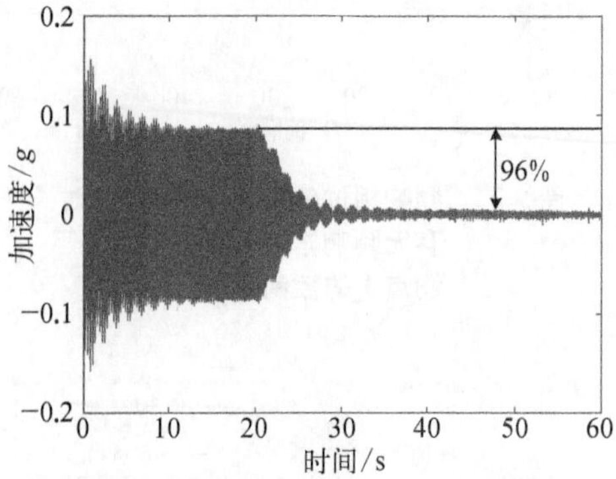

图 9.30　频响相位建模误差 180°时测点 1 的加速度响应

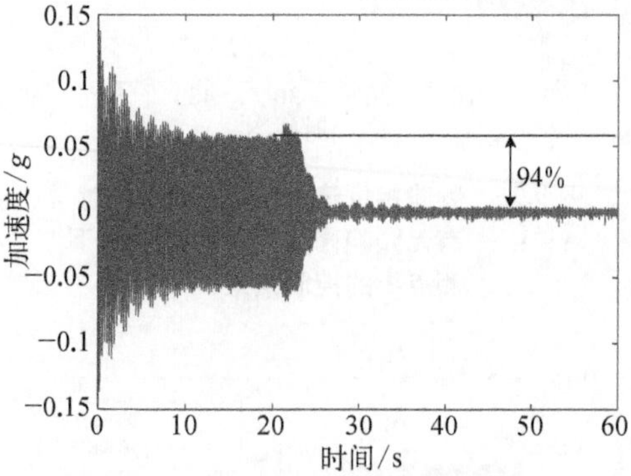

图 9.31　频响相位建模误差 180°时测点 2 的加速度响应

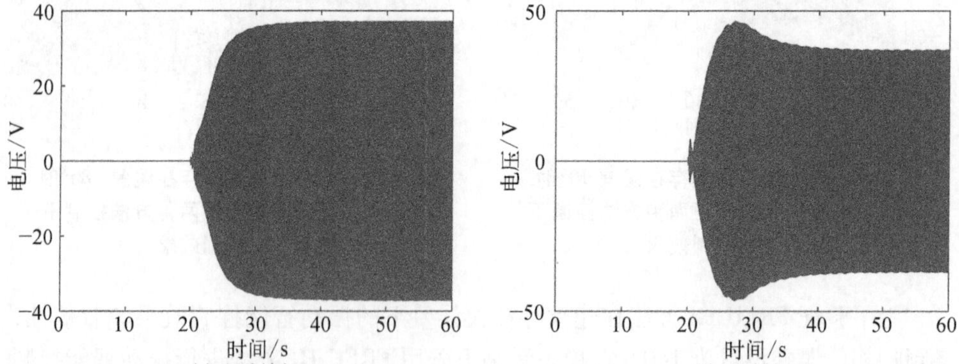

(a) 主动撑杆1　　(b) 主动撑杆2

图 9.32　频响相位建模误差 180°时主动撑杆控制电压

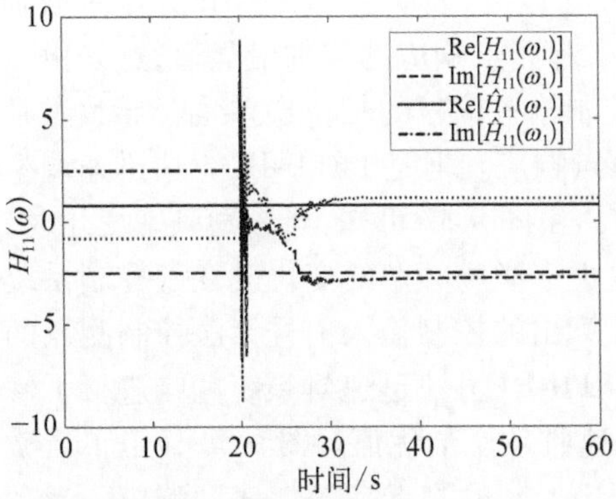

图 9.33　频响相位建模误差 180°时 $\hat{H}_{11}(\omega)$ 实部和虚部的修正过程

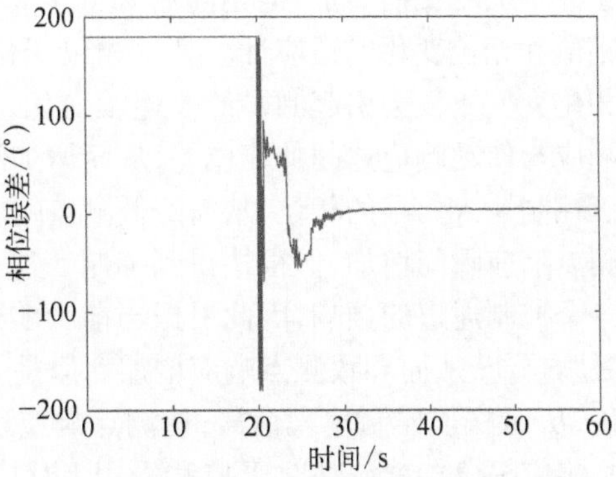

图 9.34　频响相位建模误差 180°时 $\hat{H}_{11}(\omega)$ 相位误差的修正过程

9.6.4　变激励下振动智能控制试验

直升机实际飞行过程中由于飞行状态、旋翼转速等因素的变化,振动环境往往也会发生变化,表现为旋翼振动载荷的幅值、相位和频率的变化。为了探究建模存在大误差下 FRFU-HI 方法对旋翼振动载荷变化的适应性,进行了时变激励下的振动智能控制试验。频响相位误差设置为 180°,模拟建模存在大误差的情况。为模拟载荷幅值、相位和频率变化的情况,试验过程中的激励信号按照以下几种情况变化:

(1) 模拟激励幅值变化:试验开始时向试验模型的桨毂结构施加 25.5 Hz 的稳态激励,待测点响应达到稳态后于第 20 秒开启 FRFU-HI 控制,在 40 秒时激励幅值增加 10%;

(2) 模拟激励相位变化:试验开始时向试验模型的桨毂结构施加 25.5 Hz 的稳态激励,待测点响应达到稳态后于第 20 秒开启 FRFU-HI 控制,在 40 秒时激励幅值增加 60°;

(3) 模拟激励频率变化,即旋翼转速突然下降:试验开始时向试验模型的桨毂结构施加 25.5 Hz 的稳态激励,待测点响应达到稳态后于第 20 秒开启 FRFU-HI 控制,在 40 秒时激励频率降低 20%;

(4) 模拟激励幅值持续波动:试验过程中,将激振力信号设置为如下正弦信号:$F = [0.9 + 0.1\sin(0.1t)]\,25\sin(25.5 \times 2\pi t)$,即激振力幅值以 0.1 Hz 的频率以正弦信号的形式波动,于第 20 秒开启 FRFU-HI 控制。图 9.35~图 9.37 分别显示了当激励幅值、相位和频率在 40 秒时发生变化,无控和采用 FRFU-HI 控制的测点 1 的加速度响应。由图 9.35 和图 9.36 可知,当激励幅值和相位变化时,测点响应由于激励的变化而增加，但是随后降低至 0.007g 以下，表明了 FRFU-HI 方法对激励幅值和相位变化的适应性。其中相位变化引起测点响应的增加最显著，这是由于相位突变不仅会引起激励的非连续变化，控制输入信号的相位误差也会导致激励响应与作动响应之间的相位差，从而增加测点响应。但是 FRFU-HI 方法迅速调整了控制输入信号的相位，从而降低测点响应。由图 9.37 可知，当激励频率变化时，测点响应瞬间增加，但很快得到抑制。这是由于激励频率的变化改变了控制系统各个控制通道的频响，因此根据当前频响计算出的控制输入信号无法控制测点的激励响应，从而导致测点响应增加。但是 FRFU-HI 方法迅速对系统频响进行了修正，从而修正控制输入信号，使测点响应迅速收敛至最优值。图 9.38 显示了当激励响应幅值持续波动时无控和采用 FRFU-HI 控制的测点 1 的加速度响应。当激励幅值持续波动时，测点响应在控制开启后迅速下降，稳定收敛至 0.01g 以下，表明了 FRFU-HI 方法对系统频响修正的稳定性。

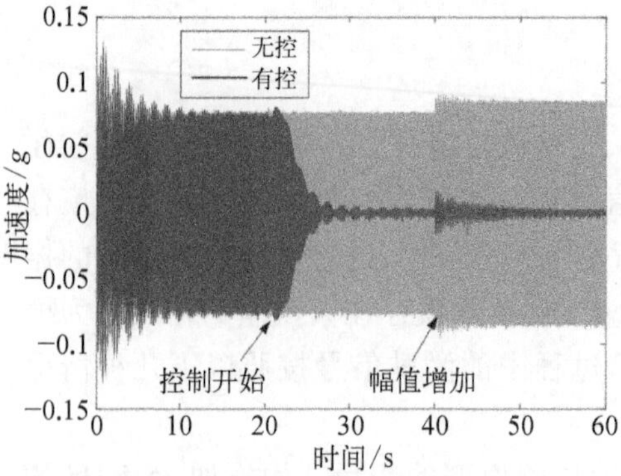

图 9.35　激励幅值增加时测点 1 的控制效果

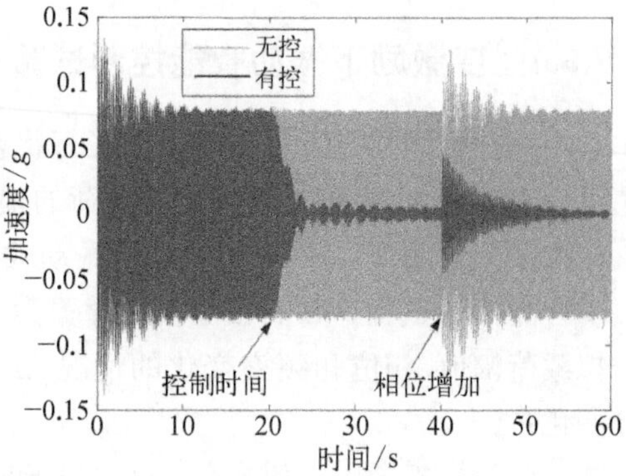

图 9.36　激励相位增加时测点 1 的控制效果

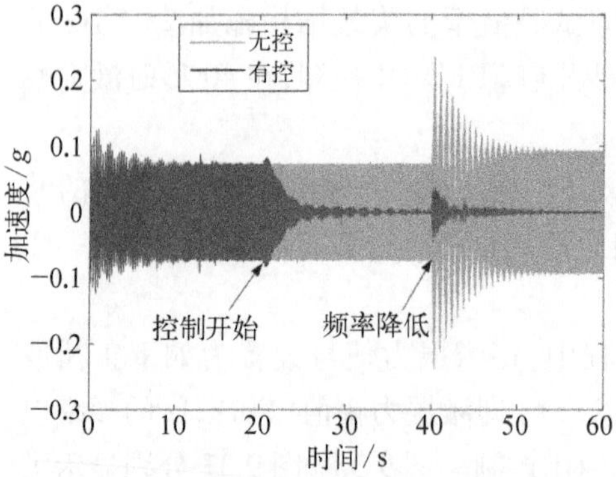

图 9.37　激励频率降低时测点 1 的控制效果

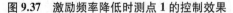

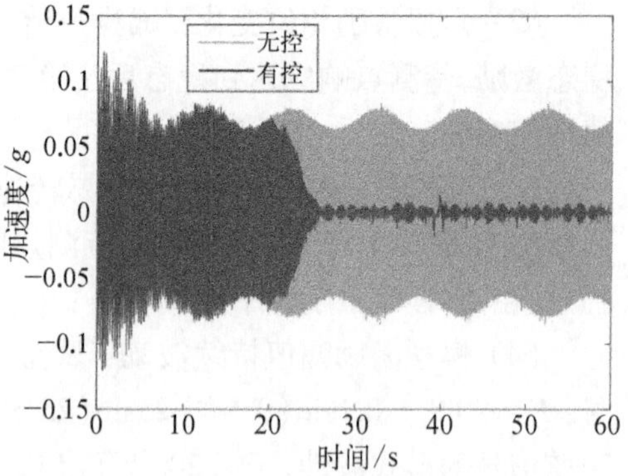

图 9.38　激励幅值波动时测点 1 的控制效果

第10章 机体振动自适应谐波前馈-滑模输出反馈混合智能控制

10.1 引言

直升机振动主动控制算法可分为时域控制算法和频域控制算法。基于 HHC 的频域控制算法通过将旋翼载荷激励产生的机体振动响应信号转换至频域,在控制目标频率处生成抑制激励响应的频域控制信号,转换至时域控制信号输入至作动器驱动机体结构实现振动控制。这一过程的实现往往需要等待机体振动信号达到稳态谐波,等待控制信号变化引起的瞬态振动响应衰减,以准确提取控制响应误差的幅值和相位。这些特性导致了大部分频域控制算法存在控制输入修正滞后、控制收敛慢、控制频率有限以及无法抑制瞬态响应等不足。尽管本专著作者提出的谐波同步识别-修正(HSIU)算法(Song et al., 2015)等由于可实时识别振动信号的谐波系数,增强了频域控制的收敛性,但是仍然只对窄带的谐波稳态响应具有较好的控制效果,无法对瞬态响应进行控制。在直升机飞行过程中,直升机的飞行状态的改变往往会引起旋翼载荷的幅值和相位的快速变化,对频域控制算法带来了很大的挑战。此外,旋翼载荷的变化引起的瞬态响应通常无法通过频域控制算法有效抑制(Wong et al., 2006)。

不同于频域控制算法,时域反馈控制算法通过优化系统控制参数,设计合适的增益矩阵,使控制系统的性能指标最优化,可在一定频率范围内有效抑制系统的瞬态振动响应,具备比频域控制算法更快的收敛速度和更强的跟踪能力(Walchko et al., 2007)。因此将频域控制与时域控制算法结合,可在实现稳态谐波高效控制的基础上抑制瞬态响应,提升系统的收敛性和跟踪能力。基于此思想,一些直升机上应用的结构响应主动控制(ACSR)方案采用了频域前馈-时域反馈混合控制算法以提升振动控制效果(Walchko et al., 2007; Pearson et al., 1994a, 1994b, 1991)。在频域算法的基础上,这些算法引入了线性二次型(linear quadratic regulator, LQR)反馈、线性二次高斯(linear quadratic Gaussian, LQG)反馈等时域反馈算法,提升了控制系统的收敛性和对瞬态响应的抑制能力。除此之外,应用较为成熟的时域控制算法还有诸如 PID 控制(Wu et al., 2014)、H_∞ 控制(Hanagud et al., 1994)、预测控制(Rodellar et al., 1987)、模糊控制(Qu et al., 2004)以及滑模控制(Emelyanov et al., 1964, 1962)等。在众多时域反馈算法中,滑模控制作为一种变结构控制,控制系统对系统内部参数和外部扰动具有良好的适应性,广泛应用于线性和非线性控制系统(Young et al., 1999)。

本专著作者(Lang et al., 2022; 郎凯, 2021)结合谐波同步识别-修正算法和滑动模态输出反馈算法,提出了直升机机体振动谐波前馈-滑模输出反馈(harmonic feedforward-sliding mode output feedback, HF-SMOF)混合算法,采用线性矩阵不等式(linear matrix inequality, LMI)方法(Choi, 1997)设计了滑模输出反馈控制模块,并且基于滑模反馈控制对系统频响的影响,提出了提升前馈控制收敛性的设计准则,避免了滑模反馈控制对控制系统全状态的识别要求,在高效控制稳态响应的基础上,提升了振动智能控制系统的收敛性能。基于第 5 章的主动撑杆驱动的机体结构振动智能控制系统,以测点的振动响应为控制目标,在多个激励载荷条件下进行了多频率多输入多输出振动智能控制仿真研究。结果表明该方法具有很好的振动控制效果和收敛性。在本专著作者深入研究基础上,本章系统阐述了直升机机体振动自适应谐波前馈-滑模输出反馈混合智能控制的理论、方法、仿真和试验。

10.2 滑模反馈控制原理

滑模反馈控制实质上是一种变结构控制(Gao et al., 1995),根据当前的系统状态改变控制策略,迫使系统状态按照预设的滑动模态的状态轨迹(即滑模切换函数)运动,滑动模态的设计与系统参数和外部扰动无关,且系统一旦进入滑动模态后,系统状态的变化不受系统参数和外部扰动的影响,因此具备很强的鲁棒性。

对于一个 N 阶控制系统:

$$\dot{\boldsymbol{x}} = f(\boldsymbol{x}, \boldsymbol{u}, t) \tag{10.1}$$

式中,$\boldsymbol{x} \in \mathbb{R}^N$ 为系统状态向量;$\boldsymbol{u} \in \mathbb{R}^M$ 为控制输入向量,设计滑模切换函数:

$$s(\boldsymbol{x}) = \boldsymbol{S}\boldsymbol{x} \tag{10.2}$$

基于式(10.2)所示滑模切换函数的超平面 $f = \{\boldsymbol{x} \in \mathbb{R}^N : s(\boldsymbol{x}) = 0\}$ 称为该系统的滑模切换面,当系统运动状态满足 $s(\boldsymbol{x}) = 0$ 时达到理想滑动模态。假设系统最终进入滑动模态,则当系统状态运动到滑模切换面附近时,应满足:

$$\lim_{s \to 0} s\dot{s} \leqslant 0 \tag{10.3}$$

定义如下函数:

$$V(x_1, \cdots, x_N) = [s(x_1, \cdots, x_N)]^2 \tag{10.4}$$

由式(10.3)可知,在滑模切换面附近, $[s(\boldsymbol{x})]^2$ 的导数不大于 0,即函数 V 在 $s = 0$ 附近非增,所以 V 是系统的条件李雅普诺夫(Lyapunov)函数(Astrom et al., 1995)。

设计变结构控制律:

$$\boldsymbol{u}(t) = \begin{cases} \boldsymbol{u}^+(t), & s(t) > 0 \\ \boldsymbol{u}^-(t), & s(t) < 0 \end{cases} \tag{10.5}$$

式中, $\boldsymbol{u}^+(t) \neq \boldsymbol{u}^-(t)$, 且满足:

(1) 滑动模态存在条件,即式(10.3)成立;

(2) 滑动模态可达性条件,即系统状态在滑模切换面以外的任意一点都将在有限时间内到达切换面;

(3) 滑模运动的稳定性;

(4) 控制系统的动态品质。

满足上述条件(1)~(3)的控制即为滑模变结构控制(Utkin, 1977)。图 10.1 为滑动模态运动的示意图,系统状态的初始值在滑模切换面之外,变结构控制律驱使系统状态到达切换面附近,并沿着切换面在两侧做高频小幅的振荡运动,使控制系统实现由滑模切换面确定的动态品质。因此,滑模控制的主要设计步骤为:① 设计满足控制系统动态品质的切换函数;② 设计能够驱使系统状态到达滑模切换面并稳定保持滑模运动的滑模控制律。

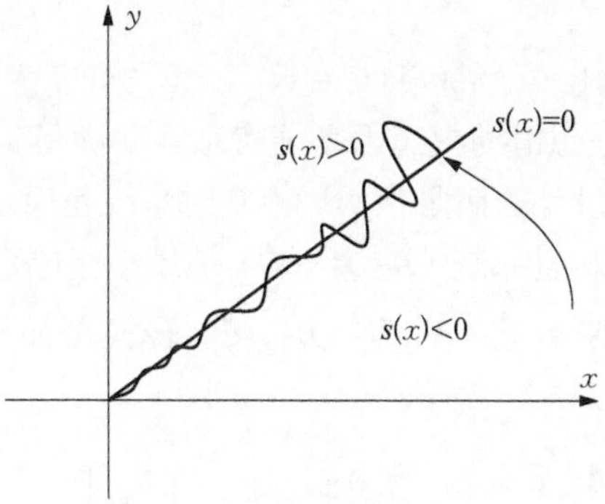

图 10.1　滑模运动示意图

10.3 滑模切换函数设计

滑模切换函数的设计需确保系统状态在滑模运动中具备稳定性。将旋翼载荷激励下采用谐波控制的机体振动智能控制系统动力学方程转换至状态空间：

$$\begin{aligned}\dot{\boldsymbol{x}}(t) &= \boldsymbol{A}\boldsymbol{x}(t) + \boldsymbol{B}_s\boldsymbol{u}_s(t) + \boldsymbol{B}_s\boldsymbol{u}_a(t) + \boldsymbol{B}_v\boldsymbol{v}(t) \\ \boldsymbol{y}(t) &= \boldsymbol{C}\boldsymbol{x}(t)\end{aligned} \tag{10.6}$$

式中，$\boldsymbol{x} \in \mathbb{R}^N$ 为系统状态向量；$\boldsymbol{y} \in \mathbb{R}^K$ 为系统输出向量；$\boldsymbol{u}_s \in \mathbb{R}^M$、$\boldsymbol{u}_a \in \mathbb{R}^M$、$\boldsymbol{v} \in \mathbb{R}^O$ 分别为滑模输出反馈控制、自适应谐波控制（即频域前馈控制）和旋翼载荷向量，且 $M < K < N$；$\boldsymbol{A} \in \mathbb{R}^{N\times N}$ 为系统状态矩阵；$\boldsymbol{B}_s \in \mathbb{R}^{N\times M}$ 和 $\boldsymbol{B}_v \in \mathbb{R}^{N\times O}$ 分别为控制输入以及旋翼载荷的输入矩阵；$\boldsymbol{C} \in \mathbb{R}^{K\times N}$ 为输出矩阵，且 $\boldsymbol{B}_s$ 和 $\boldsymbol{C}$ 满秩。对于直升机振动控制系统来说，旋翼载荷大小通常是有界的，即 $\|\boldsymbol{w}(t)\| < \Delta, \Delta > 0$。假设系统最终收敛，则可以推导出频域前馈控制输入将会收敛至：

$$\boldsymbol{u}_a(s) = -(\boldsymbol{T}_a^{\mathrm{T}}\boldsymbol{W}_e\boldsymbol{T}_a + \boldsymbol{W}_u)^{-1}(\boldsymbol{T}_a^{\mathrm{T}}\boldsymbol{W}_e\boldsymbol{T}_v)\boldsymbol{v}(s) \tag{10.7}$$

式中，$\boldsymbol{u}_a(s)$ 和 $\boldsymbol{v}(s)$ 分别为转换至拉氏域内的频域前馈控制输入信号和旋翼载荷信号，将式(10.7)代入式(10.6)并转换回时域：

$$\begin{aligned}\dot{\boldsymbol{x}}(t) &= \boldsymbol{A}\boldsymbol{x}(t) + \boldsymbol{B}_s\boldsymbol{u}_s(t) + \boldsymbol{B}_d\boldsymbol{v}(t) \\ \boldsymbol{y}(t) &= \boldsymbol{C}\boldsymbol{x}(t)\end{aligned} \tag{10.8}$$

式中，$\boldsymbol{B}_d = \boldsymbol{B}_v - \boldsymbol{B}_a(\boldsymbol{T}_a^{\mathrm{T}}\boldsymbol{W}_e\boldsymbol{T}_a + \boldsymbol{W}_u)^{-1}(\boldsymbol{T}_a^{\mathrm{T}}\boldsymbol{W}_e\boldsymbol{T}_v)$，$\boldsymbol{B}_d \in \mathbb{R}^{N\times O}$。定义滑模切换函数 $\boldsymbol{s}(t)$：

$$\boldsymbol{s}(t) = \boldsymbol{S}\boldsymbol{C}\boldsymbol{x}(t) \tag{10.9}$$

式中，$\boldsymbol{s}(t) = [s_1(t)\ \ s_2(t)\ \ \cdots\ \ s_M(t)]^{\mathrm{T}} \in \mathbb{R}^M$。超平面 $f = \{\boldsymbol{x} \in \mathbb{R}^N : \boldsymbol{s}(t) = 0\}$ 是系统的滑模切换面，即理想滑动模态下系统状态运动满足 $\boldsymbol{s}(t) = 0$，因此滑模切换函数矩阵 $\boldsymbol{S} \in \mathbb{R}^{M\times K}$ 的设计需满足当 $\boldsymbol{s}(t) = 0$ 时系统是稳定的。

如果 $\mathrm{rank}(\boldsymbol{C}\boldsymbol{B}_s) = M$ 且系统 $(\boldsymbol{A}, \boldsymbol{B}_s, \boldsymbol{C})$ 是最小相位系统，则存在一种坐标转换关系 $\boldsymbol{z} = \boldsymbol{T}_z\boldsymbol{x} \in \mathbb{R}^N$ 使系统 $(\boldsymbol{A}, \boldsymbol{B}_s, \boldsymbol{B}_d, \boldsymbol{C})$ 转换至如下形式（Edwards et al., 1995）：

$$\boldsymbol{A}_z = \begin{bmatrix}\boldsymbol{A}_{11} & \boldsymbol{A}_{12} \\ \boldsymbol{A}_{21} & \boldsymbol{A}_{22}\end{bmatrix},\ \boldsymbol{B}_{sz} = \begin{bmatrix}0 \\ \boldsymbol{B}_2\end{bmatrix},\ \boldsymbol{B}_{dz} = \begin{bmatrix}\boldsymbol{B}_{d1} \\ \boldsymbol{B}_{d2}\end{bmatrix},\ \boldsymbol{C}_z = [0\quad \boldsymbol{H}] \tag{10.10}$$

式中，$\boldsymbol{B}_2 \in \mathbb{R}^{M\times M}$ 为非奇异矩阵；$\boldsymbol{H} \in \mathbb{R}^{M\times M}$ 为正定矩阵；$\boldsymbol{A}_{11} \in \mathbb{R}^{(N-M)\times(N-M)}$。令 $\boldsymbol{SH} = [\boldsymbol{S}_1 \quad \boldsymbol{S}_2]$，$\boldsymbol{S}_1 \in \mathbb{R}^{M\times(K-M)}$，$\boldsymbol{S}_2 \in \mathbb{R}^{M\times M}$，则滑模切换函数可转换为

$$\boldsymbol{s}(t) = \boldsymbol{SC}_z\boldsymbol{z}(t) = [\boldsymbol{S}_1\boldsymbol{C}_1 \quad \boldsymbol{S}_2]\,\boldsymbol{z}(t) \tag{10.11}$$

式中，$\boldsymbol{C}_1 = [\boldsymbol{0}_{(K-M)\times(N-K)} \quad \boldsymbol{I}_{(K-M)}]$；$\boldsymbol{S}_2$ 为非奇异方阵。令 $\boldsymbol{K} = \boldsymbol{S}_2^{-1}\boldsymbol{S}_1 \in \mathbb{R}^{M\times(K-M)}$，$\boldsymbol{z} = [\boldsymbol{z}_1^{\mathrm{T}} \quad \boldsymbol{z}_2^{\mathrm{T}}]^{\mathrm{T}}$（$\boldsymbol{z}_1 \in \mathbb{R}^{N-M}$），则可得到理想滑动模态下的降阶系统动力学方程：

$$\dot{\boldsymbol{z}}_1(t) = (\boldsymbol{A}_{11} - \boldsymbol{A}_{12}\boldsymbol{KC}_1)\boldsymbol{z}_1(t) + \boldsymbol{B}_{d1}\boldsymbol{d}(t) \tag{10.12}$$

令李雅普诺夫函数 $V(t) = \boldsymbol{z}_1^{\mathrm{T}}(t)\boldsymbol{P}\boldsymbol{z}_1(t)$，式中 $\boldsymbol{P}$ 为对称正定矩阵。若存在 $\alpha > 0$ 和 $\beta > 0$ 使如下不等式成立：

$$\dot{V}(t) + \alpha V(t) - \beta\,\|\boldsymbol{v}(t)\|^2 \leqslant 0 \tag{10.13}$$

则系统在理想滑动模态下指数稳定（Fridman et al., 2011）。令不等式（10.13）左边为 Ω 并对 $V(t)$ 求导可得

$$\dot{\Omega} = 2\boldsymbol{z}_1^{\mathrm{T}}(t)\boldsymbol{P}\dot{\boldsymbol{z}}_1(t) + \alpha\boldsymbol{z}_1^{\mathrm{T}}(t)\boldsymbol{P}\boldsymbol{z}_1(t) - \beta\boldsymbol{v}^{\mathrm{T}}(t)\boldsymbol{v}(t) \tag{10.14}$$

对于该降阶系统，有以下恒等式：

$$0 \equiv 2[\boldsymbol{z}_1^{\mathrm{T}}(t)\boldsymbol{P}_2^{\mathrm{T}} + \dot{\boldsymbol{z}}_1^{\mathrm{T}}(t)\boldsymbol{P}_3^{\mathrm{T}}][-\dot{\boldsymbol{z}}_1(t) + (\boldsymbol{A}_{11} - \boldsymbol{A}_{12}\boldsymbol{KC}_1)\boldsymbol{z}_1(t)] \tag{10.15}$$

式中，$\boldsymbol{P}_2 \in \mathbb{R}^{(N-M)\times(N-M)}$，$\varepsilon \in \mathbb{R}$，$\boldsymbol{P}_3 = \varepsilon\boldsymbol{P}_2$。将等式（10.15）的右边加入等式（10.14）的右边，定义 $\boldsymbol{\chi}(t) = [\boldsymbol{z}_1(t) \quad \boldsymbol{z}_2(t) \quad \boldsymbol{w}(t)]$，则不等式（10.13）可表示为

$$\dot{\Omega} = \boldsymbol{\chi}^{\mathrm{T}}(t)\boldsymbol{\Theta}\boldsymbol{\chi}(t) \leqslant 0 \tag{10.16}$$

当 $\boldsymbol{\Theta} < 0$ 时不等式（10.16）成立。令 $\boldsymbol{\varphi} = \mathrm{diag}(\boldsymbol{P}_2^{-1}, \boldsymbol{P}_2^{-1}, \boldsymbol{I})$，$\hat{\boldsymbol{\Theta}} = \boldsymbol{\varphi}^{\mathrm{T}}\boldsymbol{\Theta}\boldsymbol{\varphi}$，显然 $\boldsymbol{\Theta} < 0$ 时 $\hat{\boldsymbol{\Theta}} < 0$。令 $\hat{\boldsymbol{P}} = \boldsymbol{Q}_2^{\mathrm{T}}\boldsymbol{P}\boldsymbol{Q}_2$，$\boldsymbol{Q}_2 = \boldsymbol{P}_2^{-1}$，且 $\boldsymbol{Q}_2$ 满足以下形式：

$$\boldsymbol{Q}_2 = \begin{bmatrix} \boldsymbol{Q}_{11} & \boldsymbol{Q}_{11} \\ \boldsymbol{Q}_{22}\boldsymbol{M} & \delta\boldsymbol{Q}_{22} \end{bmatrix} \tag{10.17}$$

式中，$\boldsymbol{Q}_{22} \in \mathbb{R}^{(K-M)\times(K-M)}$；$\boldsymbol{M} \in \mathbb{R}^{(K-M)\times(K-P)}$ 为 LMI 调整矩阵；δ 为 LMI 调整参数。因为：

$$\boldsymbol{KC}_1\boldsymbol{Q}_2 = [\boldsymbol{KQ}_{22}\boldsymbol{M} \quad \delta\boldsymbol{KQ}_{22}] \tag{10.18}$$

定义 $\boldsymbol{R} = \boldsymbol{KQ}_{22}$，因此 $\hat{\boldsymbol{\Theta}} < 0$ 可表示为（Han et al., 2009）

$$\hat{\boldsymbol{\Theta}} = \begin{bmatrix} \boldsymbol{\theta}_{11} & \boldsymbol{\theta}_{12} & \boldsymbol{\theta}_{13} \\ * & \boldsymbol{\theta}_{22} & \boldsymbol{\theta}_{23} \\ * & * & \boldsymbol{\theta}_{33} \end{bmatrix} < 0 \tag{10.19}$$

式中,符号“ * ”代表对称矩阵的元,且

$$\begin{aligned} \boldsymbol{\theta}_{11} &= \boldsymbol{A}_{11}\boldsymbol{Q}_2 - \boldsymbol{A}_{12}[\boldsymbol{RM} \quad \delta\boldsymbol{R}] + \boldsymbol{Q}_2^{\mathrm{T}}\boldsymbol{A}_{11}^{\mathrm{T}} + \alpha\hat{\boldsymbol{P}} - [\boldsymbol{RM} \quad \delta\boldsymbol{R}]^{\mathrm{T}}\boldsymbol{A}_{12}^{\mathrm{T}} \\ \boldsymbol{\theta}_{12} &= \hat{\boldsymbol{P}} - \boldsymbol{Q}_2 + \varepsilon\boldsymbol{Q}_2^{\mathrm{T}}\boldsymbol{A}_{11}^{\mathrm{T}} - \varepsilon\,[\boldsymbol{RM} \quad \delta\boldsymbol{R}]^{\mathrm{T}}\boldsymbol{A}_{12}^{\mathrm{T}} \\ \boldsymbol{\theta}_{13} &= \boldsymbol{B}_{d1} \\ \boldsymbol{\theta}_{22} &= -\varepsilon\boldsymbol{Q}_2 - \varepsilon\boldsymbol{Q}_2^{\mathrm{T}} \\ \boldsymbol{\theta}_{23} &= \varepsilon\boldsymbol{B}_{d1} \\ \boldsymbol{\theta}_{33} &= -\beta\boldsymbol{I} \end{aligned} \tag{10.20}$$

对于式(10.6)所示系统,通过调节 $\alpha > 0$、$\beta > 0$、δ 和矩阵 $\boldsymbol{M} \in \mathbb{R}^{(K-M)\times(N-K)}$,使 $\hat{\boldsymbol{P}} > 0$、$\boldsymbol{Q}_{11} \in \mathbb{R}^{(N-K)\times(N-K)}$、$\boldsymbol{Q}_{12} \in \mathbb{R}^{(N-K)\times(K-M)}$、$\boldsymbol{Q}_{22} \in \mathbb{R}^{(K-M)\times(K-M)}$、$\boldsymbol{R} \in \mathbb{R}^{M\times(K-M)}$ 存在,且线性矩阵不等式(10.19)成立,则降阶系统指数稳定。系统滑模切换函数矩阵可表示为

$$\boldsymbol{S} = [\boldsymbol{K} \quad \boldsymbol{I}]\,\boldsymbol{H}^{-1} \tag{10.21}$$

10.4 滑模反馈控制律设计

10.4.1 稳定性设计

滑模反馈控制律的设计需保证系统在有限时间内到达滑模切换面并维持滑模稳定运动。定义如下转换:

$$\begin{aligned} \boldsymbol{x}_r(t) &= \left[\boldsymbol{x}_{r1}^{\mathrm{T}}(t) \quad \boldsymbol{x}_{r2}^{\mathrm{T}}(t)\right]^{\mathrm{T}} = \boldsymbol{T}_r z(t) \\ \boldsymbol{T}_r &= \begin{bmatrix} \boldsymbol{I}_{N-M} & 0 \\ \boldsymbol{KC}_1 & \boldsymbol{I}_M \end{bmatrix} \end{aligned} \tag{10.22}$$

则 $\boldsymbol{x}_{r1}(t) = z_1(t)$, $\boldsymbol{x}_{r2}(t) = s(t)$。将系统($\boldsymbol{A}_z$, $\boldsymbol{B}_{sz}$, $\boldsymbol{B}_{dz}$, $\boldsymbol{C}_z$)转换至如下形式:

$$\boldsymbol{A}_r = \begin{bmatrix} \boldsymbol{A}_{r11} & \boldsymbol{A}_{r12} \\ \boldsymbol{A}_{r21} & \boldsymbol{A}_{r22} \end{bmatrix}, \boldsymbol{B}_{sr} = \begin{bmatrix} 0 \\ \boldsymbol{I}_M \end{bmatrix}, \boldsymbol{B}_{dr} = \begin{bmatrix} \boldsymbol{B}_{dr1} \\ \boldsymbol{B}_{dr2} \end{bmatrix}, \boldsymbol{C}_r = [0 \quad \boldsymbol{H}_r] \tag{10.23}$$

式中，$\boldsymbol{A}_{r11}=\boldsymbol{A}_{11}-\boldsymbol{A}_{12}\boldsymbol{K}\boldsymbol{C}_1$；$\boldsymbol{H}_r\in\mathbb{R}^{K\times K}$。定义滑模控制律：

$$\boldsymbol{u}_s(t)=-\boldsymbol{G}\boldsymbol{y}(t)-\boldsymbol{w}(t) \tag{10.24}$$

式中，

$$\begin{aligned}&\boldsymbol{w}(t)=[w_1(t)\quad w_2(t)\quad\cdots\quad w_M(t)]^{\mathrm{T}},\\&w_i(t)=\begin{cases}\rho\,\mathrm{sgn}(s_i(t)), & 若\ s_i(t)>\delta\\ s_i(t)/\delta, & 若\ s_i(t)\leqslant\delta\end{cases}\end{aligned} \tag{10.25}$$

式中，$\rho>0$，$\delta>0$。令 $\boldsymbol{G}=[\boldsymbol{G}_1\quad\boldsymbol{G}_2]\boldsymbol{H}_r^{-1}$，$\boldsymbol{G}_1\in\mathbb{R}^{M\times(K-M)}$，$\boldsymbol{G}_2\in\mathbb{R}^{M\times M}$。滑模反馈控制输入分为两部分，$-\boldsymbol{G}\boldsymbol{y}(t)$ 为等效控制输入，用于维持系统状态在滑模切换面上运动；$-\boldsymbol{w}(t)$ 为变结构控制输入，用于驱使系统状态至滑模切换面。

基于式(10.24)的反馈系统可表示为

$$\dot{\boldsymbol{x}}_r(t)=(\boldsymbol{A}_r-\boldsymbol{B}_{sr}\boldsymbol{G}\boldsymbol{C}_r)\boldsymbol{x}_r(t)-\boldsymbol{B}_{sr}\boldsymbol{v}(t)+\boldsymbol{B}_{dr}\boldsymbol{d}(t) \tag{10.26}$$

定义正定实对称矩阵 $\boldsymbol{P}_r=\mathrm{diag}(\boldsymbol{P}_{r1},\boldsymbol{P}_{r2})$，$\boldsymbol{P}_{r1}\in\mathbb{R}^{(N-M)\times(N-M)}$，$\boldsymbol{P}_{r2}\in\mathbb{R}^{M\times M}$，对于李雅普诺夫函数 $V_r(t)=\boldsymbol{x}_r^{\mathrm{T}}(t)\boldsymbol{P}_r\boldsymbol{x}_r(t)$，有如下稳定性判据：

$$\dot{\boldsymbol{\Omega}}_r=[2\boldsymbol{x}_r^{\mathrm{T}}(t)\boldsymbol{P}_r\dot{\boldsymbol{x}}_r(t)+\alpha_r\boldsymbol{x}_r^{\mathrm{T}}(t)\boldsymbol{P}_r\boldsymbol{x}_r(t)-\beta_r\boldsymbol{v}^{\mathrm{T}}(t)\boldsymbol{v}(t)]<0 \tag{10.27}$$

定义 $\boldsymbol{\chi}_r(t)=[\boldsymbol{x}_r(t)\quad\boldsymbol{v}(t)]$，将式(10.26)代入不等式(10.27)，可得

$$\boldsymbol{\chi}_r^{\mathrm{T}}(t)\boldsymbol{\Theta}_r\boldsymbol{\chi}_r(t)+2\boldsymbol{x}_r^{\mathrm{T}}\boldsymbol{P}_r\boldsymbol{B}_{sr}[\boldsymbol{B}_{dr2}\boldsymbol{v}(t)-\boldsymbol{w}(t)]<0 \tag{10.28}$$

若同时满足 $\boldsymbol{\chi}_r^{\mathrm{T}}(t)\boldsymbol{\Theta}_r\boldsymbol{\chi}_r(t)<0$ 和 $2\boldsymbol{x}_r^{\mathrm{T}}\boldsymbol{P}_r\boldsymbol{B}_{sr}[\boldsymbol{B}_{dr2}\boldsymbol{v}(t)-\boldsymbol{w}(t)]<0$，则式(10.28)成立。若 $\boldsymbol{\Theta}_r<0$ 则 $\boldsymbol{\chi}_r^{\mathrm{T}}(t)\boldsymbol{\Theta}_r\boldsymbol{\chi}_r(t)<0$，即

$$\boldsymbol{\Theta}_r=\begin{bmatrix}\boldsymbol{\Phi}+\alpha_r\boldsymbol{P}_r & \begin{bmatrix}\boldsymbol{P}_{r1}\boldsymbol{B}_{dr1}\\0\end{bmatrix}\\ * & -\beta_r\boldsymbol{I}_M\end{bmatrix}<0 \tag{10.29}$$

式中，$\boldsymbol{\Phi}=\boldsymbol{P}_r(\boldsymbol{A}_r-\boldsymbol{B}_{sr}\boldsymbol{G}\boldsymbol{C}_r)+(\boldsymbol{A}_r-\boldsymbol{B}_{sr}\boldsymbol{G}\boldsymbol{C}_r)^{\mathrm{T}}\boldsymbol{P}_r$。定义 $\boldsymbol{L}_1=\boldsymbol{P}_{r2}\boldsymbol{G}_1\in\mathbb{R}^{M\times(K-M)}$，$\boldsymbol{L}_2=\boldsymbol{P}_{r2}\boldsymbol{G}_2\in\mathbb{R}^{M\times M}$，则 $\boldsymbol{\Phi}$ 可转换至如下形式(Fridman et al., 2011)：

$$\boldsymbol{\Phi}=\begin{bmatrix}\boldsymbol{P}_{r1}\boldsymbol{A}_{r11}+\boldsymbol{A}_{r11}^{\mathrm{T}}\boldsymbol{P}_{r1} & \boldsymbol{P}_{r1}\boldsymbol{A}_{r12}+\boldsymbol{A}_{r21}^{\mathrm{T}}\boldsymbol{P}_{r2}-(\boldsymbol{L}_1\boldsymbol{C}_1)^{\mathrm{T}}\\ * & \boldsymbol{P}_{r2}\boldsymbol{A}_{r22}+\boldsymbol{A}_{r22}^{\mathrm{T}}\boldsymbol{P}_{r2}-\boldsymbol{L}_2-(\boldsymbol{L}_2)^{\mathrm{T}}\end{bmatrix} \tag{10.30}$$

对于给定的 $\alpha_r>0$、$\beta_r>0$，通过设计式(10.25)中系数 ρ，使：

$$2\boldsymbol{x}_r^{\mathrm{T}}(t)\boldsymbol{P}_r\boldsymbol{B}_{sr}[\boldsymbol{B}_{dr2}\boldsymbol{v}(t) - \boldsymbol{w}(t)] = 2\boldsymbol{x}_{r2}^{\mathrm{T}}(t)\boldsymbol{P}_{r2}[\boldsymbol{B}_{dr2}\boldsymbol{v}(t) - \boldsymbol{w}(t)]$$
$$\leqslant -2\rho\boldsymbol{P}_{r2}\|\boldsymbol{x}_{r2}(t)\| + 2\boldsymbol{P}_{r2}\|\boldsymbol{B}_{dr2}\|\|\boldsymbol{x}_{r2}(t)\|\Delta$$
$$< 0 \tag{10.31}$$

则在式(10.24)所示的滑模控制律下，$\boldsymbol{x}_r^{\mathrm{T}}(t)\boldsymbol{P}_r\boldsymbol{x}_r(t) \leqslant \dfrac{\beta_r}{\alpha_r}\Delta^2$，即系统具备指数收敛稳定性。

10.4.2 频域前馈收敛性设计

对于频域前馈与滑模反馈的混合控制，由于滑模反馈模块的引入改变了控制系统的频响函数，因此可通过滑模反馈控制律的设计提升频域前馈控制的收敛性。

由第 9 章控制输入谐波系数修正的收敛速度分析可知，谐波控制目标函数的收敛时间与谐波系数修正步长 μ 和式(9.28)中矩阵 $\boldsymbol{\Gamma}_i$ 的特征值有关。μ 越大整体收敛时间越短，收敛性能越好。同一步长下，控制系统整体收敛时间则由 $\boldsymbol{\Gamma}_i$ 的最小特征值 $\lambda_{\min}$ 决定。由于滑模输出反馈控制的参数设计影响着控制系统的频响函数，从而影响 $\boldsymbol{\Gamma}_i$ 的特征值。因此可通过设计滑模输出反馈控制参数调整 $\boldsymbol{\Gamma}_i$ 的特征值，从而提升频域前馈控制的收敛性。

观察式(9.8)和式(9.9)所示的控制响应误差和控制输入权矩阵的形式，可以发现矩阵 $\boldsymbol{\Gamma}_i = \boldsymbol{W}_{ui} + \boldsymbol{T}_{ai}^{\mathrm{T}}\boldsymbol{W}_{ei}\boldsymbol{T}_{ai}$ 与以下矩阵具备相同的特征值：

$$\overline{\boldsymbol{\Gamma}}_i = \overline{\boldsymbol{W}}_{ui} + \overline{\boldsymbol{\Psi}}_i \tag{10.32}$$

式中，$\boldsymbol{\Psi}_i = \boldsymbol{H}_{ai}^{\mathrm{H}}\overline{\boldsymbol{W}}_{ei}\boldsymbol{H}_{ai} \in \mathbb{R}^{M\times M}$，$\boldsymbol{H}_{ai} \in \mathbb{R}^{M\times K}$ 为系统在频率 ω_i 处的频响组成的频响复矩阵，$\overline{\boldsymbol{W}}_{ei} = \mathrm{diag}(W_{ei,1}, W_{ei,2}, \cdots, W_{ei,K}) \in \mathbb{R}^{K\times K}$，$\overline{\boldsymbol{W}}_{ui} = \mathrm{diag}(W_{ui1}, W_{ui2}, \cdots, W_{uiM}) \in \mathbb{R}^{M\times M}$。类似地，定义：

$$\overline{\boldsymbol{\Gamma}}_i = \overline{\boldsymbol{W}}_{ui} + \overline{\boldsymbol{\Psi}}_i \tag{10.33}$$

式中，$\overline{\boldsymbol{\Psi}}_i = \overline{\boldsymbol{H}}_{ai}^{\mathrm{H}}\overline{\boldsymbol{W}}_{ei}\overline{\boldsymbol{H}}_{ai} \in \mathbb{R}^{M\times M}$，$\overline{\boldsymbol{H}}_{ai} \in \mathbb{R}^{M\times K}$ 是引入滑模输出反馈控制后系统在频率 ω_i 处的频响组成的频响复矩阵。此时频域前馈控制输入谐波系数的收敛条件为

$$0 < \bar{\mu} < \frac{2}{\bar{\lambda}_{i\max}} \tag{10.34}$$

式中，$\bar{\mu}$ 为引入滑模输出反馈后的谐波系数修正步长；$\bar{\lambda}_{i\max}$ 为 $\overline{\boldsymbol{\Gamma}}_i$ 的最大特征值。滑模输出反馈控制模块的引入改变了系统的频响函数，从而改变了频域前馈算法

收敛时的步长上限。因此可通过设计滑模控制律，减小 $\overline{\boldsymbol{\Gamma}}_i$ 的最大特征值，即 $\overline{\lambda}_{i\max} < \lambda_{i\max}$，使控制输入谐波修正步长拥有更大的设计范围，同时也意味着放宽了频域前馈控制的收敛条件。由于 $\boldsymbol{W}_{ui}$ 为实对角矩阵，因此为满足 $\overline{\lambda}_{i\max} < \lambda_{i\max}$，仅需满足以下不等式：

$$\overline{\boldsymbol{\Psi}}_i < \lambda_{\psi i\max} \boldsymbol{I}_M \tag{10.35}$$

式中，$\lambda_{\psi i\max}$ 为矩阵 $\boldsymbol{\Psi}_i$ 的最大特征值。对于式(10.23)所示系统 $(\boldsymbol{A}_r, \boldsymbol{B}_{sr}, \boldsymbol{B}_{dr}, \boldsymbol{C}_r)$，在式(10.24)所示控制律下的系统状态空间可表示为

$$\begin{aligned} \dot{\boldsymbol{x}}_r(t) &= [\boldsymbol{A}_r - \boldsymbol{B}_{sr}\boldsymbol{G}\boldsymbol{C}_r]\,\boldsymbol{x}_r(t) + \boldsymbol{B}_{sr}\boldsymbol{u}_a(t) + \boldsymbol{B}_{dr}\boldsymbol{w}(t) \\ \boldsymbol{y}(t) &= \boldsymbol{C}_r\boldsymbol{x}_r(t) \end{aligned} \tag{10.36}$$

此时控制输入至输出在频率 ω_i 处的频响复矩阵为

$$\overline{\boldsymbol{H}}_{ai} = \boldsymbol{C}_r\,(\mathrm{j}\omega_i\boldsymbol{I} - \boldsymbol{A}_r + \boldsymbol{B}_{sr}\boldsymbol{G}\boldsymbol{C}_r)^{-1}\boldsymbol{B}_{sr} \tag{10.37}$$

将式(10.37)代入矩阵 $\overline{\boldsymbol{\Psi}}_i$ 的定义式，有

$$\overline{\boldsymbol{\Psi}}_i = \boldsymbol{B}_{sr}^{\mathrm{H}}\,[(\mathrm{j}\omega_i\boldsymbol{I}_N - \boldsymbol{A}_r + \boldsymbol{B}_{sr}\boldsymbol{G}\boldsymbol{C}_r)^{-1}]^{\mathrm{H}}\boldsymbol{C}_r^{\mathrm{T}}\,\overline{\boldsymbol{W}}_{ei}\boldsymbol{C}_r\,(\mathrm{j}\omega_i\boldsymbol{I}_N - \boldsymbol{A}_r + \boldsymbol{B}_{sr}\boldsymbol{G}\boldsymbol{C}_r)^{-1}\boldsymbol{B}_{sr} \tag{10.38}$$

将 $\boldsymbol{A}_r$ 重新划分为 $\boldsymbol{A}_r = \begin{bmatrix} \hat{\boldsymbol{A}}_{11} & \hat{\boldsymbol{A}}_{12} \\ \hat{\boldsymbol{A}}_{21} & \hat{\boldsymbol{A}}_{22} \end{bmatrix}$，$\hat{\boldsymbol{A}}_{22} \in \mathbb{R}^{K\times K}$，代入式(10.38)可得

$$\overline{\boldsymbol{\Psi}}_i = [0\quad \boldsymbol{I}_M]\,(\overline{\boldsymbol{X}}^{-1})^{\mathrm{T}}\boldsymbol{H}_r^{\mathrm{T}}\,\overline{\boldsymbol{W}}_{ei}\boldsymbol{H}_r\,\overline{\boldsymbol{X}}^{-1}\,[0\quad \boldsymbol{I}_M]^{\mathrm{T}} \tag{10.39}$$

式中，

$$\begin{aligned} \overline{\boldsymbol{X}} &= \boldsymbol{X} + \begin{bmatrix} 0 \\ \boldsymbol{P}_{r2}^{-1} \end{bmatrix} [\boldsymbol{L}_1\quad \boldsymbol{L}_2] \\ \boldsymbol{X} &= \mathrm{j}\omega_i\boldsymbol{I}_K - \hat{\boldsymbol{A}}_{22} - \hat{\boldsymbol{A}}_{21}\,(\mathrm{j}\omega_i\boldsymbol{I}_{N-K} - \hat{\boldsymbol{A}}_{11})^{-1}\hat{\boldsymbol{A}}_{12} \end{aligned} \tag{10.40}$$

将式(10.39)代入不等式(10.35)可得

$$[0\quad \boldsymbol{I}_M]\,(\overline{\boldsymbol{X}}^{-1})^{\mathrm{T}}\boldsymbol{H}_r^{\mathrm{T}}\,\overline{\boldsymbol{W}}_{ei}\boldsymbol{H}_r\,\overline{\boldsymbol{X}}^{-1}\,[0\quad \boldsymbol{I}_M]^{\mathrm{T}} < \lambda_{\psi i\max}\boldsymbol{I}_M \tag{10.41}$$

由于矩阵 $(\overline{\boldsymbol{X}}^{-1})^{\mathrm{T}}\boldsymbol{H}_r^{\mathrm{T}}\,\overline{\boldsymbol{W}}_{ei}\boldsymbol{H}_r\,\overline{\boldsymbol{X}}^{-1}$ 和 $\lambda_{i\max}\boldsymbol{I}_M$ 是 Hermitian 矩阵，因此不等式(10.41)成立的条件为

$$(\overline{\boldsymbol{X}}^{-1})^{\mathrm{T}}\boldsymbol{H}_r^{\mathrm{T}}\,\overline{\boldsymbol{W}}_{ei}\boldsymbol{H}_r\,\overline{\boldsymbol{X}}^{-1} < \lambda_{\psi i\max}\boldsymbol{I}_K \tag{10.42}$$

将不等式(10.42)两侧求逆,则该不等式可转化为

$$\overline{\boldsymbol{X}}\boldsymbol{H}_r^{-1}\overline{\boldsymbol{W}}_{ei}^{-1}(\boldsymbol{H}_r^{-1})^{\mathrm{T}}\overline{\boldsymbol{X}}^{\mathrm{T}} > \frac{1}{\lambda_{\psi i\max}}\boldsymbol{I}_K \tag{10.43}$$

若下式成立则不等式(10.43)成立:

$$\begin{bmatrix}\boldsymbol{I}_{K-M} & 0\\ 0 & \boldsymbol{P}_{r2}\end{bmatrix}\overline{\boldsymbol{X}}\boldsymbol{H}_r^{-1}\overline{\boldsymbol{W}}_{ei}^{-1}(\boldsymbol{H}_r^{-1})^{\mathrm{T}}\overline{\boldsymbol{X}}^{\mathrm{T}}\begin{bmatrix}\boldsymbol{I}_{K-M} & 0\\ 0 & \boldsymbol{P}_{r2}\end{bmatrix} > \frac{1}{\lambda_{\psi i\max}}\begin{bmatrix}\boldsymbol{I}_{K-M} & 0\\ 0 & \boldsymbol{P}_{r2}^2\end{bmatrix} \tag{10.44}$$

若矩阵 $\boldsymbol{P}_{r2}$ 的设计满足:$\zeta\boldsymbol{I}_M \geqslant \boldsymbol{P}_{r2} \geqslant \tau\boldsymbol{I}_M$,其中 $\zeta \geqslant \tau > 0$,则上式成立只需满足:

$$\left(\begin{bmatrix}\boldsymbol{I}_{K-M} & 0\\ 0 & \boldsymbol{P}_{r2}\end{bmatrix}\boldsymbol{X}\boldsymbol{H}_r^{-1} + \begin{bmatrix}0\\ \boldsymbol{I}_M\end{bmatrix}\begin{bmatrix}\boldsymbol{L}_1 & \boldsymbol{L}_2\end{bmatrix}\boldsymbol{H}_r^{-1}\right)\overline{\boldsymbol{W}}_{ei}^{-1}\left(\begin{bmatrix}\boldsymbol{I}_{K-M} & 0\\ 0 & \boldsymbol{P}_{r2}\end{bmatrix}\boldsymbol{X}\boldsymbol{H}_r^{-1} + \begin{bmatrix}0\\ \boldsymbol{I}_M\end{bmatrix}\begin{bmatrix}\boldsymbol{L}_1 & \boldsymbol{L}_2\end{bmatrix}\boldsymbol{H}_r^{-1}\right)^{\mathrm{T}} > \frac{1}{\lambda_{\psi i\max}}\begin{bmatrix}\boldsymbol{I}_{K-M} & 0\\ 0 & \zeta^2\boldsymbol{I}_M\end{bmatrix} \tag{10.45}$$

即

$$\lambda_{\psi i\max}\begin{bmatrix}\boldsymbol{I}_{K-M} & 0\\ 0 & \frac{1}{\zeta^2}\boldsymbol{I}_M\end{bmatrix} > \left(\left(\begin{bmatrix}\boldsymbol{I}_{K-M} & 0\\ 0 & \boldsymbol{P}_{r2}\end{bmatrix}\boldsymbol{X}\boldsymbol{H}_r^{-1} + \begin{bmatrix}0\\ \boldsymbol{I}_M\end{bmatrix}\begin{bmatrix}\boldsymbol{L}_1 & \boldsymbol{L}_2\end{bmatrix}\boldsymbol{H}_r^{-1}\right)^{-1}\right)^{\mathrm{T}} \cdot \overline{\boldsymbol{W}}_{ei}\left(\begin{bmatrix}\boldsymbol{I}_{K-M} & 0\\ 0 & \boldsymbol{P}_{r2}\end{bmatrix}\boldsymbol{X}\boldsymbol{H}_r^{-1} + \begin{bmatrix}0\\ \boldsymbol{I}_M\end{bmatrix}\begin{bmatrix}\boldsymbol{L}_1 & \boldsymbol{L}_2\end{bmatrix}\boldsymbol{H}_r^{-1}\right)^{-1} \tag{10.46}$$

根据矩阵 Schur 补性质,将不等式(10.46)转化为

$$\begin{bmatrix}-\lambda_{\psi i\max}\begin{bmatrix}\boldsymbol{I}_{K-M} & 0\\ 0 & \frac{1}{\zeta^2}\boldsymbol{I}_M\end{bmatrix} & \left(\begin{bmatrix}\boldsymbol{I}_{K-M} & 0\\ 0 & \boldsymbol{P}_{r2}\end{bmatrix}\boldsymbol{X}\boldsymbol{H}_r^{-1} + \begin{bmatrix}0\\ \boldsymbol{I}_M\end{bmatrix}[\boldsymbol{L}_1 \quad \boldsymbol{L}_2]\boldsymbol{H}_r^{-1}\right)^{-1}\\ * & -\overline{\boldsymbol{W}}_{ei}^{-1}\end{bmatrix} < 0 \tag{10.47}$$

若存在矩阵 $\boldsymbol{V} \in \mathbb{R}^{K\times K}$ 满足:

$$\left(\begin{bmatrix} \boldsymbol{I}_{K-M} & 0 \\ 0 & \boldsymbol{P}_{r2} \end{bmatrix} \boldsymbol{X}\boldsymbol{H}_r^{-1} + \begin{bmatrix} 0 \\ \boldsymbol{I}_M \end{bmatrix} [\boldsymbol{L}_1 \quad \boldsymbol{L}_2]\, \boldsymbol{H}_r^{-1}\right) \boldsymbol{V} = \boldsymbol{I}_K \tag{10.48}$$

则不等式(10.47)等价于：

$$\begin{bmatrix} -\lambda_{\psi i\max} \begin{bmatrix} \boldsymbol{I}_{K-M} & 0 \\ 0 & \dfrac{1}{\zeta^2}\boldsymbol{I}_M \end{bmatrix} & \boldsymbol{V} \\ * & -\overline{\boldsymbol{W}}_{ei}^{-1} \end{bmatrix} < 0 \tag{10.49}$$

利用锥补线性化算法，可通过求解不等式(10.49)与以下最小化问题使式(10.47)成立：

$$\begin{aligned} &\min \operatorname{tr}\left(\begin{bmatrix} \boldsymbol{I}_{K-M} & 0 \\ 0 & \boldsymbol{P}_{r2} \end{bmatrix} \boldsymbol{X}\boldsymbol{H}_r^{-1}\boldsymbol{V} + \begin{bmatrix} 0 \\ \boldsymbol{I}_M \end{bmatrix} [\boldsymbol{L}_1 \quad \boldsymbol{L}_2]\, \boldsymbol{H}_r^{-1}\boldsymbol{V}\right) \\ &\text{s.t.} \begin{bmatrix} \begin{bmatrix} \boldsymbol{I}_{K-M} & 0 \\ 0 & \boldsymbol{P}_{r2} \end{bmatrix} \boldsymbol{X}\boldsymbol{H}_r^{-1} + \begin{bmatrix} 0 \\ \boldsymbol{I}_M \end{bmatrix} [\boldsymbol{L}_1 \quad \boldsymbol{L}_2]\, \boldsymbol{H}_r^{-1} & \boldsymbol{I}_K \\ * & \boldsymbol{V} \end{bmatrix} > 0 \end{aligned} \tag{10.50}$$

或

$$\begin{aligned} &\min \operatorname{tr}\left(-\begin{bmatrix} \boldsymbol{I}_{K-M} & 0 \\ 0 & \boldsymbol{P}_{r2} \end{bmatrix} \boldsymbol{X}\boldsymbol{H}_r^{-1}\boldsymbol{V} - \begin{bmatrix} 0 \\ \boldsymbol{I}_M \end{bmatrix} [\boldsymbol{L}_1 \quad \boldsymbol{L}_2]\, \boldsymbol{H}_r^{-1}\boldsymbol{V}\right) \\ &\text{s.t.} \begin{bmatrix} -\begin{bmatrix} \boldsymbol{I}_{K-M} & 0 \\ 0 & \boldsymbol{P}_{r2} \end{bmatrix} \boldsymbol{X}\boldsymbol{H}_r^{-1} - \begin{bmatrix} 0 \\ \boldsymbol{I}_M \end{bmatrix} [\boldsymbol{L}_1 \quad \boldsymbol{L}_2]\, \boldsymbol{H}_r^{-1} & \boldsymbol{I}_K \\ * & \boldsymbol{V} \end{bmatrix} > 0 \end{aligned} \tag{10.51}$$

即通过设计矩阵 $\zeta \boldsymbol{I}_M \geqslant \boldsymbol{P}_{r2} \geqslant \tau \boldsymbol{I}_M$，$\boldsymbol{L}_1$ 和 $\boldsymbol{L}_2$ 使线性矩阵不等式(10.49)成立，并求解最小化问题(10.50)或(10.51)，则频域前馈控制具备更宽松的收敛条件，控制输入谐波系数的修正步长具有更大的调整范围。

此外，频域前馈控制的收敛速度由控制输入谐波系数的修正步长 μ 和 $\boldsymbol{\Gamma}_i$ 的最小特征值 $\lambda_{i\min}$ 决定，因此滑模反馈控制提升前馈控制的收敛速度需满足 $\overline{\mu}\overline{\lambda}_{i\min} > \mu\lambda_{i\min}$。最小化问题(10.50)和(10.51)保证了 $\overline{\mu}$ 的调整范围大于 μ，因此为保证引入滑模输出反馈后前馈控制收敛时间更短，需满足以下不等式：

$$\overline{\lambda}_{i\min} > \lambda_{i\min} \tag{10.52}$$

转化为线性矩阵不等式,有

$$\overline{\boldsymbol{\Psi}}_i > \lambda_{\psi i\min} \boldsymbol{I} \tag{10.53}$$

式中, $\lambda_{\psi i\min}$ 为矩阵 $\boldsymbol{\Psi}_i$ 的最小特征值。类似不等式(10.35)~式(10.43),不等式(10.53)成立的条件是以下线性矩阵不等式成立:

$$\begin{bmatrix} \boldsymbol{I} & 0 \\ 0 & \boldsymbol{P}_{r2}^{-1} \end{bmatrix} (\overline{\boldsymbol{X}}^{-1})^{\mathrm{T}} \boldsymbol{H}_r^{\mathrm{T}} \boldsymbol{W}_{ei} \boldsymbol{H}_r \overline{\boldsymbol{X}}^{-1} \begin{bmatrix} \boldsymbol{I} & 0 \\ 0 & \boldsymbol{P}_{r2}^{-1} \end{bmatrix} > \lambda_{\psi i\min} \begin{bmatrix} \boldsymbol{I} & 0 \\ 0 & (\boldsymbol{P}_{r2}^{-1})^2 \end{bmatrix} \tag{10.54}$$

考虑 $\zeta \boldsymbol{I} \geqslant \boldsymbol{P}_{r2} \geqslant \tau \boldsymbol{I}$, 对不等式(10.54)两侧求逆:

$$\begin{aligned} &\left(\begin{bmatrix} \boldsymbol{I} & 0 \\ 0 & \boldsymbol{P}_{r2} \end{bmatrix} \boldsymbol{X} \boldsymbol{H}_r^{-1} + \begin{bmatrix} 0 \\ \boldsymbol{I} \end{bmatrix} \begin{bmatrix} \boldsymbol{L}_1 & \boldsymbol{L}_2 \end{bmatrix} \boldsymbol{H}_r^{-1} \right) \boldsymbol{W}_{ei}^{-1} \left(\begin{bmatrix} \boldsymbol{I} & 0 \\ 0 & \boldsymbol{P}_{r2} \end{bmatrix} \boldsymbol{X} \boldsymbol{H}_r^{-1} \right. \\ &\left. + \begin{bmatrix} 0 \\ \boldsymbol{I} \end{bmatrix} \begin{bmatrix} \boldsymbol{L}_1 & \boldsymbol{L}_2 \end{bmatrix} \boldsymbol{H}_r^{-1} \right)^{\mathrm{T}} < \frac{1}{\lambda_{\psi i\min}} \begin{bmatrix} \boldsymbol{I} & 0 \\ 0 & \tau^2 \boldsymbol{I} \end{bmatrix} \end{aligned} \tag{10.55}$$

根据矩阵 Schur 补性质,不等式(10.55)可转化为

$$\begin{bmatrix} -\dfrac{1}{\lambda_{\psi i\min}} \begin{bmatrix} \boldsymbol{I} & 0 \\ 0 & \tau^2 \boldsymbol{I} \end{bmatrix} & \left(\begin{bmatrix} \boldsymbol{I} & 0 \\ 0 & \boldsymbol{P}_{r2} \end{bmatrix} \boldsymbol{X} \boldsymbol{H}_r^{-1} + \begin{bmatrix} 0 \\ \boldsymbol{I} \end{bmatrix} [\boldsymbol{L}_1 \quad \boldsymbol{L}_2] \boldsymbol{H}_r^{-1} \right) \\ * & -\boldsymbol{W}_{ei} \end{bmatrix} < 0 \tag{10.56}$$

即通过设计矩阵 $\zeta \boldsymbol{I} \geqslant \boldsymbol{P}_{r2} \geqslant \tau \boldsymbol{I}$, $\boldsymbol{L}_1$ 和 $\boldsymbol{L}_2$ 使线性矩阵不等式(10.56)成立,则引入滑模反馈控制后,频域前馈控制在相同的修正步长下收敛时间更短。

因此对于谐波前馈-滑模输出反馈控制系统,给定调节参数 $\zeta \geqslant \tau > 0$、$\alpha_r > 0$、$\beta_r > 0$, 若存在正定实对称矩阵 $\boldsymbol{P}_r = \mathrm{diag}(\boldsymbol{P}_{r1}, \boldsymbol{P}_{r2})$, $\boldsymbol{P}_{r2} \in \mathbb{R}^{M\times M}$, 矩阵 $\boldsymbol{L}_1 \in \mathbb{R}^{M\times(P-M)}$, $\boldsymbol{L}_2 \in \mathbb{R}^{M\times M}$ 使得不等式(10.29)、式(10.49)~式(10.51)和式(10.56)成立,则系统具备指数收敛稳定性,即 $\boldsymbol{x}_r^{\mathrm{T}}(t)\boldsymbol{P}_r\boldsymbol{x}_r(t) \leqslant \dfrac{\beta_r}{\alpha_r}\Delta^2$, 同时在谐波激励下具备更快的收敛速度。

注意,上述滑模输出反馈控制方法的滑模切换函数和滑模控制律的设计均基于时间连续状态空间方程,适用于采样频率较高的离散控制系统。在离散控制系统的滑模输出反馈控制过程中,首先基于控制响应误差计算滑模切换函数:

$$\boldsymbol{s}(n) = \boldsymbol{S}\boldsymbol{e}(n) \tag{10.57}$$

然后根据滑模切换函数和滑模控制律计算滑模输出反馈控制输入信号:

$$u_s(n) = -Ge(n) - w(n)$$
$$w_i(n) = \begin{cases} \rho \operatorname{sgn}(s_i(n)), & 若\ s_i(n) > \delta \\ s_i(n)/\delta, & 若\ s_i(n) \leqslant \delta \end{cases} \tag{10.58}$$

10.5　谐波前馈-滑模输出反馈混合控制方法及仿真

10.5.1　谐波前馈-滑模输出反馈混合控制方法

结合 HSIU 算法与滑模输出反馈控制算法,本节提出谐波前馈-滑模输出反馈(HF-SMOF)混合控制方法。图 10.2 显示了 HF-SMOF 混合控制方法的框图。旋翼载荷 $\boldsymbol{v}(n)$ 通过 $\boldsymbol{P}_d$ 生成激励响应 $\boldsymbol{d}(n)$, 作动器控制输入 $\boldsymbol{u}(n)$ 通过 $\boldsymbol{P}_c$ 生成作动响应 $\boldsymbol{a}(n)$,与 $\boldsymbol{d}(n)$ 叠加生成控制响应误差 $\boldsymbol{e}(n) = \boldsymbol{d}(n) + \boldsymbol{a}(n)$。$\boldsymbol{e}(n)$ 经过谐波系数识别模块生成控制后响应误差的谐波系数参与频域前馈控制的谐波系数的修正,生成谐波前馈控制信号 $\boldsymbol{u}_a(n)$;同时,$\boldsymbol{e}(n)$ 进入滑模输出反馈模块,分别经过滑模输出反馈矩阵 $\boldsymbol{G}$ 生成等效控制信号,以及经过滑模切换函数和饱和函数生成变结构控制信号,二者叠加形成滑模输出反馈控制器的控制输入信号 $\boldsymbol{u}_s(n)$;谐波前馈控制输入信号 $\boldsymbol{u}_a(n)$ 与滑模输出反馈控制输入信号 $\boldsymbol{u}_s(n)$ 叠加后生成作动器的输入信号:

$$\boldsymbol{u}_h(n) = \boldsymbol{u}_a(n) + \boldsymbol{u}_s(n) \tag{10.59}$$

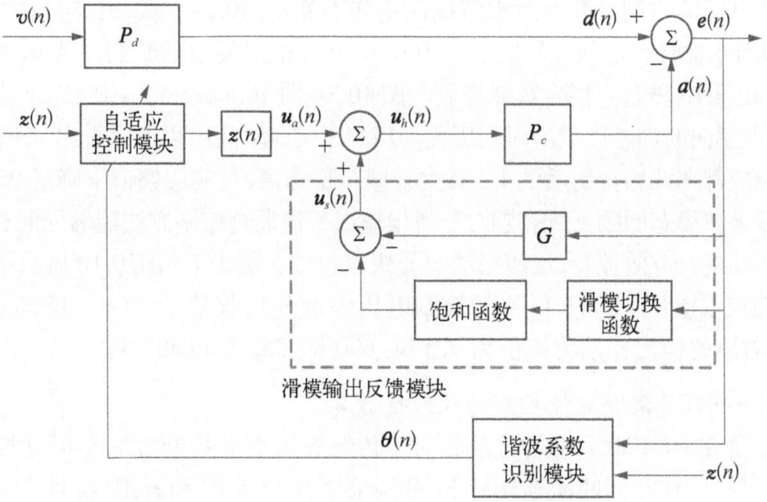

图 10.2　HF-SMOF 混合控制方法框图

该信号输入至作动器驱动直升机机体生成作动响应抵消激励响应,实现振动智能控制。

10.5.2　HF-SMOF 混合智能控制仿真

为了验证 HF-SMOF 混合控制方法的控制效果和收敛性能,基于第 5 章建立的主动撑杆驱动的机体结构振动智能控制系统模型,在多种旋翼载荷激励环境下,采用 HF-SMOF 混合控制方法进行仿真研究。仿真内容主要包括:HF-SMOF 混合智能控制仿真;HF-SMOF 混合控制的收敛性仿真;变旋翼载荷激励下 HF-SMOF 混合智能控制仿真。

在机体动力学相似模型的驾驶舱结构处布置四个加速度传感器,模拟仪表盘和驾驶座椅处的位置。作动器和传感器的布置见图 9.2。直升机机体动力学相似模型、作动器、传感器以及控制系统共同组成了 4 输入 4 输出的直升机机体振动智能控制系统。

1. HF-SMOF 混合智能控制仿真

为了验证 HF-SMOF 混合控制方法的收敛性和控制效果,对主动撑杆驱动的机体结构振动智能控制系统进行振动智能控制仿真。根据参考机型的桨叶通过频率和机体振动水平,在直升机动力学相似模型的桨毂节点施加三个方向、谐波频率成分为前两阶桨叶通过频率 ω_1 = 25.5 Hz 和 ω_2 = 51.0 Hz 的振动载荷。与第 9 章类似,调整激励载荷幅值,使双频激励下测点 1 和 2 处振动响应在 0.15g 左右,且 51 Hz 的振动响应幅值为 25.5 Hz 响应幅值的 30%左右。

仿真过程中,采样频率设置为 1 000 Hz,谐波前馈控制输入谐波系数修正步长 $\mu = 2$,滑模反馈控制参数通过求解线性矩阵不等式(10.29)、式(10.50)、式(10.51)和式(10.56)获取。控制开始时在直升机动力学相似模型的桨毂节点施加振动载荷激励,在第 10 秒开启混合智能控制。图 10.3~图 10.6 显示了 HF-SMOF 混合控制下,各测点垂向的加速度响应时间历程。从测点响应时间历程可以看出,四个测点的加速度响应都在开始控制后的 1.5 秒内衰减至稳态值,且响应幅值下降了 96%以上。可见在多谐波稳态激励下,谐波前馈-滑模输出反馈混合控制方法能够同时针对多个目标的振动进行有效控制,且使振动响应快速收敛。图10.7~图10.10 显示了四个主动撑杆的控制电压。撑杆 1~4 的控制电压幅值分别收敛于 59 V、45 V、23 V 和 25 V,相对应的输出作动力幅值为 905 N、690 N、353 N 和 383 N。

2. HF-SMOF 混合智能控制的收敛性仿真

为了研究 HF-SMOF 混合方法相对于传统频域谐波控制方法在振动控制收敛性能上的提升,在相同的激励环境下,分别采用 HF-SMOF 和 HSIU 两种方法进行振动控制仿真,激励环境同 10.5.2 节的第 1 小节一致。两种控制方法的响应误差权

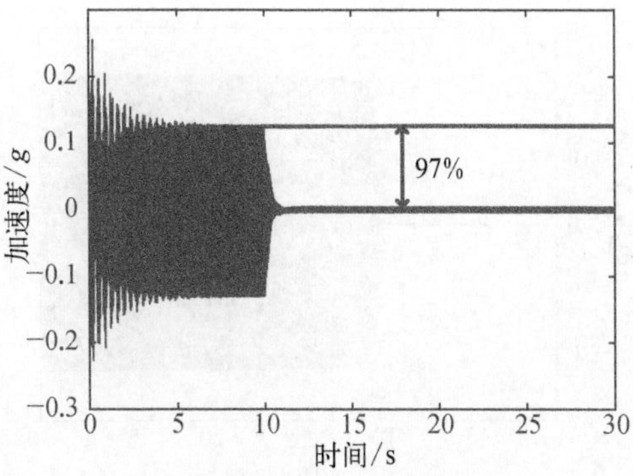

图 10.3　HF-SMOF 混合控制下测点 1 加速度响应

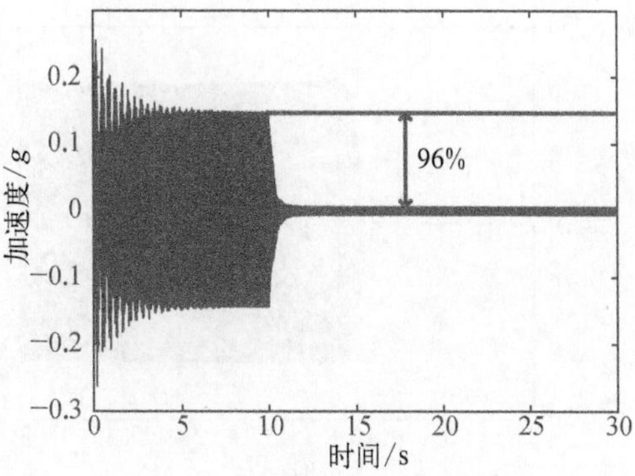

图 10.4　HF-SMOF 混合控制下测点 2 加速度响应

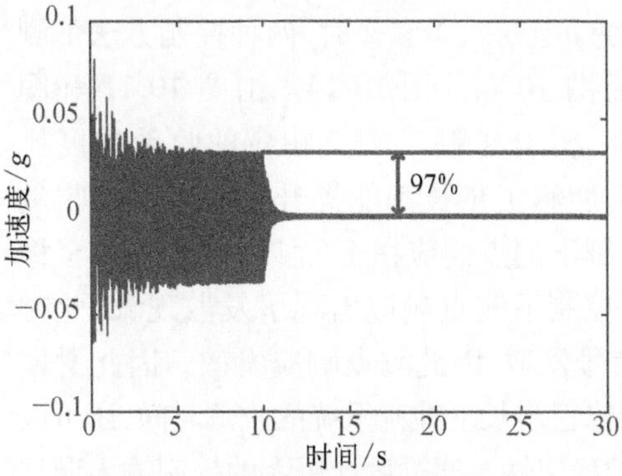

图 10.5　HF-SMOF 混合控制下测点 3 加速度响应

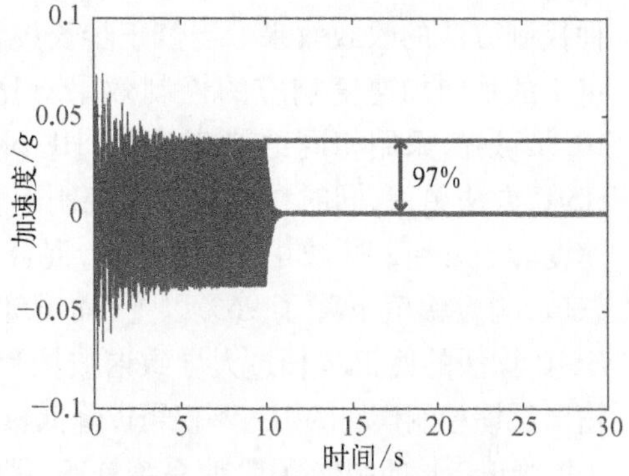

图 10.6　HF-SMOF 混合控制下测点 4 加速度响应

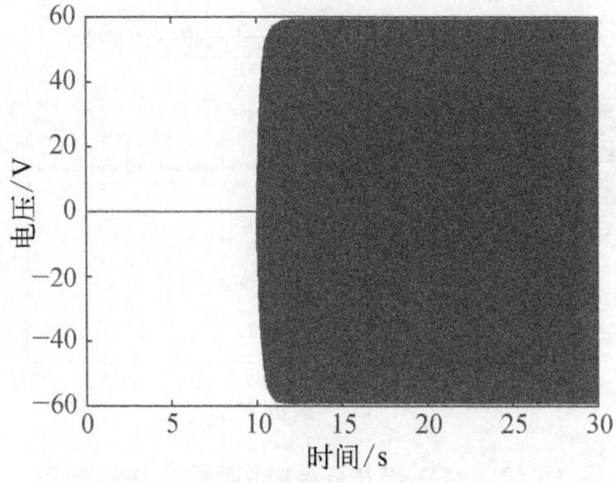

图 10.7　主动撑杆 1 的控制电压

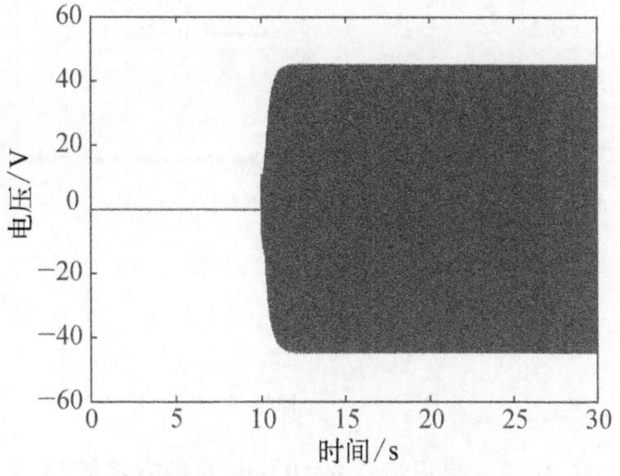

图 10.8　主动撑杆 2 的控制电压

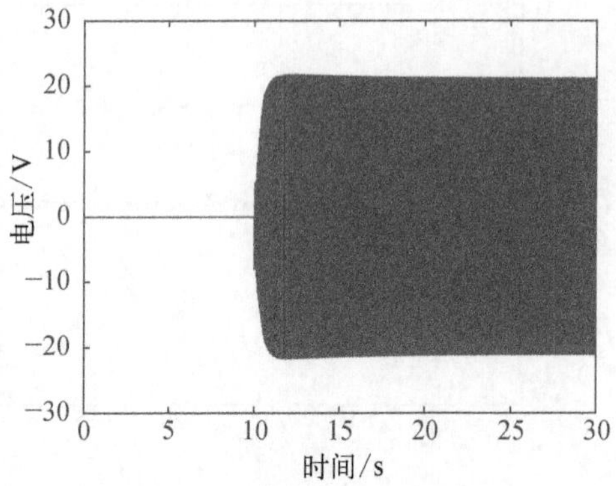

图 10.9 主动撑杆 3 的控制电压

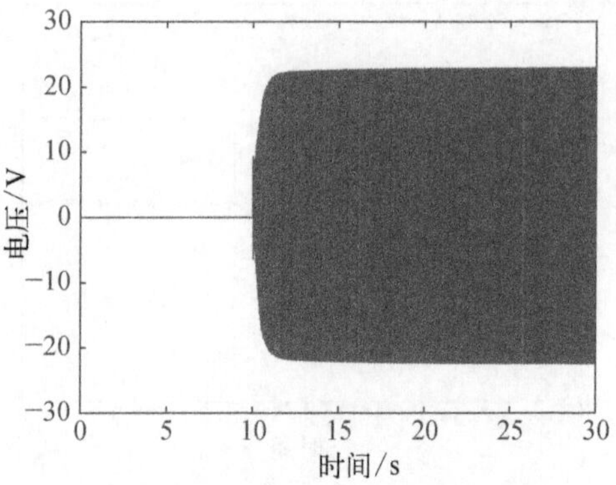

图 10.10 主动撑杆 4 的控制电压

重矩阵和控制输入权重矩阵相同,通过更改控制输入谐波系数修正步长 μ 观察两种控制方法的收敛效果。当修正步长设置为 $\mu=0.5$、1 和 2 时,两种控制方法下测点 1 的垂向加速度响应的控制效果对比见图 10.11～图 10.14。由图 10.11 和图 10.12 可知,采用相同的修正步长,HF-SMOF 混合控制下测点响应的收敛速度比 HSIU 方法更快,同时在两种方法控制下,增加修正步长都能提升控制系统的收敛速度。当 $\mu=2$ 时,如图10.13 所示,混合控制下测点响应在 1.5 秒时已经收敛至稳态值,响应幅值下降了 96%以上,而 HSIU 控制下测点响应出现了发散现象,此时 HSIU 算法的修正步长过大导致谐波控制信号发散,因此测点响应发散。因此滑模输出反馈控制模块的引入不仅可以降低相同修正步长下控制系统的收敛时间,还可以扩展修正步长的调整范围,使系统具备更强的稳定性。通过设计更大的控制输入谐波系数修正步长,HF-SMOF 混合控制方法可以提升控制系统的收敛性能。图 10.14 对比

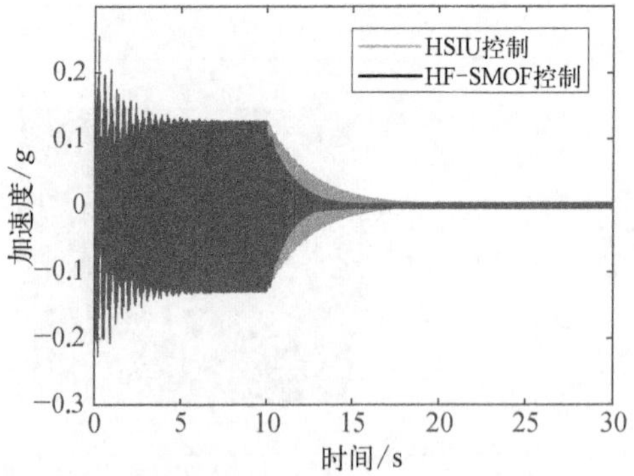

图 10.11 修正步长 $\mu=0.5$ 时两种方法控制下测点 1 的加速度响应

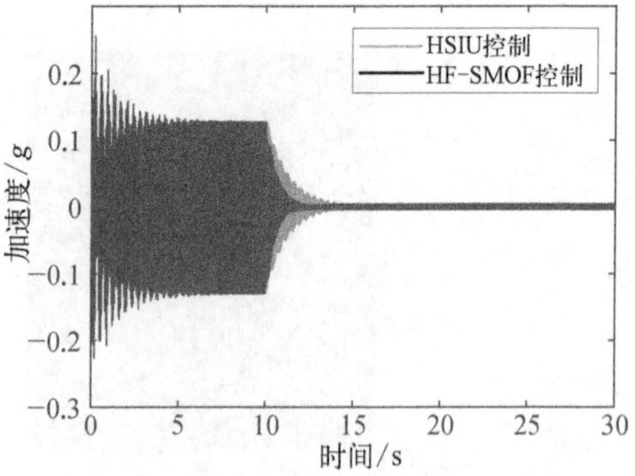

图 10.12 修正步长 $\mu=1$ 时两种方法控制下测点 1 的加速度响应

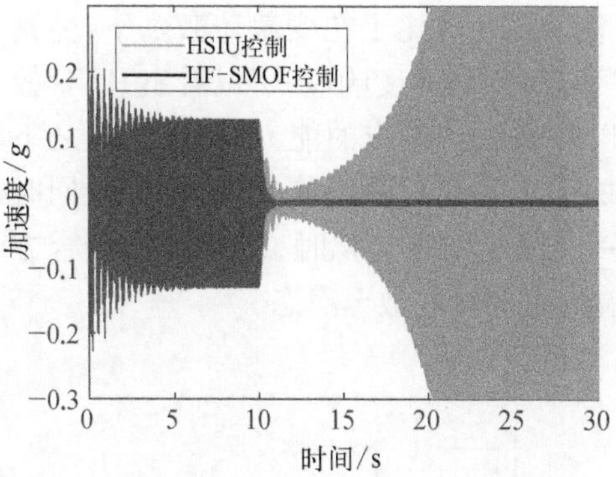

图 10.13　修正步长 $\mu=2$ 时在两种方法控制下测点 1 的加速度响应

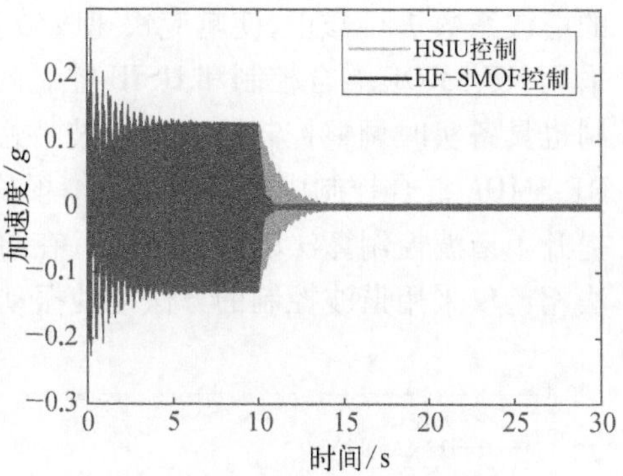

图 10.14　两种方法控制最快收敛速度下测点 1 的加速度响应

了当修正步长调至系统收敛速度最快时两种方法的测点响应控制效果，此时 HF-SMOF 混合控制的步长 $\mu=2.2$，HSIU 控制的步长 $\mu=1.5$，HF-SMOF 混合控制下测点在 1.2 秒收敛至稳态，HSIU 控制下测点在 3.7 秒收敛至稳态。

3. *变旋翼载荷激励下 HF-SMOF 混合智能控制仿真*

为验证 HF-SMOF 混合方法在时变旋翼振动载荷激励下的控制效果，基于主动撑杆驱动的机体结构振动智能控制系统，在旋翼载荷激励的幅值、相位和频率发生变化的振动环境下，采用 HF-SMOF 混合方法进行振动智能控制仿真。仿真开始时，在直升机动力学相似模型的桨毂节点施加旋翼振动载荷，载荷激励信号与 10.5.2 节的第 1 小节一致，在第 10 秒开启 HF-SMOF 混合控制。在第 20 秒时激励幅值增加 25%，在 30 秒时激励相位增加 0.5π，在 40 秒时激励频率增加 5%。分别采用无控、HF-SMOF 混合控制以及 HSIU 控制，基于主动撑杆驱动的机体结构振动智能控制系统进行振动控制仿真。两种方法的修正步长都选择最佳收敛状态时的 2/3，HF-SMOF 混合控制的修正步长为 $\mu=1.5$，HSIU 控制的修正步长为 $\mu=1$。图 10.15~图 10.18 显示了变激励下，无控和采用 HF-SMOF 混合控制时，四个测点的垂向加速度响应的时间历程，图 10.19 显示了 4 组主动撑杆的控制电压。从响应时间历程可以看出，在时变载荷激励下，HF-SMOF 混合控制具备很强的跟踪振动环境变化的能力，能够根据载荷幅值、相位和频率变化导致的响应变化，快速调整主动撑杆控制信号的谐波系数，调整作动响应的幅频相特性以抵消激励响应。在激励幅值、相位和频率变化的情况下，都能在 2 秒内使振动响应的抑制率达到 95%以上。其中载荷相位变化引起的响应增幅最大，主要是因为相位的变化引起的载荷突变会产生较大的瞬态响应，同时这一瞬间控制信号产生的响应的相位与激励信号产生的响应不完全相反，因此测点响应增加的幅度较大，但 HF-SMOF 混合方法很快地抑制了瞬态响应，并对控制信号的谐波系数进行修正，使响应快速收敛。图 10.20 对比了在变载荷激励下，分别采用 HF-SMOF 混合控制和 HSIU 控制的测点 1 的加速度响应，可以看出 HSIU 控制也具备实时调整控制输入的谐波特性以降低振动响应的能力，但是相比之下 HF-SMOF 混合控制中滑模输出反馈模块的引入不仅对瞬态响应有所抑制，同时提升了谐波控制算法的收敛性能。在每一次激励发生变化时，HF-SMOF 混合方法相比仅采用谐波控制的方法能使振动响应更快地收敛至稳态。

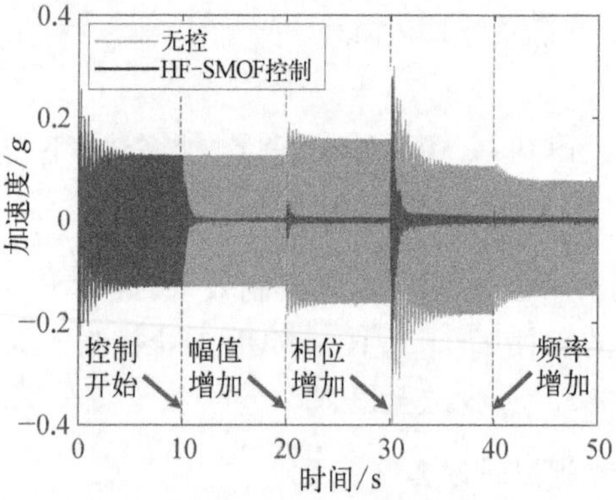

图 10.15 变旋翼载荷激励下无控/HF-SMOF 混合控制测点 1 的加速度响应

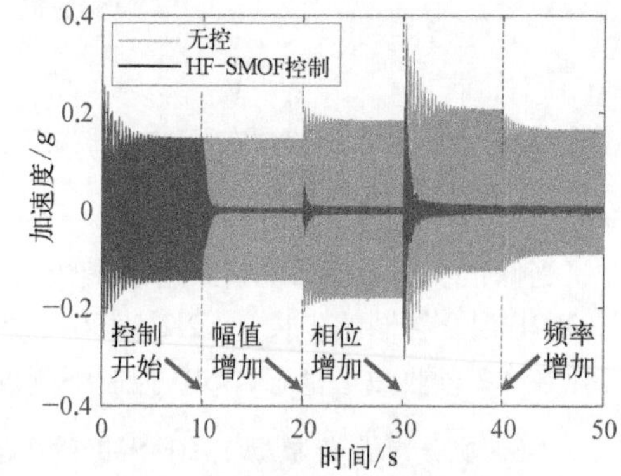

图 10.16 变旋翼载荷激励下无控/HF-SMOF 混合控制测点 2 的加速度响应

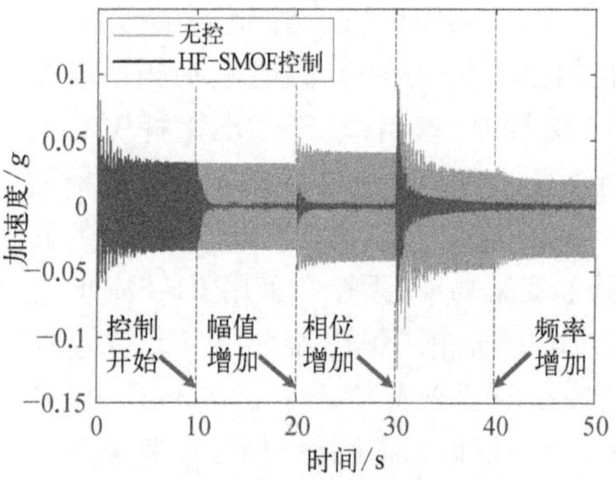

图 10.17 变旋翼载荷激励下无控/HF-SMOF 混合控制测点 3 的加速度响应

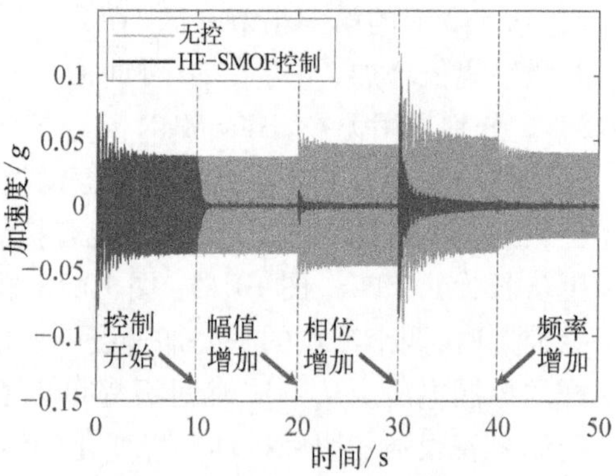

图 10.18 变旋翼载荷激励下无控/HF-SMOF 混合控制测点 4 的加速度响应

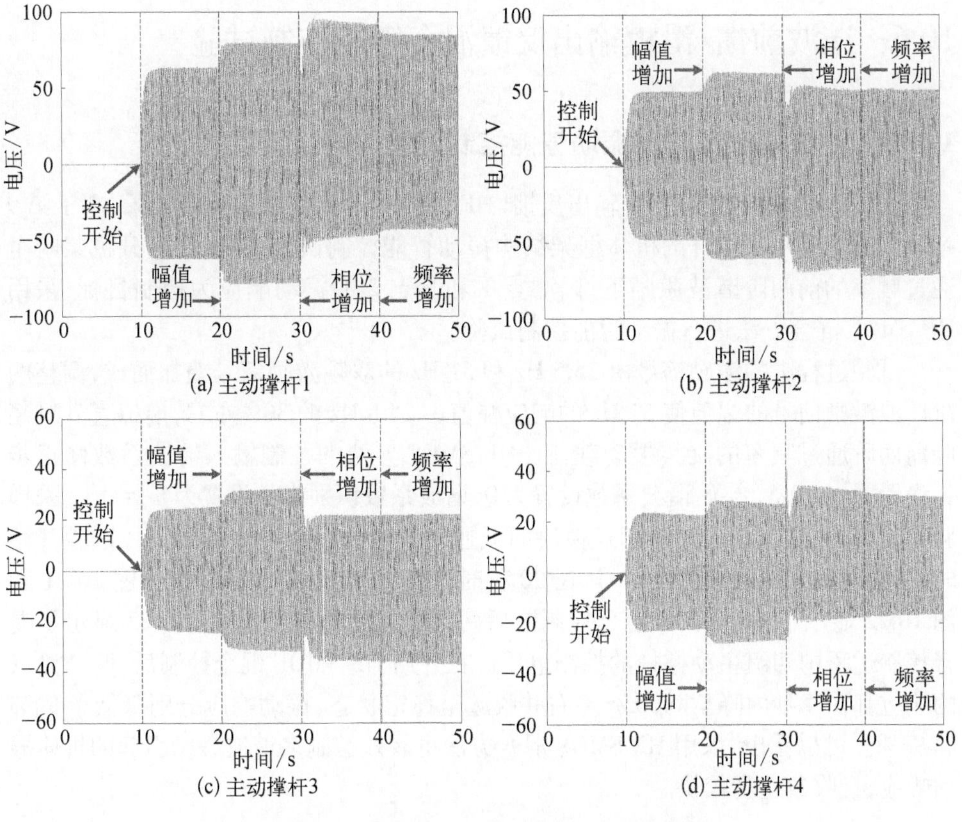

(a) 主动撑杆1

(b) 主动撑杆2

(c) 主动撑杆3

(d) 主动撑杆4

图 10.19　变载荷激励下主动撑杆的控制电压

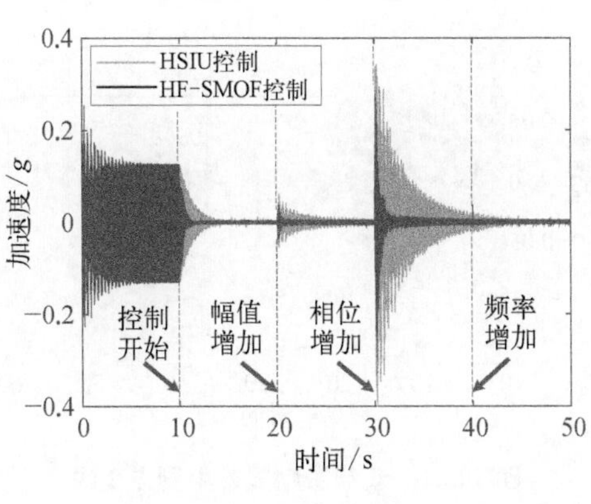

图 10.20　变载荷激励下 HSIU 控制和 HF-SMOF 混合控制测点 1 的加速度响应

10.6 谐波前馈-滑模输出反馈混合智能控制试验

10.6.1 稳态双频激励下振动智能控制试验

为了验证谐波前馈-滑模输出反馈(HF-SMOF)混合方法的控制效果,基于第9章建立的驱动主减撑杆的机体框架结构振动智能控制试验系统,在直升机桨叶主通过频率的前两阶谐波激励下,以测点1和测点2的振动响应为控制目标,采用HF-SMOF混合方法进行振动智能控制试验。

试验过程中的激励信号由25.5 Hz和51 Hz的双频激励信号叠加而成,调整两阶谐波激励信号的幅值使51 Hz的响应幅值占25.5 Hz的30%左右,模拟直升机桨叶前两阶通过频率的旋翼振动载荷。HF-SMOF方法的控制输入谐波系数修正步长设置为$\mu=1.5$,初始谐波系数设置为0,谐波系数识别步长设置为$\mu_\theta=0.1$,采样频率设置为1 275 Hz,信号调理模块的低通滤波截止频率设置为70 Hz。试验开始时,激振器输入双谐波激励信号,在20秒时开启HF-SMOF混合控制。图10.21和图10.22显示了HF-SMOF混合控制前后两个测点的响应历程,图10.23显示了混合控制过程中四组主动撑杆的控制电压。在开启HF-SMOF混合控制后,两个测点的响应都在4秒内降至0.005g左右并收敛至稳定状态,振动响应分别降低了94%和93%。可以看出,采用HF-SMOF混合方法可有效控制多谐波激励引起的机体振动响应,且收敛速度较快。

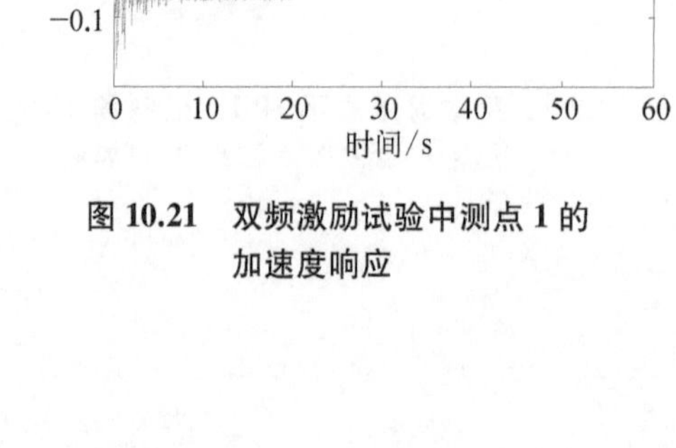

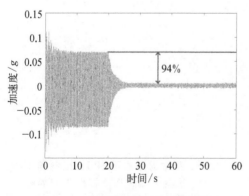

图10.21 双频激励试验中测点1的加速度响应

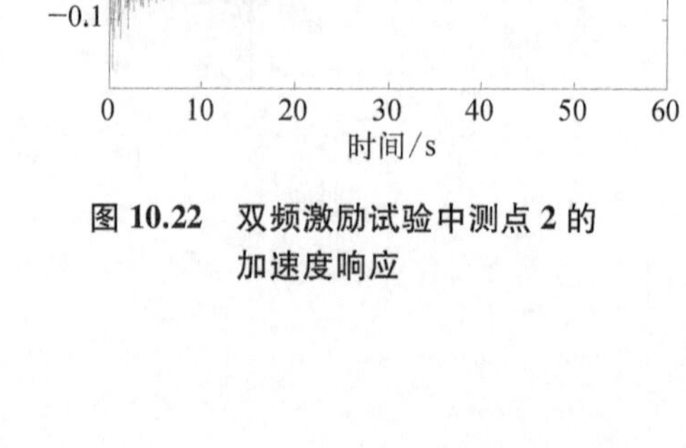

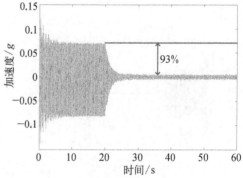

图10.22 双频激励试验中测点2的加速度响应

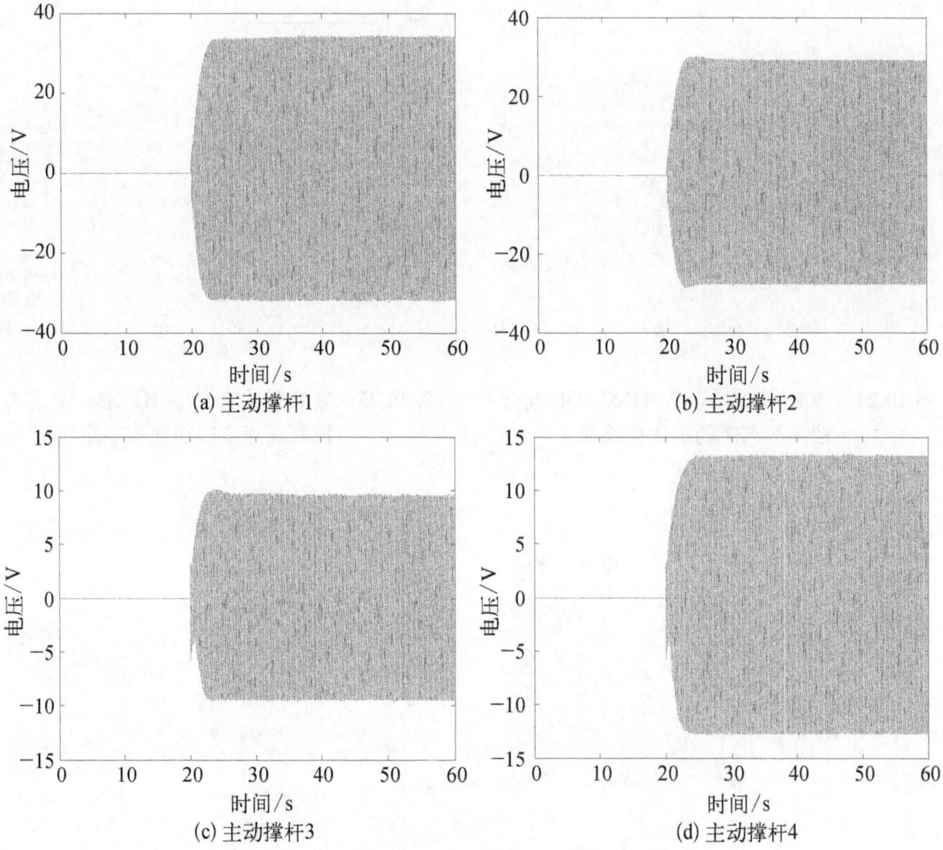

图 10.23　双频激励试验中主动撑杆的控制电压

10.6.2　变载荷激励下振动智能控制试验

为验证 HF-SMOF 混合方法在变载荷激励下的控制效果和收敛性，基于第 9 章建立的驱动主减撑杆的机体框架结构振动智能控制试验系统，在激励的幅值、相位和频率发生变化的振动环境下，进行振动智能控制试验研究。激振器的初始激励信号与 10.6.1 节一致，在 20 秒时开启 HF-SMOF 混合控制，在 40 秒时激励信号的幅值增加 25%，在 60 秒时激励信号的相位增加 0.5π，在 80 秒时激励信号的频率增加 5%。试验采样频率设置为 1 275 Hz，信号调理模块的低通滤波截止频率设置为 70 Hz，初始谐波系数都设置为 0，谐波系数识别步长设置为 μ_θ = 0.1，HF-SMOF 混合方法的控制输入谐波系数修正步长设置为最大值，即 μ = 1.5，此时混合控制具备最快收敛速度。图 10.24 和图 10.25 对比了无控和 HF-SMOF 混合控制下的测点响应，图 10.26~图 10.29 显示了 HF-SMOF 混合控制过程中四组主

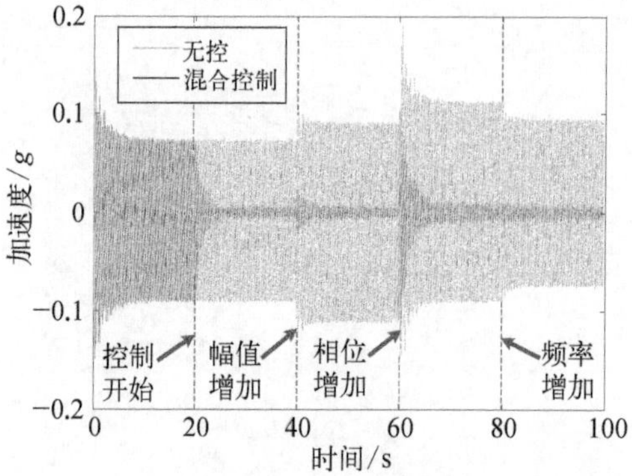

图 10.24 变激励试验无控/HF-SMOF 混合控制测点 1 的加速度响应

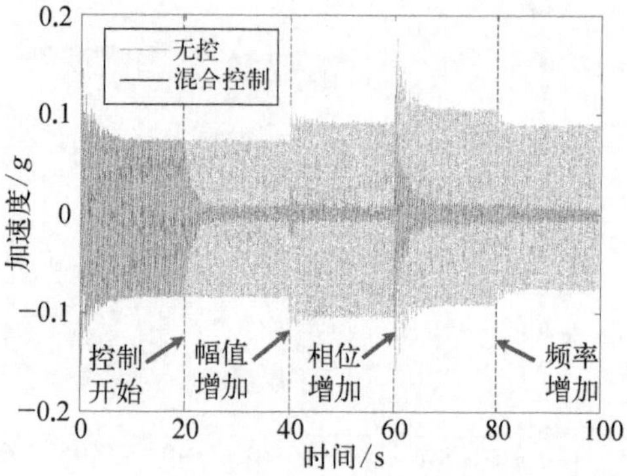

图 10.25 变激励试验无控/HF-SMOF 混合控制测点 2 的加速度响应

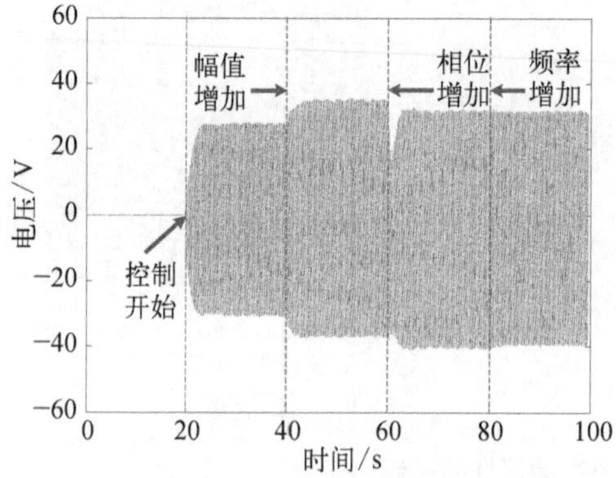

图 10.26 变激励试验主动撑杆 1 的控制电压

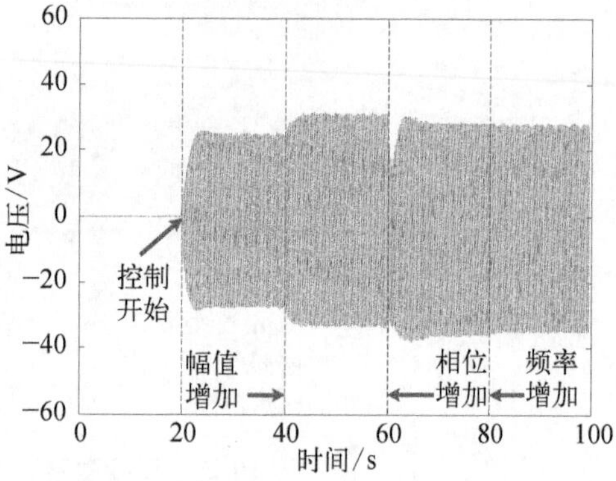

图 10.27 变激励试验主动撑杆 2 的控制电压

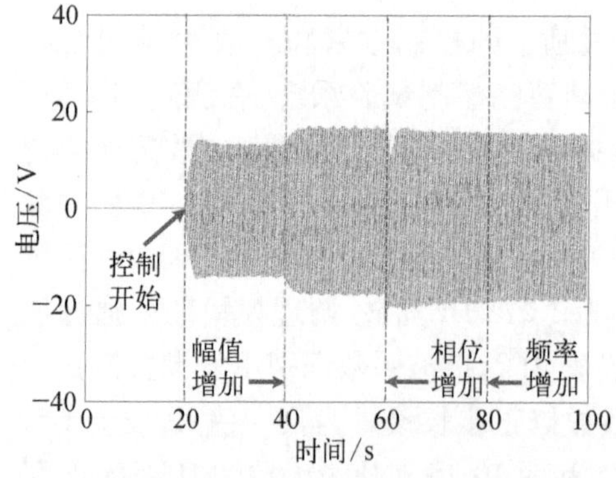

图 10.28 变激励试验主动撑杆 3 的控制电压

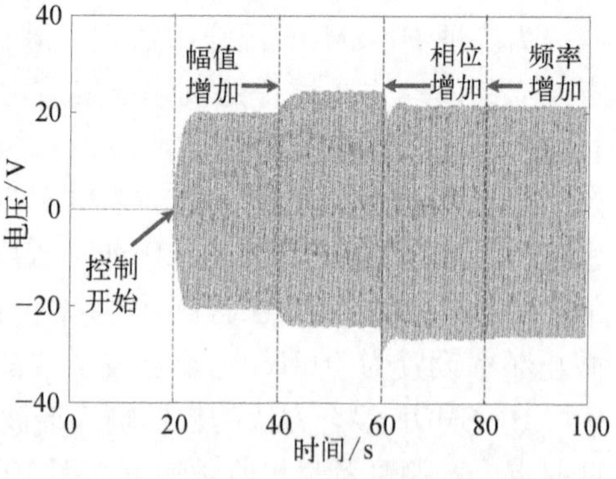

图 10.29 变激励试验主动撑杆 4 的控制电压

动撑杆的控制电压。在开启 HF-SMOF 混合控制后,两个测点的响应都在 4 秒内降至 0.005g 左右并保持稳定状态;当激励幅值增加时,混合控制下的响应小幅上升,但很快收敛至 0.005g 左右;当激励相位改变的瞬间,由于前馈谐波控制的谐波系数来不及调整,产生的作动响应与激励响应的相位不匹配,使测点产生较大的瞬态响应,但在 HF-SMOF 混合控制下 4 秒内收敛至无控响应的 10%以内;激励频率的增加对 HF-SMOF 混合控制影响不大,机体响应仅在频率变化的瞬间增加 0.005g 左右。

为了验证 HF-SMOF 混合方法相比 HSIU 方法在控制收敛性上的提升,在两种方法的控制输入谐波系数修正步长的多种设置下进行了振动智能控制研究。图 10.30 显示了相同激励环境下当控制输入谐波系数修正步长都设置为最大时分别采用 HF-SMOF 混合控制和 HSIU 控制测点 1 的响应控制效果对比,此时 HF-SMOF 混合控制的修正步长设置为 μ = 1.5, HSIU 控制的修正步长设置为 μ = 1.0。图 10.31 显示了相同激励环境下,当控制输入谐波系数修正步长都设置为 μ = 1.0 时,分别采用混合控制和 HSIU 控制测点 1 的响应控制效果对比。可以看出,在同样的修正步长下,HF-SMOF 混合控制比 HSIU 控制具备更快的收敛速度,在最大修正步长下 HF-SMOF 混合控制收敛性的优势更加明显。此外,HF-SMOF 混合控制在收敛后对机体响应的抑制能力也更强,两个测点响应在各个状态下收敛后都能维持在 0.01g 以内,相比之下 HSIU 控制只能将测点响应降至 0.015g。这主要是因为 HSIU 算法只针对目标频率的稳态响应进行控制,HF-SMOF 混合方法引入的滑模输出反馈模块可对谐波控制目标外的响应起到一定抑制效果。因此本章提出的 HF-SMOF 混合控制方法同时具备谐波算法和滑模输出反馈算法的优势,不仅控制效果好,而且收敛速度快,具备更强的跟踪振动环境变化的能力。

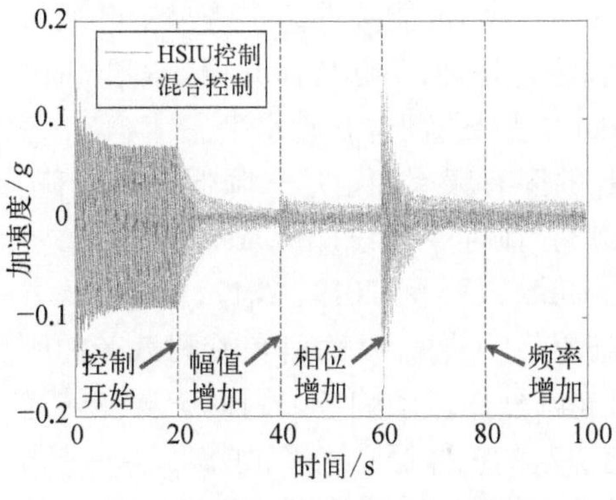

图 10.30 变激励试验 HSIU/HF-SMOF 混合控制测点 1 的加速度响应(最大步长)

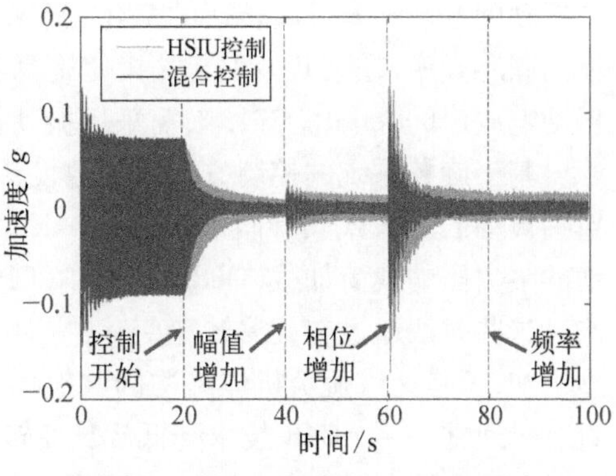

图 10.31 变激励试验 HSIU/HF-SMOF 混合控制测点 1 的加速度响应(μ=1.0)

第11章

旋翼变转速机体振动归一化自适应混合智能控制

11.1 引言

传统直升机飞行过程中旋翼转速通常保持恒定,以简化传动系统、旋翼系统以及机体结构动力学的设计。采用旋翼变转速技术可提升直升机在不同飞行状态下的飞行性能,包括扩展飞行包线(Han et al., 2018; Misté et al., 2016)、降低需用功率(Han et al., 2016; Bowen-Davies et al., 2011; Karem, 1999)、降低前行桨叶的压缩性、延迟后行桨叶的动态失速以实现更高的飞行速度等(Garre et al., 2016; Ramanujam et al., 2016; Misté et al., 2015; Khoshlahjeh et al., 2013)。目前旋翼变转速技术已经应用于X2、X3和S-97等复合推力高速直升机,飞行速度相较旋翼转速固定的传统直升机大幅提升(Zhao et al., 2019; Nelms, 2012; Walsh et al., 2011)。然而相对于旋翼转速固定的传统直升机,旋翼变转速直升机会带来更严重的振动问题。随着旋翼转速的变化,旋翼载荷的频率可能接近甚至跨过桨叶或机体的固有频率,在桨叶处引起共振使旋翼载荷剧烈增加,引起机体共振或者严重的振动响应(Han et al., 2013),需采用振动控制方法降低机体振动水平。

基于旋翼系统的控制方法通过改变桨叶的固有频率和阻尼来降低旋翼载荷。包括被动的嵌入式桨叶阻尼(Han et al., 2013)、刚性桨叶设计(Karem, 1999),主动的桨尖压缩载荷加载(Ondra et al., 2019; Dibble et al., 2019, 2017, 2016)等方法。这些方法通过在旋翼转速变化过程中避免桨叶共振,从而避免旋翼载荷的剧烈增加,但是无法避免机体结构因共振而引起剧烈的振动响应。因此旋翼变转速直升机通常采用ACSR技术降低旋翼变转速引起的机体振动水平,如Sikorsky公司针对X2直升机开发的ACSR系统,通过建立自适应最优控制算法,在23~31 Hz的五个频率点处降低了4/rev处的机体振动水平。

控制算法作为直升机振动主动控制的核心部分,影响着振动控制的效果、收敛性以及适应性。目前,应用于直升机的自适应控制算法主要是基于DFT及其逆运算的 HHC 算法，具有收敛速度慢、控制输入延迟等缺陷，当旋翼转速快速变化时控制系统的频响也随之快速变化，基于 HHC 的自适应算法无法快速跟踪旋翼转速变化引起的振动环境的变化，将导致控制效果下降甚至控制发散。

为了增强旋翼变转速直升机振动主动控制算法的适应性和控制效果，本专著作者（Lang et al., 2022；郎凯，2021）基于 HSIU 算法和归一化谐波修正步长，提出了归一化自适应输入谐波修正算法；采用 LMS 方法和归一化载荷频率跟踪步长，提出了归一化载荷频率跟踪算法；结合归一化自适应谐波算法和滑动模态输出反馈控制算法，提出了归一化自适应混合控制方法，避免了传统自适应频域算法控制输入延迟、跟踪性差等缺点。基于第 5 章中主动撑杆驱动的机体结构振动智能控制系统，以测点处的振动响应为控制目标，在旋翼变转速的振动环境下，进行了多频率、多输入、多输出振动智能控制仿真研究。仿真结果表明，对于旋翼变转速直升机的振动智能控制，提出的归一化载荷频率跟踪算法具备精确的载荷频率跟踪精度，归一化混合算法可以在旋翼转速变化前后有效抑制机体振动响应，在旋翼转速变化过程中也能起到一定的振动控制效果。在本专著作者深入研究基础上，本章系统阐述了旋翼变转速直升机机体振动归一化自适应混合智能控制的理论、方法和仿真。

11.2　归一化自适应输入谐波修正算法

第 6 章介绍了 HSIU 算法，可以实现无需 DFT 计算的直升机振动智能控制。注意到式(9.11)HSIU 算法中控制输入谐波系数的修正公式采用的谐波控制修正步长 μ 为固定步长，当旋翼转速快速变化时，旋翼载荷频率可能会接近或跨过机体结构的共振区，机体振动响应急剧增大的同时，控制系统的频响也会随之急剧变化，因此固定的修正步长无法跟踪振动响应和频响的变化，这里对修正步长进行归一化处理。

由式(9.11)，旋翼变转速直升机振动智能控制的控制输入谐波系数的修正公式为

$$\boldsymbol{\gamma}(n)=(\boldsymbol{I}-\mu\boldsymbol{W}_u)\boldsymbol{\gamma}(n-1)-\boldsymbol{\mu}_{hc}\boldsymbol{T}_{\omega(n)}^{\mathrm{T}}\boldsymbol{W}_e\boldsymbol{\theta}(n) \tag{11.1}$$

式中，$\boldsymbol{T}_{\omega(n)}\in\mathbb{R}^{2KI_c\times 2MI_c}$ 是控制系统在一阶控制谐波频率 $\omega(n)$ 处的频响矩阵；$\boldsymbol{\mu}_{hc}=\mathrm{diag}(\mu_{hc1}\boldsymbol{I}_{2M},\mu_{hc2}\boldsymbol{I}_{2M},\cdots,\mu_{hcI_c}\boldsymbol{I}_{2M})\in\mathbb{R}^{2MI_c\times 2MI_c}$ 是控制输入谐波系数修正步长矩阵，μ_{hci} 是控制输入第 i 阶谐波系数的修正步长。旋翼载荷引起的激励响应谐波系数可表示为

$$\boldsymbol{\eta}(n)=\boldsymbol{\theta}(n)-\boldsymbol{T}_{\omega(n)}\boldsymbol{\gamma}(n) \tag{11.2}$$

控制完全收敛后，$\boldsymbol{\gamma}(n)$ 收敛至 $\boldsymbol{\gamma}^{\mathrm{opt}}(n)$，此时激励响应谐波系数可表示为

$$\boldsymbol{\eta}(n)=\boldsymbol{\delta}(n)-\boldsymbol{T}_{\omega(n)}\boldsymbol{\gamma}^{\mathrm{opt}}(n) \tag{11.3}$$

式中，$\boldsymbol{\delta}(n)\in\mathbb{R}^{2KI_c}$ 为控制完全收敛后残留的控制响应误差谐波系数，在不考虑控制能量且控制通道数量不小于测点数量时 $\boldsymbol{\delta}(n)$ 为独立且均值为 0 的小量。

定义最优控制信号谐波系数误差 $\Delta\boldsymbol{\gamma}(n)\in\mathbb{R}^{2MI_c}$ 为

$$\Delta\boldsymbol{\gamma}(n)=\boldsymbol{\gamma}^{\mathrm{opt}}(n)-\boldsymbol{\gamma}(n) \tag{11.4}$$

则第 n 个采样时刻的控制响应误差谐波系数可表示为

$$\boldsymbol{\theta}(n)=\boldsymbol{\delta}(n)-\boldsymbol{T}_{\omega(n)}\Delta\boldsymbol{\gamma}(n) \tag{11.5}$$

在不考虑控制能量的情况下，联立式(11.1)和式(11.4)，可以推导出：

$$\Delta\boldsymbol{\gamma}(n)=\Delta\boldsymbol{\gamma}(n-1)+\boldsymbol{\mu}\boldsymbol{T}_{\boldsymbol{\omega}(n)}^{\mathrm{T}}\boldsymbol{W}_{e}\theta(n) \tag{11.6}$$

将式(11.6)两边同时平方，可推导出控制输入的第 i 阶谐波系数误差的平方和在相邻采样时刻的关系：

$$\begin{aligned}\Delta\boldsymbol{\gamma}_i(n)^{\mathrm{T}}\Delta\boldsymbol{\gamma}_i(n)=&\Delta\boldsymbol{\gamma}_i(n-1)^{\mathrm{T}}\Delta\boldsymbol{\gamma}_i(n-1)+2\mu_{hci}\Delta\boldsymbol{\gamma}_i(n-1)^{\mathrm{T}}\boldsymbol{T}_{\boldsymbol{\omega}_i(n)}^{\mathrm{T}}\boldsymbol{W}_{e_i}\boldsymbol{\theta}_i(n)\\&+\mu_{hci}^2\boldsymbol{\theta}_i^{\mathrm{T}}(n)\boldsymbol{W}_{e_i}^{\mathrm{T}}\boldsymbol{T}_{\boldsymbol{\omega}_i(n)}\boldsymbol{T}_{\boldsymbol{\omega}_i(n)}^{\mathrm{T}}\boldsymbol{W}_{e_i}\boldsymbol{\theta}_i(n)\end{aligned} \tag{11.7}$$

由式(11.7)可知，控制输入的第 i 阶谐波系数误差的平方可写成关于 $\boldsymbol{\mu}_{hci}$ 的二次型表达式，因此在每一次迭代过程中，为了最小化控制输入谐波系数的平方误差，最优步长需满足以下方程：

$$\begin{aligned}\frac{\partial(\Delta\boldsymbol{\gamma}_i(n)^{\mathrm{T}}\Delta\boldsymbol{\gamma}_i(n))}{\partial\mu_{hci}(n)}=&2\Delta\boldsymbol{\gamma}_i(n-1)^{\mathrm{T}}\boldsymbol{T}_{\boldsymbol{\omega}_i(n)}^{\mathrm{T}}\boldsymbol{W}_{e_i}\boldsymbol{\theta}_i(n)\\&+2\mu_{hci}(n)\boldsymbol{\theta}_i^{\mathrm{T}}(n)\boldsymbol{W}_{e_i}^{\mathrm{T}}\boldsymbol{T}_{\boldsymbol{\omega}_i(n)}\boldsymbol{T}_{\boldsymbol{\omega}_i(n)}^{\mathrm{T}}\boldsymbol{W}_{e_i}\boldsymbol{\theta}_i(n)\end{aligned} \tag{11.8}$$

令式(11.8)等于 0，计算出控制输入谐波系数的最优修正步长 $\mu_{hci}^{\mathrm{opt}}(n)$：

$$\mu_{hci}^{\mathrm{opt}}(n)=-\frac{\Delta\boldsymbol{\gamma}_i^{\mathrm{T}}(n)\boldsymbol{T}_{\boldsymbol{\omega}_i(n)}^{\mathrm{T}}\boldsymbol{W}_{e_i}\boldsymbol{\theta}_i(n)}{\boldsymbol{\theta}_i^{\mathrm{T}}(n)\boldsymbol{W}_{e_i}^{\mathrm{T}}\boldsymbol{T}_{\boldsymbol{\omega}_i(n)}\boldsymbol{T}_{\boldsymbol{\omega}_i(n)}^{\mathrm{T}}\boldsymbol{W}_{e_i}\boldsymbol{\theta}_i(n)} \tag{11.9}$$

根据式(11.5)，忽略残留控制响应误差谐波系数 $\boldsymbol{\delta}(n)$，则有 $\boldsymbol{T}_{\boldsymbol{\omega}(n)}\Delta\boldsymbol{\gamma}(n)\approx-\boldsymbol{\theta}(n)$，代入式(11.9)得

$$\mu_{hci}^{\mathrm{opt}}(n)\approx\frac{\boldsymbol{\theta}_i^{\mathrm{T}}(n)\boldsymbol{W}_{e_i}\boldsymbol{\theta}_i(n)}{\boldsymbol{\theta}_i^{\mathrm{T}}(n)\boldsymbol{W}_{e_i}^{\mathrm{T}}\boldsymbol{T}_{\boldsymbol{\omega}_i(n)}\boldsymbol{T}_{\boldsymbol{\omega}_i(n)}^{\mathrm{T}}\boldsymbol{W}_{e_i}\boldsymbol{\theta}_i(n)} \tag{11.10}$$

因此定义归一化控制输入谐波系数修正步长：

$$\mu_{hci}^{N}(n)=\frac{\bar{\mu}_{hci}^{N}\boldsymbol{\theta}_{i}^{\mathrm{T}}(n)\boldsymbol{W}_{e_i}\boldsymbol{\theta}_{i}(n)}{\chi_{0}+\boldsymbol{\theta}_{i}^{\mathrm{T}}(n)\boldsymbol{W}_{e_i}^{\mathrm{T}}\boldsymbol{T}_{\omega_i(n)}\boldsymbol{T}_{\omega_i(n)}^{\mathrm{T}}\boldsymbol{W}_{e_i}\boldsymbol{\theta}_{i}(n)} \tag{11.11}$$

式中，$\bar{\mu}_{hci}^{N}$ 是控制输入谐波系数修正步长收敛系数，防止因噪声或控制响应误差谐波系数识别误差造成步长过大而引起控制发散；$0<\chi_0\ll 1$ 是防止因 $\boldsymbol{\theta}_{i}^{\mathrm{T}}(n)\boldsymbol{W}_{e_i}^{\mathrm{T}}\boldsymbol{T}_{\omega_i(n)}\boldsymbol{T}_{\omega_i(n)}^{\mathrm{T}}\boldsymbol{W}_{e_i}\boldsymbol{\theta}_{i}(n)$ 过小而导致步长过大的调节系数。因此归一化自适应谐波控制输入的谐波系数修正公式为

$$\boldsymbol{\gamma}(n)=[\boldsymbol{I}-\boldsymbol{\mu}_{hc}^{N}(n)\boldsymbol{W}_{u}]\boldsymbol{\gamma}(n-1)-\boldsymbol{\mu}_{hc}^{N}(n)\boldsymbol{T}_{\omega(n)}^{\mathrm{T}}\boldsymbol{W}_{e}\boldsymbol{\theta}(n) \tag{11.12}$$

式中，$\boldsymbol{\mu}_{hc}^{N}(n)=\mathrm{diag}\left[\mu_{hc1}^{N}(n)\quad \mu_{hc2}^{N}(n)\quad \cdots\quad \mu_{hcI_c}^{N}(n)\right]$ 是归一化控制输入谐波系数的修正步长矩阵。

11.3　归一化载荷频率跟踪算法及仿真

11.3.1　归一化载荷频率跟踪算法

自适应谐波控制的实现依赖于控制响应误差谐波系数的识别，对于固定旋翼转速直升机的振动控制，可根据旋翼转速提取载荷频率从而生成谐波基函数进行谐波系数识别。而对于旋翼变转速直升机的振动控制，需要对载荷频率进行实时自适应跟踪，从而进行控制响应误差谐波系数的识别。

将第 k 个测点在第 n 个采样时刻的控制响应误差 $e_k(n)$ 转换为如下形式：

$$\begin{aligned}e_{k}(n)=\sum_{i=1}^{I}&\{a_{ki}(n)\cos[\varphi_{i}(n-1)+\omega_{i}(n)\tau]\\&+b_{ki}(n)\sin[\varphi_{i}(n-1)+\omega_{i}(n)\tau]\}+\varepsilon_{k}\\\varphi_{i}(n)=\varphi_{i}&(n-1)+\omega_{i}(n)\tau\end{aligned} \tag{11.13}$$

式中，$a_{ki}(n)$ 和 $b_{ki}(n)$ 是第 n 个采样时刻识别的第 k 个控制响应误差的第 i 阶谐波系数；τ 是采样间隔时间；$\varphi_i(n)$ 是第 n 个采样时刻第 i 阶谐波基函数的相位；ε_k 是第 k 个控制响应误差的谐波系数识别误差。

令 $z_i(n)=[\cos(\varphi_i(n-1)+\omega_i(n)\tau)\quad \sin(\varphi_i(n-1)+\omega_i(n)\tau)]^{\mathrm{T}}\in\mathbb{R}^2$，则控制响应误差可表示为

$$e_{k}(n)=\bar{\boldsymbol{z}}^{\mathrm{T}}(n)\boldsymbol{E}_{k}(n)+\varepsilon_{k}(n) \tag{11.14}$$

式中，$\bar{z}(n)=\begin{bmatrix} z_1^{\mathrm{T}}(n) & z_1^{\mathrm{T}}(n) & \cdots & z_{I_c}^{\mathrm{T}}(n)\end{bmatrix}^{\mathrm{T}}\in\mathbb{R}^{2I_c}$。

式(11.12)给出了控制响应误差谐波系数的递推公式，观察该公式可以发现，控制响应误差谐波系数的识别基于谐波基函数的生成，因此在时变载荷频率的振动环境下，需要对载荷频率进行实时且精确地跟踪。根据式(11.13)可推导第 k 个控制响应误差第 i 阶谐波系数的识别误差 $\varepsilon_{ki}(n)$ 与第 i 阶的谐波分量 $e_{ki}(n)$ 之间的关系式：

$$\varepsilon_{ki}(n)=e_{ki}(n)-z_i^{\mathrm{T}}(n)\boldsymbol{\theta}_i(n) \tag{11.15}$$

令

$$\begin{aligned}Z_{ki}(n)=z_i^{\mathrm{T}}(n)\boldsymbol{\theta}_{ki}(n)&=a_{ki}(n)\cos\left[\varphi_i(n-1)+\omega_i(n)\tau\right]\\&\quad+b_{ki}(n)\sin\left[\varphi_i(n-1)+\omega_i(n)\tau\right]\end{aligned} \tag{11.16}$$

式中，$\boldsymbol{\theta}_{ki}(n)=\left[a_{ki}(n)\quad b_{ki}(n)\right]^{\mathrm{T}}\in\mathbb{R}^2$。当采样间隔时间足够短的情况下，$\omega_i(n)\tau$ 可视作小量，因此做如下近似处理：$\cos\left[\omega_i(n)\tau\right]\approx 1$，$\sin\left[\omega_i(n)\tau\right]\approx\omega_i(n)\tau$。因此 $Z_i(n)$ 可近似表达为

$$\begin{aligned}Z_i(n)\approx&\left[b_{ki}(n)\cos(\varphi_i(n-1))-a_{ki}(n)\sin(\varphi_i(n-1))\right]\omega_i(n)\tau\\&+\left[a_{ki}(n)\cos(\varphi_i(n-1))+b_{ki}(n)\sin(\varphi_i(n-1))\right]\end{aligned} \tag{11.17}$$

$\varepsilon_{ki}(n)$ 的均方为

$$E\left[\varepsilon_{ki}(n)\right]^2=E\left[e_{ki}(n)\right]^2-2E\left[e_{ki}(n)\right]E\left[Z_i(n)\right]+E\left[Z_i(n)\right]^2 \tag{11.18}$$

采用最速下降法，最小化 $E\left[\varepsilon_{ki}(n)\right]^2$，可获得载荷频率的迭代公式：

$$\omega_i(n+1)=\omega_i(n)-\frac{\mu_{\omega i}}{2}\frac{\partial E\left[\varepsilon_{ki}(n)\right]^2}{\partial\omega_i(n-1)} \tag{11.19}$$

式中，$\mu_{\omega i}$ 为第 i 阶载荷频率跟踪步长。为简化运算，以当前采样时刻的识别误差平方的梯度作为均方误差梯度的估计，联立式(11.18)和式(11.19)可推导出载荷频率跟踪算法的递推公式：

$$\begin{aligned}\omega_i(n+1)=\omega_i(n)+\mu_{\omega i}\tau\left[e_{ki}(n)-z_i^{\mathrm{T}}(n)\boldsymbol{\theta}(n)\right]&\left[b_{ki}(n)\cos(\varphi_i(n-1))\right.\\&\left.-a_{ki}(n)\sin(\varphi_i(n-1))\right]\\\varphi_i(n)=\varphi_i(n-1)+\omega_i(n)\tau&\end{aligned} \tag{11.20}$$

由于旋翼变转速直升机飞行过程中旋翼载荷频率可能跨过机体固有频率，引

起机体共振或剧烈的振动响应,式(11.20)所示的固定步长的载荷频率跟踪算法无法根据当前待识别信号的特征调整收敛步长,会引起识别精度下降甚至识别发散的情况。因此需要对载荷频率跟踪步长进行归一化处理。

设第 i 阶旋翼载荷频率为 $\omega_i^o(n)$，则 $e_{ki}(n)$ 可表示为

$$\begin{aligned} e_{ki}(n) = & [b_{ki}(n)\cos(\varphi_i(n-1)) - a_{ki}(n)\sin(\varphi_i(n-1))]\,\omega_i^o(n)\tau \\ & + [a_{ki}(n)\cos(\varphi_i(n-1)) + b_{ki}(n)\sin(\varphi_i(n-1))] + \boldsymbol{\kappa}_{ki} \end{aligned} \tag{11.21}$$

式中,$\boldsymbol{\kappa}_{ki}$ 为第 k 个响应误差第 i 阶谐波分量的识别误差,理想情况下是均值为 0 的小量。类似地,定义载荷频率跟踪误差 $\Delta\omega_i(n)$:

$$\Delta\omega_i(n) = \omega_i^o(n) - \omega_i(n) \tag{11.22}$$

联立式(11.20)和式(11.22),可得

$$\begin{aligned} \Delta\omega_i(n+1) = & \Delta\omega_i(n) - \mu_{\omega i}\tau\,[e_{ki}(n) - \boldsymbol{z}_i^{\mathrm{T}}(n)\boldsymbol{\theta}(n)]\,[b_{ki}(n) \\ & \cos(\varphi_i(n-1)) - a_{ki}(n)\sin(\varphi_i(n-1))] \end{aligned} \tag{11.23}$$

则载荷频率跟踪的均方误差可表示为

$$\begin{aligned} E\,[\Delta\omega_i(n+1)]^2 = & E\,[\Delta\omega_i(n)]^2 - 2\mu_{\omega i}\tau E[\Delta\omega_i(n)]E[e_{ki}(n) - \boldsymbol{z}_i^{\mathrm{T}}(n)\boldsymbol{\theta}(n)] \\ & E[b_{ki}(n)\cos(\varphi_i(n-1)) - a_{ki}(n)\sin(\varphi_i(n-1))] \\ & + \mu_{\omega i}^2\tau^2 E\,[e_{ki}(n) - \boldsymbol{z}_i^{\mathrm{T}}(n)\boldsymbol{\theta}(n)]^2 E[b_{ki}(n)\cos(\varphi_i(n-1)) \\ & - a_{ki}(n)\sin(\varphi_i(n-1))]^2 \end{aligned} \tag{11.24}$$

因此,在每一次迭代过程中,为了使载荷频率跟踪误差的均方差最小化,最优步长需满足以下方程:

$$\begin{aligned} \frac{\partial E\,[\Delta\omega_i(n+1)]^2}{\partial\mu_{\omega i}^o(n)} = & \tau E[e_{ki}(n) - \boldsymbol{z}_i^{\mathrm{T}}(n)\boldsymbol{\theta}(n)]E[\Delta\omega_i(n)(b_{ki}(n) \\ & \cos(\varphi_i(n-1)) - a_{ki}(n)\sin(\varphi_i(n-1)))] \\ & - 2\mu_{\omega i}^o\tau^2 E\,[e_{ki}(n) - \boldsymbol{z}_i^{\mathrm{T}}(n)\boldsymbol{\theta}(n)]^2 E[b_{ki}(n) \\ & \cos(\varphi_i(n-1)) - a_{ki}(n)\sin(\varphi_i(n-1))]^2 \\ = & 0 \end{aligned} \tag{11.25}$$

式中,$\mu_{\omega i}^o(n)$ 是载荷频率跟踪最优步长,根据式(11.25)可计算出 $\mu_{\omega i}^o(n)$ 的表达式:

$$\mu_{\omega i}^o(n) = \frac{E[e_{ki}(n) - \boldsymbol{z}_i^{\mathrm{T}}(n)\boldsymbol{\theta}(n)]E[\Delta\omega_i(n)(b_{ki}(n)\cos(\varphi_i(n-1)) - a_{ki}(n)\sin(\varphi_i(n-1)))]}{2\tau E\,[e_{ki}(n) - \boldsymbol{z}_i^{\mathrm{T}}(n)\boldsymbol{\theta}(n)]^2 E\,[b_{ki}(n)\cos(\varphi_i(n-1)) - a_{ki}(n)\sin(\varphi_i(n-1))]^2} \tag{11.26}$$

联立式(11.21)和式(11.22)并且忽略 κ_{ki} 可得

$$\begin{aligned}&[b_{ki}(n)\cos(\varphi_i(n-1)) - a_{ki}(n)\sin(\varphi_i(n-1))]\Delta\omega_i(n)\\ &= e_{ki}(n) - [b_{ki}(n)\cos(\varphi_i(n-1)) - a_{ki}(n)\sin(\varphi_i(n-1))]\omega_i(n)\tau\\ &\quad - [a_{ki}(n)\cos(\varphi_i(n-1)) + b_{ki}(n)\sin(\varphi_i(n-1))] - \kappa_{ki}\\ &\approx e_{ki}(n) - z_i^{\mathrm{T}}(n)\boldsymbol{\theta}(n)\end{aligned} \tag{11.27}$$

将式(11.27)代入式(11.26),可得到 $\mu^o_{\omega i}(n)$ 的近似表达式:

$$\mu^o_{\omega i}(n) \approx \frac{1}{2\tau E\,[b_{ki}(n)\cos(\varphi_i(n-1)) - a_{ki}(n)\sin(\varphi_i(n-1))]^2} \tag{11.28}$$

在采样频率足够高的情况下,可做如下估计:

$$E\,[b_{ki}(n)\cos(\varphi_i(n-1)) - a_{ki}(n)\sin(\varphi_i(n-1))]^2 \approx \frac{1}{2}[a_{ki}^2(n) + b_{ki}^2(n)] \tag{11.29}$$

因此,定义归一化载荷频率跟踪步长 $\mu^N_{\omega i}(n)$:

$$\mu^N_{\omega i}(n) = \frac{\bar{\mu}^N_{\omega i}}{\lambda_0 + \tau[a_{ki}^2(n) + b_{ki}^2(n)]} \tag{11.30}$$

式中,$\bar{\mu}^N_{\omega i}$ 是载荷频率跟踪步长收敛系数,$0 < \lambda_0 \ll 1$ 是防止因 $\tau[a_{ki}^2(n) + b_{ki}^2(n)]$ 过小而导致步长过大的调节系数。因此归一化载荷频率跟踪算法的载荷频率迭代公式为

$$\begin{aligned}\omega_i(n+1) &= \omega_i(n) + \frac{\bar{\mu}^N_{\omega i}\tau}{\lambda_0 + \tau[a_{ki}^2(n) + b_{ki}^2(n)]}[e_{ki}(n) - z_i^{\mathrm{T}}(n)\boldsymbol{\theta}(n)]\\ &\quad [b_{ki}(n)\cos(\varphi_i(n-1)) - a_{ki}(n)\sin(\varphi_i(n-1))]\\ \varphi_i(n) &= \varphi_i(n-1) + \omega_i(n)\tau\end{aligned} \tag{11.31}$$

11.3.2 载荷频率跟踪及响应误差谐波系数识别仿真

为了验证归一化载荷频率跟踪算法和控制响应误差谐波系数识别算法的识别精度,基于第 5 章中主动撑杆驱动的机体结构振动智能控制系统,在单频和双频旋翼载荷激励下,采用归一化载荷频率跟踪算法进行仿真研究。根据参考机型的桨叶通过频率和机体振动水平,在直升机动力学相似模型的桨毂节点施加三向、频率分别为第一阶桨叶通过频率(ω_1 = 25.5 Hz) 和前两阶桨叶通过频率(ω_1 = 25.5 Hz 和 ω_2 = 51 Hz) 的载荷,调整载荷幅值,使双频激励下测点 1 和 2 的响应在 0.15g 左右,且 51 Hz 的响应幅值为 25.5 Hz 响应幅值的 30%左右。

对直升机动力学相似模型分别施加上述单频和双频载荷激励。为模拟直升机旋翼变转速过程,在 20 秒至 25 秒之间使载荷频率线性下降至初始频率的 70%,载荷幅值保持不变,25 秒后载荷频率保持稳定,模拟旋翼转速由初始工作转速(额定转速)线性下降 70%至第二工作转速的旋翼振动载荷环境。载荷加载的同时开启载荷频率跟踪及响应误差谐波系数识别过程。仿真采样频率设为 1 000 Hz,载荷频率跟踪初始值设置为前两阶桨叶通过频率,其余跟踪参数初始值均设为 0。载荷频率跟踪步长收敛系数 $\bar{\mu}_{\omega 1}^{N}=1$, $\bar{\mu}_{\omega 2}^{N}=1$; $\chi_0=10^{-4}$, $\lambda_0=10^{-4}$; 响应误差谐波系数识别步长 $\mu_{hi}=1$。图 11.1 显示了单频旋翼振动载荷激励下载荷频率的跟踪过程,图 11.2~图 11.5 显示了单频旋翼振动载荷激励下动力学相似模型的测点响应的识别过程。图 11.6 显示了双频旋翼振动载荷激励下载荷频率的跟踪过程,图 11.7~图 11.11 显示了双频旋翼振动载荷激励下动力学相似模型的测点响应的识别过程。注意,测点响应识别过程中的识别误差为测点响应与根据谐波系数识别值计算的识别响应之间的差值,即 $\boldsymbol{\varepsilon}_k(n)=e_k(n)-\boldsymbol{z}_k^{\mathrm{T}}(n)\boldsymbol{E}_k(n)$。由图 11.1 和图 11.6 可见,在单频和双频激励下,归一化载荷频率跟踪算法都能够准确跟踪载荷频率。由图 11.2~图 11.5 和图 11.7~图 11.10 可见,由于载荷频率在 23 秒左右跨过机体第一阶扭振模态的固有频率,测点响应在载荷频率变化过程中迅速增大后减小,最终衰减至稳态。整个识别过程控制响应误差谐波系数识别算法都可准确提取响应的谐波系数,在所有测点都能达到很好的识别精度,即使在共振点处识别误差也能保持在待识别响应的 2%以下,全程可实现 98%以上的识别精度。对于旋翼转速 5 秒内由额定转速的 70%线性增加至 100%的情况(旋翼振动载荷频率由 17.85 Hz 和 35.7 Hz 分别增加至 25.5 Hz 和 51 Hz),载荷频率跟踪算法同样可以精确跟踪旋翼振动载荷频率。图 11.11 显示了旋翼转速增加情况下,双频旋翼振动载荷频率的跟踪情况。

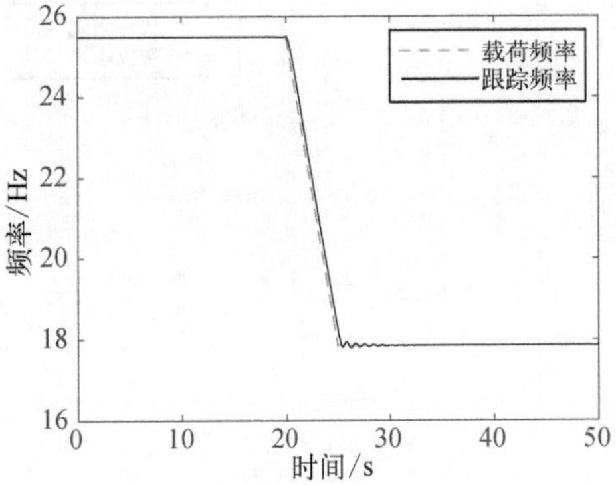

图 11.1　单频旋翼载荷激励下载荷频率跟踪过程

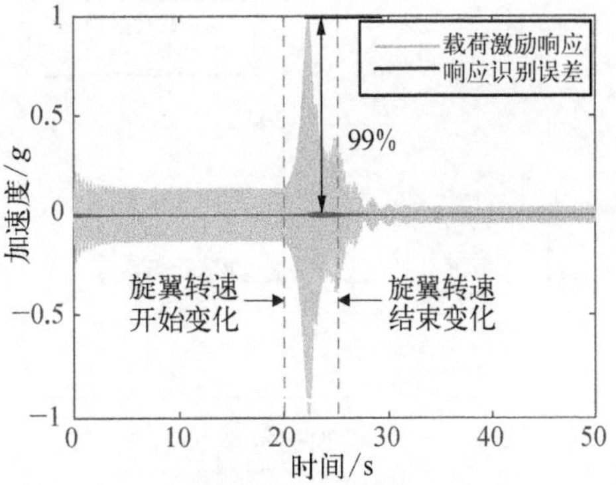

图 11.2　单频旋翼载荷激励下测点 1 的加速度响应识别过程

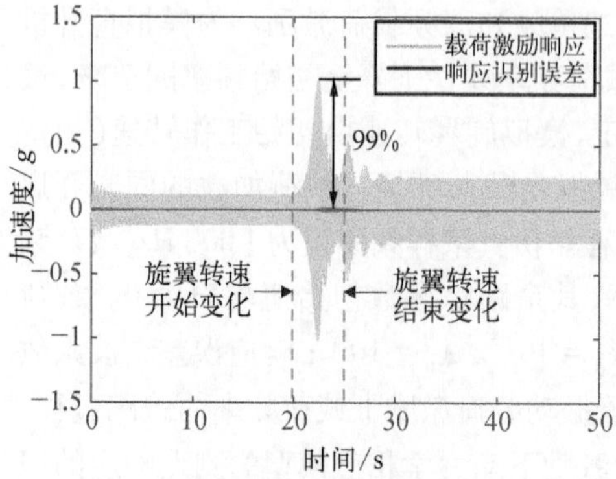

图 11.3　单频旋翼载荷激励下测点 2 的加速度响应识别过程

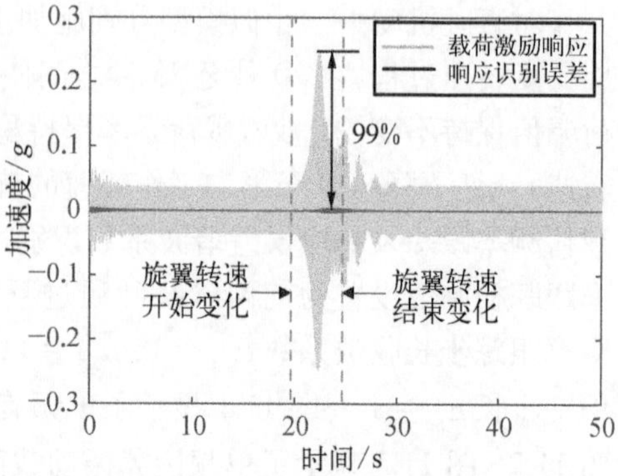

图 11.4　单频旋翼载荷激励下测点 3 的加速度响应识别过程

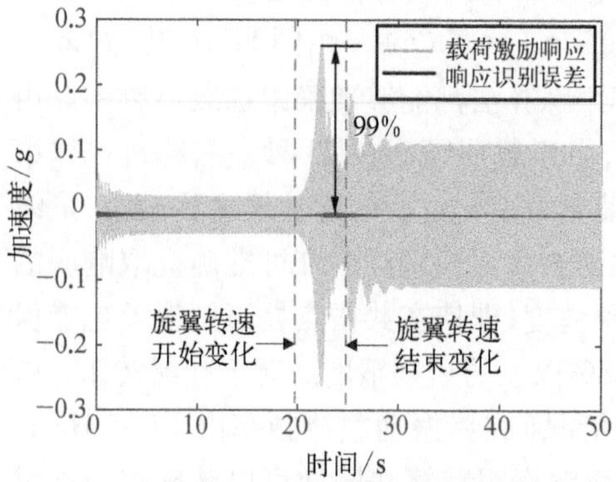

图 11.5　单频旋翼载荷激励下测点 4 的加速度响应识别过程

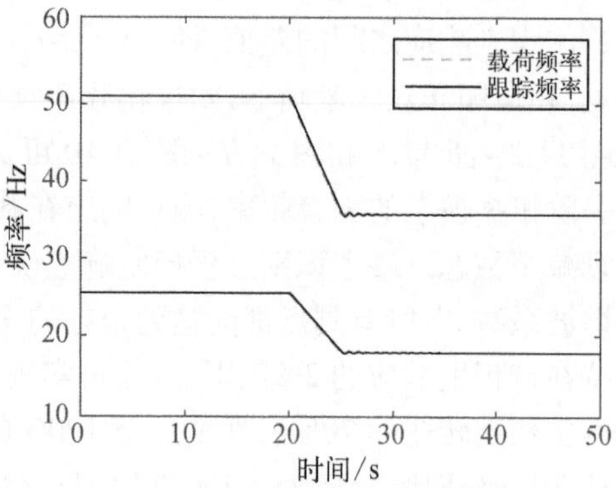

图 11.6　双频激励载荷频率跟踪过程

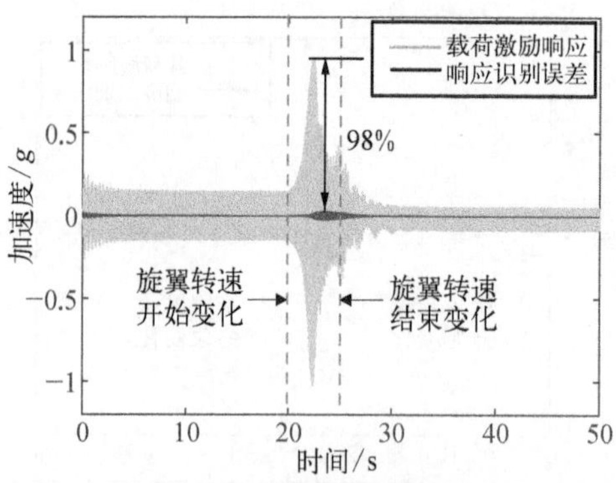

图 11.7　双频旋翼载荷激励下测点 1 的响应识别过程

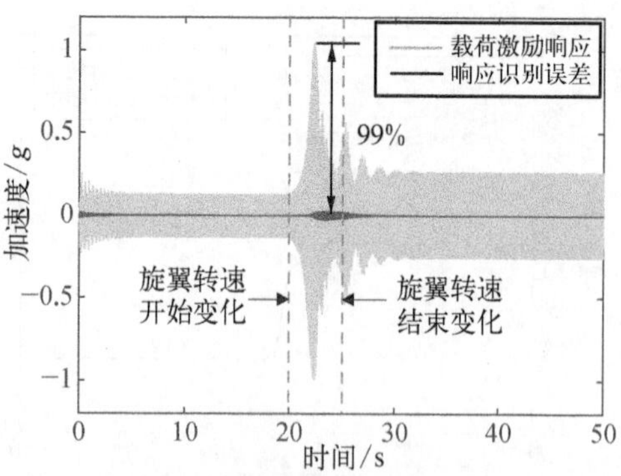

图 11.8　双频旋翼载荷激励下测点 2 的响应识别过程

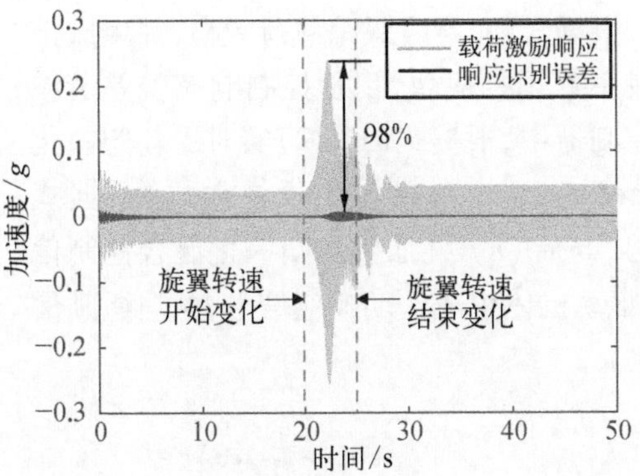

图 11.9　双频旋翼载荷激励下测点 3 的响应识别过程

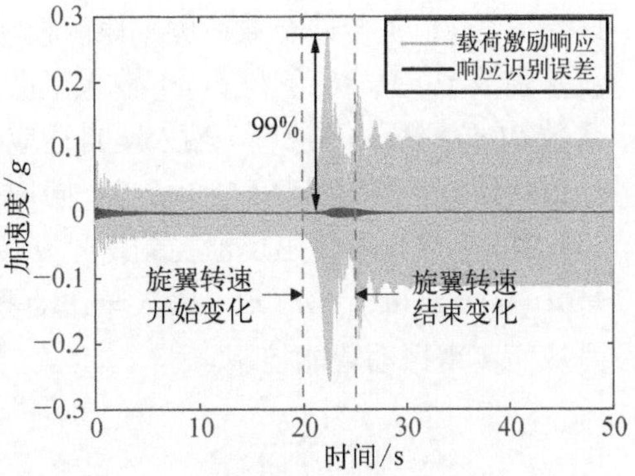

图 11.10　双频旋翼载荷激励下测点 4 的响应识别过程

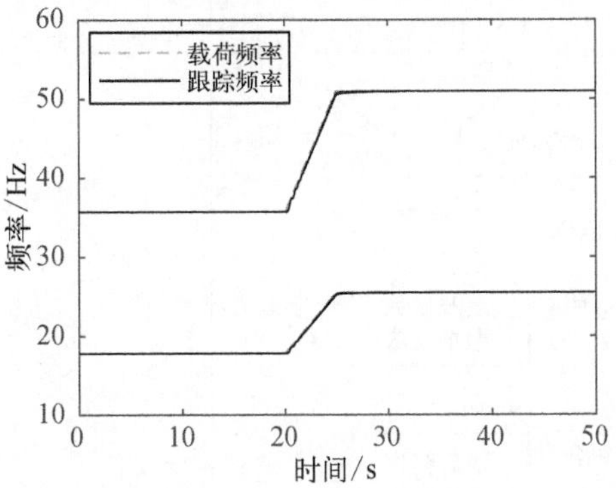

图 11.11　旋翼转速增加时双频激励载荷频率跟踪过程

11.4　归一化自适应混合控制方法及仿真

11.4.1　归一化自适应混合控制方法

旋翼变转速直升机在飞行过程中，变化的载荷频率跨过机体固有频率时会使作动器至机身测点处频响函数的幅值和相位急剧变化，对振动智能控制系统的鲁棒性和适应性提出了很高的要求。引入时域反馈控制方法能够通过提升系统阻尼等方式降低频响函数的变化率，此外还可以提升控制系统抑制瞬态响应的能力。本章系统阐述了结合归一化载荷频率跟踪算法、归一化自适应谐波控制算法和滑模输出反馈控制算法建立的归一化自适应混合控制方法。滑模输出反馈控制算法的设计流程见第 10 章。

图 11.12 显示了归一化自适应混合控制方法的框图。控制开始时，控制响应

误差信号 $\boldsymbol{e}(n)$ 传递至载荷频率跟踪模块，根据式(11.31)跟踪载荷频率，并生成谐波基函数 $\boldsymbol{z}(n)$；$\boldsymbol{z}(n)$ 与 $\boldsymbol{e}(n)$ 输入至谐波系数识别模块，识别控制响应误差谐波系数 $\boldsymbol{\theta}(n)$；$\boldsymbol{\theta}(n)$ 与 $\boldsymbol{z}(n)$ 输入至自适应控制器中，根据式(11.12)实时更新归一化自适应谐波前馈控制信号 $\boldsymbol{u}_a(n)$；同时，$\boldsymbol{e}(n)$ 经过滑模输出反馈模块，根据式(11.24)生成滑模输出反馈控制信号 $\boldsymbol{u}_s(n)$，与 $\boldsymbol{u}_a(n)$ 叠加生成归一化混合控制信号 $\boldsymbol{u}_h(n)=\boldsymbol{u}_a(n)+\boldsymbol{u}_s(n)$，输入至作动器驱动机体生成作动响应信号，抵消激励信号从而实现振动智能控制。

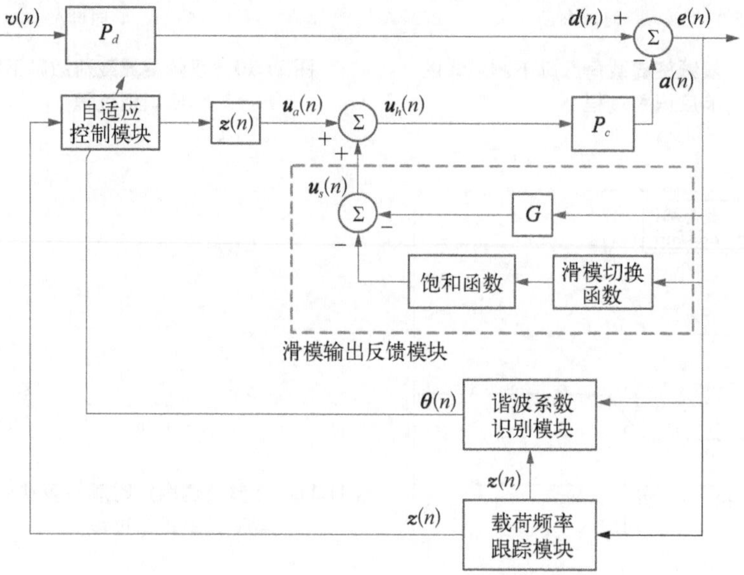

图 11.12 归一化自适应混合控制方法的框图

11.4.2 归一化自适应混合智能控制仿真

为了验证归一化自适应混合控制方法对旋翼变转速直升机机体振动的控制效果，基于第 5 章中主动撑杆驱动的机体结构振动智能控制系统进行振动智能控制仿真。为了增强主动撑杆在不同频率下的作动能力，把每组主动撑杆的压电叠层作动器的数量增至 4 个。在直升机动力学相似模型的桨毂节点施加三向、频率为前两阶桨叶通过频率的初始载荷，调整初始载荷幅值使双频激励下测点 1 和 2 的响应在 0.15g 左右，且 51 Hz 的响应幅值为 25.5 Hz 响应幅值的 30%左右。仿真开始时施加初始载荷，待测点响应达到稳态后，第 10 秒开启混合控制。在第 20 秒至 25 秒，载荷频率线性下降至初始频率的 70%，载荷幅值保持不变，之后载荷频率保持稳定，模拟旋翼转速由初始工作转速线性下降 70%至第二工作转速的振动环境。

仿真采样频率设为1 000 Hz，识别频率初始值设置为前两阶桨叶通过频率，其余识别参数初始值均设为 0；频率跟踪步长收敛系数 $\bar{\mu}_{\omega 1}^{N}=1$，$\bar{\mu}_{\omega 2}^{N}=1$；$\chi_0=10^{-4}$，$\lambda_0=10^{-4}$，响应误差谐波系数识别步长 $\mu_{hi}=1$；归一化自适应谐波控制步长 $\bar{\mu}_{hci}^{N}=0.1$。图 11.13~图 11.16 显示了旋翼变转速状态下直升机机体动力学相似模型各测点加速度响应的控制效果，由图可以看出，在初始载荷激励下，归一化自适应混合控制可以使测点响应迅速下降，在四个测点处都可达到 96%以上的控制效果。在 20 秒至 25 秒之间，由于载荷频率跨过机体固有频率，引起测点响应迅速上升后下降，此时混合控制方法配合载荷频率跟踪算法以及响应误差识别算法，对这一阶段的响应产生了一定的抑制效果。由于频率跟踪过程不可避免产生误差，引起了响应误差谐波系数的识别误差和谐波控制频响函数误差，尤其是在机体固有频率附近，载荷频率变化引起的频响函数的变化很大，很小的载荷频率跟踪误差都会导致控制效果的下降。因此相比载荷频率固定的情况，旋翼转速变化过渡阶段的振动智能控制效果较差，但是在共振区的响应峰值处仍可实现 60%以上的控制效果。当载荷频率稳定在初始频率的 70%以后，混合控制方法能够迅速调整控制信号的谐波系数，实现四个测点 92%以上的控制效果。此外，在载荷频率开始变化（第 20 秒）和结束变化（第 25 秒）的时候，由于频率的突然变化，响应误差的识别和控制信号的调整都会产生一定误差，从而引起机体振动响应的增加，但当载荷频率稳定后机体振动响应在 5 秒内收敛。图 11.17 显示了主动撑杆的控制电压，由图可以看出，在载荷频率变化初期即第 20 秒至 23 秒之间，由于载荷频率增至机体固有频率附近，作动器至测点的频响幅值也随之增加，即作动器的控制能力增加，控制电压幅值整体上随载荷频率增加而下降，之后在第 23 秒至 25 秒之间由于载荷频率远离机体固有频率，作动器控制能力下降，控制电压幅值整体上升，待载荷频率稳定后控制电压收敛至稳态。

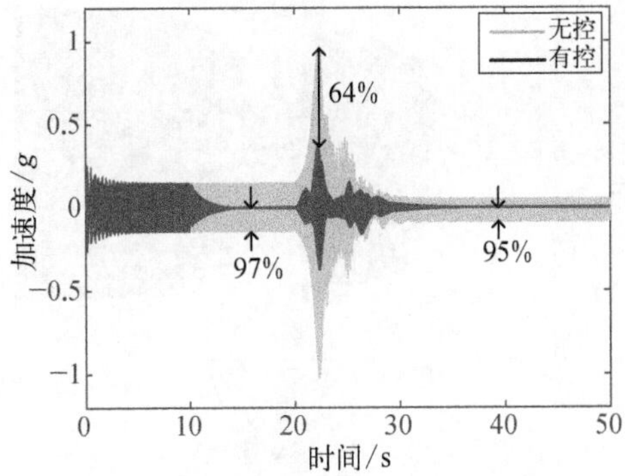

图 11.13　归一化自适应混合控制下测点 1 的加速度响应

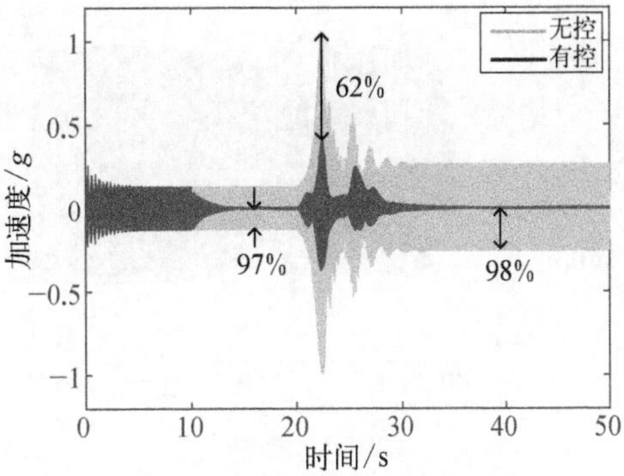

图 11.14　归一化自适应混合控制下测点 2 的加速度响应

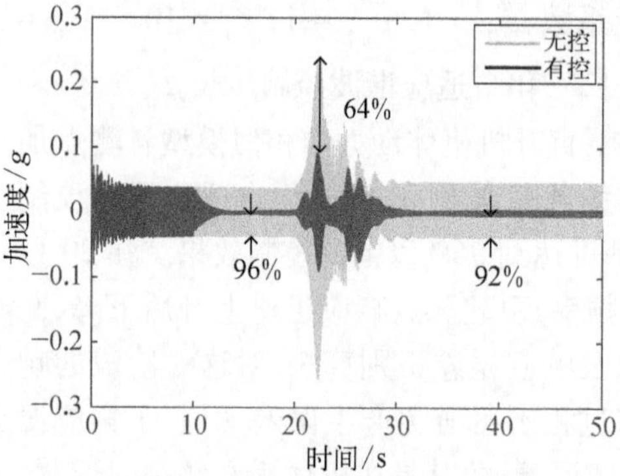

图 11.15　归一化自适应混合控制下测点 3 的加速度响应

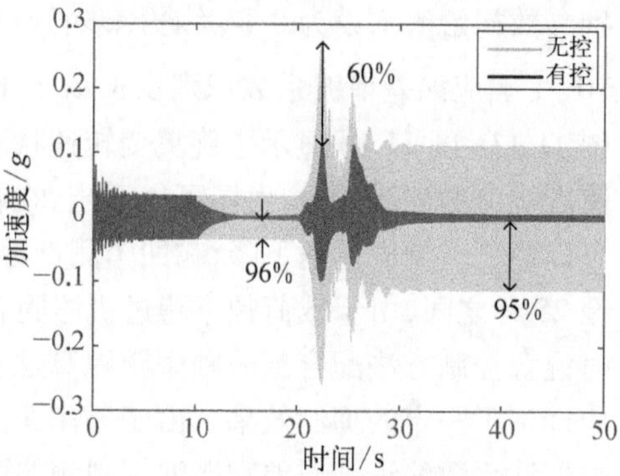

图 11.16　归一化自适应混合控制下测点 4 的加速度响应

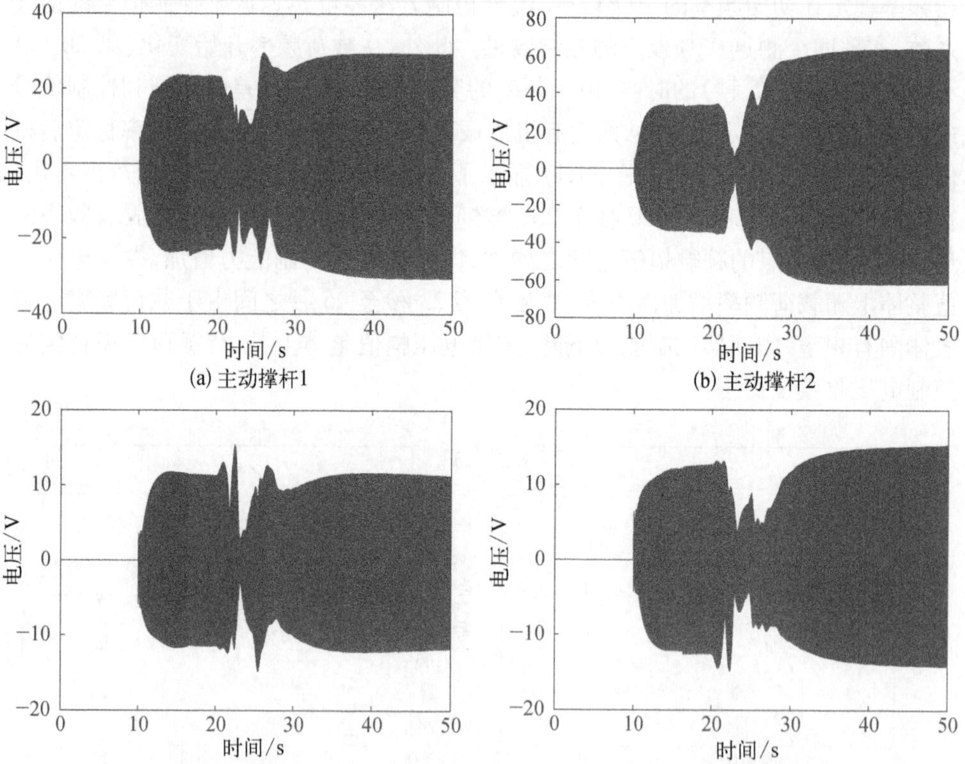

图 11.17　归一化自适应混合控制下各主动撑杆的控制输入电压

旋翼转速增加状态下,采用归一化混合控制方法的直升机振动智能控制有着类似的控制效果。图 11.18 显示了旋翼转速在第 20 秒至 25 秒之间由额定转速的 70%增加至 100%(旋翼振动载荷频率由 17.85 Hz 和 35.7 Hz 增加至 25.5 Hz 和 51 Hz) 时,采用归一化混合控制下测点 1 响应的控制效果。归一化混合控制方法在两个旋翼工作转速下都能实现 96%以上的振动控制效果,在机体共振响应峰值处实现了 67%的控制效果。根据仿真结果,测点 2~测点 4 在机体共振响应峰值处分别实现了 66%、64%和 66%的控制效果。因此,归一化混合控制方法可在旋翼转速变化前后,以及变化过程中有效控制直升机机体振动响应。

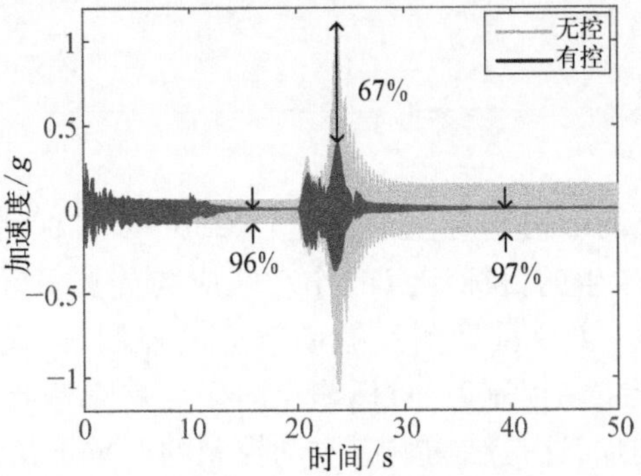

图 11.18　旋翼转速增加时归一化自适应混合控制下测点 1 加速度响应

第12章 机体全域振动智能控制

12.1 引言

在直升机机体上的结构响应主动控制(ACSR)以目标测点的振动响应为控制目标,通过作动器产生的目标测点的作动响应与旋翼振动载荷产生的目标测点的激励响应相抵消,实现目标测点振动响应的控制,因此是局部振动主动控制。在实施结构响应主动控制后,目标测点的振动响应降低了,但结构上其他点的振动响应可能会增加,这是结构响应主动控制的严重不足。对此,本章提出了结构全域振动主动控制(active global vibration control, AGVC)的概念:对于一个结构振动主动控制系统,如果不以目标测点的振动响应为控制目标,而是以传递给结构的振动载荷为控制目标,那么就能实现结构的全域振动主动控制。与结构的局部振动主动控制相比,结构的全域振动主动控制对降低整个结构的振动水平具有更重要的意义。

直升机主减撑杆是旋翼振动载荷向机体结构传递的主要途径,因此在主减撑杆上安装作动器并对主减撑杆的振动载荷进行主动控制,就可实现直升机机体的全域振动主动控制。这里需要指出的是,在本专著第9章~第11章的机体振动智能控制中,虽然压电叠层作动器安装在主减撑杆上,但由于控制目标是测点的振动响应,因此仍然属于直升机机体的局部振动智能控制。如果将压电叠层作动器安装在主减撑杆上,并以主减撑杆的振动载荷为控制目标,那么就能实现直升机机体的全域振动智能控制。本章系统阐述了直升机机体全域振动智能控制方法,基于压电材料的本构方程和机电耦合特性,分析了压电叠层作动器的动态输出特性,推导了智能撑杆的机电耦合运动方程,并基于某型直升机的机体动力学相似模型,建立了直升机机体全域振动智能控制动力学模型,分析了主减撑杆刚度和压电叠层作动器安装参数对压电叠层作动器控制能力的影响。分别以目标测点振动响应和主减撑杆振动载荷为控制目标计算了直升机机体振动水平的控制效果并进行了振动智能控制仿真,结果表明以目标测点响应为控制目标的振动智能控制可高效抑制目标测点的振动响应,但在机体其他位置的振动控制效果不佳,甚至在某些位置的振动水平比无控时振动水平还要大。以主减撑杆振动载荷为控制目标的振动智能控制可有效降低机体的全域振动水平。

12.2 压电叠层作动器动态驱动特性

压电叠层作动器由多层压电陶瓷片在极化方向叠堆而成,利用压电材料的逆压电效应,对每层压电陶瓷片施加电场即可在较低的控制电压下取得较大的输出力。压电叠层作动器的结构示意图如图 12.1 所示。

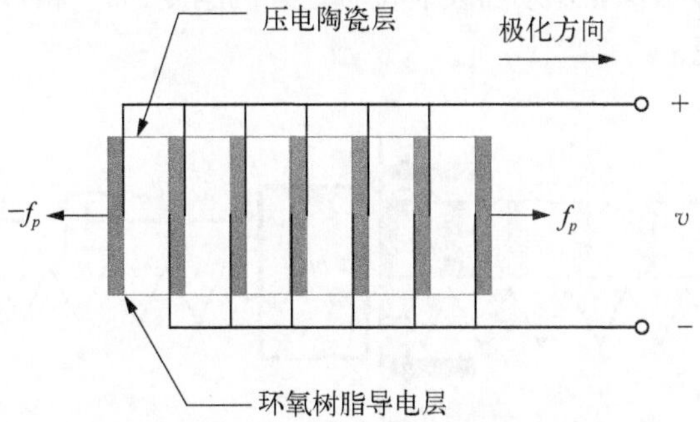

图 12.1　压电叠层作动器的结构示意图

各压电片在垂直于极化的方向上无应力约束,且仅在极化方向上施加电场,因此压电叠层作动器的本构方程可表示为

$$\sigma_3 = c_{33}^{\mathrm{E}}\varepsilon_3 - e_{33}E_3 \tag{12.1}$$

式中,σ_3 和 ε_3 分别是各压电陶瓷片极化方向的应力和应变;c_{33}^{E} 和 e_{33} 分别是压电材料在电场恒定时的弹性模量和压电应力系数;E_3 是极化方向上的电场强度。

由于直升机振动主动控制的工作频率通常远低于压电叠层作动器的固有频率,因此忽略压电叠层作动器自身的惯性力,作动器两端受到的作用力 f_p 可表示为

$$f_p = \frac{A_p c_{33}^{\mathrm{E}}}{l_p}(u_1 - u_2) - \frac{A_p e_{33}}{h_p}v_p \tag{12.2}$$

式中,A_p、l_p 和 h_p 分别是压电叠层作动器的横截面积、轴向长度和压电片厚度;u_1

和 u_2 是压电叠层作动器两端的轴向位移；v_p 是控制电压。根据式(12.2)，压电叠层作动器的轴向驱动位移 $u_p = u_1 - u_2$ 可由输出力和控制电压表示：

$$u_p = \frac{f_p}{k_p} + \frac{v_p}{k_v} \tag{12.3}$$

式中，$k_p = A_p c_{33}^{E}/l_p$ 是压电叠层作动器的轴向刚度；$k_v = c_{33}^{E} h_p / l_p e_{33}$ 是压电叠层作动器的广义电刚度。

压电叠层作动器应用于振动智能控制系统时，控制输入往往是与频率相关的动态输入，此时作动器的输出特性不仅与外部结构的刚度有关，也与外部结构的动力学特性相关。忽略作动器安装处结构的惯性力和阻尼力，图 12.2 显示了一个简化的压电叠层作动器动力学系统，其中，k_{str} 是控制目标结构在作动器安装处的刚度，k_{ex} 是控制目标结构在作动器安装位置之外的刚度，m_{str} 和 c_{str} 分别是控制目标结构的质量和阻尼。

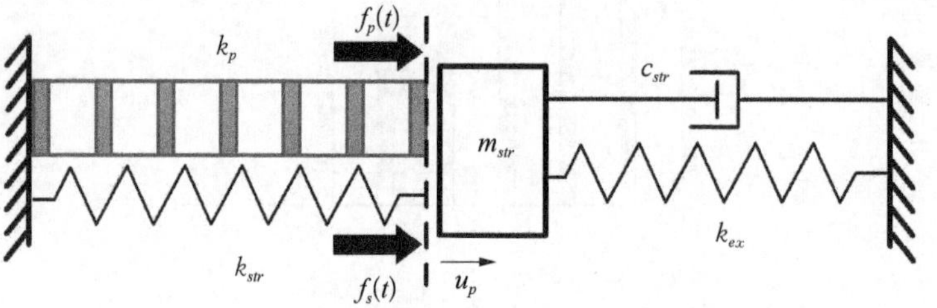

图 12.2　压电叠层作动器动态输出示意图

当控制频率远低于压电叠层作动器的固有频率时，压电叠层作动器驱动被控结构的运动方程可表示为

$$m_{str}\ddot{u}_p(t) + c_{str}\dot{u}_p(t) + k_{str}u_p(t) = f_p(t) + f_s(t) \tag{12.4}$$

压电叠层作动器的动态输出位移为

$$u_p(t) = \frac{-f_p(t)}{k_p} + \frac{v_p(t)}{k_v} \tag{12.5}$$

设控制输入电压的频率为 ω，则控制电压 $v_p(t) = V_p e^{j\omega t}$，压电叠层作动器的动态输出力 $f_a(t) = f_p(t) + f_s(t) = F_a e^{j\omega t}$，压电叠层作动器的动态输出位移 $u_p(t) = U_p e^{j\omega t}$。联立式(12.4)和式(12.5)可得到压电叠层作动器的动态输出力幅值 F_a 和动态输出位移幅值 U_p 分别为

$$F_a = \frac{(\tilde{k}_{str} - k_{stl})e_p}{k_p + \tilde{k}_{str}}V \tag{12.6}$$

$$U_p = \frac{e_p}{k_p + \tilde{k}_{str}}V \tag{12.7}$$

式中，$\tilde{k}_{str} = k_{ex} + k_{stl} + j\omega c_{str} - \omega^2 m_{str}$ 是被控结构在压电叠层作动器安装位置处的动刚度；$e_p = A_p h_p / e_{33}$ 定义为压电叠层作动器的机电刚度比，是压电叠层作动器的刚度和广义电刚度的比值。

定义压电叠层作动器的动态输出系数 $k_{as} = (k_{stl} - \tilde{k}_{str})/(k_p + \tilde{k}_{str})$ 并代入式(12.7)可得

$$F_a = k_{as} e_p V \tag{12.8}$$

根据式(12.8)，压电叠层作动器产生的动态输出力不仅与自身的刚度和广义电刚度有关，而且与受控结构在压电叠层作动器安装位置处的刚度和动刚度有关。

12.3　振动智能控制最优控制输入及全域振动控制算法

12.3.1　振动智能控制最优控制输入

图 12.3 显示了压电叠层作动器驱动主减撑杆的直升机机体 AGVC 系统示意图。两个压电叠层作动器对称布置在一个主减撑杆两侧，构成一组主动撑杆。旋翼振动载荷绝大部分通过主减撑杆传递至机体，一小部分振动载荷通过主减速器的抗摆弹簧传递至机体。布置在主减撑杆端部的力传感器将动态力信号传递至控制器，控制器根据控制算法计算控制输入，传递至压电叠层作动器驱动主动撑杆实现机体结构振动控制。将直升机振动智能控制系统简化为三个子系统：旋翼/主减速器子系统、主动撑杆子系统和机体结构子系统。各系统坐标系分别是旋翼/主减速器子系统坐标系 (x_g, y_g, z_g)、主动撑杆子系统坐标系 (x_s, y_s, z_s)、机体结构子系统坐标系 (x_f, y_f, z_f) 以及控制系统整体坐标系 (x_h, y_h, z_h)，其中坐标系 (x_g, y_g, z_g) 的原点定义在旋翼/主减速器子系统的质点处。在静止时，控制系统整体坐标系与机体结构子系统坐标系重合。分别建立各子系统的运动方程，根据各子系统连接点的位移协调条件和力平衡条件，整合推导整体动力学方程。具体动力学建模过程见第 5 章。

由于直升机机体振动主要以桨叶通过频率的谐波振动为主，因此直升机的振

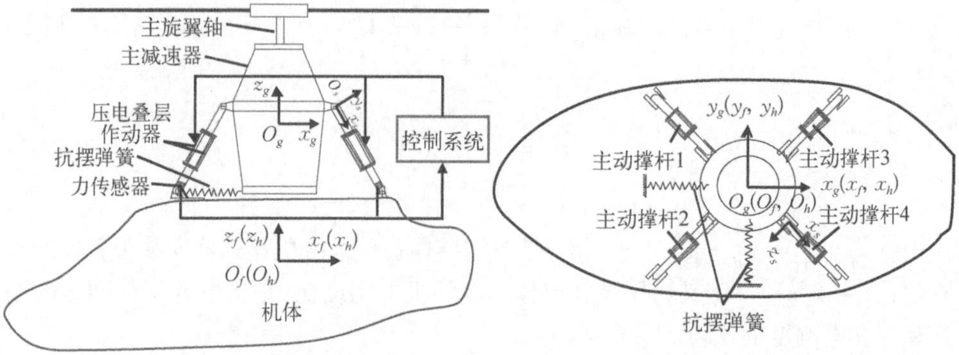

(a) 侧视图　　　　(b) 俯视图

图 12.3　压电叠层作动器驱动主减撑杆的直升机机体 AGVC 系统示意图

动控制问题通常在频域内进行分析。在桨叶通过频率 ω 处，令旋翼振动载荷下的机体激励振动响应为：$\boldsymbol{d}(t)=\boldsymbol{D}\mathrm{e}^{\mathrm{j}\omega t}$，压电叠层作动器的控制输入为：$\boldsymbol{u}(t)=\boldsymbol{U}\mathrm{e}^{\mathrm{j}\omega t}$，直升机机体振动智能控制误差响应为：$\boldsymbol{e}(t)=\boldsymbol{E}\mathrm{e}^{\mathrm{j}\omega t}$，则 $\boldsymbol{E}$、$\boldsymbol{D}$ 和 $\boldsymbol{U}$ 存在如下线性关系：

$$\boldsymbol{E}=\boldsymbol{D}+\boldsymbol{H}\boldsymbol{U} \tag{12.9}$$

式中，$\boldsymbol{H}$ 是控制输入至机体振动响应的频响函数矩阵。定义二次型控制目标函数：

$$J=\frac{1}{2}(\boldsymbol{E}^{\mathrm{T}}\boldsymbol{W}_e\boldsymbol{E}+\boldsymbol{U}^{\mathrm{T}}\boldsymbol{W}_u\boldsymbol{U}) \tag{12.10}$$

式中，$\boldsymbol{W}_e$ 和 $\boldsymbol{W}_u$ 分别是控制误差响应和控制输入的权系数矩阵。最小化控制目标函数，即得到最优控制输入。对于一个振动智能控制系统，无论是采用 ACSR 方法还是采用 AGVC 方法，式(12.10)的物理意义都是以最少的控制输入能量取得最小的控制误差响应。

对于采用 ACSR 方法的振动智能控制系统，控制误差响应位于目标测点，根据第 5 章建立的压电叠层作动器驱动主减撑杆的直升机机体振动智能控制系统，可推导旋翼振动载荷激励下机体目标测点的振动响应：

$$\boldsymbol{D}_r=\boldsymbol{C}_r\,[\boldsymbol{K}_h+\mathrm{j}\omega C_h-\omega^2\boldsymbol{M}_h]^{-1}\,\overline{\boldsymbol{F}}_{hr} \tag{12.11}$$

式中，$\boldsymbol{C}_r$ 是目标测点在整体自由度中的位置矩阵；$\overline{\boldsymbol{F}}_{hr}$ 是旋翼振动载荷在复频域内的矢量。

类似地，可推导出采用 ACSR 方法的振动智能控制系统的频响函数矩阵：

$$\boldsymbol{H}_r = \boldsymbol{C}_r[\boldsymbol{K}_h + \mathrm{j}\omega\boldsymbol{C}_h - \omega^2\boldsymbol{M}_h]^{-1}\boldsymbol{D}_r \tag{12.12}$$

联立式(12.9)~式(12.12),并令 $\dfrac{\partial J}{\partial U}=0$, 即可得到最优控制输入:

$$\boldsymbol{U}_r^o = -(\boldsymbol{H}_r^{\mathrm{T}}\boldsymbol{W}_e\boldsymbol{H}_r + \boldsymbol{W}_u)^{-1}(\boldsymbol{H}_r^{\mathrm{T}}\boldsymbol{W}_u\boldsymbol{D}_r) \tag{12.13}$$

式中, $\boldsymbol{H}_r = \boldsymbol{C}_r(\boldsymbol{K}_h + \mathrm{j}\omega\boldsymbol{C}_h - \omega^2\boldsymbol{M}_h)^{-1}\boldsymbol{D}_r$ 是控制输入至目标测点响应的频响函数矩阵, $\boldsymbol{C}_r$ 是根据机体测点自由度对应的位置矩阵, $\boldsymbol{D}_r$ 是旋翼振动载荷引起的目标测点的振动响应。

需要注意的是,采用 ACSR 方法以抑制目标测点响应为目标优化控制输入,因此是一种局部振动控制方法。由于旋翼振动载荷主要通过主减撑杆传递至机体,因此通过降低主减撑杆的振动载荷可实现机体振动的全域控制。对此,本章采用 AGVC 方法,以主减撑杆的振动载荷为控制目标,优化压电叠层作动器的控制输入,通过抑制主减撑杆的振动载荷从而减小传递至机体的振动载荷,实现直升机机体全域振动水平的控制。采用 AGVC 方法的最优输入计算过程如下。

在主减撑杆上并行安装压电叠层作动器可制成主动撑杆,图 12.4 显示了主动撑杆子系统的结构和单元划分情况。假设主动撑杆单元中节点 1 与机体结构连接,则主动撑杆可分为连接机体的撑杆单元(单元 1-2)、作动器/撑杆耦合单元(单元 2-3)和连接主减的撑杆单元(单元 3-4)。于是,采用 AGVC 方法的控制误差响应是每组撑杆连接机体单元(单元 1-2)的振动载荷。第 i 组撑杆的单元 1-2 的节点载荷矢量可表达为

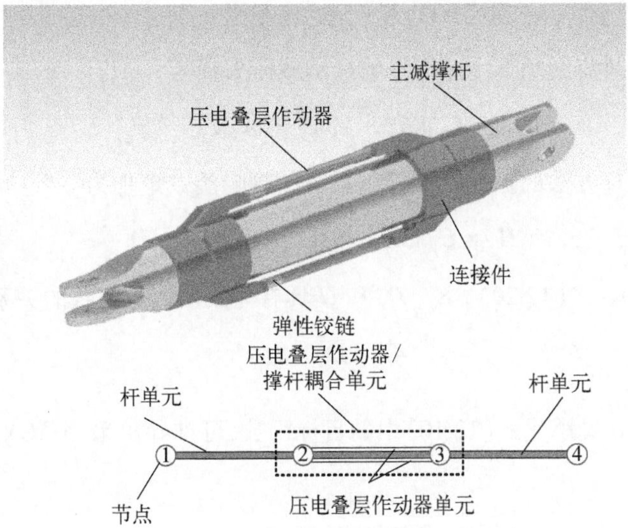

图 12.4　主动撑杆结构和单元划分

$$L_{sfi} = K_{sf}\delta_{sfi} \tag{12.14}$$

式中，L_{sfi}、K_{sf} 和 δ_{sfi} 分别是第 i 组撑杆单元 1-2 的节点载荷矢量、刚度矩阵和自由度矢量。由于单元 1 - 2 与机体铰接，仅传递轴向力，因此，第 i 组撑杆传递至机体的载荷可表示为

$$L_{sfi} = K'_{sf}\delta'_{sfi} \tag{12.15}$$

式中，$K'_{sf} = \frac{E_s A_s}{l_{sf}}[1 \quad -1]$，$E_s$、$A_s$ 和 l_{sf} 分别是单元 1-2 的弹性模量、截面面积和长度；δ'_{sfi} 是第 i 组撑杆的单元 1-2 的轴向自由度矢量，可根据第 i 组撑杆的轴向自由度矢量和振动智能控制系统的整体自由度矢量之间的关系推导得到：

$$\delta'_{sfi} = \begin{bmatrix} c_{xi} & c_{yi} & c_{zi} & 0 & 0 & 0 \\ 0 & 0 & 0 & -c_{xi} & -c_{yi} & -c_{zi} \end{bmatrix} C_{ai}\delta_h = C_{fi}\delta_h \tag{12.16}$$

式中，c_{xi}、c_{yi} 和 c_{zi} 是第 i 组撑杆与整体坐标系三个坐标轴的方向余弦；C_{ai} 是第 i 组撑杆连接机体单元的平动自由度对应的位置矩阵。

第 i 组撑杆传递至机体的载荷可转换为如下形式：

$$L_{sfi} = K'_{sf}C_{fi}\delta_h \tag{12.17}$$

则在频率 ω 处，第 i 组撑杆传递至机体的载荷可表达为

$$\overline{L}_{sfi} = K'_{sf}C_{fi}\,[K_h + \mathrm{j}\omega C_h - \omega^2 M_h]^{-1}(\overline{F}_{hr} + D_h U) \tag{12.18}$$

式中，$C_f = \left[C_{f1}^{\mathrm{T}}K'^{\mathrm{T}}_{sf} \quad C_{f2}^{\mathrm{T}}K'^{\mathrm{T}}_{sf} \quad C_{f3}^{\mathrm{T}}K'^{\mathrm{T}}_{sf} \quad C_{f4}^{\mathrm{T}}K'^{\mathrm{T}}_{sf}\right]^{\mathrm{T}}$。

旋翼振动载荷激励下主减撑杆的振动载荷矢量为

$$D_f = C_f\,[K_h + \mathrm{j}\omega C_h - \omega^2 M_h]^{-1}\,\overline{F}_{hr} \tag{12.19}$$

采用 AGVC 方法的振动智能控制系统的频响函数矩阵为

$$H_f = C_f\,[K_h + \mathrm{j}\omega C_h - \omega^2 M_h]^{-1}D_h \tag{12.20}$$

联立式(12.18)~式(12.20)，E_f、D_f 和 U 具有与式(12.9)一致的关系：

$$E_f = D_f + H_f U \tag{12.21}$$

令 $\frac{\partial J}{\partial U} = 0$ 最小化式(12.10)中的目标函数，可推导出采用 AGVC 方法的最优控制输入：

$$U_f^o = -(H_f^{\mathrm{T}}W_e H_f + W_u)^{-1}(H_f^{\mathrm{T}}W_u D_f) \tag{12.22}$$

式中，$\boldsymbol{H}_f = \boldsymbol{K}_f(\boldsymbol{K}_h + \mathrm{j}\omega\boldsymbol{C}_h - \omega^2\boldsymbol{M}_h)^{-1}\boldsymbol{D}_h$；$\boldsymbol{D}_f$ 是主减撑杆传递至机体结构的旋翼振动载荷。

12.3.2　全域振动控制算法

传统 HHC 算法由于依赖 DFT 计算，存在控制输入修正延迟、控制收敛慢等缺点，因此本章参考谐波系数同步识别-修正（HSIU）算法设计 AGVC 算法。根据 HSIU 算法，直升机机体振动智能控制过程中，第 n 个采样时刻的第 k 个控制误差响应 $e_k(n)$，第 k 个激励响应 $d_k(n)$ 和第 m 个控制输入 $u_m(n)$ 的表达式为

$$\begin{aligned}e_k(n) &= a_k\cos(\omega n\tau) + b_k\sin(\omega n\tau) = \boldsymbol{z}(n)^{\mathrm{T}}\boldsymbol{\theta}_k \\ u_m(n) &= c_m\cos(\omega t\tau) + d_m\sin(\omega t\tau) = \boldsymbol{z}(n)^{\mathrm{T}}\boldsymbol{\gamma}_m \\ d_k(n) &= f_k\cos(\omega t\tau) + g_k\sin(\omega t\tau) = \boldsymbol{z}(n)^{\mathrm{T}}\boldsymbol{\eta}_k\end{aligned} \tag{12.23}$$

式中，$\boldsymbol{z}(n) = [\cos(\omega n\tau) \quad \sin(\omega n\tau)]^{\mathrm{T}}$ 是谐波基函数矢量；$\boldsymbol{\theta}_k = [a_k \quad b_k]^{\mathrm{T}}$ 是第 k 个控制误差响应的谐波系数矩阵；$\boldsymbol{\gamma}_m = [c_k \quad d_k]^{\mathrm{T}}$ 是第 m 个控制输入的谐波系数矩阵；$\boldsymbol{\eta}_k = [f_k \quad g_k]^{\mathrm{T}}$ 是 k 个激励响应的谐波系数矩阵。定义 K 个控制误差响应的谐波系数矢量为 $\boldsymbol{\theta}(n) = [\boldsymbol{\theta}_1(n)^{\mathrm{T}} \quad \boldsymbol{\theta}_2(n)^{\mathrm{T}} \quad \cdots \quad \boldsymbol{\theta}_K(n)^{\mathrm{T}}]^{\mathrm{T}}$，$M$ 个控制输入的谐波系数矢量为 $\boldsymbol{\gamma}(n) = [\boldsymbol{\gamma}_1(n)^{\mathrm{T}} \quad \boldsymbol{\gamma}_2(n)^{\mathrm{T}} \quad \cdots \quad \boldsymbol{\gamma}_M(n)^{\mathrm{T}}]^{\mathrm{T}}$，$K$ 个激励响应的谐波系数矢量为 $\boldsymbol{\eta}(n) = [\boldsymbol{\eta}_1(n)^{\mathrm{T}} \quad \boldsymbol{\eta}_2(n)^{\mathrm{T}} \quad \cdots \quad \boldsymbol{\eta}_K(n)^{\mathrm{T}}]^{\mathrm{T}}$，则式（12.9）可以转换为如下形式：

$$\boldsymbol{\theta}(n) = \boldsymbol{T}\boldsymbol{\gamma}(n-1) + \boldsymbol{\eta}(n) \tag{12.24}$$

式中，$\boldsymbol{T}$ 是对应谐波系数的频响函数矩阵，结构如下：

$$\boldsymbol{T} = \begin{bmatrix} \boldsymbol{T}_{11}(\omega) & \boldsymbol{T}_{12}(\omega) & \cdots & \boldsymbol{T}_{1M}(\omega) \\ \boldsymbol{T}_{21}(\omega) & \boldsymbol{T}_{22}(\omega) & \cdots & \boldsymbol{T}_{2M}(\omega) \\ \vdots & \vdots & \ddots & \vdots \\ \boldsymbol{T}_{K1}(\omega) & \boldsymbol{T}_{K2}(\omega) & \cdots & \boldsymbol{T}_{KM}(\omega) \end{bmatrix}, \boldsymbol{T}_{km}(\omega) = \begin{bmatrix} \mathrm{Re}(H_{km}(\omega)) & -\mathrm{Im}(H_{km}(\omega)) \\ \mathrm{Im}(H_{km}(\omega)) & \mathrm{Re}(H_{km}(\omega)) \end{bmatrix} \tag{12.25}$$

式中，$H_{km}(\omega)$ 是第 m 个输入至第 k 个输出在频率 ω 处的频响。

将式（12.13）所示的目标函数转化为谐波系数的形式：

$$J_a = \frac{1}{2}(\boldsymbol{\theta}^{\mathrm{T}}\boldsymbol{W}_\theta\boldsymbol{\theta} + \boldsymbol{\gamma}^{\mathrm{T}}\boldsymbol{W}_\gamma\boldsymbol{\gamma}) \tag{12.26}$$

式中，$\boldsymbol{W}_\theta$ 和 $\boldsymbol{W}_\gamma$ 分别是控制误差响应和控制输入谐波系数的权矩阵。采用最速下降法最小化 J_a，修正控制输入的谐波系数矢量：

$$\boldsymbol{\gamma}(n)=\boldsymbol{\gamma}(n-1)-\mu\frac{\partial J_a}{\partial\gamma} \tag{12.27}$$

式中，μ 是控制输入的修正步长。联立式(12.24)、式(12.26)和式(12.27)，可得到控制输入谐波系数的修正公式：

$$\boldsymbol{\gamma}(n)=(\boldsymbol{I}-\mu\boldsymbol{W}_\theta)\boldsymbol{\gamma}(n-1)-\mu\boldsymbol{T}^{\mathrm{T}}\boldsymbol{W}_\gamma\boldsymbol{\theta}(n) \tag{12.28}$$

采用最小均方(LMS)方法实时识别控制误差响应的谐波系数。定义 $\boldsymbol{e}_{kL}(n)=[e_k(n)\quad e_k(n-1)\quad\cdots\quad e_k(n-L+1)]$ 为第 k 个控制误差响应最近的 L 个采样数据组成的矩阵，$\boldsymbol{z}_L(n)=[z(n)\quad z(n-1)\quad\cdots\quad z(n-L+1)]$ 为谐波基函数最近的 L 个采样数据组成的矩阵，则 $\boldsymbol{e}_{kL}(n)$ 可由 $z_L(n)$ 和识别的第 k 个控制误差响应的谐波系数矢量表示：

$$\boldsymbol{e}_{kL}(n)=\boldsymbol{z}_L(n)^{\mathrm{T}}\boldsymbol{\theta}_k(n)+\boldsymbol{\varepsilon}_{kL}(n) \tag{12.29}$$

式中，$\boldsymbol{\varepsilon}_{kL}(n)=[\varepsilon_k(n)\quad\varepsilon_k(n-1)\quad\cdots\quad\varepsilon_k(n-L+1)]$ 是最近的 L 个识别误差组成的矢量。第 k 个控制误差响应谐波系数的均方识别误差可表示为

$$E[\boldsymbol{\varepsilon}_{kL}(n)\boldsymbol{\varepsilon}_{kL}^{\mathrm{T}}(n)]=E[(\boldsymbol{e}_{kL}(n)-\boldsymbol{z}_L(n)^{\mathrm{T}}\boldsymbol{\theta}_k(n))(\boldsymbol{e}_{kL}(n)-\boldsymbol{z}_L(n)^{\mathrm{T}}\boldsymbol{\theta}_k(n))^{\mathrm{T}}] \tag{12.30}$$

采用最速下降法最小化均方识别误差：

$$\boldsymbol{\theta}_k(n)=\boldsymbol{\theta}_k(n-1)-\mu_\theta\frac{\partial E[\boldsymbol{\varepsilon}_{kL}(n)\boldsymbol{\varepsilon}_{kL}^{\mathrm{T}}(n)]}{\partial\boldsymbol{\theta}_k(n-1)} \tag{12.31}$$

式中，μ_θ 是控制误差响应谐波系数的识别步长。取单个采样数据的平方误差梯度作为均方误差的估计，第 k 个控制误差响应谐波系数的更新公式如下：

$$\boldsymbol{\theta}_k(n)=\boldsymbol{\theta}_k(n-1)+2\mu_\theta\boldsymbol{z}(n)^{\mathrm{T}}[\boldsymbol{e}_k(n)-\boldsymbol{z}(n)^{\mathrm{T}}\boldsymbol{\theta}_k(n-1)] \tag{12.32}$$

通过实时识别控制误差响应的谐波系数，可根据式(12.28)修正控制输入的谐波系数。将式(12.24)代入式(12.28)可得

$$\boldsymbol{\gamma}(n)=(\boldsymbol{I}-\boldsymbol{\Gamma})\boldsymbol{\gamma}(n-1)-\mu\boldsymbol{T}^{\mathrm{T}}\boldsymbol{W}_\theta\boldsymbol{\eta} \tag{12.33}$$

式中，$\boldsymbol{\Gamma}=\boldsymbol{W}_\gamma+\boldsymbol{T}^{\mathrm{T}}\boldsymbol{W}_\theta\boldsymbol{T}$。令矩阵 $\boldsymbol{\Gamma}$ 的最大特征值为 $\lambda_{\max}$，则控制输入的收敛条件如下：

$$0 < \mu < \frac{2}{\lambda_{\max}} \tag{12.34}$$

将式(12.24)代入式(12.26),令 $\frac{\partial J_a}{\partial \boldsymbol{\gamma}} = 0$ 可推导出最优控制输入的谐波系数:

$$\boldsymbol{\gamma}^o = -(\boldsymbol{W}_\gamma + \boldsymbol{T}^{\mathrm{T}}\boldsymbol{W}_\theta\boldsymbol{T})^{-1}\boldsymbol{T}^{\mathrm{T}}\boldsymbol{W}_\theta\boldsymbol{\eta} \tag{12.35}$$

如果系统频响函数矩阵是精确的,控制输入的谐波系数将收敛至 $\boldsymbol{\gamma}^o$。将式(12.35)代入式(12.26),控制目标函数收敛至如下最优值:

$$J_a^o = \frac{1}{2}\boldsymbol{\eta}^{\mathrm{T}}\boldsymbol{W}_\theta\boldsymbol{\eta} + \frac{1}{2}\boldsymbol{\gamma}^{o\mathrm{T}}\boldsymbol{T}^{\mathrm{T}}\boldsymbol{W}_\theta\boldsymbol{\eta} \tag{12.36}$$

则第 n 个采样时刻的控制目标函数可由 J_a^o 表达:

$$\begin{aligned} J_a(n) &= J_a^o - \frac{1}{2}\boldsymbol{\gamma}^{o\mathrm{T}}\boldsymbol{T}^{\mathrm{T}}\boldsymbol{W}_\theta\boldsymbol{\eta} + \boldsymbol{\eta}^{\mathrm{T}}\boldsymbol{W}_\theta\boldsymbol{T}\boldsymbol{\gamma}(n) + \frac{1}{2}\boldsymbol{\gamma}^{\mathrm{T}}(n)\boldsymbol{\Gamma}\boldsymbol{\gamma}(n) \\ &= J_a^o + \frac{1}{2}(\boldsymbol{\gamma}(n) - \boldsymbol{\gamma}^o)^{\mathrm{T}}\boldsymbol{\Gamma}(\boldsymbol{\gamma}(n) - \boldsymbol{\gamma}^o) \\ &= J_a^o + \frac{1}{2}\boldsymbol{\kappa}^{\mathrm{T}}(n)\boldsymbol{\Gamma}\boldsymbol{\kappa}(n) \end{aligned} \tag{12.37}$$

式中,$\boldsymbol{\kappa}(n) = \boldsymbol{\gamma}(n) - \boldsymbol{\gamma}^o$。将 $\boldsymbol{\Gamma}$ 对角化:$\boldsymbol{\Gamma} = \boldsymbol{Q}\boldsymbol{\Lambda}\boldsymbol{Q}^{-1}$, $\boldsymbol{\Lambda} = \mathrm{diag}(\lambda_1, \cdots, \lambda_L)$, $\lambda_l(l = 1, \cdots, L)$ 是 $\boldsymbol{\Gamma}$ 的第 l 个特征值,L 是 $\boldsymbol{\Gamma}$ 的阶数。定义 $\bar{\boldsymbol{\kappa}}(n) = \boldsymbol{Q}^{-1}\boldsymbol{\kappa}(n) = \boldsymbol{Q}^{\mathrm{T}}\boldsymbol{\kappa}(n)$,式(12.37)可转换为

$$J_a(n) = J_a^o + \frac{1}{2}\bar{\boldsymbol{\kappa}}^{\mathrm{T}}(n)\boldsymbol{\Lambda}\bar{\boldsymbol{\kappa}}(n) \tag{12.38}$$

将式(12.38)代入式(12.27),控制输入的谐波系数修正公式可转换为如下形式:

$$\boldsymbol{\gamma}(n) = \boldsymbol{\gamma}(n-1) - \mu\frac{\partial J_a}{\partial \boldsymbol{\gamma}} = \boldsymbol{\gamma}(n-1) - \mu\boldsymbol{\Gamma}\boldsymbol{\kappa} \tag{12.39}$$

联立式(12.35)和式(12.39),可推导出如下关系:

$$\begin{aligned} \boldsymbol{\gamma}(n) - \boldsymbol{\gamma}^o &= \boldsymbol{\gamma}(n-1) - \boldsymbol{\gamma}^o - \mu\boldsymbol{\Gamma}\boldsymbol{\kappa} \\ \bar{\boldsymbol{\kappa}}(n) &= (\boldsymbol{I} - \mu\boldsymbol{\Lambda})\bar{\boldsymbol{\kappa}}(n-1) \end{aligned} \tag{12.40}$$

则 $\bar{\boldsymbol{\kappa}}(n)$ 与它的初始值有如下关系:

$$\bar{\boldsymbol{\kappa}}(n) = (\boldsymbol{I} - \mu\boldsymbol{\Lambda})^n\bar{\boldsymbol{\kappa}}(0) \tag{12.41}$$

将式(12.41)代入式(12.38),第 n 个采样时刻的控制目标函数可表达为

$$J_a(n) = J_a^o + \frac{1}{2}\bar{\boldsymbol{\kappa}}^{\mathrm{T}}(0)\ (\boldsymbol{I} - \mu\boldsymbol{\Lambda})^{2n}\bar{\boldsymbol{\kappa}}(n) \tag{12.42}$$

根据式(12.42),每次迭代后控制目标函数衰减 $(\boldsymbol{I}-\mu\boldsymbol{\Lambda})^2$ 倍,定义第 l 个控制谐波系数对应的目标函数分量每次迭代的衰减率为

$$\xi_l^2=(1-\mu\lambda_l)^2 \tag{12.43}$$

则该衰减可表达成指数衰减的形式:

$$(\xi_l^2)^n=(1-\mu\lambda_l)^{2n}=\mathrm{e}^{-2n/\tau_l}=\mathrm{e}^{-n/\tau_{msel}} \tag{12.44}$$

式中,τ_{msel} 是指数衰减的时间常数。对 ξ_l 进行泰勒展开:

$$\xi_l=\mathrm{e}^{-1/\tau_l}=1-\frac{1}{\tau_l}+\frac{1}{2!\ \tau_l^2}+\cdots \tag{12.45}$$

当 $\tau_l \gg 1$ 时,τ_{msel} 可近似表达为

$$\tau_{msel}\approx\frac{1}{2\mu\lambda_l} \tag{12.46}$$

因此整体收敛时间常数 τ_{mse} 由 $\boldsymbol{\Gamma}$ 的最小特征值 $\lambda_{\min}$ 决定:

$$\tau_{mse}\approx\tau'_{mse}=\frac{1}{2\mu\lambda_{\min}} \tag{12.47}$$

根据式(12.34)和式(12.47),振动主动控制的整体收敛时间常数与 $\boldsymbol{\Gamma}$ 的最大和最小特征值有如下关系:

$$\tau'_{mse}>\frac{1}{4}\frac{\lambda_{\max}}{\lambda_{\min}} \tag{12.48}$$

矩阵 $\boldsymbol{\Gamma}$ 的二阶条件数可表示为最大特征值 $\lambda_{\max}$ 与最小特征值 $\lambda_{\min}$ 的比值,因此根据式(12.48),振动主动控制的收敛速度由矩阵 $\boldsymbol{\Gamma}$ 的条件数决定。$\boldsymbol{\Gamma}$ 的条件数越小,振动主动控制的收敛速度越快。

12.4 压电叠层作动器特性受主减撑杆参数的影响

12.4.1 压电叠层作动器特性受主减撑杆刚度的影响

为直接反映主动主减撑杆对传递至机体的振动载荷的抑制能力,这里定义了压电叠层作动器对主动撑杆振动载荷的控制能力的一个概念:在控制频率处,在单位幅值的控制电压驱动下单个主动撑杆传递至机体结构的撑杆振动载荷的幅

值。根据压电叠层作动器的动态输出特性分析,压电叠层作动器对撑杆振动载荷的控制能力与撑杆的刚度和广义电刚度以及控制目标结构在作动器安装位置处的静刚度和动刚度有关。首先研究压电叠层作动器对撑杆振动载荷的控制能力受撑杆刚度的影响。

根据撑杆和压电叠层作动器的参数,初始主减撑杆刚度为 1.67×10^7 N/m,压电叠层作动器的初始刚度为 1.30×10^7 N/m。初始安装长度,即作动器与撑杆连接点两端的初始距离设置为 0.4 m。安装在主减撑杆的压电叠层作动器的初始数量为 2。控制频率设置为直升机的桨叶通过频率 25.5 Hz。将压电叠层作动器安装在主减撑杆 1 处,计算了撑杆刚度从初始刚度的 10%增至 10 倍时对应的压电叠层作动器对撑杆振动载荷的控制能力。图 12.5 显示了压电叠层作动器对撑杆振动载荷的控制能力受主减撑杆刚度的影响。根据图 12.5,随着撑杆刚度增加到 2.51×10^7 N/m,压电叠层作动器对撑杆振动载荷的控制能力大幅增加至最大值,之后随撑杆刚度的增加而缓慢下降。显然,过低的撑杆刚度限制了压电叠层作动器传递至机体的动态输出力。如果撑杆刚度过低,压电叠层作动器所做的功大部分转化为撑杆的形变能,从而导致压电叠层作动器传递至撑杆进而传递至机体的振动控制载荷过低。如果撑杆刚度过高,压电叠层作动器产生的作动力大部分用于克服撑杆在作动器安装部分的弹性力,从而导致压电叠层作动器传递至撑杆进而传递至机体的振动控制载荷过低。值得注意的是,由图 12.5 可知,当撑杆刚度很低时,撑杆刚度的少量变化就会明显改变压电叠层作动器对撑杆振动载荷的控制能力,表明对于输出力大、输出行程小的压电叠层作动器,过低的撑杆刚度严重影响了压电叠层作动器的动态输出力。由式(12.8)可得,压电叠层作动器的动态输出力由动态输出系数 k_{as} 决定。图 12.6 显示了不同撑杆刚度下压电叠层作动器的动态输出系数的模,撑杆刚度对压电叠层作动器动态输出系数的影响与对压电叠层作动器控制能力的影响一致。

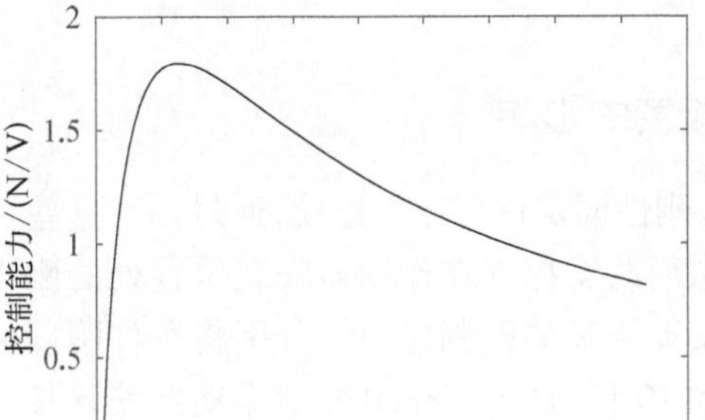

图 12.5 压电叠层作动器的控制能力受主减撑杆刚度的影响

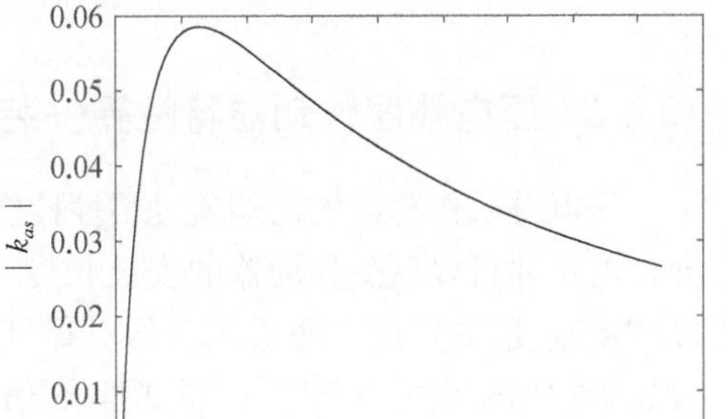

图 12.6 压电叠层作动器的动态输出系数受主减撑杆刚度的影响

为进一步研究压电叠层作动器对撑杆振动载荷的控制能力受撑杆刚度的影响,设置频率为 25.5 Hz 的三个方向的激振力和三个方向的激振力矩作为旋翼振动载荷,激振力和激振力矩的幅值分别设置为: $F_x=60$ N, $F_y=60$ N, $F_z=300$ N, $M_x=10$ N, $M_y=10$ N, $M_z=20$ N。在旋翼振动载荷作用下,主减撑杆刚度由初始刚度的10%增加至 10 倍时,根据式(12.22)计算了完全抑制主减撑杆 1 传递至机体结构的振动载荷所需的控制电压幅值,如图 12.7 所示。随撑杆刚度的增加,控制电压大幅下降至某个最低值,随后缓慢上升。最小控制电压对应的撑杆刚度是 2.84×10^7 N/m。对比图12.5 和图 12.7,压电叠层作动器的最优控制电压对应的撑杆刚度 2.84×10^7 N/m 与最优作动器控制能力对应的撑杆刚度 2.51×10^7 N/m 不完全一致,这是因为不同撑杆刚度下旋翼振动载荷引起的撑杆振动载荷不同。因此,通过调整压电叠层作动器安装结构的刚度,可以优化压电叠层作动器对撑杆振动载荷的控制能力。

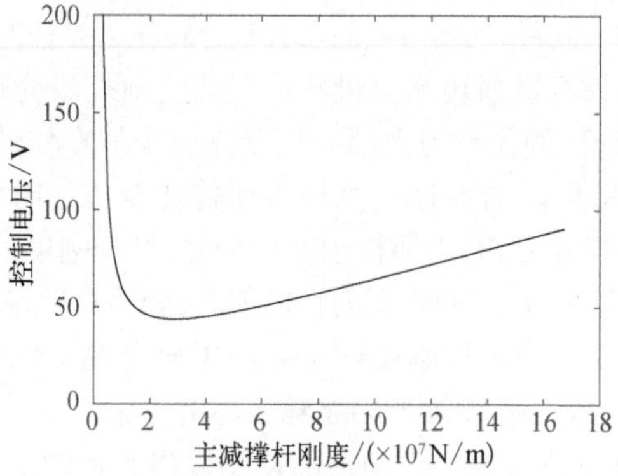

图 12.7 压电叠层作动器的控制电压受主减撑杆刚度的影响

12.4.2 压电叠层作动器特性受安装长度的影响

压电叠层作动器的两端通过柔性铰链、刚性固定件与撑杆连接,通过设计这些元件的尺寸可以改变作动器的安装长度,从而改变撑杆在作动器安装位置处的刚度和动刚度,调整压电叠层作动器对撑杆振动载荷的控制能力。分别将撑杆刚度设置为初始刚度的 0.5 倍、1 倍、2 倍、5 倍和 10 倍,计算了压电叠层作动器安装长度从撑杆长度的 32.71%(即作动器长度)增加至撑杆长度的 100%时压电叠层作动器对撑杆振动载荷的控制能力。图 12.8 和图 12.9 分别显示了压电叠层作动器的控制能力和动态输出系数的模受安装长度的影响。可以看出,在不同撑杆刚度下,增加安装长度降低了压电叠层作动器的控制能力和动态输出系数的模。因为增加压电叠层作动器与撑杆连接点的距离会降低撑杆在安装位置处的刚度和动刚度，增加了压电叠层作动器的动态输出位移。在旋翼振动载荷激励下，完全抑制主减撑杆 1 传递至机体结构的撑杆振动载荷所需的控制电压如图 12.10 所示，这与安装长度对压电叠层作动器的控制能力的影响趋势相反，压电叠层作动器的安装长度越大，所需控制电压越小。

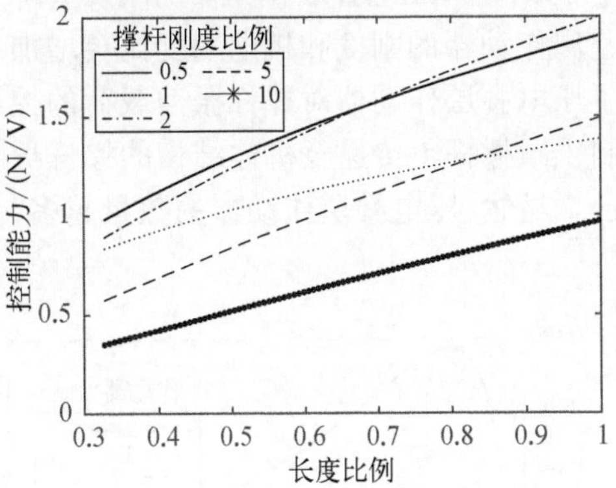

图 12.8　压电叠层作动器的控制能力受安装长度的影响

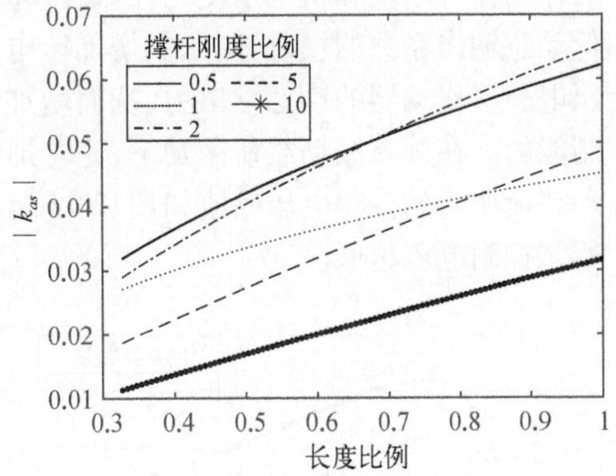

图 12.9　压电叠层作动器的动态输出系数的模受安装长度的影响

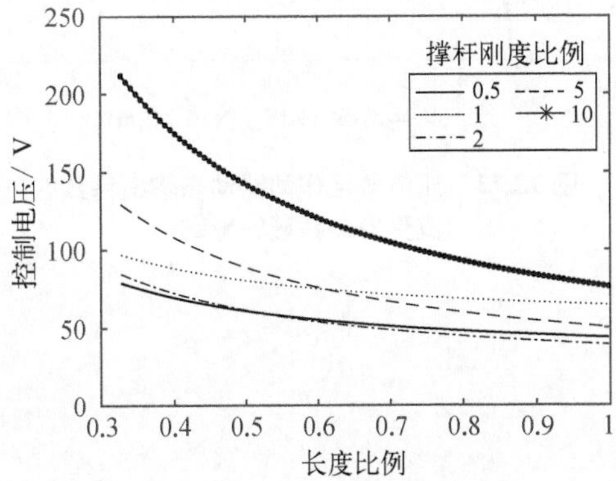

图 12.10　压电叠层作动器的控制电压受安装长度的影响

12.4.3　压电叠层作动器特性受安装数量的影响

当压电叠层作动器的控制能力不足以抑制机体振动响应时，增加压电叠层作动器的数量是一种简单易施的方法，但这种方法也增加了压电叠层作动器的整体刚度。为了分析压电叠层作动器对撑杆振动载荷的控制能力受安装数量的影响，在压电叠层作动器初始刚度和初始安装长度下，当压电叠层作动器数量分别设置为 2~6 时，计算了撑杆刚度从初始刚度的 10%增加至 10 倍时压电叠层作动器的控制能力。图 12.11 和图 12.12 分别显示了各撑杆刚度下压电叠层作动器的控制能力和动态驱动系数的模受安装数量的影响。对比图 12.11 和图 12.12 可知,在各个撑杆刚度下,增加压电叠层作动器的安装数量可提升压电叠层作动器对撑杆振动载荷的控制能力,但会降低压电叠层作动器的动态输出系数的模。增加压电叠层作动器的安装数量相当于在不改变广义电刚度的前提下,同比例增加了压电叠层作动器的刚度和机电刚度比,由式(12.8)可知,增加压电叠层作动器的刚度会降低动态输出系数的模,但同比例增加压电叠层作动器的刚度和机电刚度比会增加压电叠层作动器的动态输出力,从而增加了压电叠层作动器对撑杆振动载荷的控制能力。在旋翼振动载荷激励下,完全抑制主减撑杆 1 传递至机体结构的撑杆振动载荷所需的控制电压幅值如图12.13 所示。显然,压电叠层作动器的数量越多,所需控制电压越低。

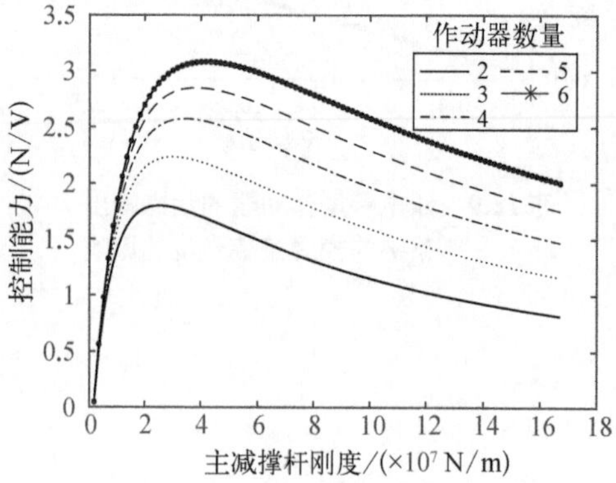

图 12.11 压电叠层作动器的控制能力受安装数量的影响

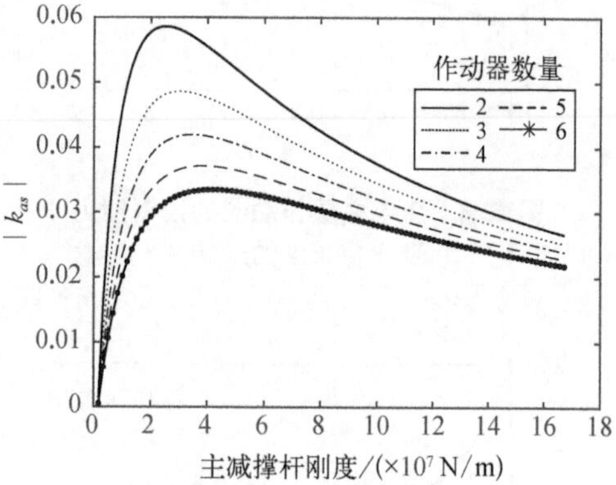

图 12.12 压电叠层作动器动态输出系数的模受安装数量的影响

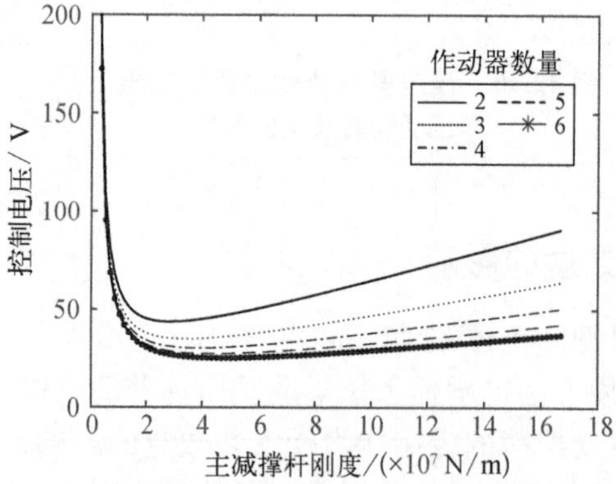

图 12.13 压电叠层作动器的控制电压受安装数量的影响

12.5　机体局部与全域振动智能控制仿真

12.5.1　采用 ACSR 和 AGVC 的振动智能控制性能

为了对比分析采用 ACSR 和 AGVC 对直升机机体振动智能控制的性能差异，分别进行了机体局部和全域振动智能控制仿真。如图 12.14 所示，选取了位于仪表盘、驾驶座椅等关键位置的 6 个节点作为 ACSR 的控制目标测点，选取了 20 个节点作为机体全域振动水平评价节点。选择的 6 个目标测点是节点 1、7、17、23、35、47，选择的 20 个全域振动水平评价节点是节点 1、7、17、23、35、47、67、79、182、188、116、128、132、144、148、160、173、175、177、180。在旋翼振动载荷激励下，分别计算采用 ACSR 和 AGVC 的机体 6 个目标测点和 20 个全域评价节点的振动响应以及四根主减撑杆传递至机体结构的振动载荷。设置撑杆刚度、压电叠层作动器安装长度的初始值，每根撑杆安装 2 个压电叠层作动器。图 12.15 显示了无控、ACSR 和 AGVC 下 20 个节点的响应，无控时，20 个节点的振动响应都很大，尤其是节点 1 和节点 7 的响应特别大；采用 ACSR 时，6 个目标测点的振动控制效果非常好，振动水平在 20 个节点中是最小的，但有许多节点，如 116、132、148、173、175、177、180 的控制效果不佳，特别是节点 180 的振动水平甚至超过了无控时的振动水平；采用 AGVC 时，20 个节点的振动响应都得到了有效抑制，许多节点的振动控制效果都明显好于采用 ACSR 时的振动控制效果，仅在 6 个目标测点的

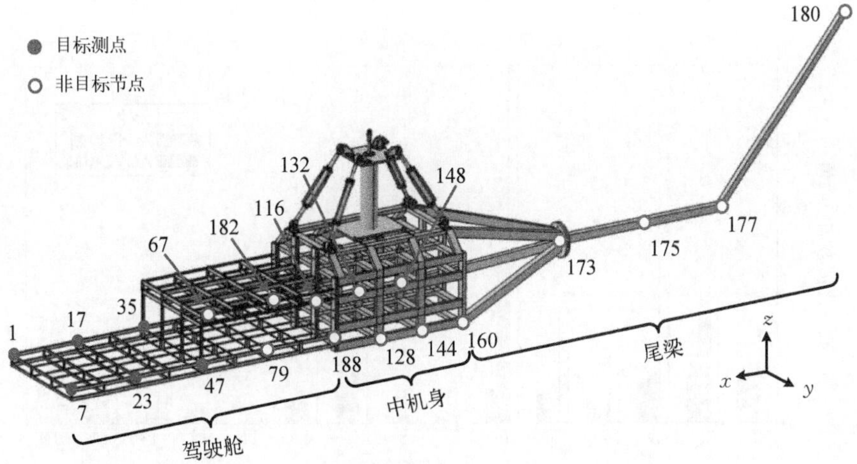

图 12.14　ACSR 目标测点和全域振动水平评价节点

振动控制效果略差于采用 ACSR 时的振动控制效果,由于 ACSR 将 6 个目标测点的振动响应作为控制目标,因此 6 个目标测点的振动响应在 20 个节点中最小。为了进一步研究采用 AGVC 时的机体全域振动控制效果,计算了无控、ACSR 和 AGVC 时的机体结构各阶模态响应,并将无控、ACSR 和 AGVC 时的各阶模态响应振幅对其中的振幅最大值(即无控时第 6 阶模态响应振幅)进行归一化处理,如图 12.16 显示了无控、ACSR 和 IGVC 时机体前 15 阶模态的归一化响应幅值,采用 AGVC 时,大部分模态响应幅值都得到了有效抑制;采用 ACSR 时,除了第 4、5 阶外,其他阶模态响应的抑制率均低于采用 AGVC 的抑制率,第 7、8 和 11 阶模态响应甚至超过了无控时的模态响应。因此采用 AGVC 可高效抑制机体结构的全域振动响应,采用 ACSR 可有效抑制目标测点的振动响应,但不能有效抑制机体的全域振动响应。

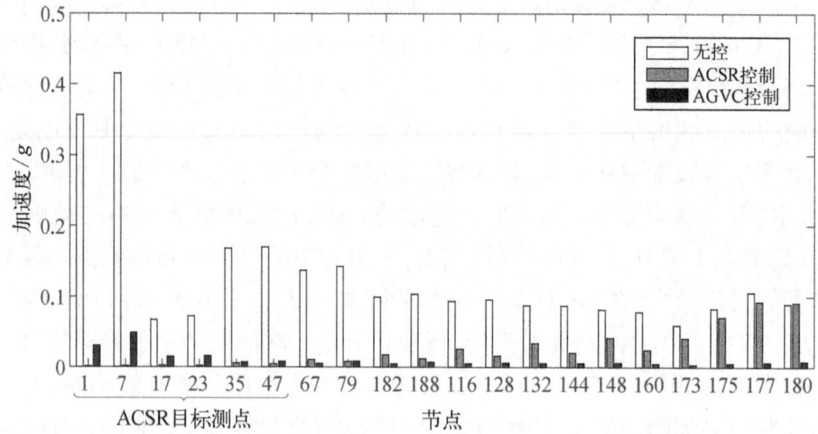

图 12.15 无控、ACSR 和 AGVC 时各节点的振动响应幅值

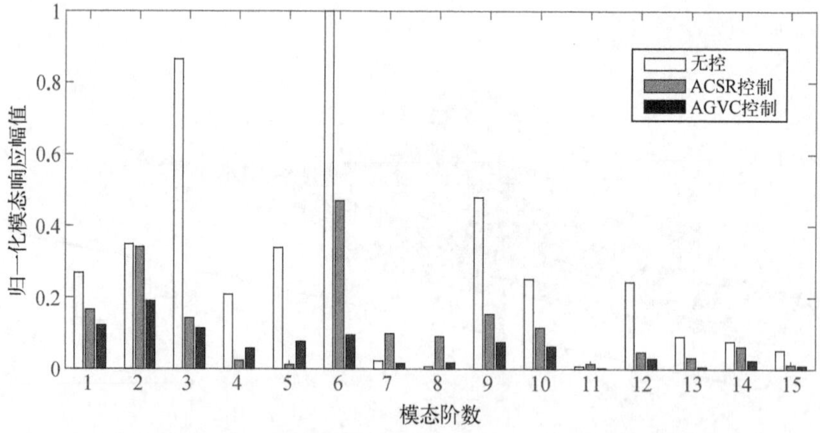

图 12.16 无控、ACSR 和 AGVC 时各阶归一化模态响应幅值

为了详细分析主减撑杆传递至机体结构的振动载荷的动态特性，图 12.17(a)、(b)分别显示了无控和 ACSR 时、无控和 AGVC 时一个周期的主减撑杆 1 传递至机体结构的振动载荷和压电叠层作动器的输出作动力。采用 AGVC 时，主减撑杆传递至机体的振动载荷非常小，图 12.17(b)中显示不出来，由图 12.17(c)单独显示该振动载荷的动态特性。图 12.17(a)中，无控和 ACSR 时的撑杆 1 的振动载荷之间的相位差为 74.17°；开始 ACSR 后，撑杆 1 的振动载荷与压电叠层作动器的作动力之间的相位差为 70.74°；无控时撑杆 1 的振动载荷与压电叠层作动器的作动力之间的相位差为 144.91°，并不是 180°，因为 ACSR 时的控制目标是机体目标测点处的振动响应。图 12.17(b)中，压电叠层作动器的作动力的相位与无控时主减撑杆 1 的振动载荷的相位几乎相反，因为采用 AGVC 时，以撑杆振动载荷为控制目标，只有作动力与振动载荷的相位相反，才能抑制撑杆的振动载荷，因此，采用 AGVC 时的仿真结果与物理概念完全一致。图 12.17(c)中，主减撑杆 1 传递到机体的振动载荷的相位与采用 AGVC 时的压电叠层作动器作动力的相位几乎一致，因为 AGVC 时，主减撑杆的振动变成了压电叠层作动器驱动力下的强迫振动。图

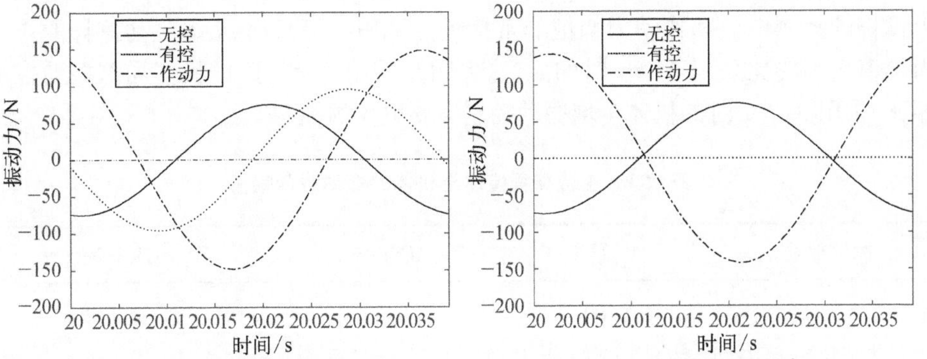

(a) 无控和ACSR时　(b) 无控和AGVC时

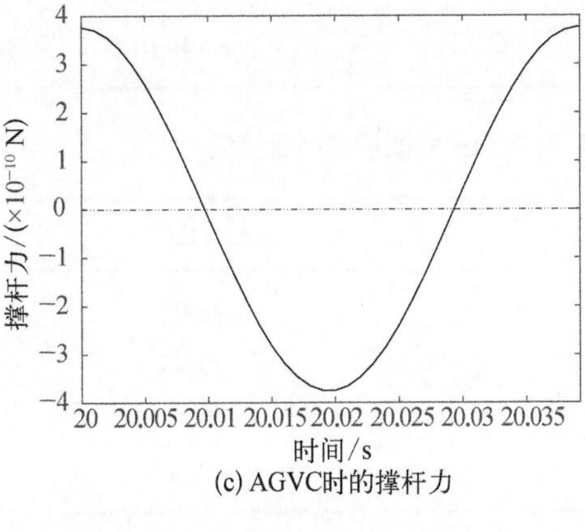

(c) AGVC时的撑杆力

图 12.17　无控、ACSR 和 AGVC 时撑杆 1 传递至机体的一个周期的振动载荷和压电叠层作动器的作动力

12.17(a)和图 12.17(b)中,采用 ACSR 和 AGVC 时的压电叠层作动器的作动力幅值明显大于无控时主减撑杆 1 的振动载荷幅值,因为在压电叠层作动器的作动过程中,压电叠层作动器的作动力所做的功,有一部分转化成了作动器安装结构的形变能。表 12.1 列出了 ACSR 和 AGVC 时 4 组主减撑杆传递到机体的振动载荷振幅。从表 12.1 可以看出,AGVC 时旋翼振动载荷通过主减撑杆传递到机体的振动载荷幅值非常小,因此机体的全域振动水平非常低;但 ACSR 时旋翼振动载荷通过主减撑杆传递到机体的振动载荷幅值超过了无控时的振动载荷。需要说明的是,尽管 AGVC 时主减撑杆传递到机体的振动载荷非常小,但在图 12.15 和图 12.16 中 AGVC 时各节点仍有较小的振动响应,这是由于机体结构模型中在主减速器和机体之间有防摆弹簧,如图 12.3 所示,旋翼振动载荷的一小部分通过这些防摆弹簧传递到了机体,使机体产生了较小的振动响应。表 12.2 和表 12.3 分别列出了 ACSR 和 AGVC 时压电叠层作动器的控制电压幅值和 4 个主动撑杆的作动力幅值。采用 ACSR 时,主动撑杆 1 和 2 的控制电压和作动力幅值要比主动撑杆 3 和 4 的高,因为撑杆 1 和 2 比撑杆 3 和 4 更接近目标测点,并且对目标测量点的振动响应具有更强的控制能力。采用 AGVC 时,以主减撑杆的振动载荷为控制目标,因此 4 个撑杆的控制电压和作动力幅值非常接近。采用 AGVC 时,4 组主动撑杆的作动力幅值之和要比采用 ACSR 时的大,这表明与采用 ACSR 时的机体局部振动控制相比,采用 AGVC 时的机体全域振动控制需要更大的控制力。

表 12.1 主减撑杆传递至机体的振动载荷幅值

撑杆编号	无控/N	ACSR/N	AGVC/N
1	75.09	95.76	2.52×10^{-10}
2	73.91	105.74	2.15×10^{-10}
3	76.33	109.37	2.48×10^{-10}
4	78.14	82.12	2.13×10^{-10}

表 12.2 采用 ACSR 和 AGVC 时主动撑杆的控制电压幅值

撑杆编号	ACSR/V	AGVC/V
1	138.68	128.01
2	133.33	119.48
3	44.25	119.12
4	44.03	127.70

表 12.3　采用 ACSR 和 AGVC 时主动撑杆的作动力幅值

撑杆编号	ACSR/N	AGVC/N
1	148.16	141.95
2	176.27	136.84
3	131.85	138.94
4	117.97	145.14

12.5.2　采用 ACSR 和 AGVC 的控制效果和收敛速度

为了对比旋翼振动载荷激励下采用 ACSR 和 AGVC 时的直升机机体振动控制效果,分别采用该两种方法进行振动智能控制仿真。采样频率设置为 1 000 Hz。谐波修正系数设置为 $\mu = 1$。在机体动力学相似结构的桨毂节点处施加三个方向的振动力和三个方向的振动力矩。在第 10 秒时开启控制,此时机体振动响应已达到稳态。图 12.18 和图 12.19 分别显示了在相同控制算法和控制参数下采用 ACSR 和 AGVC 时 6 个目标测点的振动响应。由图可知,采用 AGVC 时的振动响应收敛速度比采用 ACSR 时的更快。根据控制算法收敛特性的分析,式(12.33)中的矩阵 $\boldsymbol{\Gamma}$ 的条件数越小收敛速度越快。根据计算,采用 AGVC 时矩阵 $\boldsymbol{\Gamma}$ 的条件数是 5.49×10^3,采用 ACSR 时矩阵 $\boldsymbol{\Gamma}$ 的条件数是 6.63×10^4,因此采用 AGVC 时,控制具有更快

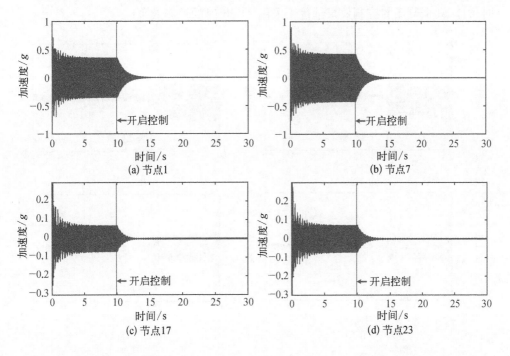

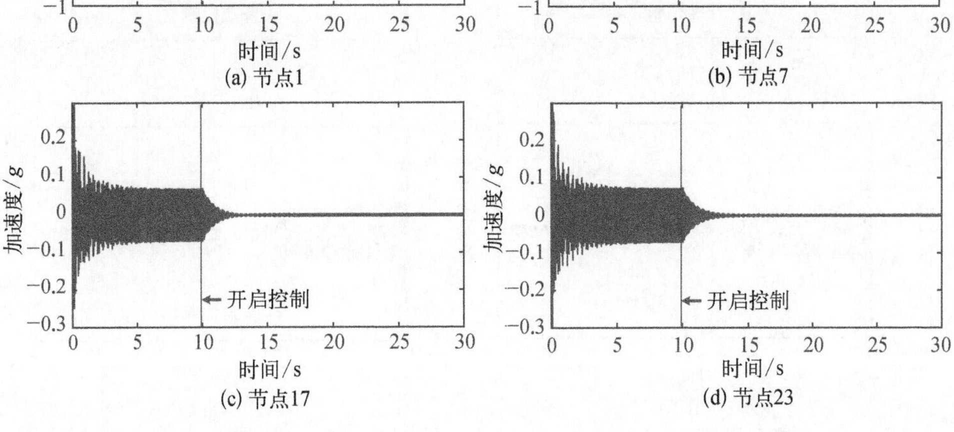

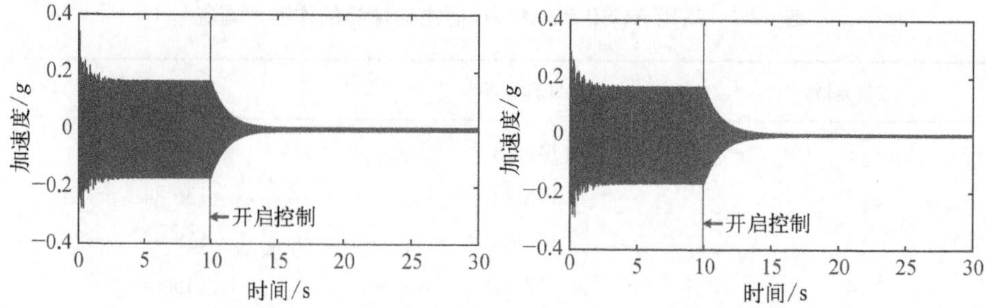

(e) 节点35　　(f) 节点47

图 12.18　采用 ACSR 时 6 个目标测点的加速度响应

的收敛速度。为了分析机体全域振动的控制效果，计算了 6 个目标测点和 20 个节点处加速度响应的平方和的平方根(SRSS)幅值。图 12.20、图 12.21 分别显示了无控和 ACSR 时、无控和 AGVC 时 6 个目标测点和 20 个节点的加速度响应的 SRSS 幅值。无控时，6 个目标测点和 20 个节点的加速度响应的 SRSS 幅值分别为 1.19g 和 2.47g。采用 ACSR 时，6 个目标测点的 SRSS 幅值从 1.19g 降低到了 0.007g，降低率为 99%；20 个节点的 SRSS 幅值从 2.47g 降低到了 0.38g，降低率为 85%。采用 AGVC 时，6 个目标测点的 SRSS 幅值从 1.19g 降低到了 0.063g，降低率为 95%；20 个节点的 SRSS 幅值从 2.47g 降低到了 0.09g，降低率为 96%。因此，尽管采用 AGVC 时 6 个目标测点的控制效果略低于采用 ACSR 时的控制效果，但采用 AGVC 时机体 20 个节点的控制效果远优于采用 ACSR 时的控制效果。

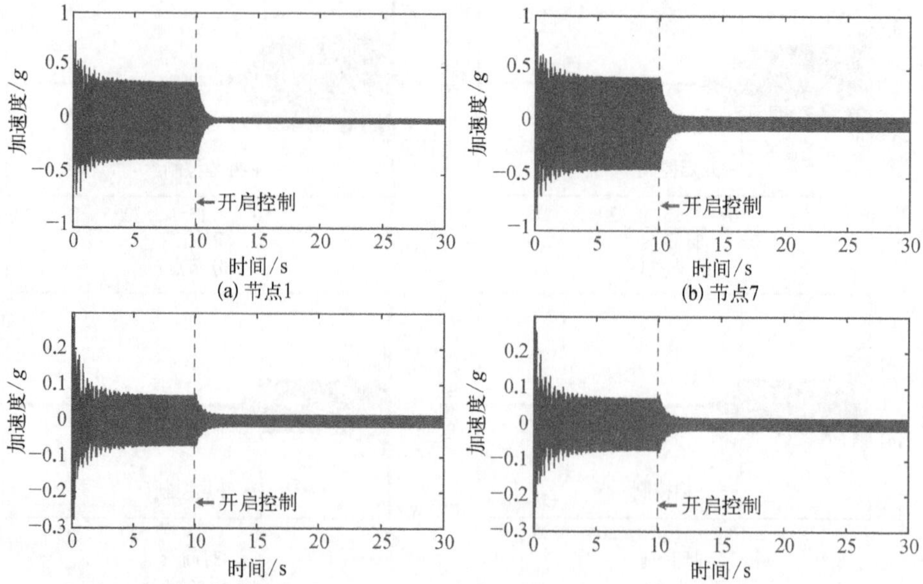

(a) 节点1　　(b) 节点7
(c) 节点17　　(d) 节点23

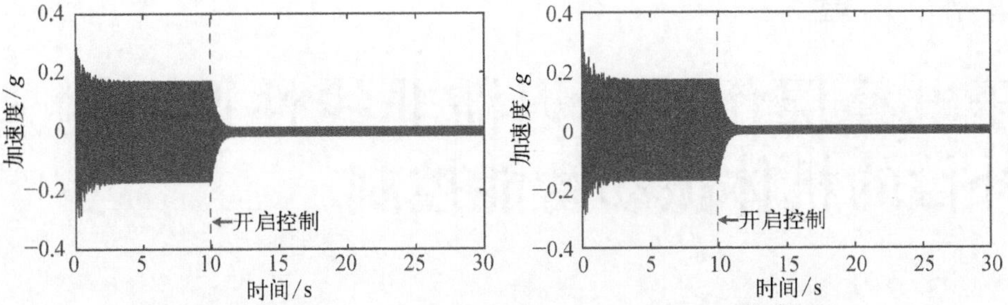

(e) 节点35　　(f) 节点47

图 12.19　采用 AGVC 时 6 个目标测点的加速度响应

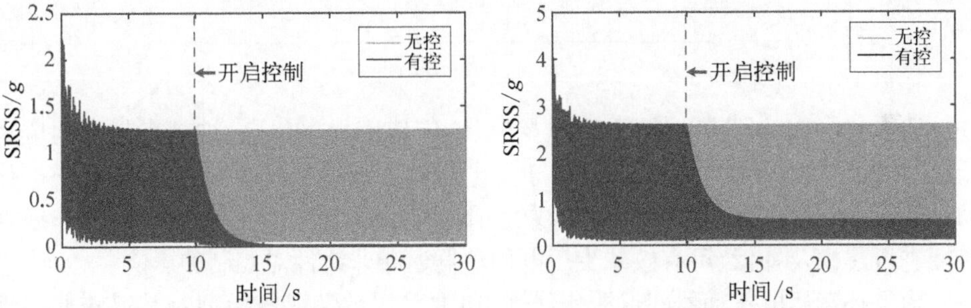

(a) 6个目标测点　　(b) 20个节点

图 12.20　采用 ACSR 时节点的加速度 SRSS 幅值

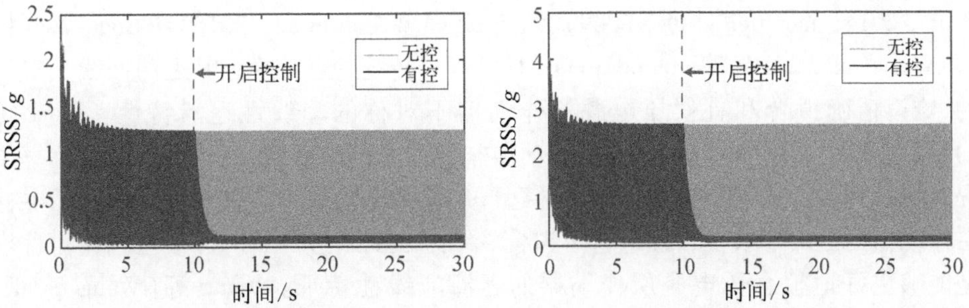

(a) 6个目标测点　　(b) 20个节点

图 12.21　采用 AGVC 时节点的加速度 SRSS 幅值

第13章 压电叠层作动器迟滞非线性谐波输入补偿的机体振动智能控制

13.1 引言

压电叠层作动器具有体积小、质量轻、响应速度快等优点，被越来越多地应用于航空航天结构振动控制研究，但由于压电材料固有的非线性特征，使压电叠层作动器的输入与输出之间存在迟滞非线性，降低控制性能。通过对作动器的非线性特征进行建模及补偿，可有效减少压电作动器迟滞非线性对控制的影响。

为了补偿压电作动器的迟滞非线性，通常采用数学迟滞模型对其迟滞非线性特征进行拟合，再通过逆模型进行补偿。数学迟滞模型往往不深究迟滞非线性的物理本质，仅通过数学方法拟合其迟滞回线对非线性特征进行描述。常用的经验模型有 Preisach 模型(Yu et al., 2002; Ge et al., 1997)、Prandtl-Ishlinskii 模型(Gu et al., 2014; Janaideh et al., 2009)、Maxwell 模型(Liu et al., 2016)和 Bouc-Wen 模型(Wei et al., 2012; Rakotondrabe, 2011)等。传统的迟滞模型其迟滞回线是对称的，难以精确拟合和补偿压电叠层作动器不对称的非线性迟滞特性。Jiang 等(Jiang et al., 2010)根据压电叠层作动器非对称的迟滞回线，基于两种非对称算子提出了一种改进的 Prandtl-Ishlinskii 模型，并采用递归最小二乘法(RLS)对压电叠层作动器的迟滞非线性特性进行了拟合。结果表明改进的非对称模型相比对称模型能够更好地拟合压电叠层作动器的迟滞非线性特征。Wang 等(Wang et al., 2015)提出了一种改进的非对称 Bouc-Wen 模型，用来模拟压电叠层作动器的迟滞非线性，并采用了一种改进的差分进化(differential evolution, DE)优化方法进行了模型参数的辨识。Ru 等(Ru et al., 2009)提出了一个新的迟滞非线性数学模型，并进行了压电作动器迟滞非线性建模和补偿试验。Gu 等(Gu et al., 2011)采用近似椭圆模型拟合了压电叠层作动器的率相关迟滞非线性并进行了补偿。Li 等(Li et al., 2004)和 Xiao 等(Xiao et al., 2014)基于一个改进的 Bouc-Wen 逆模型和H_∞控制进行了压电作动器迟滞非线性补偿研究。

针对以旋转部件为激励源的结构振动表现为简谐振动,要求作动器以同频的作动力输入,控制结构的振动响应(An et al., 2012)。由于压电材料的迟滞非线性特性,在控制输入激励下压电叠层作动器驱动的结构响应将伴随高次谐波(Gozen et al., 2012; Damnjanovic et al., 2005),降低控制效果。为了减小压电作动器非线性对控制效果的影响,已提出了多种补偿策略。Sutton 等(Sutton et al., 1995)对周期振动控制,提出先对参考信号进行非线性预滤波,然后应用频域方法自适应地调节控制谐波输入以降低控制通道非线性的影响。Pasco 等(Pasco et al., 2006)应用 Preisach 模型建立了压电叠层作动器含迟滞非线性的数学模型,应用建立的模型对参考信号预滤波,对简谐振动主动隔振系统中压电叠层作动器的非线性进行了补偿研究。Viswamurthy 等(Viswamurthy et al., 2007a, 2007b)运用广义 Preisach 模型识别压电叠层作动器的动态迟滞非线性模型并构建相应的逆模型以降低压电叠层作动器应用于旋翼桨叶周期振动抑制的非线性影响。利用人工神经网络的非线性映射能力,人工神经网络被用于和自适应算法结合补偿非线性在谐波扰动抑制中的影响(Meng et al., 2020a, 2020b; Zhou et al., 2008)。

本专著作者(Song et al., 2014; 宋来收, 2013)基于压电叠层作动器驱动的梁结构振动控制系统,开展了压电叠层作动器迟滞非线性对简谐振动控制的影响及补偿研究,建立了结构响应自适应控制中压电叠层作动器迟滞非线性的谐波输入补偿法,在控制输入端补偿谐波输入以降低压电叠层作动器迟滞非线性对控制效果的影响,避免了复杂的迟滞非线性建模。基于控制通道传递函数矩阵的下三角特性,对单频、多频扰动输入证明了压电叠层作动器驱动的振动自适应控制系统的收敛性并给出了收敛性条件。以弹性线梁结构控制点处的加速度响应为控制目标,进行了自由-自由梁结构谐波补偿振动智能控制试验研究,试验结果表明,利用本章建立的控制输入谐波补偿方法,降低了压电叠层作动器的非线性影响,提高了振动控制效果。在本专著作者深入研究基础上,本章系统阐述了压电叠层作动器迟滞非线性谐波输入补偿的直升机机体振动智能控制的理论、方法、仿真和试验。

13.2　压电叠层作动器迟滞非线性补偿分析

13.2.1　压电叠层作动器非线性影响

在结构振动智能控制中,作动器以同频率的作动力激励结构产生与扰动响应幅值相等、相位相反的谐波振动,与扰动力产生的振动相抵消,以达到降低被控结构振动响应的目的。由于压电材料的迟滞非线性特性,在控制简谐信号激励下压电作动器会导致输出力波形畸变,结构作动响应伴随有高次谐波输出,降低控制效果，如图 13.1 中作动响应和控制响应误差的高次谐波。无控制时的激励响应 $d_1(t)$、控制输入 $u_1(t)$ 和控制响应误差 $e(t)$ 可分别表示为

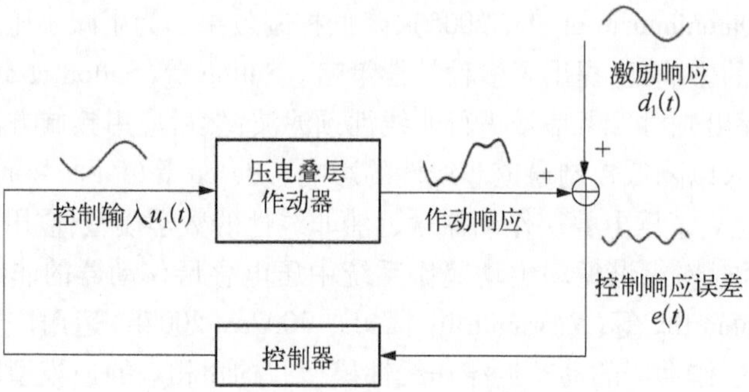

图 13.1 压电叠层作动器的非线性影响

$$d_1(t) = p_1\cos(\omega_1 t) + q_1\sin(\omega_1 t) \tag{13.1a}$$

$$u_1(t) = x_1\cos(\omega_1 t) + y_1\sin(\omega_1 t) \tag{13.1b}$$

$$e(t) = \sum_{i=1}^{\infty} a_i\cos(\omega_i t) + b_i\sin(\omega_i t) \tag{13.1c}$$

式中，p_1 和 q_1 为激励响应的余弦和正弦系数；x_1 和 y_1 为控制输入的余弦和正弦系数；$\omega_i = i\omega$ 为第 i 阶扰动频率，ω 为扰动基频；a_i 和 b_i 为第 i 阶控制响应误差谐波的余弦和正弦系数。

13.2.2 压电叠层作动器非线性谐波输入补偿

对于线性系统，不考虑作动器非线性产生的谐波，则系统稳态响应和控制输入的关系可以由激励频率 ω_1 处的复幅值和在该频率处的控制通道传递函数值完全描述，控制响应误差、控制输入、激励响应之间的关系可描述为

$$\tilde{E}_1 = G_{11}(\omega_1)\tilde{U}_1 + \tilde{D}_1 \tag{13.2}$$

式中，$\tilde{E}_1 = a_1 + \mathrm{j}b_1$、$\tilde{U}_1 = x_1 + \mathrm{j}y_1$、$\tilde{D}_1 = p_1 + \mathrm{j}q_1$ 分别表示控制响应误差、控制输入和激励响应在频率 ω_1 的复幅值，j 表示虚数；$G_{11}(\omega_1)$ 为在频率 ω_1 处控制通道的传递函数值。对于简谐激励产生的稳态响应的智能控制，基于梯度的谐波控制策略作为频域控制方法可有效地在激励频率处控制结构的振动，其控制输入的自适应迭代公式为

$$\tilde{U}_1(k+1) = \tilde{U}_1(k) - \mu_1\frac{\partial J_1}{\partial \tilde{U}_1} \tag{13.3}$$

式中，$J_1 = \frac{1}{2}|\tilde{E}_1|^2$，即基频控制响应的幅值平方的二分之一，此处不对控制输入做限制；μ_1 是修正步长；k 是修正时间步。将式(13.2)代入式(13.3)得

$$\tilde{U}_1(k+1) = \tilde{U}_1(k) - \mu_1 \hat{G}_{11}^{\mathrm{H}}(\omega_1)\tilde{E}_1(k) \tag{13.4}$$

式中，$\hat{G}_{11}(\omega_1)$ 为 $G_{11}(\omega_1)$ 的估计值；上标 H 表示复共轭转置。可以证明，若 $\hat{G}_{11}(\omega_1)$ 与 $G_{11}(\omega_1)$ 的相位差 $\Delta\phi_{11}$ 满足 $|\Delta\phi_{11}| < 90°$，则存在 $0 < \mu_1 < \frac{2\cos(\Delta\phi_{11})}{\hat{A}_{11}A_{11}}$ 使得控制收敛，$\hat{A}_{11}$ 表示 $\hat{G}_{11}(\omega_1)$ 的幅值，A_{11} 表示 $G_{11}(\omega_1)$ 的幅值，且控制收敛于 $\tilde{U}_1 = -G_{11}(\omega_1)^{-1}\tilde{D}_1$。将 $\tilde{U}_1$ 将代入式(13.2)，可得 $\tilde{E}_1 = 0$，即基频控制响应幅值为零，激励产生的振动被消除。

由于压电作动器的迟滞非线性，由压电叠层作动器驱动的结构响应输出伴随有高阶谐波，可在控制输入中补偿高阶谐波来降低由于压电作动器非线性产生的高阶谐波输出，降低结构的作动谐波响应，如图 13.2 所示。理论上需要无穷高阶的谐波输入才能完全补偿迟滞非线性的影响。而事实上，通过试验得到压电叠层作动器非线性诱导的高阶谐波响应幅值很快递减。因此考虑前 R 阶谐波即可满足较高的控制要求，此时控制输入 $u(t)$ 为

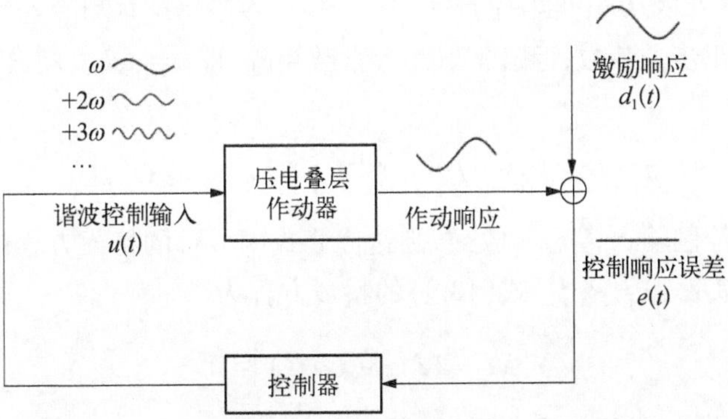

图 13.2　谐波控制输入的压电叠层作动器非线性补偿

$$u(t) = \sum_{i=1}^{R} x_i \cos(\omega_i t) + y_i \sin(\omega_i t) \tag{13.5}$$

式中，R 为控制补偿的谐波阶数；x_i 和 y_i 为控制输入的第 i 阶谐波的余弦和正弦系数。

控制响应误差、激励响应、谐波控制输入之间的复幅值关系为

$$\tilde{\boldsymbol{E}} = \boldsymbol{G}\tilde{\boldsymbol{U}} + \tilde{\boldsymbol{D}} \tag{13.6}$$

式中，$\tilde{\boldsymbol{E}} = [a_1 + \mathrm{j}b_1 \quad a_2 + \mathrm{j}b_2 \quad \cdots \quad a_R + \mathrm{j}b_R]^{\mathrm{T}}$、$\tilde{\boldsymbol{U}} = [x_1 + \mathrm{j}y_1 \quad x_2 + \mathrm{j}y_2 \quad \cdots \quad x_R + \mathrm{j}y_R]^{\mathrm{T}}$、$\tilde{\boldsymbol{D}} = [p_1 + \mathrm{j}q_1 \quad 0 \quad \cdots \quad 0]^{\mathrm{T}}$，分别是控制响应误差、谐波控制输入和激励响应的复幅值向量。

$$\boldsymbol{G} = \begin{bmatrix} G_{11}(\omega_1) & & & \\ G_{21}(\omega_2) & G_{22}(\omega_2) & & 0 \\ \vdots & \vdots & \ddots & \\ G_{R1}(\omega_N) & G_{R2}(\omega_R) & \cdots & G_{RR}(\omega_R) \end{bmatrix} \tag{13.7}$$

$\boldsymbol{G}$ 为控制通道的传递函数矩阵。由于压电作动器迟滞非线性不产生次级谐波，本章的试验研究也证明了这一点，所以控制通道的传递函数矩阵 $\boldsymbol{G}$ 为下三角矩阵。

谐波控制输入的复幅值向量由线性自适应谐波频域控制计算，如下：

$$\tilde{\boldsymbol{U}}(k+1) = \tilde{\boldsymbol{U}}(k) - \bar{\boldsymbol{\mu}}\,\hat{\boldsymbol{G}}^{\mathrm{H}}\tilde{\boldsymbol{E}}(k) \tag{13.8}$$

式中，$\hat{\boldsymbol{G}} = \mathrm{diag}[\hat{G}_{11}(\omega_1) \quad \hat{G}_{22}(\omega_2) \quad \cdots \quad \hat{G}_{RR}(\omega_R)]$，$\hat{\boldsymbol{G}}$ 为 $\boldsymbol{G}$ 对角元素的估计值，即不考虑由非线性引起的低阶扰动输入对高阶谐波响应输出的交叉项 $G_{ij}(\omega_i)(j < i < R)$；$\bar{\boldsymbol{\mu}} = \mathrm{diag}(\mu_1 \quad \mu_2 \quad \cdots \quad \mu_R)$ 为修正步长矩阵，可以对每阶控制设置不同的修正步长参数，但通常取为等常数矩阵，即 $\bar{\boldsymbol{\mu}} = \mu\boldsymbol{I}$。将公式(13.6)代入公式(13.8)得

$$\tilde{\boldsymbol{U}}(k+1) = (\boldsymbol{I} - \mu\,\hat{\boldsymbol{G}}^{\mathrm{H}}\boldsymbol{G})\,\tilde{\boldsymbol{U}}(k) - \mu\,\hat{\boldsymbol{G}}^{\mathrm{H}}\tilde{\boldsymbol{D}} \tag{13.9}$$

要使谐波控制输入 $\tilde{\boldsymbol{U}}(k)$ 收敛，则迭代公式(13.8)的特征方程的根 $\lambda_i (i = 1, 2, \cdots, R)$ 需满足 $|\lambda_i| < 1$，式(13.9)的特征方程为

$$|\lambda\boldsymbol{I} - (\boldsymbol{I} - \mu\,\hat{\boldsymbol{G}}^{\mathrm{H}}\boldsymbol{G})| = 0 \tag{13.10}$$

将 $\hat{G}$ 和 G 代入特征方程(13.10)，得

$$\prod_{i=1}^{R}\{\lambda_i - [1 - \mu\hat{G}_{ii}^{\mathrm{H}}(\omega_i)G_{ii}(\omega_i)]\} = 0 \tag{13.11}$$

得到系统的特征根 $\lambda_i = 1 - \mu\hat{G}_{ii}^{\mathrm{H}}(\omega_i)G_{ii}(\omega_i)$，其中只包含控制通道传递函数矩阵的对角元素，因此控制系统收敛条件与控制通道传递函数矩阵的非对角元素无关，即由非线性引起的交叉项 $G_{ij}(\omega_i)(j < i < N)$ 不影响控制系统的收敛性，只要 $G_{ii}(\omega_i)$ 与估计值 $\hat{G}_{ii}(\omega_i)$ 的相位差 $\Delta\phi_{ii}$ 满足 $|\Delta\phi_{ii}| < 90°$，则存在 $0 < \mu <$

$\min_i\left[\frac{2\cos(\Delta\phi_{ii})}{\hat{A}_{ii}A_{ii}}\right]$，$\hat{A}_{ii}$ 表示 $\hat{G}_{ii}(\omega_i)$ 的幅值，A_{ii} 表示 $G_{ii}(\omega_i)$ 的幅值，使得 λ_i 满足条件 $|\lambda_i| < 1$，控制系统收敛(Haykin, 2003)，即

$$\tilde{\boldsymbol{U}} = (\boldsymbol{I} - \mu\hat{\boldsymbol{G}}^{\mathrm{H}}\boldsymbol{G})\tilde{\boldsymbol{U}} - \mu\hat{\boldsymbol{G}}^{\mathrm{H}}\tilde{\boldsymbol{D}} \tag{13.12}$$

得

$$\tilde{\boldsymbol{U}} = -\boldsymbol{G}^{-1}\tilde{\boldsymbol{D}} \tag{13.13}$$

将所得控制输入量(13.13)代入式(13.6)，得 $\tilde{\boldsymbol{E}} = 0$，即在关注的频率范围内控制响应的谐波振动被消除。

由于激励通道也可能存在非线性因素，或其他谐波激励产生的振动表现为多阶谐波振动(如直升机旋翼激励)，但通常高阶谐波响应随阶数增加迅速减弱，工程上只需考虑控制低阶谐波振动即可满足较好的控制效果，此时的激励响应为

$$d(t) = \sum_{i=1}^{R} p_i\cos(\omega_i t) + q_i\sin(\omega_i t) \tag{13.14}$$

式中，p_i 和 q_i 为第 i 阶扰动谐波响应的余弦和正弦系数。此时的激励响应复幅值向量为 $\tilde{\boldsymbol{D}} = [p_1 + \mathrm{j}q_1 \quad p_2 + \mathrm{j}q_2 \quad \cdots \quad p_R + \mathrm{j}q_R]^{\mathrm{T}}$。在前面的收敛性证明中，对激励响应复幅值向量的元素是否为零没做任何假定，即激励复幅值向量 $\tilde{\boldsymbol{D}}$ 不影响控制系统的收敛性，所以此时的收敛性条件仍为 $0 < \mu < \min_i\left[\frac{2\cos(\Delta\phi_{ii})}{\hat{A}_{ii}A_{ii}}\right]$。

13.3　压电叠层作动器非线性影响及其补偿试验

采用第 6 章中的弹性梁试验系统，对压电叠层作动器非线性影响及应用线性谐波控制方法实现压电叠层作动器非线性影响谐波输入补偿进行了试验研究。

13.3.1　压电叠层作动器非线性影响试验

为了考察压电叠层作动器用于弹性结构谐波振动控制的非线性影响，首先在无激励情况下对控制通道的谐波输入响应进行了开环试验研究，根据某直升机的旋翼特性，其主要的振动控制集中在旋翼通过频率 19.5 Hz 处。在开环条件下，给压电叠层作动器施加频率为 19.5 Hz 的谐波电压输入，谐波峰峰值从满量程 20%阶

梯变化到80%，即从30 V依次增加15 V直到120 V。每个工作电压持续8秒钟，图13.3显示了控制点处测得的时域加速度响应，图13.4显示了测得的时域响应与基频波形的在一个周期内的比较，可以看出由于压电叠层作动器的非线性导致控制响应波形畸变，产生了谐波，加速度响应的谱分析如图13.5所示，可以看出第三阶频率的谐波较为明显，图13.6显示了在不同电压输入情况下的加速度响应幅值，其中基频处的响应幅值占绝对主要成分，而谐波响应中第三阶谐波响应幅值约为基频响应幅值的8%，第二阶响应幅值非常小，不到1%。图13.7显示了不同电压输入条件下产生的谐波响应幅值，表明除第三阶响应比较明显外，其余二、四和五阶谐波响应幅值都非常小，另外第三阶谐波频率(58.5 Hz)接近于梁的第三阶固有频率(56.4 Hz)也使得梁结构对第三阶谐波激励响应更为明显。

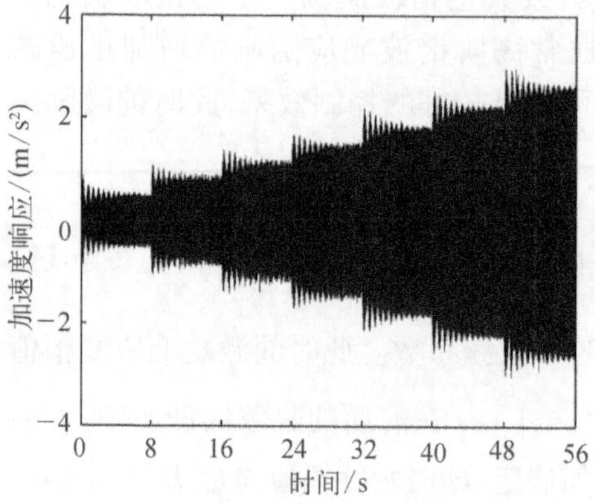

图13.3 随输入电压幅值变化的作动加速度响应时间历程

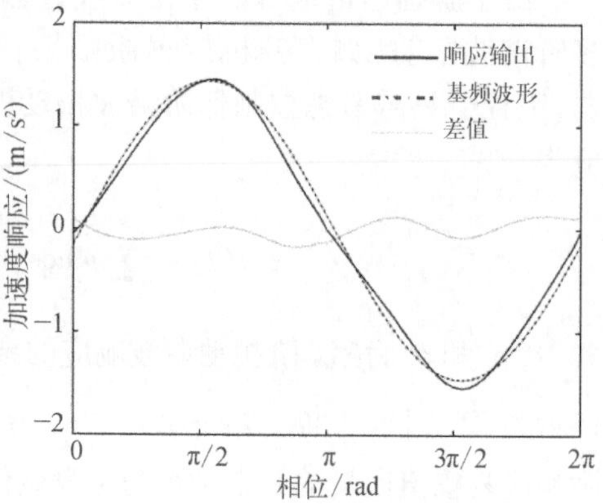

图13.4 作动加速度响应与基频波形的比较

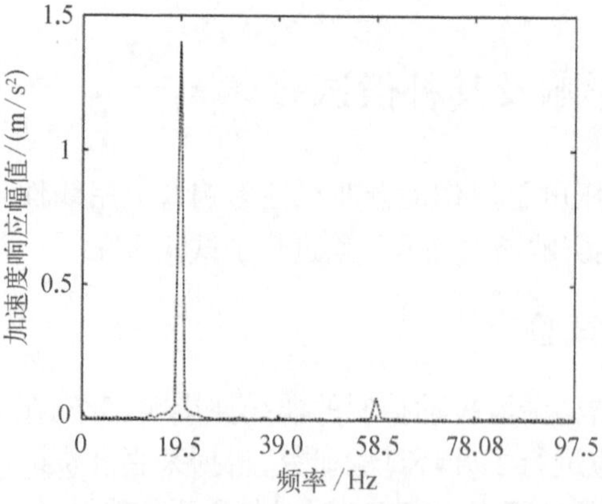

图13.5 作动加速度响应的频谱图

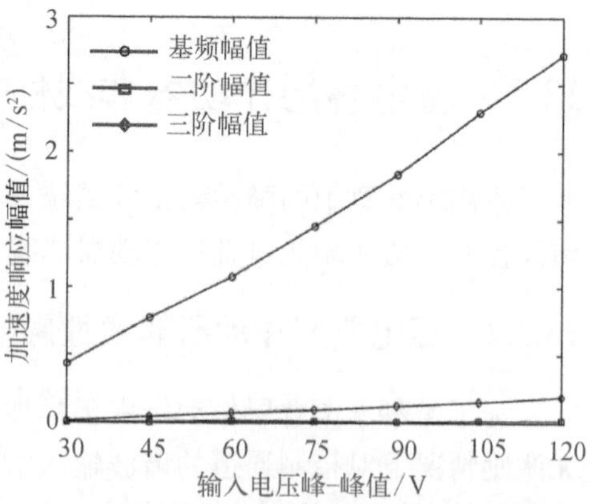

图13.6 不同电压输入的谐波幅值

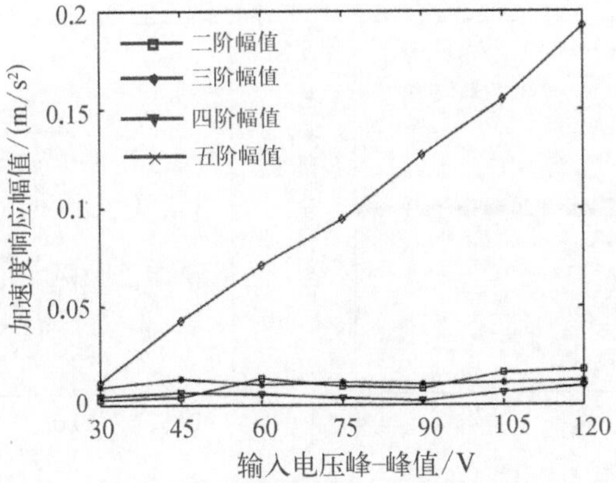

图 13.7　不同电压输入的高阶谐波幅值

13.3.2　压电叠层作动器非线性谐波输入补偿试验

试验时，数字信号发生器产生频率 $\hat{f}_1$ = 19.5 Hz 的简谐激励信号，经功率放大器输入激振器产生简谐激振力激励梁结构，使梁结构产生稳态谐波振动，加速度传感器测量振动加速度响应并作为反馈信号自适应地调节控制输入谐波系数，通过引入谐波输入，补偿由压电叠层作动器产生的非线性影响。

对加速度传感器测得的被控结构谐波振动响应信号，每个基频周期采样 64 个点进行离散傅里叶变换得到信号频域特性，每个周期修正一次控制谐波。由于控制的修正是基于谐波稳态振动的频率方法，需要在控制修正后等待一个周期待瞬态振动衰减再进行下次采样，修正步长 $\mu = 0.03$。基于应用压电叠层作动器的控制系统的非线性影响试验结果，因第三阶谐波响应较大，只需针对第三阶 ($\hat{f}_3$ = 58.5 Hz) 谐波响应进行补偿，识别得到的控制通道传递函数为：$\hat{G}(\hat{f}_1) = -0.35 - \mathrm{j}0.46$，$\hat{G}(\hat{f}_3) = 0.13 - \mathrm{j}0.44$。试验开始，首先将频率为 19.5 Hz 的激励力信号打开，梁振动达到稳定状态后，在第 10 秒时打开控制器计算控制输出，控制梁结构的谐波振动，控制时间持续 30 秒。图 13.8 显示了控制点处有非线性补偿和无非线性补偿情况下的加速度时域响应曲线，可以看出，控制达到稳定状态后，应用建立的谐波控制输入补偿方法能够有效地降低压电叠层作动器非线性诱导的谐波振动，得到更好的振动控制效果，有非线性补偿的加速度响应比无非线性补偿时振动抑制水平提高了近 7%。图 13.9 显示了有无控制及有无非线性补偿的加速度响应的频谱图，可以明显地看出，控制系统能很好地补偿压电作动器非线性产生的高阶谐波振动。

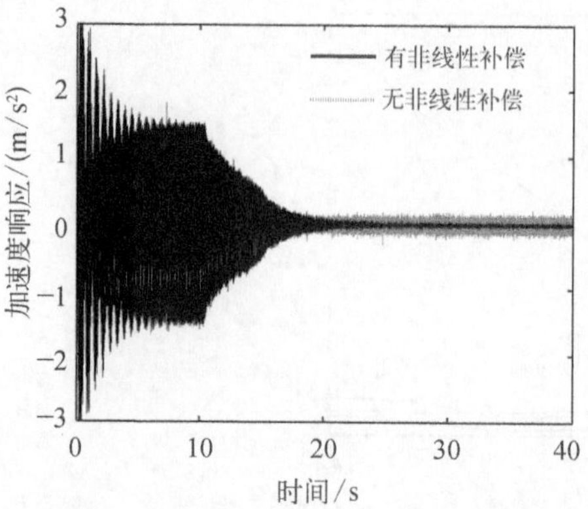

图 13.8 有无非线性补偿的控制响应误差

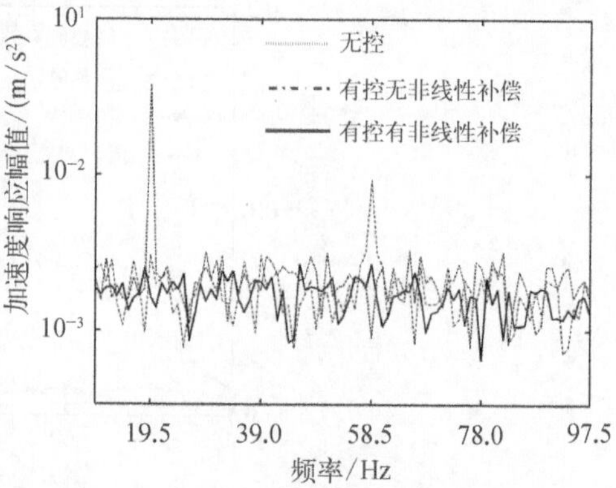

图 13.9 有无控制及有无非线性补偿的加速度响应频谱图

第14章 压电叠层作动器迟滞非线性神经网络补偿的机体振动智能控制

14.1 引言

迟滞非线性补偿通常先采用迟滞模型对迟滞非线性特征进行拟合，再通过逆模型进行非线性补偿。常用的迟滞模型有 Preisach 模型、Prandtl-Ishlinskii 模型、Maxwell 模型和 Bouc-Wen 模型等，这些迟滞模型都是对称模型。压电材料的迟滞回线是非对称的，因此这些迟滞模型难以准确拟合压电叠层作动器的迟滞非线性曲线。Jiang 等(Jiang et al., 2010)基于两种非对称算子提出了一种改进的 Prandtl-Ishlinskii 模型用来拟合压电叠层作动器的迟滞非线性曲线，结果表明，改进的模型比传统的 Prandtl-Ishlinskii 模型具有更好的拟合精度。Li 等(Li et al., 2013a, 2013b)提出了一种非对称的 Bouc-Wen 迟滞模型对压电作动器的迟滞非线性特性进行拟合，并采用逆模型进行了补偿研究，试验结果表明，提出的改进模型比传统 Bouc-Wen 模型能更好地拟合压电作动器的迟滞非线性曲线，混合补偿策略能够有效抑制迟滞非线性导致的定位误差。神经网络具有很强的非线性拟合能力，采用神经网络来拟合和补偿压电作动器的迟滞非线性已取得了很好的效果。Li 等(Li et al., 2004)采用多层神经网络和 Preisach 模型拟合了压电作动器的迟滞非线性特征。Li 等(Li et al., 2013a, 2013b)采用基于反向传播神经网络的 NARMAX 模型拟合并补偿了压电作动器的迟滞非线性，仿真和试验研究表明，该方法具有很高的建模精度和较好的补偿效果。

直升机机体振动智能控制需要控制两阶以上谐波才能取得比较好的控制效果，目前的研究很少针对多谐波驱动下的压电作动器迟滞非线性。为了消除压电叠层作动器迟滞非线性对直升机机体振动智能控制的影响，本专著作者(孟德, 2020; Meng et al., 2020a, 2020b)提出了一种基于反向传播神经网络和非线性外源输入自回归模型(Nonlinear AutoRegressive eXogenous model, NARX)的压电叠层作动器迟滞非线性模型和非线性补偿模型。通过试验采集压电叠层作动器输入输出作为样本,对非线性模型和补偿模型的神经网络进行训练,使得迟滞非线性模型和非线性补偿模型能够拟合和补偿任意的同频率两阶谐波驱动下的压电叠层作动器迟滞非线性。对两阶谐波信号驱动的压电叠层作动器迟滞非线性的补偿效果的试验结果表明,基于神经网络的补偿方法能够显著减小迟滞非线性的影响,使压电叠层作动器的输出位移与输入电压成正比。在建立的压电叠层作动器非线性补偿神经网络模型基础上,进行具有压电叠层作动器迟滞非线性神经网络补偿的直升机机体振动智能控制试验研究,包括单输入单输出控制试验和多输入多输出控制试验,结果表明非线性神经网络补偿能显著提高压电叠层作动器驱动的振动智能控制效果。在本专著作者深入研究基础上,本章系统阐述了压电叠层作动器迟滞非线性神经网络补偿的直升机机体振动智能控制的理论、方法、仿真和试验。

14.2 迟滞非线性神经网络建模

神经网络具有数据驱动的自适应性以及很好的泛化能力,通过足够样本的训练可以使训练后的神经网络适用于范围内的其他样本。由于直升机机体振动的前两阶通过频率谐波是主要成分,并且飞行时谐波频率保持固定,因此采用神经网络模型对压电叠层作动器的迟滞非线性特性进行建模,采用相同谐波频率的多组两阶谐波信号驱动下的压电叠层作动器输入电压与输出位移关系作为训练样本,对压电叠层作动器迟滞非线性神经网络进行训练,使迟滞非线性神经网络模型能够适用于相同谐波频率下的任意两阶谐波迟滞非线性。

14.2.1 基于神经网络的 NARX 模型

NARX 模型(Ardalani-Farsa et al., 2010; Menezes et al., 2008)是一种黑箱式的模型,其利用系统的历史输入和历史输出对系统的当前状态进行估计预测,被应用于非线性模型预测(Liu et al., 2010; Andalib et al., 2009)。由于 NARX 模型具有很强的非线性建模能力,因此十分适合作为压电叠层作动器非线性建模以及补偿的模型。NARX 模型的表达式为

$$\hat{y}(n) = F[\hat{y}(n-1), \cdots, \hat{y}(n-d_y), u(n), u(n-1), \cdots, u(n-d_u+1)] \tag{14.1}$$

式中, $\hat{y}(n)$ 为当前采样点非线性系统输出的估计值; $u(n-1)$ 为前一时刻的非线性系统输入; d_y 和 d_u 分别表示输出延时和输入延时的最大阶数; $F(\cdot)$ 为非线性函数,通常采用神经网络。

神经网络是一种模拟人脑思维方式的运算工具,它采用大量人工神经元相互

连接组成,通常具有一个层状结构。相邻层的两个神经元之间相互连接传递信号,传递信号要乘以一个系数以改变传递信号的比例,这个系数称为连接权系数。而每个神经元都代表一个特定的输出函数,称为激活函数。Rumelhart 等(Rumelhart et al., 1986)提出了多层前馈神经网络的误差反向传播算法(Back-Propagation, BP),已被大量应用于解决实际问题。BP 算法训练神经网络的过程如下。

(1) 信号前向传播: 输入的信号经由输入层输入,经过隐含层处理后导入输出层,最后输出层处理得到神经网络的输出。在信号由前向后传播的过程中,神经网络的连接权值保持固定不变。

(2) 误差反向传播: 求期望输出与神经网络模型实际输出的误差,由输出层依次经由隐含层和输入层向前传播,用误差信号通过更新算法调整相邻各层网络之间神经元的连接权值,以达到使神经网络模型的输出与期望输出相同的目的。

训练的样本信号经过反向传播,更新相邻各层神经元之间连接权值的过程就是神经网络训练的过程。这一过程不断重复,直到神经网络的输出和期望输出之间的误差达到预定程度或者达到规定的训练次数为止。

1. 迟滞非线性神经网络模型

压电叠层作动器迟滞非线性建模的原理为: 采用一系列驱动信号驱动压电叠层作动器,得到压电叠层作动器的实际位移。将之前若干采样点的驱动信号和迟滞模型的输出代入到 NARX 神经网络迟滞模型中,得到当前采样点的压电叠层作动器位移输出估计值。求作动器实际输出与迟滞非线性神经网络模型输出的误差,用来对神经网络进行训练,更新神经网络的连接权系数,使得 NARX 迟滞神经网络模型的输出与压电叠层作动器实际输出的误差最小。压电叠层作动器 NARX 迟滞非线性神经网络建模的原理图如图 14.1 所示,图中 $\boldsymbol{U}(n)=[u_1(n), u_2(n), \cdots, u_{d_s}(n)]$ 是所有训练样本在第 n 采样点的压电叠层作动器驱动电压信号组成的向量, d_s 为训练样本数, $\boldsymbol{Y}(n)$ 是压电叠层作动器在不同信号驱

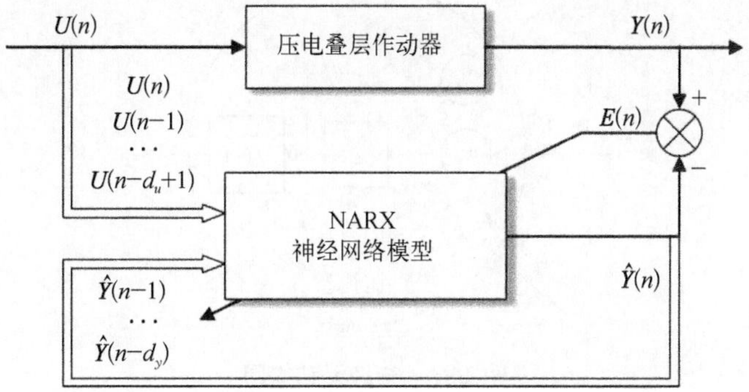

图 14.1　压电叠层作动器 NARX 迟滞非线性神经网络建模的原理图

动下在第 n 采样点实际位移组成的向量，$\hat{\boldsymbol{Y}}(n)$ 是迟滞神经网络模型在第 n 采样点的输出向量，即压电叠层作动器位移估计值向量。$\boldsymbol{E}(n)$ 是压电叠层作动器实际输出与迟滞模型输出的误差向量。

NARX 迟滞非线性神经网络模型的结构如图 14.2 所示，神经网络采用单隐含层结构。虽然多隐含层的神经网络非线性拟合能力更强，但经过验证单隐含层神经网络可以很好拟合压电叠层作动器的迟滞非线性曲线，并且具有更好的计算效率和收敛性。图 14.2 中的圆形单元代表神经网络的神经元，是神经网络模型中的基本运算单元。NARX 迟滞非线性神经网络模型中，输入层神经元数量为 $P = d_y + d_u$，隐含层神经元数量为 Q，输出层仅含有一个神经元。神经元的结构如图 14.3 所示，图中 w 表示神经元连接权系数，θ 为神经元偏置，$f(\cdot)$ 为激活函数。

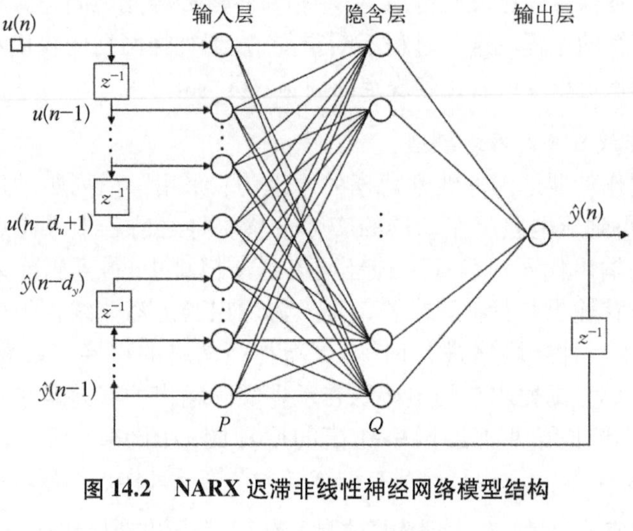

图 14.2　NARX 迟滞非线性神经网络模型结构

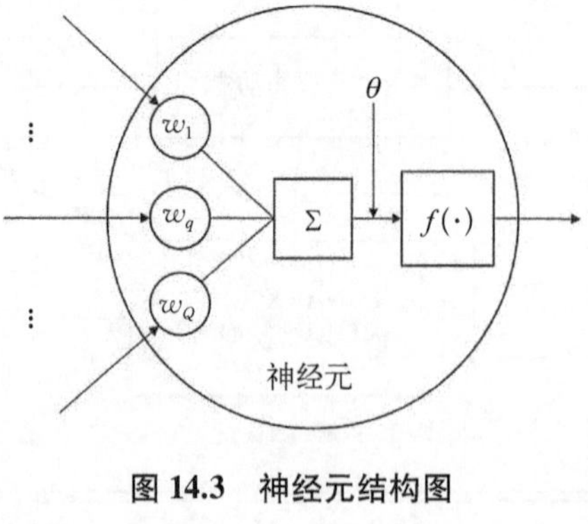

图 14.3　神经元结构图

根据 NARX 模型,在第 m 个训练样本在采样点 n 处的神经网络输入向量为

$$\begin{aligned}\boldsymbol{X}^m(t) = [\,&u^m(n),\ u^m(n-1),\ \cdots,\ u^m(n-d_u+1), \\ &\hat{y}^m(n-1),\ \cdots,\ \hat{y}^m(n-d_y)\,]^{\mathrm{T}}\end{aligned} \tag{14.2}$$

隐含层的神经元在第 n 个采样点的输出为

$$h_q^m(n) = f\left[\sum_{p=1}^{P} w_{pq}(n) x_p^m(n) - \theta_q\right] \tag{14.3}$$

式中,w_{pq} 是隐含层神经元 q 到输入层神经元 p 的连接权系数;θ_q 是神经元偏置;$f(\cdot)$ 是激活函数。BP 算法要求激活函数处处可导,常采用 S 型函数(Sigmoid)或双极 S 型函数(Tansig)。双极 S 型函数的值域对称分布在[−1, 1]内,能够提高神经网络的拟合能力和收敛能力,因此本章方法中采用双极 S 型函数作为激活函数,其方程为

$$f(x) = \frac{1 - \mathrm{e}^{-2x}}{1 + \mathrm{e}^{-2x}} \tag{14.4}$$

如果输出层仅有一个单元,代表训练样本 m 中当前采样点压电叠层作动器位移的估计值,其计算公式为

$$\hat{y}^m(n) = \sum_{q=1}^{Q} w_q(n-1) h_q^m(n) - \theta_o(n) \tag{14.5}$$

式中,w_q 是输出层到隐含层神经元 q 的连接权系数;θ_o 是输出层的神经元偏置。式(14.2)~式(14.5)即为神经网络迟滞模型信号前向传播的过程。

压电叠层作动器的实际位移与神经网络迟滞模型估计的作动器位移的误差为

$$e^m(n) = y^m(n) - \hat{y}^m(n) \tag{14.6}$$

式中,$y^m(n)$ 是训练样本 m 中采样点 n 处测量的压电叠层作动器位移。采用误差信号向前传播,对输出层和隐含层的连接权系数和偏置进行更新。更新采用梯度下降算法(gradient decent algorithm, GD),梯度下降法神经网络训练的目标函数为

$$J_{GD}(n) = \frac{1}{2}(e^m)^2(n) \tag{14.7}$$

根据梯度下降算法,输出层神经元的连接权系数的更新公式为

$$w_q(n+1) = w_q(n) - \eta\,\nabla_q \tag{14.8}$$

式中,η 是权值更新的步长,称为学习率,其取值范围为 $0 < \eta < 1$;∇_q 是权系数 w_q 的梯度,其值为

$$\nabla_q = \frac{\partial J_{GD}(n)}{\partial \mathrm{w}_q(n)} = \frac{\partial J_{GD}(n)}{\partial \hat{y}^m(n)} \frac{\partial \hat{y}^m(n)}{\partial w_q(n)} \tag{14.9}$$

将式(14.5)、式(14.6)和式(14.7)代入式(14.9)可得

$$\nabla_q = -e^m(n)h_q^m(n) \tag{14.10}$$

将式(14.10)代入式(14.8)即可得输出层连接权系数的更新公式:

$$w_q(n+1) = w_q(n) + \eta e^m(n)h_q^m(n) \tag{14.11}$$

同理可得,输出层神经元偏置的更新公式为

$$\theta_o(n+1) = \theta_o(n) - \eta e^m(n) \tag{14.12}$$

根据梯度下降算法,隐含层连接权系数的更新公式为

$$w_{pq}(n+1) = w_{pq}(n) - \eta \nabla_{pq} \tag{14.13}$$

∇_{pq} 是隐含层连接权系数 w_{pq} 的梯度,其计算公式为

$$\nabla_{pq} = \frac{\partial J_{GD}(n)}{\partial w_{pq}(n)} = \frac{\partial J_{GD}(n)}{\partial \hat{y}^m(n)} \frac{\partial \hat{y}^m(n)}{\partial h_q^m(n)} \frac{\partial h_q^m(n)}{\partial w_{pq}(n)} \tag{14.14}$$

将式(14.3)、式(14.5)、式(14.6)和式(14.7)代入式(14.14)可得

$$\nabla_{pq} = -e^m(n)w_q(n)f'\left[\sum_{p=1}^{P} w_{pq}(n)x_p^m(n) - \theta_q\right]x_p^m(n) \tag{14.15}$$

式中,$f'(\cdot)$ 表示激活函数的反函数,双极 S 型函数的反函数为

$$f'(x) = \frac{4\mathrm{e}^{-2x}}{(1+\mathrm{e}^{-2x})^2} = 1 - f^2(x) \tag{14.16}$$

将式(14.15)代入式(14.13)即可得隐含层连接权系数的更新公式:

$$w_{pq}(n+1) = w_{pq}(n) + \eta e^m(n)w_q(n)f'\left[\sum_{p=1}^{P} w_{pq}(n)x_p^m(n) - \theta_q\right]x_p^m(n) \tag{14.17}$$

同理可得,隐含层神经元偏置的更新公式为

$$\theta_p(n+1) = \theta_p(n) - \eta e^m(n)w_q(n)f'\left[\sum_{p=1}^{P} w_{pq}(n)x_p^m(n) - \theta_q\right] \tag{14.18}$$

式(14.11)、式(14.12)、式(14.17)和式(14.18)即为误差信号反向传播更新神经网络模型连接权系数的过程。采用两阶谐波信号驱动下压电叠层作动器的输入输出

关系作为训练样本更新神经网络的连接权系数。首先采用所有训练样本在第 n 采样点的驱动电压和压电叠层作动器位移依次对神经网络的连接权值进行更新，全部更新完再采用 $n+1$ 采样点的样本，以此类推。训练完所有样本为一个训练循环，共进行 d_i 个循环的迭代。在前期的循环，为了保证误差收敛的速度，采用固定的学习率 η_0。在最后几个循环，为了使神经网络模型能够同时拟合不同两阶信号驱动下的迟滞非线性特征，采用随学习进程衰减的学习率进行更新，衰减学习率的公式如下：

$$\eta(n)=\eta_0\left(2-\frac{2}{1+\mathrm{e}^{-\beta n/N}}\right) \tag{14.19}$$

式中，N 是训练样本的总采样点数；β 是衰减系数，可以调节学习率衰减的速率以及 n 趋近于 N 时学习率的大小。

2. 训练样本采集

为了使训练后的非线性模型和补偿模型能够适用相同谐波频率的任意两阶谐波信号，需要足够的两阶信号样本对模型进行训练。对任意两阶谐波信号，其方程可以由下式表达：

$$x_v(t)=A[B\sin(2\pi\omega_1 t)+(1-B)\sin(2\pi\omega_2 t+C)] \tag{14.20}$$

式中，A 是电压总幅值；B 是第一阶谐波的幅值比；C 是第二阶谐波与第一阶谐波的相位差；ω_1 和 ω_2 是两阶谐波的频率，取 $\omega_1=19.5\ \mathrm{Hz}$，$\omega_2=39.0\ \mathrm{Hz}$。本节选择三种电压总幅值 $A=20$ V、40 V、60 V，四种不同幅值比 $B=0.1$、0.36、0.63、0.9 和四种不同相位差 $C=0°$、90°、180°、270°，共 48 个信号作为训练样本中的驱动信号，并且分别采用训练样本中的驱动信号驱动压电叠层作动器，测量对应的作动器输出位移。训练样本的数量是经过仿真确定的能使所有两阶谐波信号误差小于 5% 的最少样本数量。训练样本中的信号时长设为 10 秒，采样频率设为 $f_S=975\ \mathrm{Hz}$。

采集试验的原理图如图 14.4 所示。首先由数字信号发生器产生谐波信号，信号经过低通滤波和功率放大后驱动压电叠层作动器产生位移。位移传感器测量作动器端部的位移并发送到控制器中。控制器通过串口同时将驱动电压和测量的位移传输到计算机并储存。试验中，压电叠层作动器底部固定在底座上，采用位移传感器对作动器的自由端位移进行测量。位移传感器采用芯明天 E01.Cap 型电容式非接触测微仪，其灵敏度为 20 μm/V，量程范围 0~200 μm，动态分辨率 0.1 μm。压电叠层作动器型号是 PSt150/7/100 VS12，其参数如表 3.2 所示。由于压电叠层作动器需要工作在 0~150 V 范围内，因此对驱动信号施加 75 V 的偏置电压后再用于驱动作动器。试验的控制器采用 TMS320F28335 型数字信号处理器。

3. 迟滞非线性神经网络训练

利用上节采集的两阶谐波信号驱动下的压电叠层作动器的输入输出关系作

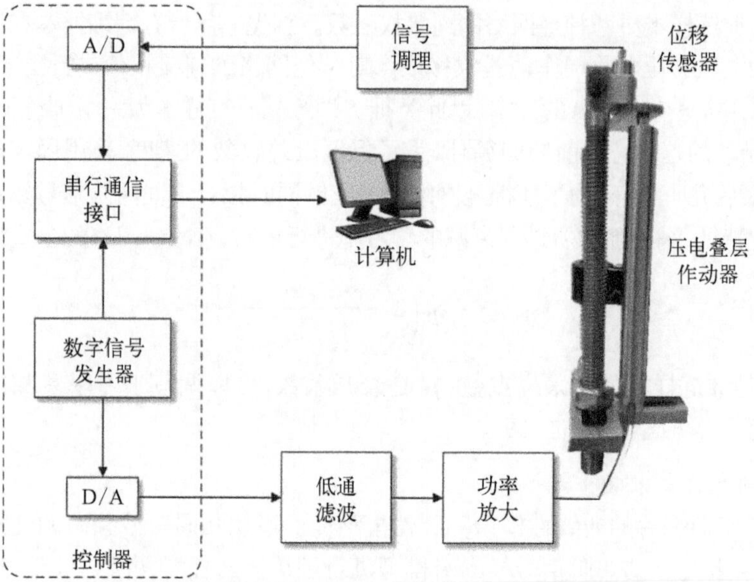

图 14.4 压电叠层作动器迟滞非线性采集试验原理图

为训练样本,对迟滞非线性神经网络进行训练。由于输入数据范围过大会导致神经网络收敛慢、训练时间长,甚至发散,训练前首先将数据信号作归一化处理。将作动器在 75 V 偏置下压电叠层作动器位移设为 0,则在−60~60 V 的电压驱动下,作动器的理论位移是−36~36 μm。将驱动信号与压电叠层作动器的理论位移均按比例映射到[−1, 1]区间内进行神经网络训练。系统输出与驱动电压延迟的最大阶数 $d_y = d_u = 12$,输入层数量 $p = d_y + d_u = 24$,隐含层数量 $q = 2p = 48$。共进行 60 个循环学习,前 50 个循环采用固定学习率 $\eta_0 = 0.05$,最后 10 个循环采用衰减的学习率,衰减系数设置为$\beta = 10$。图 14.5 显示了压电叠层作

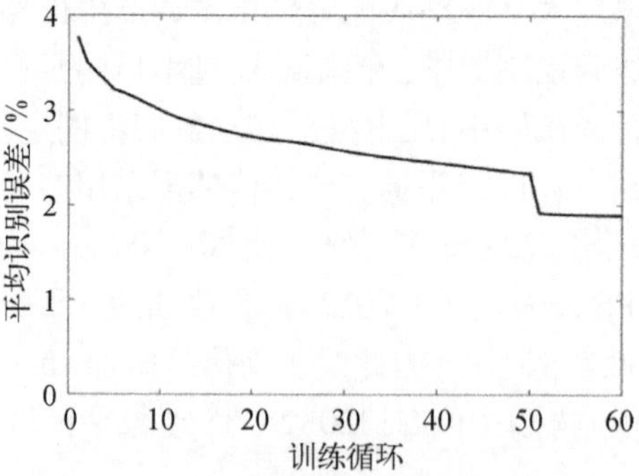

图 14.5 训练样本的识别误差平均值随训练循环数的变化

动器迟滞非线性神经网络训练过程中训练样本的识别误差平均值随训练循环数的变化。在最后一个循环时,非线性迟滞模型与实际作动器输出的误差为1.9%。

图 14.6 给出了相同幅值比、相同相位差、不同总幅值的两阶谐波信号驱动下,压电叠层作动器的试验测量迟滞回线与迟滞非线性神经网络模型拟合的迟滞回线。图 14.7 给出了相同总幅值、相同相位差、不同幅值比的两阶谐波信号驱动下,压电叠层作动器的试验测量迟滞回线与迟滞非线性神经网络拟合的迟滞回线。图 14.8 给出了相同总幅值、相同幅值比、不同相位差的两阶谐波信号驱动下,压电叠层作动器的试验测量迟滞回线与迟滞非线性神经网络拟合的迟滞回线。可以看出,对不同的总幅值、幅值比及相位差的两阶谐波驱动信号,NARX 迟滞非线性神经网络模型可以很好拟合压电叠层作动器的迟滞非线性特征。

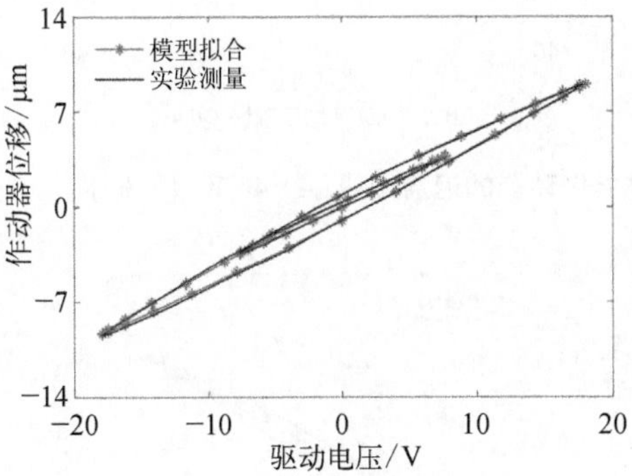

(a) $A=20$ V(平均识别误差1.9%)

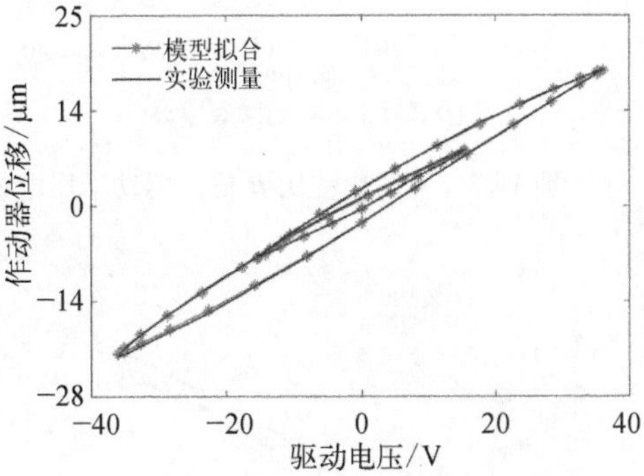

(b) $A=40$ V(平均识别误差1.7%)

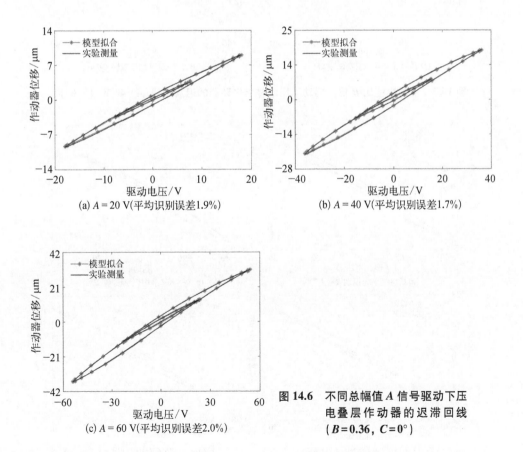

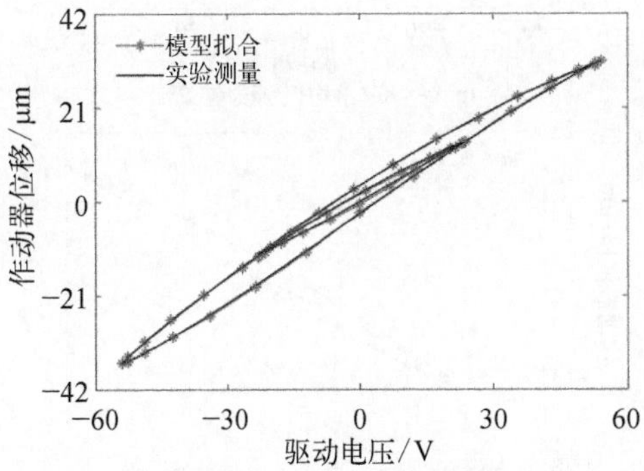

(c) $A=60$ V(平均识别误差2.0%)

图 14.6　不同总幅值 A 信号驱动下压电叠层作动器的迟滞回线($B=0.36$, $C=0°$)

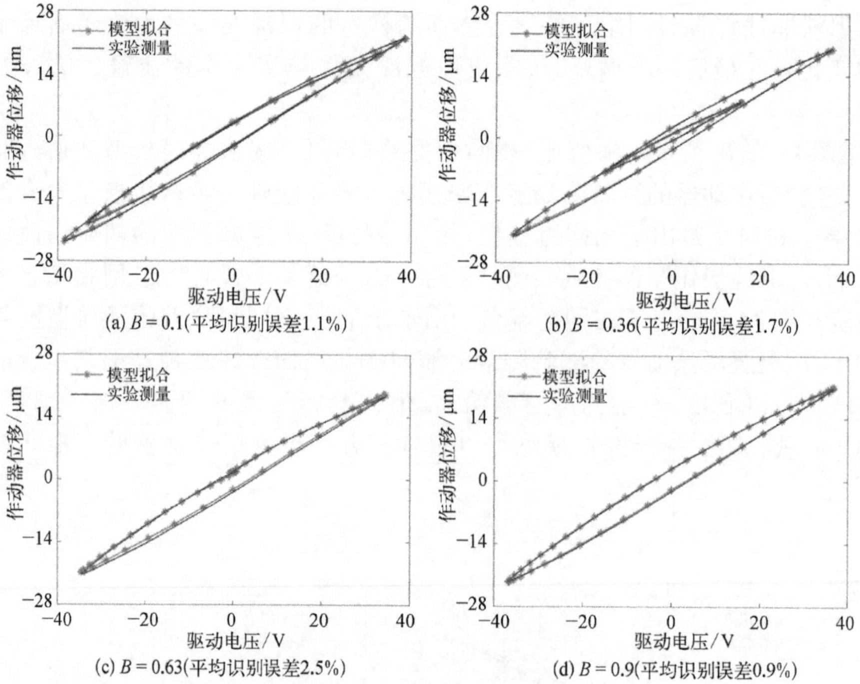

(a) $B=0.1$(平均识别误差1.1%)
(b) $B=0.36$(平均识别误差1.7%)
(c) $B=0.63$(平均识别误差2.5%)
(d) $B=0.9$(平均识别误差0.9%)

图 14.7　不同幅值比 B 信号驱动下压电叠层作动器的迟滞回线($A=40$ V, $C=0°$)

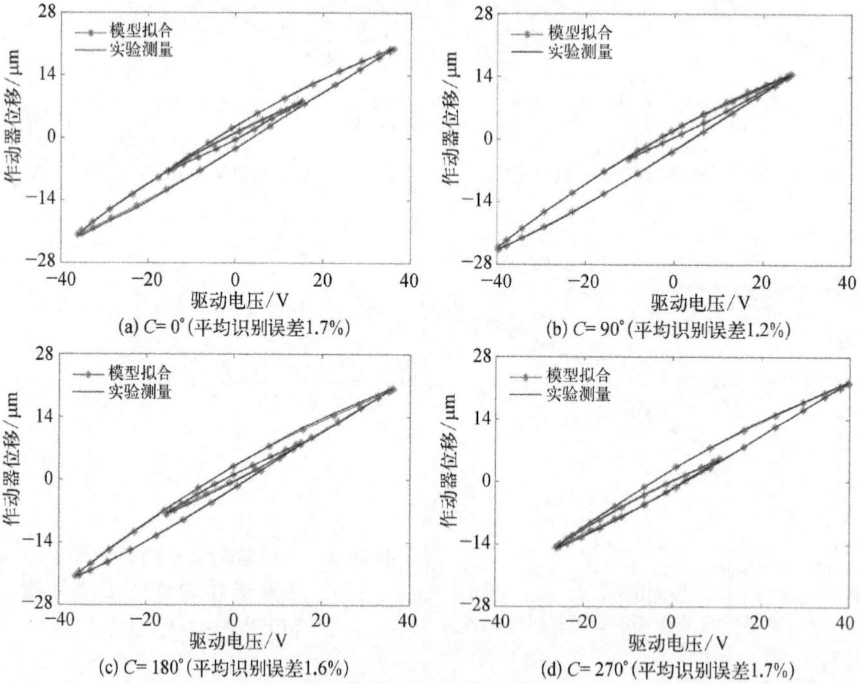

(a) $C=0°$(平均识别误差1.7%)
(b) $C=90°$(平均识别误差1.2%)
(c) $C=180°$(平均识别误差1.6%)
(d) $C=270°$(平均识别误差1.7%)

图 14.8　不同相位差 C 信号驱动下压电叠层作动器的迟滞回线($A=40$ V, $B=0.36$)

14.2.2　非线性补偿神经网络建模

为了降低压电叠层作动器迟滞非线性导致的输入电压和输出位移的不同步，提高压电叠层作动器驱动的直升机机体振动智能控制的减振效果，需要对压电叠层作动器进行迟滞非线性补偿，使作动器的输出位移和输出电压成正比。在上一节建立的压电叠层作动器迟滞非线性神经网络模型的基础上，本节建立压电叠层作动器非线性补偿神经网络模型，并采用两阶谐波的训练样本进行神经网络训练，使训练后的非线性补偿神经网络能够补偿相同谐波频率的任意两阶谐波信号驱动下的压电叠层作动器的迟滞非线性。此外，对非线性补偿神经网络模型的补偿效果进行试验验证。

1. 非线性补偿神经网络模型

压电叠层作动器非线性补偿神经网络的建模原理如图 14.9 所示，图中 $\boldsymbol{U}(n)$ 是所有训练样本在第 n 采样点的压电叠层作动器驱动电压信号组成的向量，$\boldsymbol{Y}_d(n)$ 是压电叠层作动器在不同信号驱动下期望位移组成的向量，$\overline{\boldsymbol{Y}}(n)$ 是非线性补偿后压电叠层作动器在第 n 采样点的输出位移向量，$\boldsymbol{E}_d(n)$ 是压电叠层作动器期望位移与非线性补偿后位移输出的误差向量。由于神经网络训练时的训练顺序是先训练相同采样点的所有训练样本，再进入下一采样点，因此，如果采用实测的作动器位移，则需要和训练样本个数相同的作动器同时工作，这不仅需要大量的作动器，而且对控制器的通道数和在线处理能力提出了巨大的挑战。于是非线性补偿神经网络建模过程中采用 14.1 节中建立的迟滞非线性神经网络模型拟合压电叠层作动器的迟滞非线性。当压电叠层作动器用于振动智能控制系统中时，其实际输出位移难以测量，因此，非线性补偿中仅采用压电叠层作动器驱动信号的延迟向量建立非线性补偿模型。对输入的两阶谐波驱动信号进行延迟处理后作为非线性补偿神经网络模型的输入，补偿神经网络的输出即为补偿后的压电叠层作动器驱动电压。将非线性补偿神经网络的输出与迟滞非线性神经网络的输出都经过延迟处理后代入 NARX 迟滞非线性神经网络模型，得到补偿后的压电叠层作动器输

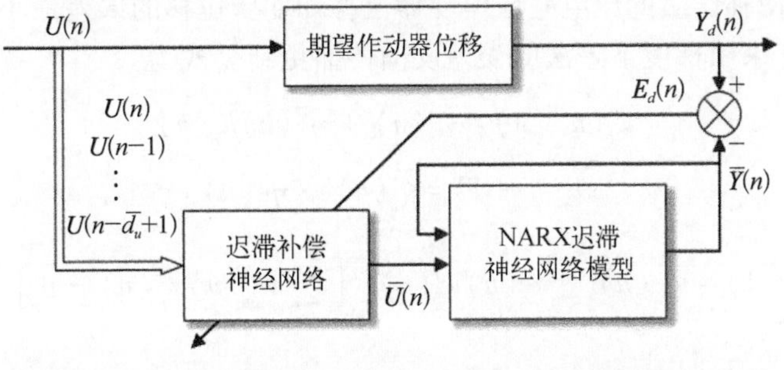

图 14.9　压电叠层作动器非线性补偿神经网络建模原理图

出位移的估计值。求补偿后压电叠层作动器位移与期望输出位移的误差,通过误差的反向传播来修正非线性补偿神经网络模型的连接权系数和神经元偏置,使得补偿后的压电叠层作动器输出位移与期望输出位移的误差最小,达到补偿压电叠层作动器迟滞非线性影响的目的。

非线性补偿神经网络中,第 m 个训练样本在采样点 n 处的输入向量为

$$\overline{\boldsymbol{X}}^m(n) = \left[u^m(n) \quad u^m(n-1) \quad \cdots \quad u^m(n-\overline{d}_u+1)\right]^{\mathrm{T}} \tag{14.21}$$

式中,$\overline{d}_u$ 是输入信号的最大延迟数。

非线性补偿神经网络与迟滞非线性神经网络的建模过程相同,采用反向传播算法建立神经网络模型,建模包括信号前向传播和误差反向传播。信号前向传播的过程为

$$\overline{h}_q^m(n) = f\left[\sum_{p=1}^{\overline{P}} \overline{w}_{pq}(n)\overline{x}_p^m(n) - \overline{\theta}_q(n)\right] \tag{14.22}$$

$$\overline{u}^m(n) = \sum_{q=1}^{\overline{Q}} \overline{w}_q(n-1)\overline{h}_q^m(n) - \overline{\theta}_o(n) \tag{14.23}$$

式中,$\overline{P}$ 和 $\overline{Q}$ 分别是输入层和隐含层的神经元数量,$\overline{P}=\overline{d}_u$;$\overline{h}_q^m$ 是隐含层神经元 q 的输出;$\overline{w}_{pq}(n)$ 是隐含层神经元 q 到输入层神经元 p 的连接权系数;$\overline{\theta}_q(n)$ 是神经元偏置,激活函数为双极 S 型函数;$\overline{u}^m(n)$ 是第 m 个训练样本补偿后的压电叠层作动器驱动电压;$\overline{w}_q(n)$ 是输出层到隐含层神经元 q 的连接权系数;$\overline{\theta}_o(n)$ 是输出层的神经元偏置。

将补偿后的作动器驱动电压 $\overline{u}^m(n)$ 代入 NARX 迟滞非线性神经网络模型,得到非线性补偿后的压电叠层作动器输出位移估计值 $\overline{y}^m(n)$,其与期望输出位移的误差为

$$\overline{e}^m(n) = y_d^m(n) - \overline{y}^m(n) \tag{14.24}$$

将补偿误差 $\overline{e}^m(n)$ 反向传播,更新非线性补偿神经网络的连接权系数和神经元偏置,可以使补偿后的压电叠层作动器位移和期望位移的误差最小,达到非线性补偿的目的。采用梯度下降法的误差反向传播更新公式为

$$\overline{w}_q(n+1) = \overline{w}_q(n) + \eta\overline{e}(n)\overline{h}_q(n) \tag{14.25}$$

$$\overline{\theta}_o(n+1) = \overline{\theta}_o(n) - \eta\overline{e}(n) \tag{14.26}$$

$$\overline{w}_{pq}(n+1) = \overline{w}_{pq}(n) + \eta\overline{e}(n)\overline{w}_q(n)f'\left[\sum_{p=1}^{P} \overline{w}_{pq}(n)\overline{x}_p^m(n) - \overline{\theta}_q\right]\overline{x}_p^m(n) \tag{14.27}$$

$$\bar{\theta}_p(n+1)=\bar{\theta}_p(n)-\eta\bar{e}(n)\bar{w}_q(n)f'\left[\sum_{p=1}^{P}\bar{w}_{pq}(n)\bar{x}_p^m(n)-\bar{\theta}_q\right] \tag{14.28}$$

采用两阶谐波信号作为训练样本更新神经网络的连接权系数。训练样本的更新顺序与迟滞非线性神经网络的训练过程相同。为了使非线性补偿神经网络模型能够同时补偿不同两阶信号驱动下的迟滞非线性,在最后几个迭代循环中也采用了随时间衰减的学习率进行更新,衰减的学习率见公式(14.19)。

2. 非线性补偿神经网络训练

采用 14.2.1 节中第 2 节的 48 组两阶谐波驱动信号样本和训练完成的 NARX 迟滞非线性神经网络模型,对非线性补偿神经网络进行训练。训练中,驱动电压的延迟最大阶数即神经网络输入层神经元数量是 $\bar{p}=\bar{d}_u=12$, 隐含层神经元数量 $\bar{q}=2\bar{p}=24$, 学习率 $\eta_0=0.05$, 共进行 60 个循环的迭代,最后 10 个循环采用衰减的学习率,衰减系数 $\beta=10$。为了提高神经网络训练的收敛特性,驱动电压信号±60 V 与压电叠层作动器的期望位移±36 μm 均被按比例映射到[-1, 1]区间内进行网络训练。图 14.10 显示了压电叠层作动器的非线性补偿后位移与期望位移的误差平均值随循环数的变化,经过补偿模型后的输出位移与期望位移平均误差为 3.4%。

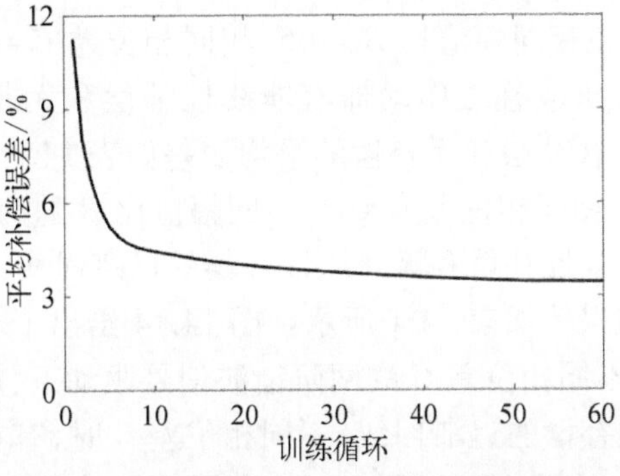

图 14.10　训练样本的补偿误差平均值随循环数的变化

3. 非线性补偿神经网络补偿

补偿模型训练中由于系统的限制采用了识别的迟滞非线性神经网络模型替代压电叠层作动器进行了补偿,但迟滞非线性神经网络模型与真实作动器的迟滞非线性仍存在少量误差,因此,本节采用真实的压电叠层作动器进行试验验证训练完成的非线性补偿神经网络的补偿效果。图 14.11 给出了非线性补偿验证试验的原理图。将数字信号发生器产生的初始驱动信号经过非线性补偿神经网络处理后得到补偿后的驱动信号,再经过低通滤波和功率放大后驱动压电叠层作动器产生补偿后的位移,并采用位移传感器测量。

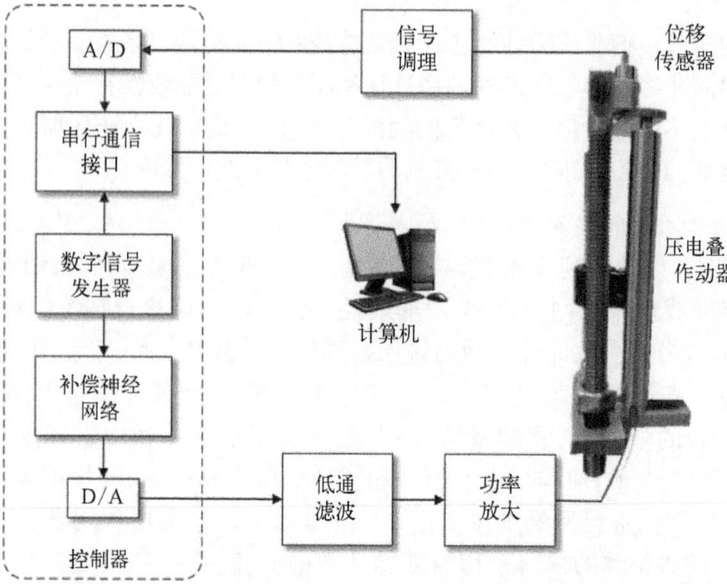

图 14.11　压电叠层作动器迟滞非线性神经网络补偿试验原理图

图 14.12 给出了在相同幅值比 $B=0.5$、相同相位差 $C=0°$、不同总幅值 A 的两阶谐波信号驱动下压电叠层作动器有非线性补偿和无非线性补偿的迟滞回线,不同总幅值 A 时,有补偿和无补偿的平均误差如表 14.1 所示。图 14.13 给出了相同总幅值 $A=60$、相同相位差 $C=0°$、不同幅值比 B 的两阶谐波信号驱动下,压电叠层作动器有非线性补偿和无非线性补偿的迟滞回线,不同幅值比 B 时,有补偿和无补偿的平均误差如表 14.1 所示。图 14.14 给出了相同总幅值 $A=60$ V、相同幅值比 $B=0.5$、不同相位差 C 的两阶谐波信号驱动下,压电叠层作动器有非线性补偿和无非线性补偿的迟滞回线,不同相位差 C 时,有补偿和无补偿的平均误差如表 14.1 所示。从图 14.12、图 14.13 和图 14.14 可以看出,在不同的总幅值、幅值比和相位差的两阶谐波信号驱动下,压电叠层作动器实际输出位移与输入电压接近正比,说明非线性补偿神经网络模型可以很好地补偿压电叠层作动器的迟滞非线性。即使对于不在训练样本范围内的同频率的两阶谐波信号,非线性补偿神经网络模型也能取得很好的迟滞非线性补偿效果,说明本章方法具有很好的适应性,适用于压电叠层作动器驱动的直升机振动智能控制的迟滞非线性补偿。从表 14.1 可以看出,在不同的总幅值、幅值比和相位差的两阶谐波信号驱动下,压电叠层作动器有非线性补偿的平均误差比无非线性补偿的平均误差要小约 1/3。

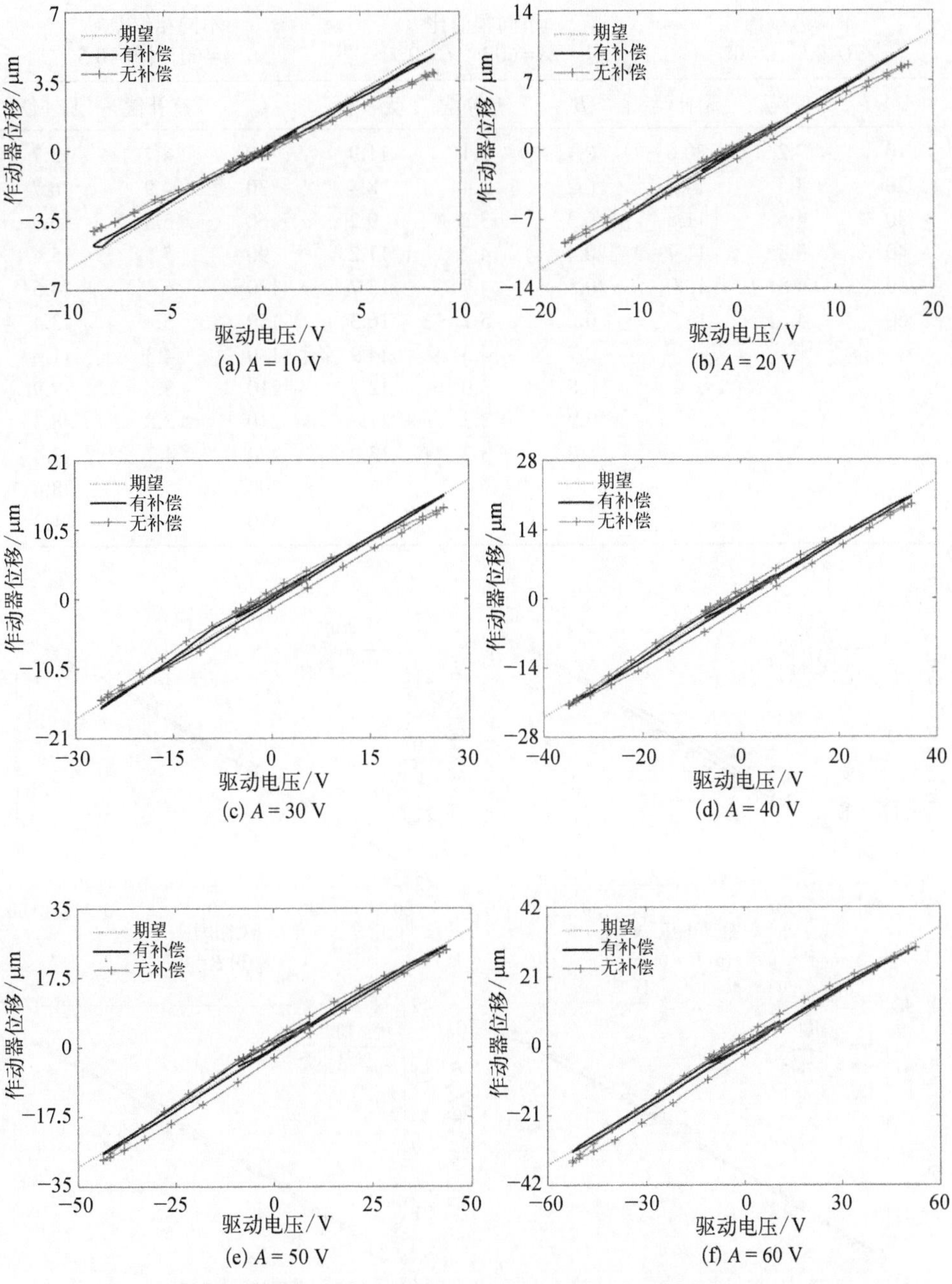

图 14.12　不同总幅值 A 两阶谐波信号驱动下压电叠层作动器非线性补偿结果

表 14.1　不同总幅值 *A*、不同幅值比 *B* 和不同相位差 *C* 时有补偿和无补偿的平均误差

（单位：%）

不同总幅值 A $B=0.5$、$C=0°$			不同幅值比 B $A=60$ V、$C=0°$			不同相位差 C $A=60$ V、$B=0.5$		
A/V	有补偿	无补偿	B	有补偿	无补偿	C	有补偿	无补偿
10	7.2	20.6	0.1	3.1	11.9	0	4.7	13.7
20	3.3	14.9	0.2	2.4	8.4	30	4.9	16.7
30	4.5	11.8	0.3	3.2	9.2	60	5.5	16.9
40	3.8	11.7	0.4	4.2	11.2	90	5.5	15.4
50	4.3	13.0	0.5	4.7	13.7	120	6.1	14.5
60	4.3	13.7	0.6	5.2	16.3	150	5.4	13.4
			0.7	4.3	14.9	180	4.3	11.6
			0.8	3.0	12.7	210	3.8	9.9
			0.9	3.3	11.4	240	3.8	8.3
			1.0	3.3	13.0	270	4.7	7.4
						300	5.3	8.6
						330	6.3	11.8

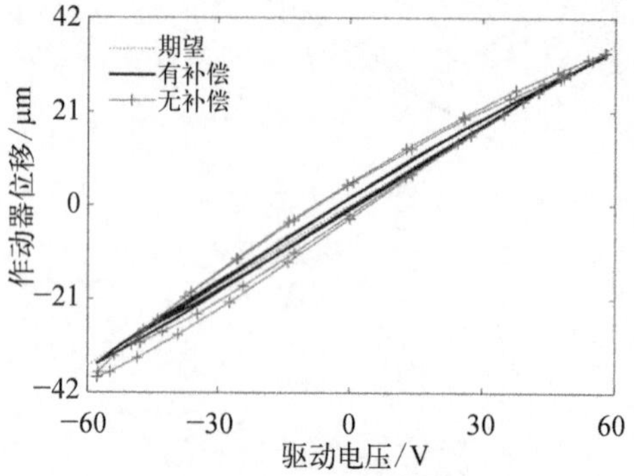

(a) $B=0.1$

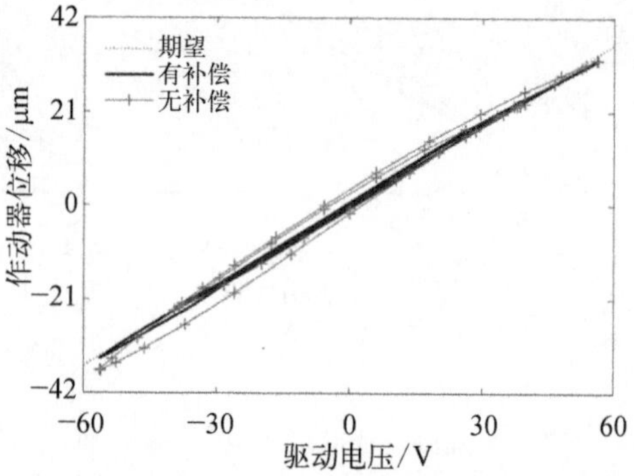

(b) $B=0.2$

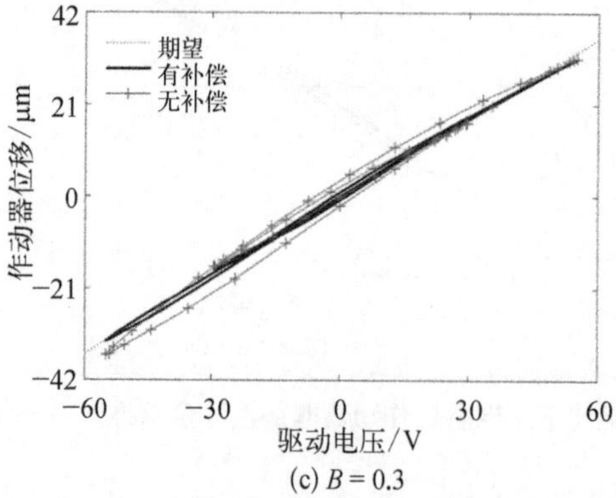

(c) $B=0.3$

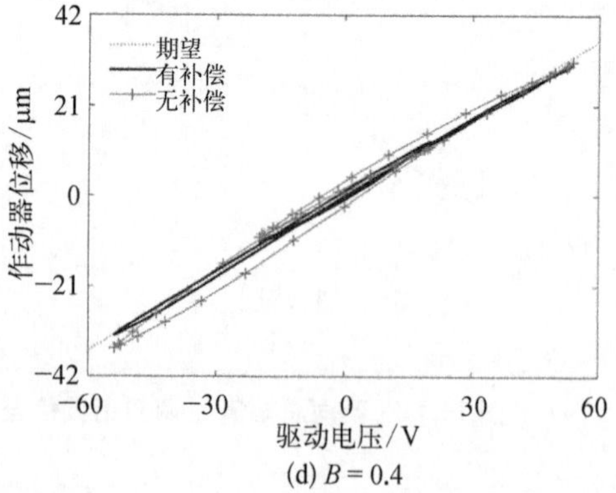

(d) $B=0.4$

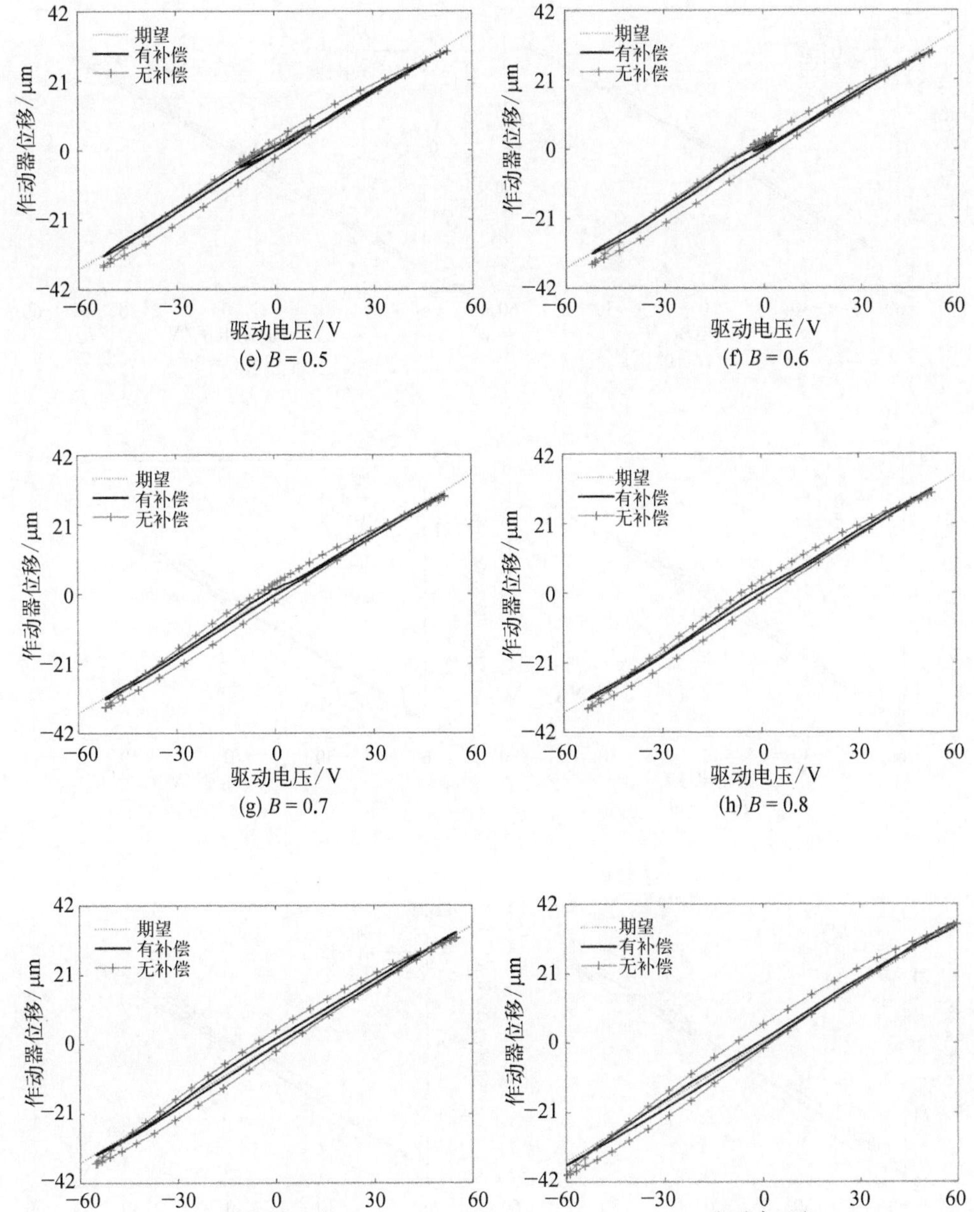

(e) $B = 0.5$　(f) $B = 0.6$

(g) $B = 0.7$　(h) $B = 0.8$

(i) $B = 0.9$　(j) $B = 1.0$

图 14.13　不同幅值比 B 两阶谐波信号驱动下压电叠层作动器非线性补偿结果

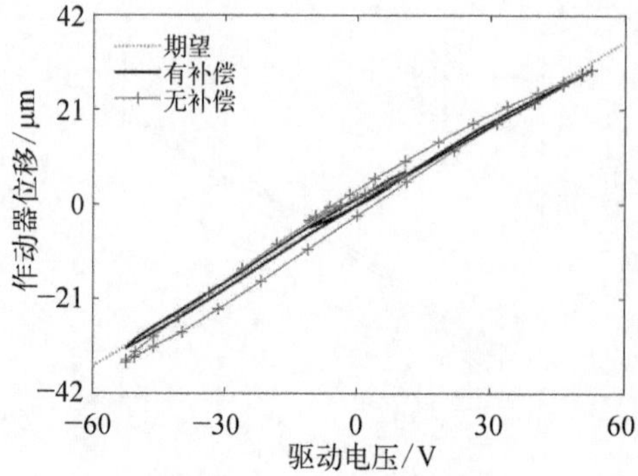

(a) $C = 0°$

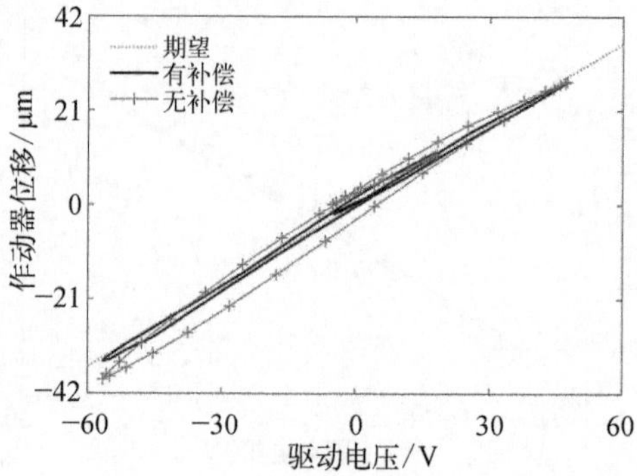

(b) $C = 30°$

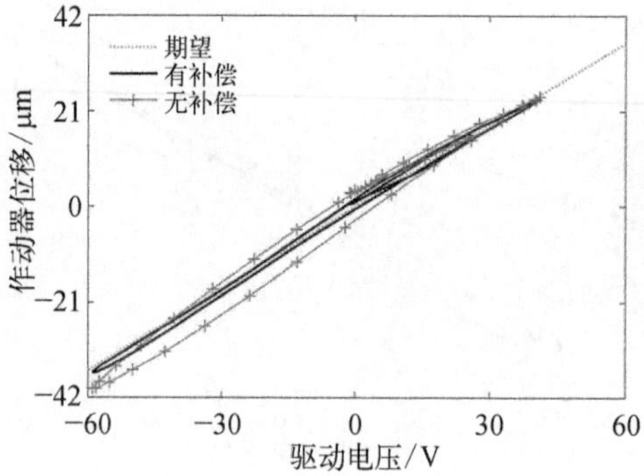

(c) $C = 60°$

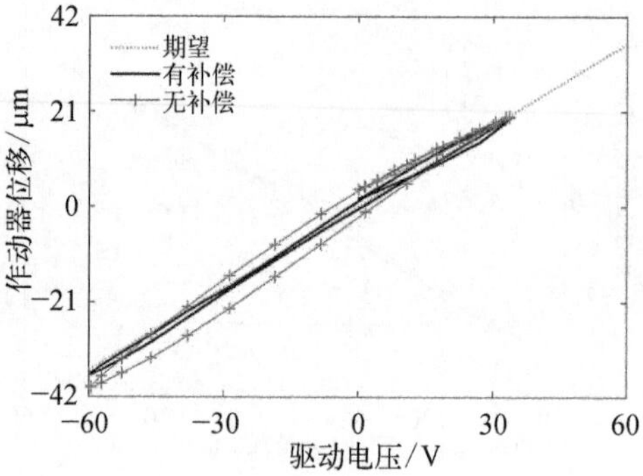

(d) $C = 90°$

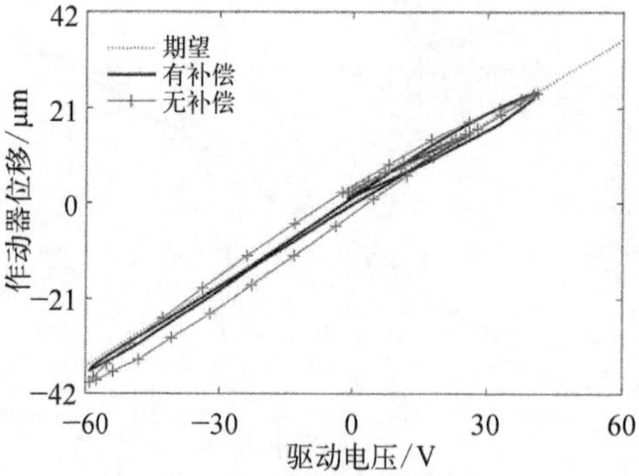

(e) $C = 120°$

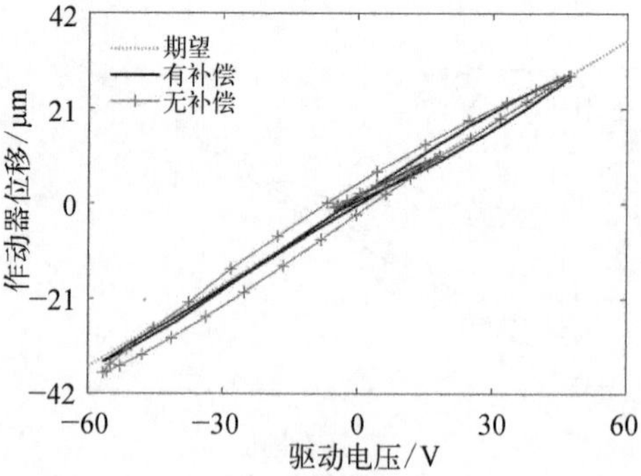

(f) $C = 150°$

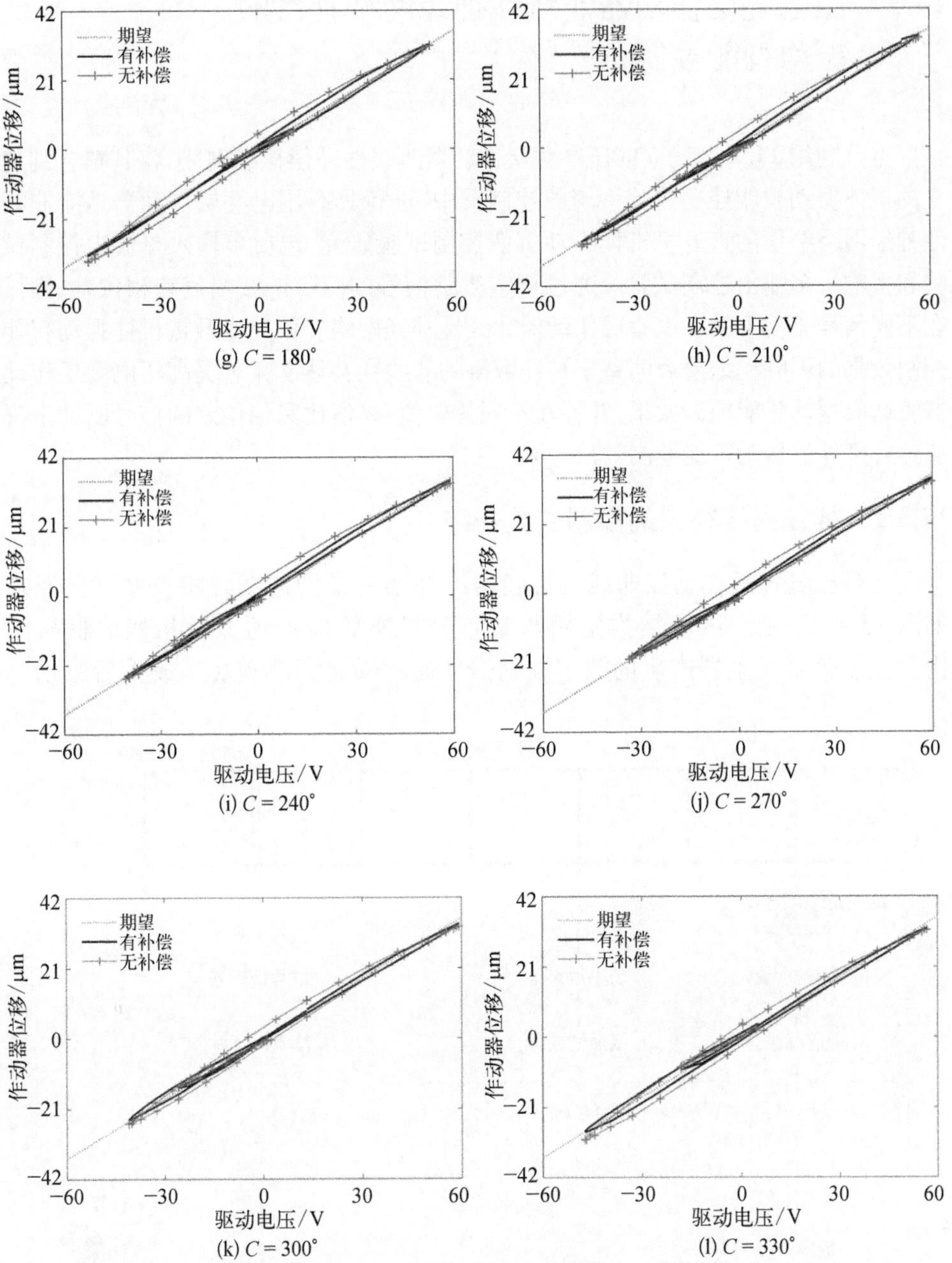

图 14.14　不同相位差两阶谐波信号驱动下压电叠层作动器非线性补偿结果

14.3 压电叠层作动器非线性神经网络补偿的振动智能控制试验

本节利用 14.2 节建立的压电叠层作动器非线性补偿神经网络，将其整合到建立的机体振动智能控制试验系统的控制器中，进行具有压电叠层作动器迟滞非线性神经网络补偿的直升机机体振动智能控制试验研究，包括单输入单输出控制试验和多输入多输出控制试验。通过调整激励信号的两阶谐波幅值和相位差，测试在不同信号驱动下的压电叠层作动器非线性神经网络补偿对直升机机体振动智能控制效果的影响。结果表明基于神经网络的非线性补偿能显著提高压电叠层作动器驱动的振动智能控制效果，并且在不同总幅值、幅值比和相位差的信号驱动下都能提升额外的振动智能控制效果。

14.3.1 神经网络补偿的控制试验系统

具有压电叠层作动器非线性神经网络补偿的结构振动智能控制试验原理如图 14.15 所示。试验结构采用与某直升机座舱地板动力学相似的框架结构。数字信号发生器产生的数字激励信号通过低通滤波和功率放大后驱动电

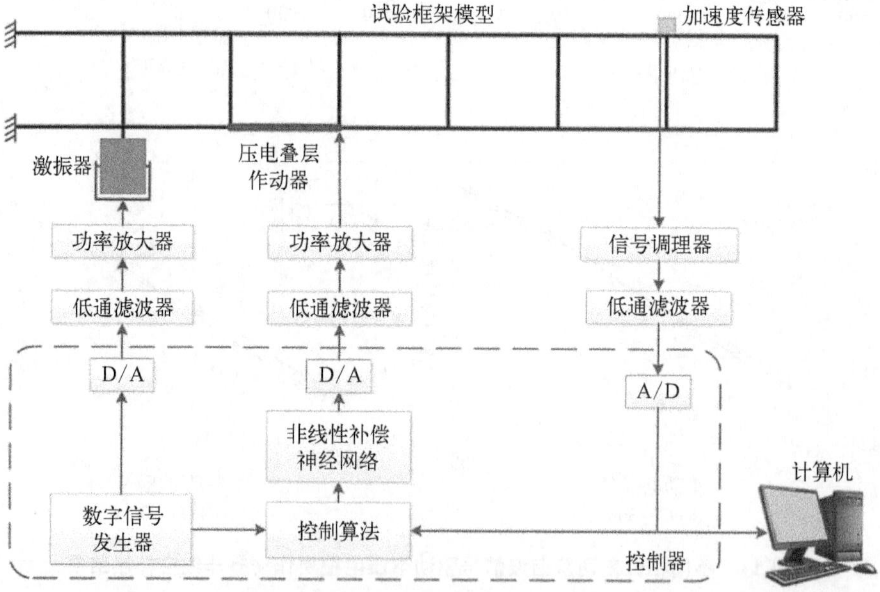

图 14.15 压电叠层作动器非线性神经网络补偿的振动智能控制试验原理图

磁激振器对框架结构产生激励响应。安装在减振点处的加速度传感器采集振动加速度信号,经过抗混滤波后输入控制器。采集的加速度信号与数字激励信号都被代入第 7 章的多输入多输出前馈自适应控制算法,得到压电叠层作动器的驱动信号。作动器驱动信号作时间延迟处理后,代入训练好的非线性补偿神经网络得到补偿后的电压信号,再通过低通滤波器和功率放大器处理后驱动压电叠层作动器,在结构上产生作动响应以抵消激励响应。同时,加速度响应信号和作动器控制信号同时通过串行通信接口发送到计算机进行存储。试验中,控制器采用 TMS320F28335 型数字信号处理器实现,加速度传感器型号是 3097A2,灵敏度是 100 mV/g,激振器是 HEV-50 型电磁式激振器,最大激振力 50 N。压电叠层作动器型号是 PSt150/7/100 VS12,其参数如表 3.2 所示。

14.3.2　单输入单输出神经网络补偿控制试验

首先采用单个作动器控制单个减振点的振动加速度响应,进行单输入单输出控制试验,试验现场照片如图 14.16 所示。试验中,激振器安装在激励点 1 对结构进行激励,四个压电叠层作动器中仅作动器Ⅲ工作,对减振点 1 的振动响应进行控制。激励点、压电叠层作动器及减振点位置如图 14.16 所示。试验中,采样频率为 f_s = 975 Hz,振动的两阶谐波频率是 ω_1 = 19.5 Hz 和 ω_2 = 39.0 Hz。通过调节数字信号发生器的激励信号 $x_e(t) = 0.531\sin(2\pi\omega_1 t) + 0.406\sin(2\pi\omega_2 t)$,使得压电叠层作动器两阶谐波的激振电压都为 30 V,取总幅值 $A = 60$ V、幅值比 $B = 0.5$ 和相位差 $C = 0°$ 进行具有压电叠层作动器非线性神经网络补偿的振动智能控制试验,试验结果如图 14.17 所示,图中浅色曲线表示压电叠层作动器无非线性神经网络补偿时减振点的加速度响应,深色曲线表示有非线性神经网络补偿时减振点的加速度响应,可以看出,当振动智能控制系统从 10 s 开始启动后,减振点的振动水平逐渐衰减,并在控制开启 5 秒内达到稳定状态,压电叠层作动器没有和具有非线性神经网络补偿的振动智能控制系统分别使减振点的振动降低了 89.5%和 95.8%,非线性神经网络补偿获得了 6.3%的额外减振效果。试验结果表明,基于神经网络的压电叠层作动器迟滞非线性补偿能够有效应用于压电叠层作动器驱动的结构振动智能控制系统,进一步提高系统的减振效果。图 14.18 是有无神经网络补偿控制试验减振点的加速度响应频谱图,可以看出由压电叠层作动器迟滞非线性引起的 58.5 Hz 和 78 Hz 的谐波响应在非线性神经网络补偿后都有明显降低。图 14.19 给出了压电叠层作动器在 20～20.05 秒内的驱动电压信号,其中深色实线表示有非线性神经网络补偿的驱动电压,浅色实线表示无非线性神经网络补偿的驱动电压,虚线表示两者的差值,可以看出两者的差值主要是高阶谐波。

图 14.16　单输入单输出非线性神经网络补偿的振动控制试验现场照片

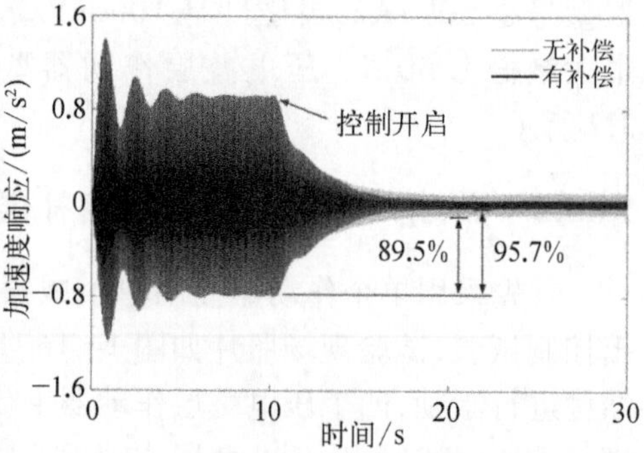

图 14.17　单输入单输出神经网络补偿控制试验减振点的加速度响应

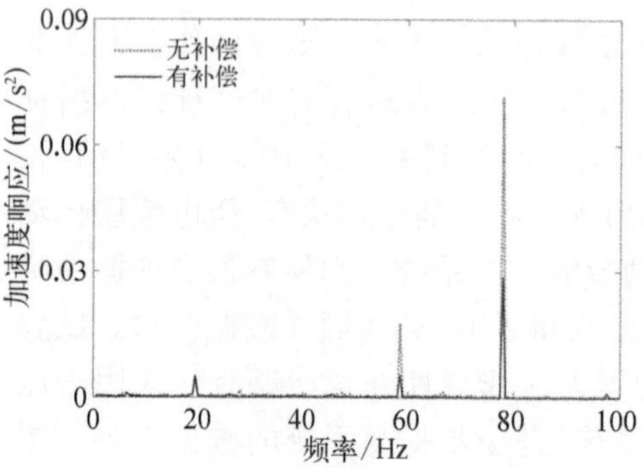

图 14.18　单输入单输出有无神经网络补偿控制试验减振点的加速度响应频谱

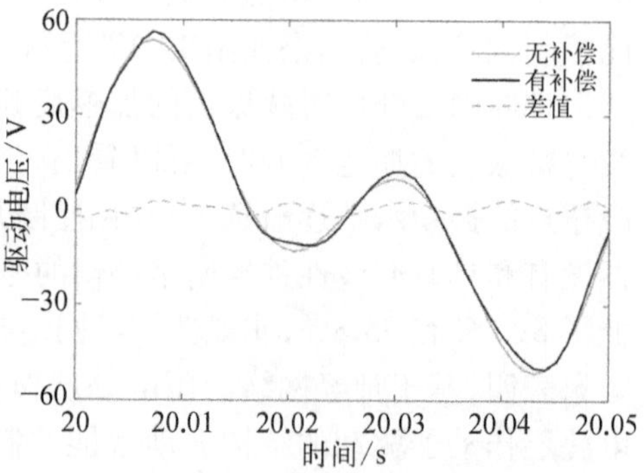

图 14.19　单输入单输出有无补偿控制试验压电叠层作动器的驱动电压

为了验证具有压电叠层作动器非线性神经网络补偿的振动智能控制系统中非线性神经网络补偿对不同振动载荷时的控制效果，本节通过调节激励信号中两阶谐波的幅值和相位，改变压电叠层作动器的需用驱动电压总幅值 A、幅值比 B 和相位差 C，进行直升机机体框架结构振动智能控制试验。

将电磁激振器的激励信号分别设置为

$$x_e(t) = 0.354\sin(2\pi\omega_1 t) + 0.271\sin(2\pi\omega_2 t)$$

$$x_e(t) = 0.177\sin(2\pi\omega_1 t) + 0.135\sin(2\pi\omega_2 t)$$

$$x_e(t) = 0.531\sin(2\pi\omega_1 t) + 0.406\sin(2\pi\omega_2 t)$$

进行不同驱动电压总幅值情况下的压电叠层作动器非线性神经网络补偿的机体结构振动智能控制试验。图 14.20、图 14.21 和图 14.22 分别给出了幅值比 $B=0.5$、相位差 $C=0°$、驱动电压总幅值 A 分别为 20 V、40 V 和 60 V 时减振点的加速度响应，$A=20$ V 时，压电叠层作动器没有和有非线性神经网络补偿的减振点加速度响应分别降低了 93.6% 和 96.1%，非线性神经网络补偿获得了 2.5% 的额外减振效果；

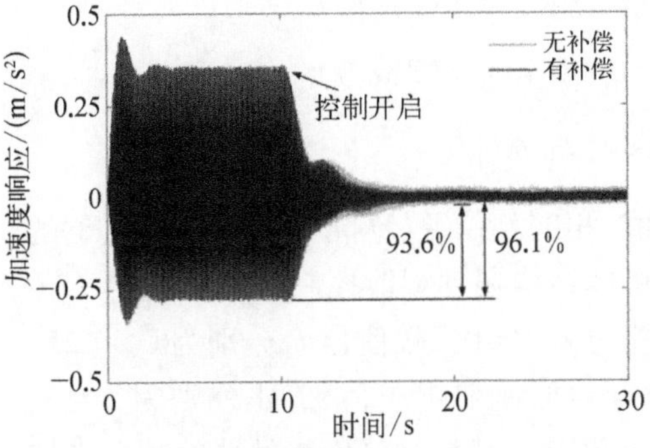

图 14.20　单输入单输出补偿控制试验在电压总幅值 $A=20$ V 时减振点的加速度响应

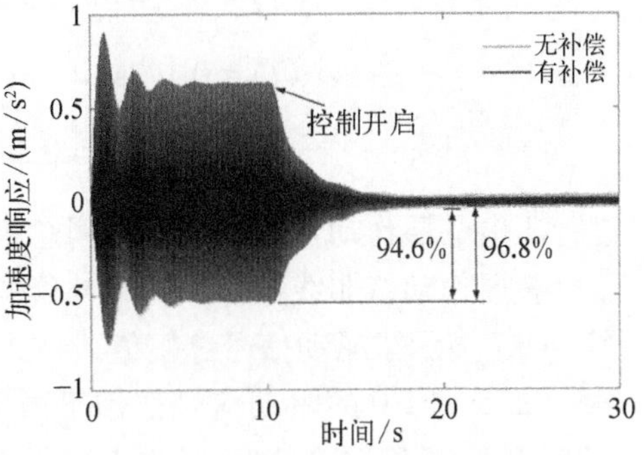

图 14.21　单输入单输出补偿控制试验在电压总幅值 $A=40$ V 时减振点的加速度响应

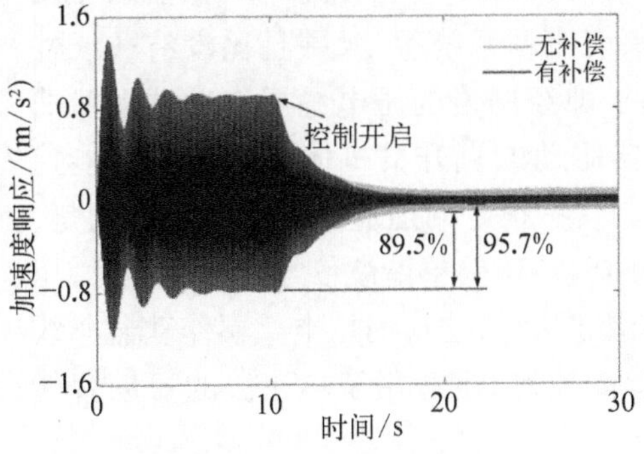

图 14.22　单输入单输出补偿控制试验在电压总幅值 $A=60$ V 时减振点的加速度响应

$A=40$ V 时，所对应的百分比分别是 94.6%、96.8%和 2.2%；$A=60$ V 时，所对应的百分比分别是 89.5%、95.8%和 6.3%。试验结果表明，压电叠层作动器有非线性神经网络补偿的振动智能控制系统能够有效控制不同幅值的两阶谐波振动，并且比没有非线性神经网络补偿的控制能够获得更好的减振效果，说明基于神经网络的压电叠层作动器迟滞非线性补偿能够有效地应用于压电叠层作动器驱动的机体结构振动智能控制，并且对不同幅值的振动控制具有很好的适应性。为了验证这种补偿效果的可重复性，采用相同的试验设置进行了多组对比试验，结果表明，相同设置下振动响应降低比例的误差在±0.2%以内，远低于非线性补偿的额外控制效果。

将激励信号分别设置为

$$x_e(t) = 0.708\sin(2\pi\omega_1 t)$$

$$x_e(t) = 0.531\sin(2\pi\omega_1 t) + 0.135\sin(2\pi\omega_2 t)$$

$$x_e(t) = 0.354\sin(2\pi\omega_1 t) + 0.271\sin(2\pi\omega_2 t)$$

$$x_e(t) = 0.177\sin(2\pi\omega_1 t) + 0.406\sin(2\pi\omega_2 t)$$

$$x_e(t) = 0.541\sin(2\pi\omega_2 t)$$

进行压电叠层作动器驱动电压相同总幅值、相同相位差、不同幅值比 B 情况下的压电叠层作动器非线性神经网络补偿的机体结构振动智能控制试验。图14.23~图 14.27 显示了驱动信号总幅值 $A=40$、相位差 $C=0°$、幅值比 B 分别为 0、0.25、0.5、0.75 和 1.0 的驱动信号作用下减振点的加速度响应，幅值比分别为 $B=0$、0.25、0.5、0.75 和 1.0 时，压电叠层作动器没有非线性神经网络补偿的减振点加速度响应分别降低了 96.9%、96.8%、94.6%、94.2%和 93.5%，具有非线性神经网络补偿的减振点加速度响应分别降低了 98.5%、98.1%、96.8%、97.0%和 97.2%，非线性神经网络补偿分别获得了 1.6%、1.3%、2.2%、2.8%和 3.7%的额外减振效果。试验结果表明，压电叠层作动器具有非线性神经网络补偿的振动智能控制能够有效地控制不同两阶谐波幅值比的系统振动，并且比没有非线性神经网络补偿能获得更好的减振效果，基于神经网络的压电叠层作动器迟滞非线性补偿能有效地应用于压电叠层作动器驱动的直升机机体结构振动智能控制，并且对不同两阶谐波幅值比的振动控制具有很好的适应性。值得一提的是，当 $B=0$ 时，压电叠层作动器的驱动电压为 19.5 Hz 的单谐波信号，当 $B=1$ 时，压电叠层作动器的驱动电压为 39.0 Hz 的单谐波信号，这说明压电叠层作动器非线性神经网络补偿不仅适用于多谐波振动智能控制，也适用于单谐波的振动智能控制。

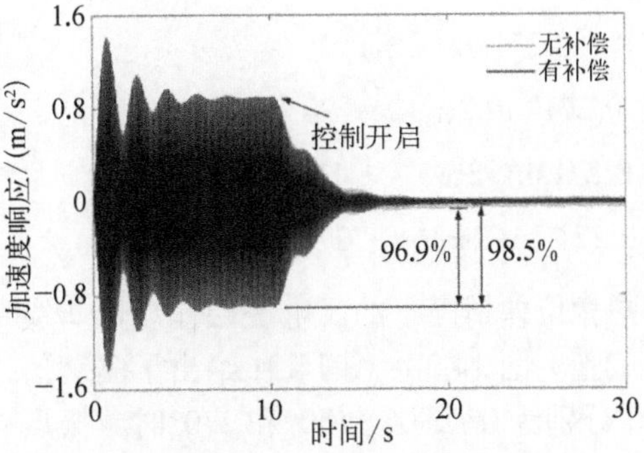

图 14.23　单输入单输出补偿控制试验在驱动信号幅值比 $B=0$ 时减振点的加速度响应

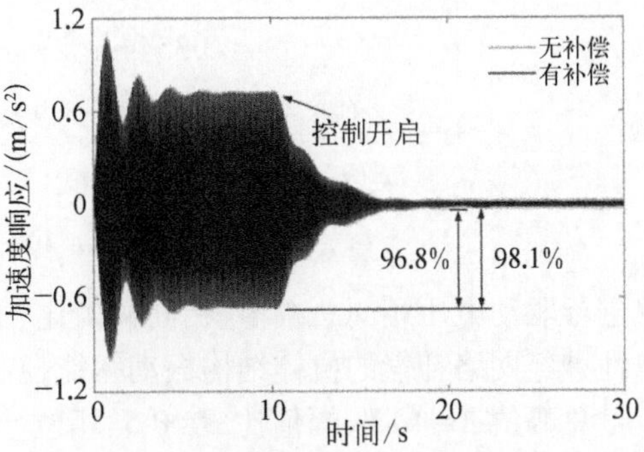

图 14.24　单输入单输出补偿控制试验在驱动信号幅值比 $B=0.25$ 时减振点的加速度响应

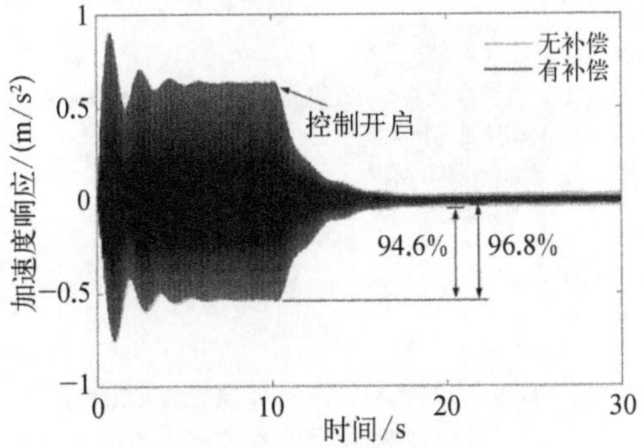

图 14.25　单输入单输出补偿控制试验在驱动信号幅值比 $B=0.5$ 时减振点的加速度响应

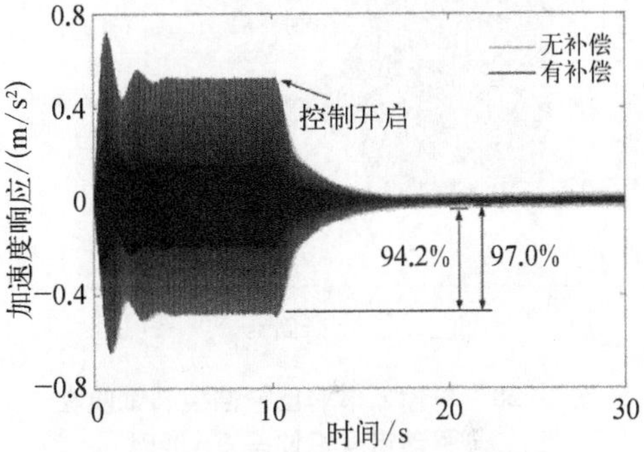

图 14.26　单输入单输出补偿控制试验在驱动信号幅值比 $B=0.75$ 时减振点的加速度响应

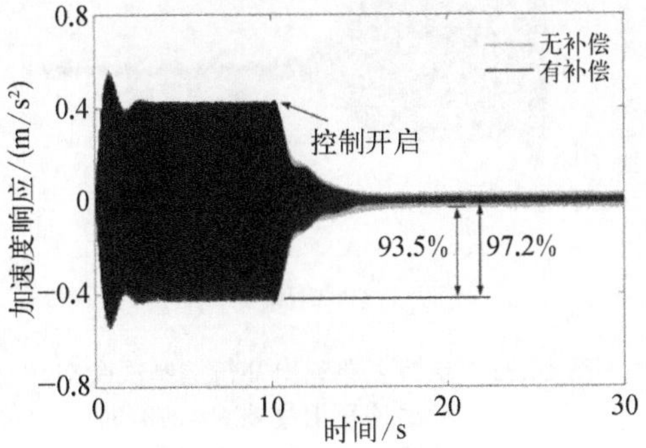

图 14.27　单输入单输出补偿控制试验在驱动信号幅值比 $B=1$ 时减振点的加速度响应

将电磁激振器的激励信号分别设置为

$$x_e(t) = 0.354\sin(2\pi\omega_1 t) + 0.271\sin(2\pi\omega_2 t)$$
$$x_e(t) = 0.354\sin(2\pi\omega_1 t) + 0.271\sin(2\pi\omega_2 t + 90°)$$
$$x_e(t) = 0.354\sin(2\pi\omega_1 t) + 0.271\sin(2\pi\omega_2 t + 180°)$$
$$x_e(t) = 0.354\sin(2\pi\omega_1 t) + 0.271\sin(2\pi\omega_2 t + 270°)$$

进行驱动电压相同总幅值、相同幅值比、不同相位差情况下的压电叠层作动器非线性神经网络补偿的机体结构振动智能控制试验。图 14.28~图 14.31 给出了驱动信号总幅值 A=40 V、幅值比 B=0.5、相位差 C 分别为 0°、90°、180°和 270°时减振点的加速度响应,在相位差 C 分别 0°、90°、180°和 270°时,压电叠层作动器没有非线性神经网络补偿的减振点加速度响应分别降低了 94.6%、94.8%、96.3%和 95.1%,

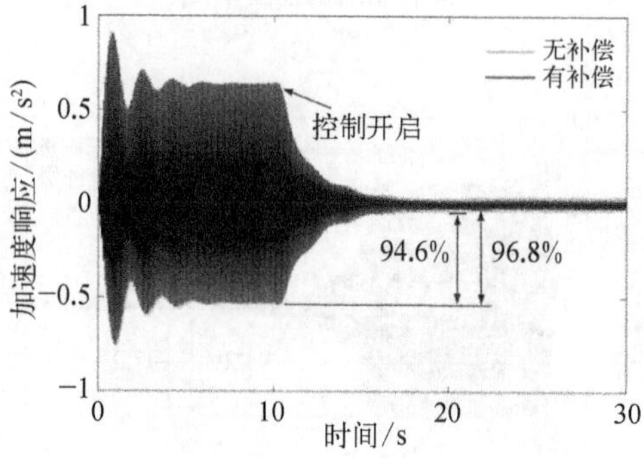

图 14.28 单输入单输出补偿控制试验在驱动信号相位差 C=0°时减振点的加速度响应

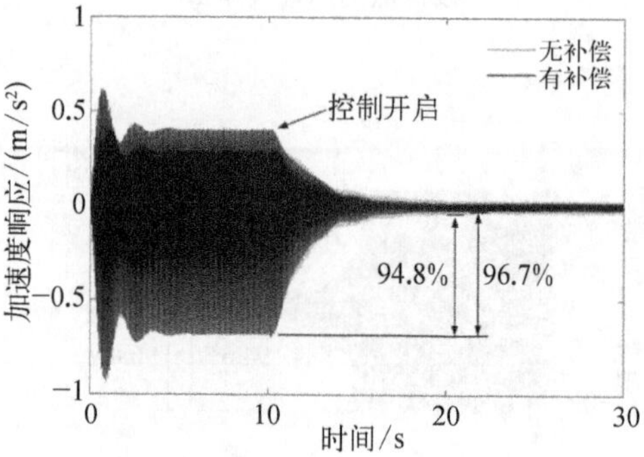

图 14.29 单输入单输出补偿控制试验在驱动信号相位差 C=90°时减振点的加速度响应

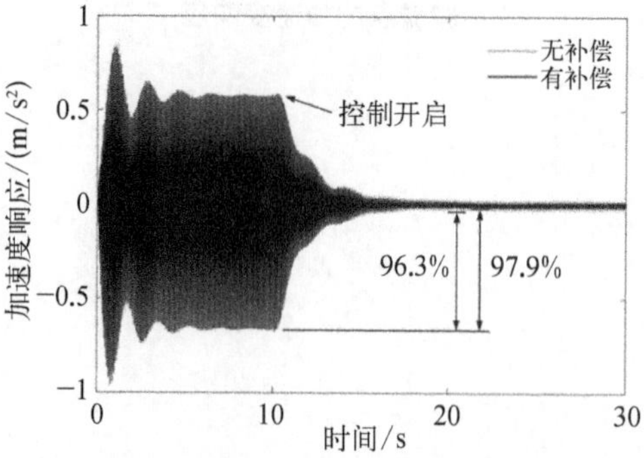

图 14.30 单输入单输出补偿控制试验在驱动信号相位差 C=180°时减振点的加速度响应

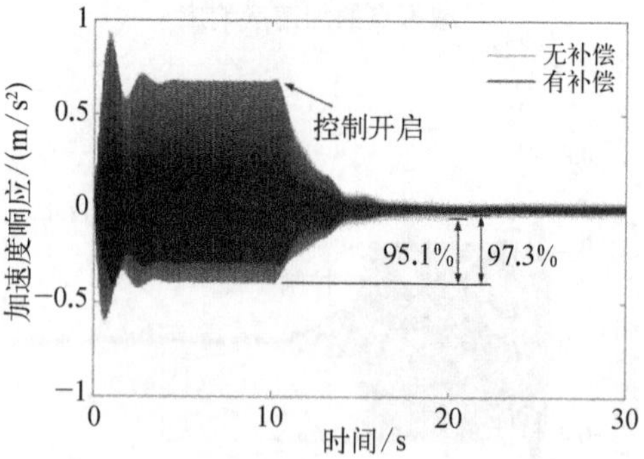

图 14.31 单输入单输出补偿控制试验在驱动信号相位差 C=270°时减振点的加速度响应

具有非线性神经网络补偿的减振点加速度响应分别降低了 96.8%、96.7%、97.8% 和 97.3%，非线性神经网络补偿分别获得了 2.2%、1.9%、1.5%和 2.2%的额外减振效果。试验结果表明，压电叠层作动器具有非线性神经网络补偿的振动智能控制能有效地控制不同谐波相位差的多谐波振动，并且比没有非线性神经网络补偿能获得更好的减振效果，基于神经网络的压电叠层作动器迟滞非线性补偿能有效地应用于压电叠层作动器驱动的直升机机体结构振动智能控制，并且对不同两阶谐波相位差的振动控制具有很好的适应性。

14.3.3　多输入多输出神经网络补偿控制试验

采用四个压电叠层作动器同时工作，控制两个减振点的振动加速度响应，进行压电叠层作动器非线性神经网络补偿的多输入多输出振动智能控制试验。多输入多输出试验系统中，激励点、压电叠层作动器和减振点位置如图 8.34 所示，激振器安装在激励点 2 对框架结构进行激励，四个压电叠层作动器安装在框架结构的四个角上。

试验时，采样频率设为 $f_s = 975$ Hz，两阶谐波振动频率为 $\omega_1 = 19.5$ Hz 和 $\omega_2 = 39.0$ Hz，数字信号发生器的激励信号设为 $x_e(t) = 1.465\sin(2\pi\omega_1 t) + 0.719\sin(2\pi\omega_2 t)$。两个减振点的加速度响应分别如图 14.32 和图 14.33 所示。图中浅色曲线表示压电叠层作动器没有非线性神经网络补偿时减振点的加速度响应，深色曲线表示具有非线性神经网络补偿时减振点的加速度响应。由图可以看出，当振动智能控制系统从 10 秒开始启动后，两个减振点的振动水平逐渐衰减，在控制开启 8 秒内逐渐达到稳定状态。压电叠层作动器没有非线性神经网络补偿的减振点 1 和 2 的振动水平分别降低了 93.5%和 94.2%，具有非线性神经网络补偿的减振点 1 和 2 的振动水平分别降低了 96.2%和 96.8%，压电叠层作动器非线性神经网络补偿分别获得了 2.7%和 2.6%的额外减振效果。图 14.34 和图 14.35 分别给出

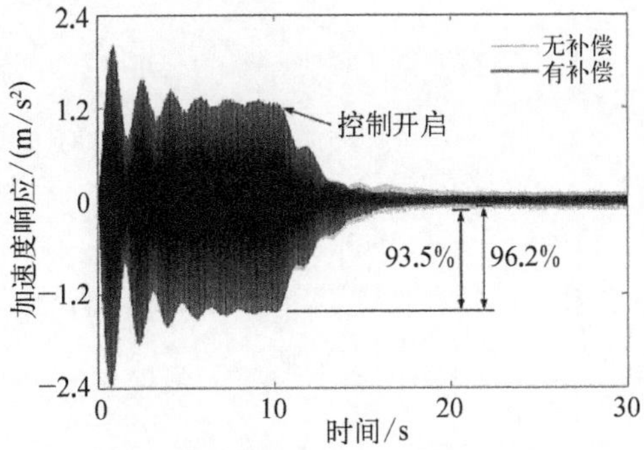

图 14.32　多输入多输出神经网络补偿控制试验减振点 1 的加速度响应

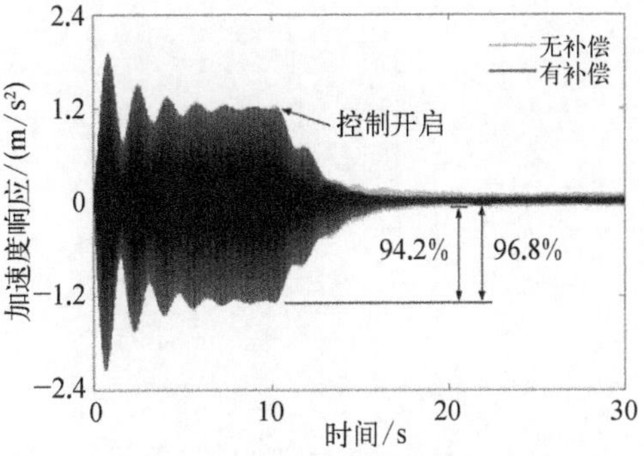

图 14.33　多输入多输出神经网络补偿控制试验减振点 2 的加速度响应

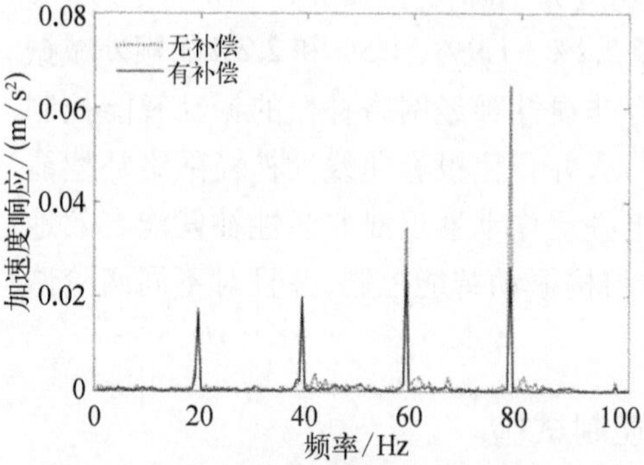

图 14.34　多输入多输出神经网络补偿控制试验减振点 1 的加速度响应频谱

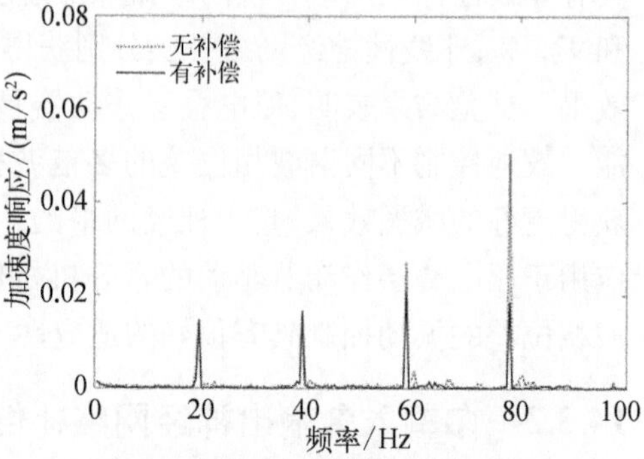

图 14.35　多输入多输出神经网络补偿控制试验减振点 2 的加速度响应频谱

了两个待减振点 20~30 秒内的振动加速度响应频谱,可以看出,由于迟滞非线性导致的 58.5 Hz 和 78.0 Hz 的谐波振动加速度响应在压电叠层作动器非线性神经网络补偿的影响下均得到了显著降低,基于神经网络的压电叠层作动器迟滞非线性补偿能有效应用于压电叠层作动器驱动的多输入多输出直升机机体振动智能控制。

附录一

子结构综合法

将整体结构分为若干个子结构,对每个子结构进行动力学分析(有限元分析或试验),得到子结构的动力学特性,然后按照各个子结构之间的连接条件,即位移协调和力平衡,对子结构的动力学特性进行综合,从而得到整体结构的动力学特性,这种由子结构动力学特性分析综合得到整体结构动力学特性的方法即为子结构综合法。

子结构综合法分为两大类:基于模态的子结构综合法和基于频响函数的子结构综合法,本专著对基于频响函数的子结构综合法进行介绍。频响函数是在频域内对线性系统动态特性的一种描述,定义为系统输入、输出傅里叶变换的比值,其物理意义为在单位简谐力作用下的位移、速度或加速度输出,对应位移输出的频响函数矩阵为

$$\boldsymbol{H}(\omega)=(-\omega^2\boldsymbol{M}+\mathrm{j}\omega\boldsymbol{C}+\boldsymbol{K})^{-1}=\frac{X(\omega)}{F(\omega)} \tag{A1.1}$$

式中,j 表示虚数;$X(\omega)$ 是位移输出的傅里叶变换;$F(\omega)$ 是系统激励输入的傅里叶变换;$\boldsymbol{M}$、$\boldsymbol{C}$ 和 $\boldsymbol{K}$ 分别表示系统的质量、阻尼和刚度矩阵,则对应速度和加速的频响函数分别是 $\mathrm{j}\omega(-\omega^2\boldsymbol{M}+\mathrm{j}\omega\boldsymbol{C}+\boldsymbol{K})^{-1}$ 和 $-\omega^2(-\omega^2\boldsymbol{M}+\mathrm{j}\omega\boldsymbol{C}+\boldsymbol{K})^{-1}$。

假设子结构 Z_1 和 Z_2 综合成整体结构 Z_3,子结构综合示意图如图 A1.1 所示,图中:

■ 表示 Z_1 上的非连接自由度 $\{\boldsymbol{x}_{Z_1}(\omega)\}_a$;

● 表示 Z_1 上的连接自由度 $\{\boldsymbol{x}_{Z_1}(\omega)\}_b$;

□ 表示 Z_2 上的非连接自由度 $\{\boldsymbol{x}_{Z_2}(\omega)\}_c$;

○ 表示 Z_2 上的连接自由度 $\{\boldsymbol{x}_{Z_2}(\omega)\}_b$;

▲ 表示 Z_3 中 Z_1 区域的非连接自由度 $\{\boldsymbol{x}_{Z_3}(\omega)\}_a$;

△ 表示 Z_3 中 Z_2 区域的非连接自由度 $\{\boldsymbol{x}_{Z_3}(\omega)\}_c$;

◆ 表示 Z_3 中 Z_1 和 Z_2 连接处的自由度 $\{\boldsymbol{x}_{Z_3}(\omega)\}_b$。

子结构 Z_1、Z_2 和整体结构 Z_3 的频域动态方程采用分块矩阵的形式可分别表

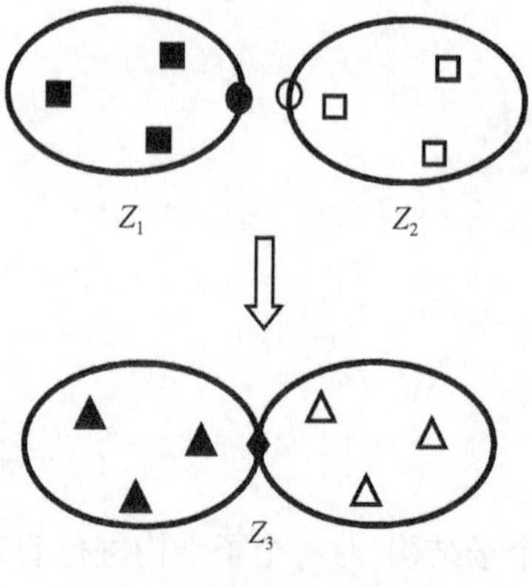

图 A1.1　子结构综合示意图

示为

$$\begin{bmatrix} \{\boldsymbol{x}_{Z_1}(\omega)\}_a \\ \{\boldsymbol{x}_{Z_1}(\omega)\}_b \end{bmatrix} = \begin{bmatrix} [\boldsymbol{H}_{Z_1}(\omega)]_{aa} & [\boldsymbol{H}_{Z_1}(\omega)]_{ab} \\ [\boldsymbol{H}_{Z_1}(\omega)]_{ba} & [\boldsymbol{H}_{Z_1}(\omega)]_{bb} \end{bmatrix} \begin{bmatrix} \{\boldsymbol{F}_{Z_1}(\omega)\}_a \\ \{\boldsymbol{F}_{Z_1}(\omega)\}_b \end{bmatrix} \tag{A1.2a}$$

$$\begin{bmatrix} \{\boldsymbol{x}_{Z_2}(\omega)\}_b \\ \{\boldsymbol{x}_{Z_2}(\omega)\}_c \end{bmatrix} = \begin{bmatrix} [\boldsymbol{H}_{Z_2}(\omega)]_{bb} & [\boldsymbol{H}_{Z_2}(\omega)]_{bc} \\ [\boldsymbol{H}_{Z_2}(\omega)]_{cb} & [\boldsymbol{H}_{Z_2}(\omega)]_{cc} \end{bmatrix} \begin{bmatrix} \{\boldsymbol{F}_{Z_2}(\omega)\}_b \\ \{\boldsymbol{F}_{Z_2}(\omega)\}_c \end{bmatrix} \tag{A1.2b}$$

$$\begin{bmatrix} \{\boldsymbol{x}_{Z_3}(\omega)\}_a \\ \{\boldsymbol{x}_{Z_3}(\omega)\}_b \\ \{\boldsymbol{x}_{Z_3}(\omega)\}_c \end{bmatrix} = \begin{bmatrix} [\boldsymbol{H}_{Z_3}(\omega)]_{aa} & [\boldsymbol{H}_{Z_3}(\omega)]_{ab} & [\boldsymbol{H}_{Z_3}(\omega)]_{ac} \\ [\boldsymbol{H}_{Z_3}(\omega)]_{ba} & [\boldsymbol{H}_{Z_3}(\omega)]_{bb} & [\boldsymbol{H}_{Z_3}(\omega)]_{bc} \\ [\boldsymbol{H}_{Z_3}(\omega)]_{ca} & [\boldsymbol{H}_{Z_3}(\omega)]_{cb} & [\boldsymbol{H}_{Z_3}(\omega)]_{cc} \end{bmatrix} \begin{bmatrix} \{\boldsymbol{F}_{Z_3}(\omega)\}_a \\ \{\boldsymbol{F}_{Z_3}(\omega)\}_b \\ \{\boldsymbol{F}_{Z_3}(\omega)\}_c \end{bmatrix} \tag{A1.2c}$$

式中，$\{\boldsymbol{x}_{Z_1}(\omega)\}$、$\{\boldsymbol{x}_{Z_2}(\omega)\}$、$\{\boldsymbol{x}_{Z_3}(\omega)\}$ 分别表示子结构 Z_1、Z_2 和整体结构 Z_3 的振动响应复幅值向量；$\{\boldsymbol{F}_{Z_1}(\omega)\}$、$\{\boldsymbol{F}_{Z_2}(\omega)\}$、$\{\boldsymbol{F}_{Z_3}(\omega)\}$ 分别表示作用于子结构 Z_1、Z_2 和整体结构 Z_3 的广义力复幅值向量；$\boldsymbol{H}_{Z_1}(\omega)$、$\boldsymbol{H}_{Z_2}(\omega)$、$\boldsymbol{H}_{Z_3}(\omega)$ 分别为子结构 Z_1、Z_2 和整体结构 Z_3 的频响函数矩阵。下标 a 表示子结构 Z_1 上的非连接自由度，b 表示子结构间的连接自由度，c 表示子结构 Z_2 上的非连接自由度。在耦合连接点 b 处需满足位移协调条件和力的平衡条件，分别为

$$\{\boldsymbol{x}_{Z_1}(\omega)\}_b = \{\boldsymbol{x}_{Z_2}(\omega)\}_b = \{\boldsymbol{x}_{Z_3}(\omega)\}_b \tag{A1.3a}$$

$$\{\boldsymbol{F}_{Z_1}(\omega)\}_b + \{\boldsymbol{F}_{Z_2}(\omega)\}_b = \{\boldsymbol{F}_{Z_3}(\omega)\}_b \tag{A1.3b}$$

由频域动态方程(A1.2)、位移协调条件(A1.3a)和力平衡条件(A1.3b)可得整体结构 Z_3 的频响函数为

$$
\begin{aligned}
[\boldsymbol{H}_{Z_3}(\omega)]_{aa} &= [\boldsymbol{H}_{Z_1}(\omega)]_{aa} - [\boldsymbol{H}_{Z_1}(\omega)]_{ab}([\boldsymbol{H}_{Z_1}(\omega)]_{bb} + [\boldsymbol{H}_{Z_2}(\omega)]_{bb})^{-1}[\boldsymbol{H}_{Z_1}(\omega)]_{ba} \\
[\boldsymbol{H}_{Z_3}(\omega)]_{ab} &= [\boldsymbol{H}_{Z_3}(\omega)]_{ba}^{\mathrm{T}} = [\boldsymbol{H}_{Z_1}(\omega)]_{ab}([\boldsymbol{H}_{Z_1}(\omega)]_{bb} + [\boldsymbol{H}_{Z_2}(\omega)]_{bb})^{-1}[\boldsymbol{H}_{Z_2}(\omega)]_{bb} \\
[\boldsymbol{H}_{Z_3}(\omega)]_{ac} &= [\boldsymbol{H}_{Z_3}(\omega)]_{ca}^{\mathrm{T}} = [\boldsymbol{H}_{Z_1}(\omega)]_{ab}([\boldsymbol{H}_{Z_1}(\omega)]_{bb} + [\boldsymbol{H}_{Z_2}(\omega)]_{bb})^{-1}[\boldsymbol{H}_{Z_2}(\omega)]_{bc} \\
[\boldsymbol{H}_{Z_3}(\omega)]_{bb} &= [\boldsymbol{H}_{Z_1}(\omega)]_{bb}([\boldsymbol{H}_{Z_1}(\omega)]_{bb} + [\boldsymbol{H}_{Z_2}(\omega)]_{bb})^{-1}[\boldsymbol{H}_{Z_2}(\omega)]_{bb} \\
[\boldsymbol{H}_{Z_3}(\omega)]_{bc} &= [\boldsymbol{H}_{Z_3}(\omega)]_{cb}^{\mathrm{T}} = [\boldsymbol{H}_{Z_1}(\omega)]_{bb}([\boldsymbol{H}_{Z_1}(\omega)]_{bb} + [\boldsymbol{H}_{Z_2}(\omega)]_{bb})^{-1}[\boldsymbol{H}_{Z_2}(\omega)]_{bc} \\
[\boldsymbol{H}_{Z_3}(\omega)]_{cc} &= [\boldsymbol{H}_{Z_2}(\omega)]_{cc} - [\boldsymbol{H}_{Z_2}(\omega)]_{cb}([\boldsymbol{H}_{Z_1}(\omega)]_{bb} + [\boldsymbol{H}_{Z_2}(\omega)]_{bb})^{-1}[\boldsymbol{H}_{Z_2}(\omega)]_{bc}
\end{aligned}
\tag{A1.4}
$$

附录二

混合优化问题的实数编码遗传算法

遗传算法作为一种自适应启发式的全局搜索算法，无需目标函数梯度，通过编码、种群初始化、选择、交叉、变异等遗传操作模拟自然进化，实现群体化寻优。

与传统优化算法相比，遗传算法突出的优点为：

（1）群体寻优，不是从一个点开始，而是从许多点开始搜索，可以有效地防止搜索过程收敛于局部最优解；

（2）通过适应度函数来选择优秀个体，而不需其他推导和附属信息，对优化问题的数学表示形式依赖性很小，不需要连续、可微等条件，对于表述为线性、非线性，甚至隐函数的优化问题都可以求解；

（3）遗传算法是一种启发式搜索，不同于穷举法，也不是完全的随机测试，具有很高的搜索效率。

相对于二进制编码遗传算法，实数编码遗传算法适用于连续参变量，个体的表现形式简单，可以实现更高的精度，搜索范围更大等优点，可用于优化梁、板等结构上连续变化的压电片作动器驱动位置。

本专著给出了一种改进的实数编码遗传算法，实现统一处理含离散位置变量和连续加权参数变量的混合优化问题，为了能够实现统一处理，将第 i 个离散的位置变量用区间 $[x_{\text{low}},\ x_{\text{up}}]_i$ 表示，优化过程采用统一的实数编码，当代表作动器安装位置变量的实数因子落入区间 $[x_{\text{low}},\ x_{\text{up}}]_i$，则表明第 i 个作动器安装位置被选中，从而找到对应驱动位置的机身控制通道递函数复矩阵与作动器系统的传递函数复矩阵计算出复合系统的复矩阵，而代表连续加权参数变量的实数因子则直接应用于最优控制电压和控制误差加速度响应的计算。

1. *编码*

编码为将需要优化的物理参数用代码串表示，如图 A2.1 所示，作动器位置参数和控制器加权参数用实数编码表示，其中前 N_a 个实数表示作动器位置，后 N_w 个实数为加权矩阵参数。若作动器的许可安装位置数量为 N_p 个，则将实数区间 $[0\ N_p]$ 划分为 $[0\ 1)$，$[1\ 2)$，…，$[n_p-1\ n_p)$，…，$[N_p-1\ N_p]$ 的 N_p 个子区间，每个区间表示一个相应的作动器安装位置,当表示作动器位置的实数编码 p_i 落入区间$[n_p-1\ n_p)$,则表示第 $n_p(1\leqslant n_p\leqslant N_p)$ 个作动器位置被选中安装作动器。

作动器位置				加权参数			
p_1	…	p_{N_a-1}	p_{N_a}	w_1	…	w_{N_w-1}	w_{N_w}

图 A2.1　参数编码

2. 交叉操作

对基于 Laplace 概率分布函数的交叉算子改进以保证通过交叉操作而产生的子代不溢出设置的参数边界,Laplace 概率分布函数为

$$F(x)=\begin{cases}\dfrac{1}{2}\exp\left(\dfrac{x}{\eta}\right), & x\leqslant 0\\ 1-\dfrac{1}{2}\exp\left(-\dfrac{x}{\eta}\right), & x>0\end{cases}\tag{A2.1}$$

式中,η 为尺度因子,表明子代与父代之间差异概率的大小,η 越小,子代与父代接近的概率越大,反之则子代有更大的概率远离父代。

对被选为交叉操作的父代:

$$x^{(\mathrm{I})}=\left[p_1^{(\mathrm{I})}\quad\cdots\quad p_{N_a-1}^{(\mathrm{I})}\quad p_{N_a}^{(\mathrm{I})}\quad w_1^{(\mathrm{I})}\quad\cdots\quad w_{N_w-1}^{(\mathrm{I})}\quad w_{N_w}^{(\mathrm{I})}\right]$$

$$x^{(\mathrm{II})}=\left[p_1^{(\mathrm{II})}\quad\cdots\quad p_{N_a-1}^{(\mathrm{II})}\quad p_{N_a}^{(\mathrm{II})}\quad w_1^{(\mathrm{II})}\quad\cdots\quad w_{N_w-1}^{(\mathrm{II})}\quad w_{N_w}^{(\mathrm{II})}\right]$$

进行交叉操作,首选产生一致分布的随机数 r_1, $r_2\in[0,1]$,由 Laplace 概率分布函数(A2.1)得子代的摄动因子 β 定义为

$$\beta(i)=\begin{cases}-\eta\ln\left[\alpha_-(i)\left(r_1-\dfrac{1}{2}\right)+\dfrac{1}{2}\right], & r_2\leqslant\dfrac{1}{2}\\ \eta\ln\left[\alpha_+(i)\left(r_1-\dfrac{1}{2}\right)+\dfrac{1}{2}\right], & r_2>\dfrac{1}{2}\end{cases}\tag{A2.2}$$

式中,$\alpha_-(i)=\dfrac{1}{|x^{(\mathrm{II})}(i)-x^{(\mathrm{I})}(i)|}\min(x_i^{(\mathrm{I})}(i)-x_{\mathrm{low}},\ x_i^{(\mathrm{II})}(i)-x_{\mathrm{low}})$;$\alpha_+(i)=\dfrac{1}{|x^{(\mathrm{II})}(i)-x^{(\mathrm{I})}(i)|}\min(x_{\mathrm{up}}-x^{(\mathrm{I})}(i),\ x_{\mathrm{up}}-x^{(\mathrm{II})}(i))$。

通过因子 $\alpha_-(i)$ 和 $\alpha_+(i)$ 保证通过交叉操作而产生的子代不溢出设置的参数

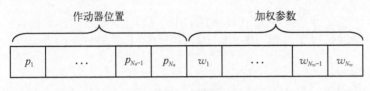

边界，$x^{(\mathrm{I})}(i)$、$x^{(\mathrm{II})}(i)$ 分别表示父代(I)和(II)中的第 i ($1 \leqslant i \leqslant N_a + N_w$) 个元素，$x_{\mathrm{low}}$ 和 x_{up} 分别表示参数的上、下边界值。则可得两个子代 $y^{(\mathrm{I})}(i)$、$y^{(\mathrm{II})}(i)$ 为

$$\begin{aligned} y^{(\mathrm{I})}(i) &= x^{(\mathrm{I})}(i) + \beta(i)\left|x^{(\mathrm{I})}(i) - x^{(\mathrm{II})}(i)\right| \\ y^{(\mathrm{II})}(i) &= x^{(\mathrm{II})}(i) - \beta(i)\left|x^{(\mathrm{I})}(i) - x^{(\mathrm{II})}(i)\right| \end{aligned} \tag{A2.3}$$

3. 变异操作

对于变异操作，应用基于能量函数的变异因子实现父代变异产生子代，能量函数为

$$F(x) = x^{\xi}, \quad 0 \leqslant x \leqslant 1 \tag{A2.4}$$

式中，ξ 是变异分散度指标，ξ 越小，由变异产生的子代与父代相近的概率越大，反之则子代有更大的概率远离父代。

对被选为变异操作的父代 $x = \begin{bmatrix} p_1 & \cdots & p_{N_a - 1} & p_{N_a} & w_1 & \cdots & w_{N_w - 1} & w_{N_w} \end{bmatrix}$。

产生一致分布的随机数 r_1, $r_2 \in [0, 1]$，则满足能量分布函数的变异因子定义为

$$s(i) = r_1^{\xi} \tag{A2.5}$$

则由变异产生的子代为

$$y(i) = \begin{cases} x(i) - s(i)\left[x(i) - x_{\mathrm{low}}\right], & t < r_2 \\ x(i) + s(i)\left[x_{\mathrm{up}} - x(i)\right], & t \geqslant r_2 \end{cases} \tag{A2.6}$$

式中，$t = \dfrac{x(i) - x_{\mathrm{low}}}{x_{\mathrm{up}} - x(i)}$。

在遗传算法优化过程中，表示作动器安装位置的编码参数可能会出现有两个或两个以上指向同一个作动器安装位置，如果实际的物理系统中允许在同一位置安装不止一个作动器，那么两个或两个以上参数指向同一个作动器安装位置是允许的，否则，含多个位置编码参数指向同一区间的个体将在下一轮选择中以零概率被选择。

参考文献

戴华,2005.矩阵论[M].北京：科学出版社.

鲁民月,雷凌云,顾仲权,2004.结构振动的自适应反馈预测控制研究[J].振动工程学报,17(3)：258-262.

郎凯,2021.直升机振动主动控制的高性能算法研究[D].南京：南京航空航天大学.

孟德,2020.压电叠层作动器驱动的直升机机身振动多谐波主动控制[D].南京：南京航空航天大学.

宋来收,2013.压电叠层作动器驱动的直升机结构响应主动控制[D].南京：南京航空航天大学.

宋来收,夏品奇,2014.采用压电叠层作动器的弹性梁振动主动控制实验研究[J].航空学报,35(1)：171-178.

宋来收,夏品奇,2011.直升机振动主动控制的机身/压电叠层作动器耦合优化法[J].航空学报,32(10)：1835-1841.

Allemang R J, Brown D L, 1982. A correlation coefficient for modal vector analysis [C]. Proceedings of the International Modal Analysis Conference and Exhibit, Schenectady.

Amer K B, Neff J R, 1974. Vertical-plane pendulum absorbers for minimizing helicopter vibratory loads[J]. Journal of the American Helicopter Society, 19(4): 44-48.

An F Y, Sun H L, Li X D, 2012. Adaptive active control of periodic vibration using maglev actuators[J]. Journal of Sound and Vibration, 331(9): 1971-1984.

Andalib A, Atry F, 2009. Multi-step ahead forecasts for electricity prices using NARX: A new approach, a critical analysis of one-step ahead forecasts [J]. Energy Conversion and Management, 50(3): 739-747.

Anita M, Sule V R, Venkatesan C, 2002. Order reduction and closed-loop vibration control in helicopter fuselages[J]. Journal of Guidance, Control, and Dynamics, 25(2): 316-323.

Arbel A, 1981. Controllability measures and actuator placement in oscillatory systems [J]. International Journal of Control, 33(3): 565-574.

Ardalani-Farsa M, Zolfaghari S, 2010. Chaotic time series prediction with residual analysis method using hybrid Elman-NARX neural networks[J]. Neurocomputing, 73(13-15): 2540-2553.

Astrom K J, Wittenmark B, 1995. Adaptive control[M]. Boston: Addison-Wesley.

Balke R W, 1968. Development of the kinematic focal isolation system for helicopter rotors[C]. 38th Shock and Vibration Symposium, St Louis.

Bauchau O A, Rodriguez J, Chen S Y, et al., 2004. Coupled rotor-fuselage analysis with finite motions using component mode synthesis[J]. Journal of the American Helicopter Society, 49(2): 201-211.

Bayon N M, Hanagud S V, 2000. Modal analysis and optimization of the offset piezoceramic stack actuator[C]. Proceedings of the 41st AIAA/ASME/ASCE/AHS/ASC Structure, Structural Dynamics, and Materials Conference, Atlanta.

Belanger P, Berry A, Pasco Y, et al., 2009. Multi-harmonic active structural acoustic control of a helicopter main transmission noise using the principal component analysis[J]. Applied Acoustics, 70(1): 153-164.

Bielawa R L, 1992. Rotary wing structural dynamics and aeroelasticity[C]. American Institute of Aeronautics and Astronautics, Washington DC.

Bismor D, Czyz K, Ogonowski Z, 2016. Review and comparison of variable step-size LMS algorithms[J]. International Journal of Acoustics and Vibration, 21(1): 24-39.

Blackwell R, Millott T, 2008. Dynamics design characteristics of the Sikorsky X2 technology demonstrator aircraft[C]. Proceedings of the 64th Annual Forum of the American Helicopter Society, Montreal.

Bowen-Davies G M, Chopra I, 2011. Aeromechanics of a variable-speed rotor[C]. Proceedings of the 67th Annual Forum of the American Helicopter Society, Virginia Beach.

Bruant I, Gallimard L, Nikoukar S, 2010. Optimal piezoelectric actuator and sensor location for active vibration control, using genetic algorithm[J]. Journal of Sound and Vibration,329(10): 1615-1635.

Cesnik C E S, Shin S, Wilkie W K, et al., 1999. Modeling, design, and testing of the NASA/ARMY/MIT active twist rotor prototype blade[C]. Proceedings of the 55th Annual Forum of the American Helicopter Society, Montreal.

Chandrasekar J, Liu L, Patt D, et al., 2006. Adaptive harmonic steady-state control for disturbance rejection [J]. IEEE Transactions on Control Systems Technology, 14(6): 993-1007.

Chen P C, Chopra I, 1997. Hover testing of smart rotor with induced-strain actuation of blade twist[J]. AIAA Journal, 35(1): 6-16.

Chiu T, Friedmann P P, 1997. An analytical model for ACSR approach to vibration reduction in a helicopter rotor-flexible fuselage system [J]. The Aeronautical Journal, 101(1009): 399-408.

Chiu T, Friedmann P P, 1996. Vibration suppression in helicopter rotor/flexible fuselage system using the ACSR approach with disturbance rejection [C]. Proceedings of the 52nd Annual Forum of the American Helicopter Society, Washington DC.

Choi H H, 1997. A new method for variable structure control system design: A linear matrix inequality approach[J]. Automatica, 33(11): 2089-2092.

Cribbs R C, Friedmann P P, 2000a. Vibration reduction in rotorcraft using an enhanced ACSR model [C]. Proceedings of the AIAA/ASME/ASCE/AHS/ASC 41st Structures, Structural Dynamics, and Materials Conference, Reston.

Cribbs R C, Friedmann P P, Chiu T, 2000b. Coupled helicopter rotor/flexible fuselage aeroelastic model for control of structural response[J]. AIAA Journal, 38(10): 1777-1788.

Damnjanovic A, Parsley G M, 2005. Frequency domain modeling of hysteresis with superimposed orthogonalized polynomial functions[J]. Journal of Applied Physics, 97(10): 505(1-3).

Depailler G, 2002. Alleviation of dynamic stall induced vibration on helicopter rotors using actively controlled flaps[D]. Ann Arbor: University of Michigan.

Dhuri K D, Seshu P, 2006. Piezo actuator placement and sizing for good control effectiveness and minimal change in original system dynamics[J]. Smart Materials and Structures, 15(6): 1661-1672.

Dibble R P, Ondra V, Titurus B, 2019. Resonance avoidance for variable speed rotor blades using an applied compressive load[J]. Aerospace Science and Technology, 88: 222-232.

Dibble R P, Titurus B, 2016. Helicopter rotor blade modal tuning using internal preloads [C]. Proceedings of the ISMA International Conference on Noise and Vibration Engineering, Leuven.

Dibble R P, Woods B K, Titurus B, 2017. Static aeroelastic response of a rotor blade under internal axial loading[C]. The 43rd European Rotorcraft Forum, Milan.

Douglas S C, 2002. Fast implementations of the filtered X-LMS and LMS algorithms for multichannel active noise control [J]. IEEE Transactions on Speech and Audio Processing, 7(4): 454 - 465.

Dowson S, Straub F, Hassan A A, et al., 1995. Wind tunnel test of an active flap rotor-bvi noise and vibration reduction [C]. Proceedings of the 51st Annual Forum of the American Helicopter Society, Fort Worth.

Edwards C, Spurgeon S K, 1995. Sliding mode stabilization of uncertain systems using only output information[J]. International Journal of Control, 62(5): 1129 - 1144.

Ellis C W, Jones R, 1963. Application of an absorber to reduce helicopter vibration levels[J]. Journal of the American Helicopter Society, 8(3): 30 - 42.

Emelyanov S V, Fedotova A I, 1962. Producing astaficism in sevro systems with a variable structure[J].Automatic Remote Control, 23(10): 1223 - 1235.

Emelyanov S V, Kostyleva N E, 1964. Design of variable structure control systems with discontinuous switching function[J]. Engineering Cybernetics, 2(1): 156 - 160.

Fraanje P R, Elliott S J, Verhaegen M, 2007. Robustness of the filtered-X algorithm-part I: necessary conditions for convergence and the asymptotic pseudospectrum of Toeplitz matrices[J]. IEEE Trans Signal Process, 55(8): 4029 - 4037.

Fridman E, Dambrin M, 2009. Control under quantization, saturation and delay: A LMI approach[J]. Automatica, 10: 2258 - 2264.

Fridman L, Moreno J, Iriarte R, 2011.Sliding modes after the first decade of the 21st century, lecture notes in control and information sciences[J]. IEEE Transactions on Industrial Electronics, 412: 113 - 149.

Friedmann P P, Millott T A, 1995. Vibration reduction in rotorcraft using active control: A comparison of various approaches[J]. Journal of Guidance, Control, and Dynamics, 18(4): 664 - 673.

Gao W, Chen J J, Ma H B, et al., 2003. Optimal placement of active bars in active vibration control for piezoelectric intelligent truss structures with random parameters [J]. Computers and Structures, 81(1): 53 - 60.

Gao W, Wang Y, Homaifa A, 1995. Discrete-time variable structure control systems [J]. IEEE Transactions on Industrial Electronics, 42(2): 117 - 122.

Garre W, Pflumm T, Hajek M, 2016. Enhanced efficiency and flight envelope by variable main rotor speed for different helicopter configurations[C]. Proceedings of the 42nd European Rotorcraft Forum, Lille.

Ge P, Jouaneh M, 1997. Generalized preisach model for hysteresis nonlinearity of piezoceramic actuators[J]. Precision Engineering, 20(2): 99 - 111.

Goodman R K, Millott T A, 2000. Design, development, and flight testing of the active vibration control system for the Sikorsky S-92[C]. Proceedings of the 56th Annual Forum, Virginia Beach.

Gozen B A, Ozdoganlar O B, 2012. Characterization of three dimensional dynamics of piezo-stack actuators [J]. Mechanical Systems and Signal Processing, 31: 268-283.

Gu G, Zhu L, 2011. Modeling of rate-dependent hysteresis in piezoelectric actuators using a family of ellipses [J]. Sensors and Actuators: A Physical, 165(2): 303-309.

Gu G, Zhu L, Su C, 2014. Modeling and compensation of asymmetric hysteresis nonlinearity for piezoceramic actuators with a modified Prandtl-Ishlinskii model[J]. IEEE Transactions on Industrial Electronics, 61(3): 1583-1595.

Gupta A, Yandamuri S, Kuo S M, 2006. Active vibration control of a structure by implementing filtered X-LMS algorithm[J]. Noise Control Engineering Journal, 54(6): 396-405.

Gupta N, Du Val R, 1992. A new approach for active control of rotorcraft vibration[J]. Journal of Guidance, Control, and Dynamics, 5(2): 143-150.

Ham N D, 1987. Helicopter individual-blade-control research at MIT 1977-1985[J]. Vertica, 11(1/2): 109-122.

Hammond C E, 1983. Wind tunnel results showing rotor vibratory loads reduction using higher harmonic blade pitch [J]. Journal of the American Helicopter Society, 28(1): 10-15.

Han D, Dong C, Barakos G N, 2018. Performance improvement of variable speed rotors by gurney flaps[J]. Aerospace Science and Technology, 81: 118-127.

Han D, Pastrikakis V, Barakos G N, 2016. Helicopter performance improvement by variable rotor speed and variable blade twist [J]. Aerospace Science and Technology, 54: 164-173.

Han D, Wang J, Smith E C, et al., 2013. Transient loads control of a variable speed rotor during lagwise resonance crossing[J]. AIAA Journal, 51(1): 20-29.

Han X R, Fridman E, Sarah K, et al., 2009. On the design of sliding-mode static-output-feedback controllers for systems with state delay[J]. IEEE Transactions on Industrial Electronics, 56(9): 3656-3664.

Hanagud S, Babu G L N, 1994. Smart structures in the control of airframe vibrations [J]. Journal of the American Helicopter Society, 39(2): 69-72.

Haykin S, 2003. Adaptive filter theory[M]. 4th ed. Upper Saddle River: Prentice-Hall.

Haykin S, 2002. Adaptive filter theory[M]. Pearson: Publishing House of Electronics Industry.

Hege P, Genoux G, 1983. The SARIB vibration absorber[R]. European Rotorcraft and Powered Lift Aircraft Forum.

Heverly D, 2002. Optimal actuator placement and active structure design for control of helicopter airframe vibrations[D]. State College: Pennsylvania State University.

Heverly D, Wang K W, Smith E C, 2001. An optimal actuator placement methodology for active control of helicopter airframe vibrations [J]. Journal of American Helicopter Society, 46(4): 251-261.

Hiramoto K, Doki H, Obinata G, 2000. Optimal sensor/actuator placement for active vibration control using explicit solution of algebraic Riccati equation[J]. Journal of Sound and Vibration, 229(5): 1057-1075.

Hoffmann F, Maier R, Janker P, et al., 2006. Helicopter interior noise reduction by using active gearbox struts[C]. The 12th AIAA/CEAS Aeroacoustics Conference Proceedings, Cambridge.

Hugin C T, Hatch C, Skingle G W, et al., 2007. Active vibration control of the Lynx helicopter airframe[C]. Proceedings of the 48th AIAA/ASME/ASCE/AHS/ASC Structures, Structural Dynamics, and Materials Conference, Honolulu.

Jacklin S A, 1998. Comparison of five system identification algorithms for rotorcraft higher harmonic control[R]. NASA TP-1998-207687.

Jacklin S A, Nguyen K Q, Blass A, et al., 1994. Full-scale wind tunnel test of a helicopter individual blade control system[C]. Proceedings of the 50th Annual Forum of the American Helicopter Society, Washington DC.

Janaideh M A, Rakheja S, Su C Y, 2009. A generalized Prandtl-Ishlinskii model for characterizing the hysteresis and saturation nonlinearities of smart actuators[J]. Smart Materials and Structures, 18(4): 045001.

Jiang H, Ji H, Qiu J, et al., 2010. A modified Prandtl-Ishlinskii model for modeling asymmetric hysteresis of piezoelectric actuators [J]. IEEE Transactions on Ultrasonics, Ferroelectrics, and Frequency Control, 57(5): 1200-1210.

Johnson W, 1982. Self-tuning regulators for multicyclic control of helicopter vibration [R]. NASA TP-1982.

Kamaldar M, Hoagg J B, 2018. Adaptive harmonic control for rejection of sinusoidal disturbances acting on an unknown system[J]. IEEE Transactions on Control Systems Technology, 99: 1-14.

Kamaldar M, Hoagg J B, 2017. Adaptive harmonic steady-state control for rejection of sinusoidal disturbances acting on a completely unknown system[J]. International Journal of Adaptive Control and Signal Processing,31(9): 1308 - 1326.

Karem A E, 1999. Optimum speed rotor[S]. US6007298 A.

Kermani M R, Patel R V, Moallem M, 2005. Flexure control using piezostack actuators: Design and implementation [J]. IEEE/ASME Transactions on Mechatronics, 10(2): 181 - 188.

Khoshlahjeh M, Gandhi F, 2013. Helicopter rotor performance improvement with rpm variation and chord extension morphing[C]. Proceedings of the 69th American Helicopter Society Annual Forum, Phoenix.

Kim B, Washington G N, Singh R, 2012. Control of modulated vibration using and enhanced adaptive filtering algorithm based on model-based approach[J]. Journal of Sound and Vibration, 331: 4101 - 4114.

King S P, Staple A E, 1986. Minimization of helicopter vibration through active control of structural response[R]. Rotorcraft Design Operations, AGARD - CP - 423.

King S P, 1988. The minimization of helicopter vibration through blade design and active control[J]. The Aeronautical Journal, 92(917): 247 - 264.

Konstanzer P, Grunewald M, Janker P, 2006. Aircraft interior noise reduction through a piezo tunable vibration absorber system[C]. Proceedings of the 25th International Congress of the Aeronautical Sciences, Hamburg.

Kretz M, Aubrun J N, Larche M, 1973a. Wind tunnel tests of the Dorand DH2011 jet flap rotor. Vol. 1[R]. NASA CR - I14693.

Kretz M, Aubrun J N,Larche M, 1973b. Wind tunnel tests of the Dorand DH2011 jet flap rotor. Vol. 2[R]. NASA CR - I14694.

Kuo S M, Morgan D R, 2002. Active noise control: A tutorial review[J]. Proceedings of the IEEE, 87(6): 943 - 973.

Kuo S M, Vijayan D, 1997. A secondary path modeling technique for active noise control systems[J]. IEEE Trans Speech Audio Process, 5(4): 374 - 377.

Kvaternik R G, 1993. A government industry summary of the design analysis methods for vibrations (DAMVIBS) program[R]. NASA CP - 10114.

Kvaternik R G, Bartlett F D, Cline J H, 1988. A summary of recent NASA/Army contributions to rotorcraft vibrations and structural dynamics technology [J]. NASA/Army Rotorcraft Technology, 1: 71 - 179.

Lang K, Xia P, 2019. Hybrid active vibration control of helicopter fuselage driven by piezoelectric stack actuators[J]. Journal of Aircraft, 56(2): 719 - 729.

Lang K, Shang L, Xia P, 2022a. Active vibration control of helicopter fuselage with large dynamic modeling errors[J]. AIAA Journal, 60(3): 1895 – 1908.

Lang K, Shang L, Xia P, et al., 2022b. An excellent harmonic feedforward-sliding mode output feedback hybrid algorithm for helicopter active vibration control[J]. Journal of Vibration and Control, Published Online 2022, WOS: 000798708900001.

Lang K, Xia P, Shang L, 2022c. New algorithm and experiments for helicopter active control of structural response[J]. Journal of Aircraft, 59(5): 1152 – 1161.

Lang K, Xia P, Smith E C, et al., 2022d. Normalized adaptive hybrid control algorithms for helicopter vibration with variable rotor speed[J]. Journal of the American Helicopter Society, 67: 022008.

Lee T, Chopra I, 2001. Design of piezostack-driven trailing-edge flap actuator for helicopter rotors[J]. Smart Materials and Structures, 10(1): 15 – 24.

Li C, Tan Y, 2004. A neural networks model for hysteresis nonlinearity[J]. Sensors and Actuators A: Physical, 112(1): 49 – 54.

Li W, Chen X, 2013a. Compensation of hysteresis in piezoelectric actuators without dynamics modeling[J]. Sensors and Actuators A: Physical, 199: 89 – 97.

Li W, Chen X, Li Z, 2013b. Inverse compensation for hysteresis in piezoelectric actuator using an asymmetric rate-dependent model[J]. Review of Scientific Instruments, 84(11): 115003.

Liu W, Hou Z, Demetriou M A, 2006. A computational scheme for the optimal sensor/actuator placement of flexible structures using spatial H2 measures[J]. Mechanical Systems and Signal Processing, 20(4): 881 – 895.

Liu Y, Liu H, Wu H, et al., 2016. Modelling and compensation of hysteresis in piezoelectric actuators based on Maxwell approach[J]. Electronics Letters, 52(3): 188 – 190.

Liu Y, Wang H, Yu J, et al., 2010. Selective recursive kernel learning for online identification of nonlinear systems with NARX form[J]. Journal of Process Control, 20(2): 181 – 194.

Ljung L, 2002. Recursive identification algorithms[J]. Circuits, Systems and Signal Processing, 21(1): 57 – 68.

Lu M Y, Gu Z Q, 2005. Decentralized adaptive generalized predictive control for structural vibration[J]. Progress in Natural Science, 15(3): 75 – 80.

Maier R, Hoffmann F, Tewes S, 2002. Active vibration isolation system for helicopter interior noise reduction[C]. The 8th AIAA/CEAS Aeroacoustics Conference Proceedings, Breckenridge.

Mathews A, Sule V R, Venkatesan C,2002. Order reduction and closed-loop vibration control in helicopter fuselages[J]. Journal of Guidance, Control, and Dynamics, 25(2): 316 - 323.

McCloud III J L, Kretz M, 1974. Multicyclic jet-flap control for alleviation of helicopter blade stresses and fuselage vibration, rotorcraft dynamics[R]. NASA SP - 352.

McHugh F J, Shaw J,1978. Helicopter vibration reduction with higher harmonic blade pitch[J]. Journal of the American Helicopter Society,23(4): 26 - 35.

Meitzler A H, 1987. IEEE standard on piezoelectricity, ANSI/IEEE standard 176[M]. New York: IEEE.

Menezes Jr. J M, Barreto G A, 2008. Long-term time series prediction with the NARX network: An empirical evaluation[J]. Neurocomputing, 71(16 - 18): 3335 - 3343.

Meng D, Xia P, Lang K, et al., 2020a. Neural network based hysteresis compensation of piezoelectric stack actuator driven active control of helicopter vibration[J]. Sensors and Actuators A: Physical, 302(111809): 1 - 9.

Meng D, Xia P, Song L, et al., 2020b. Experimental study on piezoelectric-stack-actuator-driven active vibration control of helicopter floor structure[J]. Journal of Aircraft, 57(2): 377 - 382.

Meng D, Xia P, Song L, 2018. MIMOMH feed-forward adaptive vibration control of helicopter fuselage by using piezoelectric stack actuators[J]. Journal of Vibration and Control, 24: 5534 - 5545.

Miao W L, Mouzakis T, 1981. Nonlinear dynamic characteristics of rotor bifilar absorber [C]. Proceedings of the 37th Annual Forum of the American Helicopter Society, New Orleans.

Millott T A, Goodman R K, Wong J K, et al.,2003. Risk reduction flight test of a pre-production active vibration control system for the UN-60M[C]. Proceedings of the 51st Annual Forum of the American Helicopter Society, Phoenix.

Misté G A, Benini E, 2016. Variable-speed rotor helicopters: Performance comparison between continuously variable and fixed-ratio transmissions[J]. Journal of Aircraft, 53(5): 1189 - 1200.

Misté G A, Benini E, Garavello A, et al., 2015. A methodology for determining the optimal rotational speed of a variable rpm main rotor/turboshaft engine system[J]. Journal of the American Helicopter Society, 60(3): 1 - 11.

Molusis J A, Hammond C E, Cline J H,1983. A unified approach to the optimal design of adaptive and gain scheduled controllers to achieve minimum helicopter rotor

vibration[J]. Journal of the American Helicopter Society, 28(2): 9－18.
Mouzakis T, 1981. Monofilar-a dual frequency rotor head absorber[C]. Proceedings of the Northeast Region National Specialists Meeting on Helicopter Vibration of the American Helicopter Society, Hartford.
Mueller M, Arnold U T P, Morbitzer D, 1999.On the importance and effectiveness of 2/rev IBC for noise, vibration and pitch link load reduction[C]. Proceedings of the 25th European Rotorcraft Forum, Rome.
Nachidi M, Benzaouia A, Tadeo F, et al., 2008. LMI-based approach for output-feedback stabilization for discrete-time Takagi—Sugeno systems [J]. IEEE Transactions on Fuzzy Systems, 16(5): 1188－1196.
Nelms D, 2012. Eurocopter's X3 high-speed hybrid helicopter combines fixed- and rotary-wing flying characteristics [J]. Aviation Week and Space Technology, 174(24): 64－66.
Nguyen K, Chopra I, 1992. Effects of higher harmonics control on rotor performance and control loads[J]. Journal of Aircraft, 29(3): 336－342.
Niezrecki C, Brei D, Balakrishnan S, et al., 2001. Piezoelectric actuation: State of the art[J]. The Shock and Vibration Digest, 33(4): 269－280.
Nygren K P, Schrage D P, 1989. Fixed-Gain versus adaptive higher harmonic control simulation[J]. Journal of the American Helicopter Society, 34(3): 51－58.
Ondra V, Dibble R, Titurus B, et al., 2019. An active tendon concept in rotorcraft with variable speed rotors: Free vibration perspective[C]. Proceedings of the AIAA Scitech 2019 Forum, San Diego.
Pasco Y, Berry A, 2006. Consideration of piezoceramic actuator nonlinearity in the active isolation of deterministic vibration [J]. Journal of Sound and Vibration, 289(3): 481－508.
Patt D, Chandrasekar J, Bernstein D S, et al., 2005. Higher-harmonic-control algorithm for helicopter vibration reduction revisited [J]. Journal of Guidance, Control and Dynamics, 28(5): 918－930.
Payne P R, 1958. Higher harmonic rotor control [J]. Aircraft Engineering and Aerospace Technology, 2(8): 222－226.
Pearson J T, Goodall R M, 1994a. Active control of helicopter vibration[J]. Computing and Control Engineering, 5(6): 277－284.
Pearson J T, Goodall R M, 1994b. Adaptive schemes for the active control of helicopter structural response[J]. IEEE Transactions on Control System Technology, 2(2): 61－67.

Pearson J T, Goodall R M, 1991. Frequency versus time domain adaptive control algorithms for the active control of helicopter structural response[C]. International Conference on Control, Edinburgh.

Pearson J T, Goodall R M, Lyndon I, 1994. Active control of helicopter vibration[J]. Computing and Control Engineering Journal, 5(6): 277-284.

Peng F J, Hu Y R, 2005. Actuator placement optimization and adaptive vibration control of plate smart structures[J]. Journal of Intelligent Material Systems and Structures,16(3): 263-271.

Prechtl E F, Hall S R, 2000. Closed-loop vibration control experiments on a rotor with blade mounted actuation[C]. Proceedings of the 41st AIAA/ASME/ASCE/AHS/ASC Structures, Structural Dynamics, and Materials Conference, Atlanta.

Qiu J, Haraguchi M, 2006. Vibration control of a plate using a self-sensing piezoelectric actuator and an adaptive control approach[J]. Journal of Intelligent Material Systems and Structures, 17(8-9): 661-669.

Qu W, Sun J, Qiu Y, 2004. Active control of vibration using a fuzzy control method [J].Journal of Sound and Vibration, 275: 917-930.

Rakotondrabe M, 2011. Bouc-Wen modeling and inverse multiplicative structure to compensate hysteresis nonlinearity in piezoelectric actuators[J]. IEEE Transactions on Automation Science and Engineering, 8(2): 428-431.

Ramanujam R, Abhishek A, 2016. Performance optimization of variable-speed and variable-geometry rotor concept[J]. Journal of Aircraft, 54(2): 476-489.

Rao S S, Pan T S, Venkayya V B, 1991. Optimal placement of actuator in actively controlled structures using genetic algorithms [J]. AIAA Journal, 29 (6): 942-943.

Rodellar J, Barbat A H, Matin-Sanchez J M, 1987. Predictive control of structures[J]. Journal of Engineering Mechanics, 113(6): 797-812.

Roy T, Chakraborty D, 2009. Optimal vibration control of smart fiber reinforced composite shell structures using improved genetic algorithm[J]. Journal of Sound and Vibration, 319(1-2): 15-40.

Ru C, Chen L, Shao B, et al., 2009. A hysteresis compensation method of piezoelectric actuator: Model, identification and control[J]. Control Engineering Practice,17(9): 1107-1114.

Rumelhart D E, Hinton G E, Williams R J, 1986. Learning representations by back-propagating errors[J]. Nature, 323(3): 533-536.

Shaw J, Albion N, 1981. Active control of the helicopter rotor for vibration reduction

[J]. Journal of the American Helicopter Society,26(3): 32-39.

Shaw J, Albion N, Hanker E J, et al., 1989. Higher harmonic control: Wind tunnel demonstration of fully effective vibratory hub force suppression[J]. Journal of the American Helicopter Society, 34(1): 14-25.

Shaw J, 1980. Higher harmonic blade pitch control: A system for helicopter vibration reduction[D]. Boston: Massachusetts Institute of Technology.

Singhvi R, Vennkatesan C, 2005. Vibration control of an idealized helicoptor model using piezo stack sensor-actuator[C]. Proceedings of the 46th AIAA/ASME/ASCE/AHS/ASC Structures, Structural Dynamics and Materials Conference, Austin.

Song L, Xia P, 2015. A harmonic synchronous identification updating method for active control of helicopter structural response driven by piezoelectric stack actuators[J]. Journal of the American Helicopter Society, 60(3): 032013.

Song L, Xia P, 2014. Active vibration control by harmonic input compensation for piezoelectric stack actuator nonlinearity[J]. Journal of Aircraft, 51(6): 2027-2031.

Song L, Xia P, 2013. Active control of helicopter structural response using piezoelectric stack actuators[J]. Journal of Aircraft, 50(2): 659-663.

Staple A E, Wells D M, 1990. The development and testing of an active control of structural response system for the EH101 helicopter[C]. Proceedings of the 16th European Rotorcraft Forum, Glasgow.

Staple A E, 1989. An evaluation of active control of structural response as a means of reducing helicopter vibration[C]. Proceedings of the 15th European Rotorcraft Forum, Amsterdam.

Steward W, 1952. Second harmonic control on the helicopter rotor[R]. In Aeronautical Research Council Reports and Memoranda, No. 2997.

Sutton T J, Elliott S J, 1995. Active attenuation of periodic vibration in nonlinear systems using an adaptive harmonic controller[J]. Journal of Vibration and Acoustics, 117(3): 355-362.

Teal R S, Mccorvey D L, Mailoy D,1997. Active vibration suppression for the CH-47D [C]. Proceedings of the 53rd Annual Forum of the American Helicopter Society, Virginia Beach.

Troy M G, Balke R W, 1976. Isolation of rotor induced vibration with the bell focal pylon-nodal beam system[R]. SAE Technical Paper, 760892.

Utkin V, 1977. Variable structure systems with sliding modes[J]. IEEE Transactions on

Automatic Control, 22(2): 212 - 222.

Veres S M, 2001. Adaptive harmonic control[J]. International Journal of Control, 74 (12): 1219 - 1225.

Vignal B, 2005. Development and qualification of active vibration control system for the Eurocopter EC225/EC725 [C]. Proceedings of the 61st Annual Forum of the American Helicopter Society, Grapevine.

Viswamurthy S R, Ganguli R, 2007a. Modeling and compensation of piezoceramic actuator hysteresis for helicopter vibration control[J]. Sensors and Actuators A: Physical, 135(2): 801 - 810.

Viswamurthy S R, Rao A K, Ganguli R, 2007b. Dynamic hysteresis of piezoceramic stack actuators used in helicopter vibration control: Experiments and simulations[J]. Smart Materials and Structures, 16(4): 1109 - 1119.

Walchko J C, Kim J S, Wang K W, et al., 2007. Hybrid feedforward-feedback control for active helicopter vibration suppression[C]. Proceedings of the 63rd Annual Forum of the American Helicopter Society, Virginia Beach.

Walsh D M, 1986. Flight tests of an open loop higher harmonic control system of an S-76a helicopter[C]. Proceedings of the 42nd Annual Forum of the American Helicopter Society, Alexandria.

Walsh D, Weiner S, Arifian K, et al., 2011. High airspeed testing of the Sikorsky X2 technology™ demonstrator[C]. Proceedings of the 67th Annual Forum of the American Helicopter Society, Virginia Beach.

Wang G, Chen G, Bai F, 2015. Modeling and identification of asymmetric Bouc-Wen hysteresis for piezoelectric actuator via a novel differential evolution algorithm[J]. Sensors and Actuators A: Physical, 235: 105 - 118.

Wang Q, Wang C, 2001. A controllability index for optimal design of piezoelectric actuators in vibration control of beam structures[J]. Journal of Sound and Vibration, 242(3): 507 - 518.

Wei Z, Wang D, 2012. Non-symmetrical Bouc-Wen model for piezoelectric ceramic actuators[J]. Sensors and Actuators A: Physical, 181(1): 51 - 60.

Welsh W A, Staple A E, 1990. Test and evaluation of fuselage vibration utilizing active control of structural response (ACSR) optimized to ADS-27[C]. Proceedings of the 46th Annual Forum of the American Helicopter society, Washington DC.

Welsh W A, Fredrickson C, Rauch C, 1995. Flight test of an active vibration control system on the UH-60 Black Hawk helicopter[C]. Proceedings of the 51st Annual Forum of the American Helicopter Society, Fort Worth.

Wernicke R K, Drees J M, 1963. Second harmonic control[C]. Proceedings of the 19th Annual Forum of the American Helicopter Society, Alexandria.

Wilbur M L, Yeager W T Jr, Wilkie W K, et al., 2000. Hover testing of the NASA/ARMY/MIT active twist rotor[C]. Proceedings of the 56th Annual Forum of the American Helicopter Society, Virginia Beach.

Williams N V, Guy C R, Williams M J, et al., 1979. Wessex helicopter/sonar dynamics study[R]. ARL Program Description and Operation.

Wong J K, Welsh W A, Lamb R, et al., 2006. Risk reduction flight test of a pre-production active vibration control system for the MH-60S[C]. Proceedings of the Vertical Lift Aircraft Design Conference of the American Helicopter Society, Alexandria.

Wu H, Su W, Liu Z, 2014. PID controllers: Design and tuning methods[C]. The 9th IEEE Conference on Industrial Electronics and Applications, Hangzhou.

Xia P, Brownjohn J M W, 2004. Load-carrying capacity evaluation of damaged RC structure by dynamic testing and FE model updating[J]. Journal of Testing and Evaluation, 32(5): 366 – 372.

Xiao S, Li Y, 2014. Dynamic compensation and H∞ control for piezoelectric actuators based on the inverse Bouc-Wen model[J]. Robotics and Computer-Integrated Manufacturing, 30(1): 47 – 54.

Yang Y, Jin Z, KiongSo C, 2005. Integrated optimal design of vibration control system for smart beams using genetic algorithms[J]. Journal of Sound and Vibration, 282(3 – 5): 1293 – 1307.

Yeo H, Chopra I, 2001. Coupled rotor/fuselage vibration analysis for teetering rotor and test data comparison[J]. Journal of Aircraft, 38(1): 111 – 121.

Young K D, Utkin V I, Ozguner U, 1999. A control engineer's guide to sliding mode control[J]. IEEE Transactions on Control Systems Technology, 7(3): 328 – 342.

Yu Y, Naganathan N, Dukkipati R, 2002. Preisach modeling of hysteresis for piezoceramic actuator system[J]. Mechanism and Machine Theory, 37(1): 49 – 59.

Zhang M, Lan H, Ser W, 2001. Cross-updated active noise control system with online secondary path modeling[J]. IEEE Trans Speech Audio Process, 9(5): 598 – 602.

Zhao J, Brigley M, Modarres R, 2019. S-97 RAIDER rotor low speed vibratory loads analysis using CFD-CSD[C]. Proceedings of the AIAA Scitech 2019 Forum, San Diego.

Zhou Y L, Zhang Q Z, Li X D, 2008. On the use of an SPSA-based model free feedback controller in active noise control for periodic disturbances in a duct[J]. Journal of Sound and Vibration, 317(5): 456-472.

Zhu Y, Qiu J, Du H, 2002. Simultaneous optimal design of structural topology, actuator locations and control parameters for a plate structure[J]. Computational Mechanics, 29(2): 89-97.

Zhu Y, Qiu J, Tani J, 1999. Simultaneous optimization of structure and control for vibration suppression[J]. Journal of Vibration and Acoustics, 121(2): 237-243.